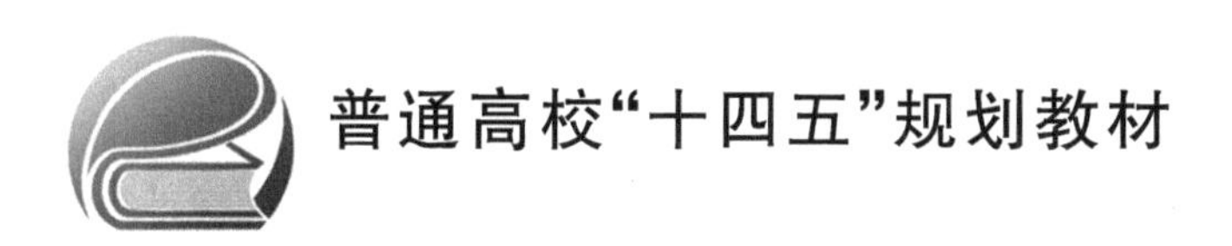

工业科学与实践

马纪明　主编
黄行蓉　韩　亮　徐　平　编著

北京航空航天大学出版社

内容简介

本书面向工业系统设计的全流程，介绍工业系统分析、结构方案设计、运动分析、受力分析、控制方案设计、计算机控制实现和工业智能机器人等相关理论和实践方法。在理论环节侧重阐述结论性知识，对相关基础内容不予展开介绍。在实践部分大多结合具体案例，供读者在实际工程系统设计时参考实施。

由于本书侧重于工程实际及实施方法，对基础理论介绍较少，因此读者在阅读时，需要与高等数学、理论力学、自动控制原理、计算机控制等相关专业书籍结合使用。

本书可供高等院校工程专业高年级本科生、教师及工程技术人员参考使用。

图书在版编目(CIP)数据

工业科学与实践 / 马纪明主编. -- 北京 ：北京航空航天大学出版社，2020.5

ISBN 978-7-5124-3292-5

Ⅰ. ①工… Ⅱ. ①马… Ⅲ. ①工业技术—研究 Ⅳ. ①T

中国版本图书馆 CIP 数据核字(2020)第 097883 号

工业科学与实践

马纪明　主编

黄行蓉　韩　亮　徐　平　编著

责任编辑　宋淑娟

*

北京航空航天大学出版社出版发行

北京市海淀区学院路 37 号(邮编 100191)　http://www.buaapress.com.cn

发行部电话：(010)82317024　传真：(010)82328026

读者信箱：goodtextbook@126.com　邮购电话：(010)82316936

北京建宏印刷有限公司印装　各地书店经销

*

开本：787×1 092　1/16　印张：15.25　字数：390 千字

2020 年 5 月第 1 版　2020 年 5 月第 1 次印刷　印数：1 000 册

ISBN 978-7-5124-3292-5　定价：49.00 元

前　言

随着工业化进程的快速发展，未来几十年，新一轮科技革命和产业变革将与我国加快转变经济发展模式形成历史性交汇。工业科学与技术在社会中的作用已发生深刻变化，技术进步和创新成为推动人类社会发展的重要引擎。科技进步体现在航空航天、交通运输、信息通信、生态环境、健康医疗等各个领域的工业系统中。在新科技革命、新产业革命、新经济背景下，工程教育改革必须更加注重学生所学专业与工业领域的无缝对接，以及传统科技与现代技术之间的交叉融合。

本书的内容体系以作者所在单位——北京航空航天大学开设的“工业系统中的科学技术与实践”系列课程大纲为基础，系列课程包括：“智能机器人”、“工业系统机械机构建模”、“现代工业系统设计分析方法”、“多旋翼无人机”和“现代工业系统控制方法与实现”五个模块，均采用“理论＋实践”教学模式，在简单介绍相关科学原理的基础上，重点让学生面对实际工业系统解决工程问题。“工业系统中的科学技术与实践”系列课程的实施，可有效提高学生的系统分析能力和解决复杂工业系统问题的能力，受到了学生的广泛好评，教学模式也逐渐被接受和认可，并被借鉴推广到国内多所高校。为了向更广大的读者全面介绍工业科学与实践课程的内容体系，同时也为高校教师同行、工程领域的技术工作者提供系统完善的工业科学与实践知识，作者基于多年授课经验和资料积累，将所授课程内容整理成书。

本书全面介绍工业科学与实践相关内容，注重实践与理论相结合。所有章节均采用“基础理论＋实践”的模式，内容涵盖工业系统广泛涉及的“系统工程”、“机械机构”、“运动和受力分析”、“控制系统设计与实现”和“机器人与人工智能”等学科领域。最后通过典型案例向读者介绍工业系统设计分析的一般方法和流程，以及此课程实践环节的考核方式。期望通过此书向读者全方位阐述工业科学与实践课程的特色和内涵，并在新工科建设的大背景下，为国内实践类课程教学提供参考和借鉴。

第 1 章主要介绍工业科学与实践的内容及其内在的逻辑关系，内容包括培养目标、实践环节的内容设置、实践设备的特点和实践环节的考核方法。

第 2 章针对现代工业系统组成复杂、功能多样的特点，围绕对系统进行设计与分析需要掌握的知识和技能，简要介绍现代工业系统的基本分类，并分别阐述需求分析和功能分析的方法。此外，针对实际工业系统和实践设备，通过案例介绍工业系统的分析方法。

第 3 章介绍工业系统的基本结构体系，包括工业系统组成、常用能源与传输方式、信息采集与传递形式、常用传感器及其工作原理，并基于工业系统案例，向读者阐述工业系统的结构、组成和工作原理。

第 4 章的重点是机械机构的运动分析方法。使用螺旋理论等现代数学工具，处理复杂运动的刚体或复杂刚体系问题。首先阐述基于运动螺旋理论对系统进行运动分析的基本流程，并分别针对平面运动、定轴转动、定点运动和一般运动的方程，对不同运动形式下的刚体运动学和动力学问题进行分析。基于运动螺旋理论的运动分析方法的特点是：数学性强，高度抽象化，入门起点高，入门后框架完备、体系紧凑、系统性强，从长远看有助于培养学生独立解决问题的能力和创新能力。

第 5 章内容与第 4 章内容具有相关性。第 4 章介绍的“运动螺旋”描述了刚体的平动和转动；第 5 章介绍的“力螺旋”描述了作用在刚体上的力和力矩，“动量螺旋”描述了刚体的动量和动量矩，“惯性力螺旋”描述了刚体的惯性力和惯性力矩。一旦建立了刚体和刚体间约束的运动螺旋和惯性力螺旋模型，便可应用动力学基本定理求解刚体或刚体系的力学问题。

第 6 章介绍工业控制系统的典型结构，以及伺服控制系统的建模、分析、设计、仿真分析及实验方法，使读者了解工业系统的一般组成，掌握简单伺服控制系统的分析与设计流程，同时掌握常用软件工具的使用。

第 7 章内容与第 6 章内容具有相关性。数字计算机在科学计算、数据处理和自动控制等方面得到了广泛应用。第 7 章针对直接数字控制系统的计算机实现方法，介绍计算机控制系统的基本结构、组成和信号特征，并着重介绍不同控制器的计算机控制实现方法。

机器人作为工业系统中的重要组成部分，涉及工业领域内几乎所有的学科专业。第 8 章以工业智能机器人为对象，介绍机器人的运动要素、感知要素和思考要素等相关知识，并综合本书之前章节阐述的运动学、动力学、控制与实现等相关知识，结合具体案例介绍机器人的设计与分析方法。

本书内容由编写组集体完成。全书由马纪明主编，徐平编写第 3 章传感器应用部分，黄行蓉编写第 4 章、第 5 章部分案例，韩亮编写第 8 章部分案例，其他内容由马纪明编写。全书由黄行蓉校正。本书还得到了祁晓野和 Guillaume MERLE（付小尧）等专家的指导，他们对本书内容提出了宝贵意见。在本书编写过程中，研究生严志豪、王梓腾参加了相关资料收集、文字编撰和校对工作。在此向给予帮助和指导的同志表示感谢。

由于作者知识和经验的局限性，对于书中的错误和不妥之处，诚望广大读者批评指正。

作　者

2020 年 3 月

目　录

第1章　绪　论

本章主要介绍工业科学与实践的相关内容及其内在的逻辑关系，内容包括培养目标、实践环节的内容设置、实践设备的特点和实践环节的考核方法。

1.1　教学内容与授课形式

工程技术涵盖的知识范围很广，涉及多个领域的基础学科。传统工程技术的相关课程包括物理、数学、化学、生物、地球科学等。工业科学与实践课程的目标是培养学生的系统思维能力和多学科的综合运用能力，通过学习，让学生能够运用传统工程技术知识，包括力学、机械、自动控制等，对实际工业系统进行分析和建模，检验实际系统的性能并完成系统优化。工业科学与实践课程的学习和考核主要采取理论学习、实践动手、展示汇报等多维度能力培养的方式。

鉴于工业科学与实践课程的宗旨和定位，其对学生能力的培养所做出的贡献主要体现在问题解决能力、交流能力、分析能力、决策评估能力、实践能力和创新能力等的培养和提升上，将之与普林斯顿大学相关课程提出的、用来进行教学评价的、学生应具备的八个能力（交流能力、分析能力、审美能力、全球视野、问题解决能力、决策评估能力、社会互动能力及公民权利）进行比较，可以发现二者内涵基本一致，均是有利于培养工程类学生素养和能力的综合课程。

工业科学与实践课程有三种授课形式：理论、习题和实践。理论环节传授学生课程大纲规定的理论知识。习题环节是通过小班授课，学生在老师的指导下完成一个生活或工业中具体的案例，并通过一系列事先设计好的问题，引导学生独立运用理论课学习的方法，逐一分析问题和最终解决问题，并在这一过程中，体会如何应用理论知识解决实际问题。实践环节让学生认识并感知实际工业系统或实验仪器的复杂性，培养实践动手能力。

工业科学与实践课程的理论教学内容、学时安排建议及培养目标见表1-1。

表1-1　理论教学内容与培养目标

内　容	建议学时	培养目标
系统分析方法	16	系统结构组成及功能分析能力； 工业系统认识能力
自动控制	28	线性时不变（Linear Time Invariant，LTI）系统建模分析方法； 线性时不变系统的分析及验证方法
运动学分析	16	系统运动学建模； 性能校验能力
运动学建模方法	20	刚体结构的性能建模； 验证能力

续表 1-1

内　容	建议学时	培养目标
工程力学	28	系统动力学特性的建模分析
数字电子及信号	16	离散系统的性能建模/分析/验证
工业系统时序控制	4	离散系统的性能建模/分析/验证
技术沟通与交流	—	多学科交叉融合能力

工业科学与实践涉及面很广，培养学生的综合能力，特别是对技术沟通能力的培养，这也是工业科学与实践的要点。技术沟通能力的培养需要贯穿于整个大学阶段(特别需要说明的是，我国高等教育中对技术沟通能力的培养重视不足)，这种能力包括科学绘图的能力、系统描述语言和工具的使用能力，也包括语言表述和展示汇报的能力。实际上就是培养学生通过书面语言、高级编程语言、绘图、口头描述等多种手段，描述技术问题和复杂的工程系统。

工业科学与实践课程的实践环节的内容安排建议见表 1-2。

表 1-2　实践环节内容

描　述	内　容
第 1 部分(4 学时)	系统功能和结构分析
第 2 部分(6 学时)	建模和仿真分析
第 3 部分(6 学时)	工业系统的性能分析与评价
第 4 部分(6 学时)	工业系统的性能改进方法
第 5 部分(6 学时)	机构运动学建模/仿真/性能分析
第 6 部分(6 学时)	动力学建模/仿真/性能分析与校核
第 7 部分(4 学时)	时序逻辑建模、性能分析和校核

从表 1-1 和表 1-2 可以看出，围绕工业科学与实践课程的理论和实践教学内容，课程的培养目标主要是工程能力的提高，包括面对复杂系统时的分析能力和解决问题的能力，等等，这些能力都与我国工程专业认证中对学生的能力培养要求具有较高的匹配度。

工业科学的先修课主要是数学，涉及复数、极限、微积分、矩阵等概念。一般情况下，这些知识在大学低年级阶段的数学课程中都会讲授。工业科学与实践与传统工程技术课程的知识有着紧密的联系，比如力学、自动控制理论、电子学等，但又与通常技术类课程讲授的知识有所区别，它更侧重从系统角度，综合介绍系统的运动特性、受力特性、控制方法、控制实现，将工业系统作为一个整体而不是独立的学科知识点进行阐述。

从某种意义上讲，工业科学与实践课程融入的很多基础知识类似于中国高等教育大学一二年级的基础课，比如理论力学中的静力学、运动学和动力学，以及自动控制原理中的经典控制理论和微电子学等。

1.2　实践设备及其特点

工业科学与实践课使用的设备和系统都最大限度地复现生活或工业中使用的真实设备和

系统，只是为了教学而做稍许改动，比如增加一些传感器以便于学生测量数据等。本节以部分工业科学实验室的实践设备为例，说明工业科学与实践课程教学设备的来源及特点。

特点1：来源于实际工业系统

图1-1所示为工业科学与实践课程的部分教学设备。

(a) 汽车电子助力转向系统　(b) 电动助力自行车　(c) 飞行观测控制系统

(d) 天文望远镜自动对准系统　(e) 乒乓球自动封装生产线　(f) 船舶自动操舵系统

图1-1　工业科学与实践课程的部分教学设备

图1-1所示设备的一个共同特点是来源于实际工业系统，其中：图(a)汽车电子助力转向系统是法国雷诺汽车集团TWINGO型轿车的实际转向助力系统，配备了测控模块、传感器以及人机交互软件；图(b)电动助力自行车是基于欧洲常用的一种电动助力车改造而来，它检测自行车行驶速度及施加在踏板上的力的大小，以及自动控制电机输出助力的大小，并在自行车行驶速度超过25 km/h的情况下，自动停止施加电动助力；图(c)飞行观测控制系统是一种应用于飞行员对地观测的可调节平台，能够自动适应飞机姿态的变化，跟随飞行员的视线对地进行观测；图(d)天文望远镜自动对准系统用于海洋作业的观测船，能够自动适应船舶位置和姿态的变化，自动对准固定观测目标；图(e)乒乓球自动封装生产线来源于实际乒乓球生产线的封装环节，能够将零散乒乓球自动封装在固定包装内；图(f)船舶自动操舵系统是一种典型的伺服机构，能够跟随舵操作指令，实现对船舶行驶方向的自动控制。

将这些实际工业系统中的设备进行改造，配备传感器和数据采集设备、数据通信单元和软件系统，即可组成适用于教学的实验平台。同时，与这些实验平台配套的还有完备的实验手册及教学材料，其中的内容可与工业科学与实践课程内容很好地匹配。

工业科学设备涉及航空航天、汽车、电子、通信、环保、计算机等多个行业领域，相关专业院校可以根据自身专业的特点选择合适的设备，部分设备见表1-3。

表 1-3 部分工业科学实践设备

行业领域	实践设备名称
工业生产	① 模拟包装实验机； ② 仿人机器人实验平台； ③ 太阳能光机电伺服系统实验平台； ④ 葡萄分拣系统实验平台
交通运输	① 模拟船舶导航系统； ② 轿车电子助力转向； ③ 电动助力自行车平台； ④ 方向盘力反馈教学实验平台； ⑤ 无人机控制教学实验平台； ⑥ 自动栏杆测控教学实验平台
医疗卫生	① 腹腔镜机器人教学实验平台； ② 血液自动采集系统； ③ 自动水疗设施教学实验平台
航空航天	① 飞行观测控制实验系统； ② 天文望远镜控制系统教学实验平台
体育生活	① 弦张力测控实验仪； ② 三轴摄像控制实验平台； ③ 自动百叶窗教学实验平台

特点 2:具有多学科交叉特点

图 1-2 以汽车电子助力转向系统、电动助力自行车和船舶操舵系统为例，介绍工业科学实践设备所涉及的学科。从图中可以看出，这些设备涉及了与实际工业系统相关的几乎所有学科领域，以这些设备为对象进行工业科学与实践教学，能够锻炼学生的多学科交叉融合能力，进而激发其创新思维。

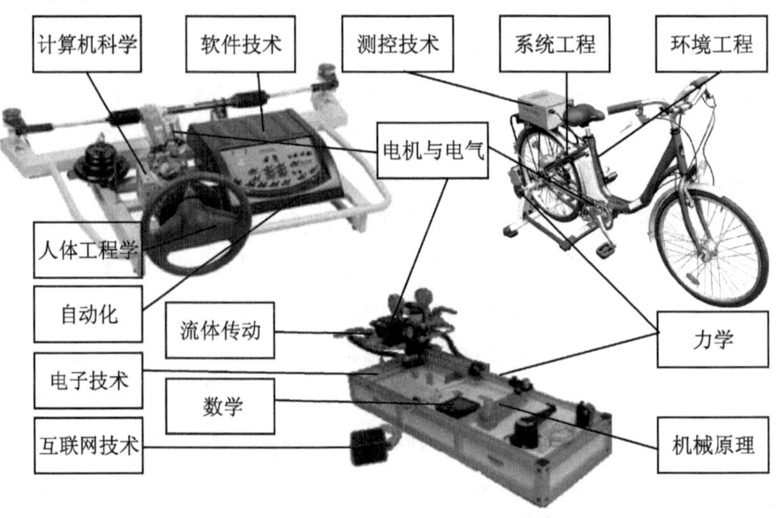

图 1-2 工业科学实践设备涉及多个学科

由于每台工业科学实践教学设备都涉及多个学科领域，所以在实践环节的内容设置上，围绕一个实验平台，就可以设置多个实践教学模块，培养学生多学科知识的融合能力。表1-4以电动助力自行车为例，说明围绕此实验平台讲授的预科阶段工业科学实践教学内容，以及对学生相关能力的培养。

表1-4 基于电动助力自行车实验平台开展的教学内容

实践内容	能力的培养
助力车系统功能分析	系统分析方法
机械及电力能量流分析	刚体运动学/动力学
系统信息流分析	自动控制
传动及运动机构运动学分析	机械原理
主动力和被动力/受力分析	力学
直流无刷电机控制策略	自动控制
助力系统性能校核与验证	机械建模/自动控制
直流无刷电机逻辑控制	时序系统与GRAFCET语言； 软件编程与实现/系统分析
传动机构动力学特性分析	刚体动力学特性； 技术沟通能力
运动机构能量和信息流分析	刚体动力学特性； 技术沟通能力
助力车传动机构运动特性	刚体运动学分析
直流无刷电机的伺服控制	自动控制建模与仿真方法
系统设计优化方法	多目标设计优化技术
电动助力系统性能校核	系统性能校核/技术沟通
直流无刷电机逻辑控制	时序系统与GRAFCET语言； 软件编程与实现； 系统分析与描述

特点3：基于任务和问题的自主式学习

在工业科学与实践课程的实践环节中，以学生自主动手为主。教师应尽量少干预学生的实践过程，主要通过四个环节控制实践课程的进度和评价学生完成工作的质量。

(1) 提供保障条件

在工业科学与实践课程的实践环节中，教学设备不仅仅有独立的硬件系统，为了保障实践教学效果，设备厂商和教师还要提供完备的保障条件，包括设备应用的工业背景说明、软件工具和程序、设备技术资料、操作说明手册等。通过这些保障条件，学生不仅可以掌握设备对象在实际工业系统中的角色和地位，还能够自主完成设备的运行和操作，探索工业系统的结构功能；同时还可以通过提供的软件工具，测试分析系统的性能指标。所有保障条件的目标都是让学生能够自主完成工作，充分发挥其主动性和激发探索未知领域的兴趣。

(2) 明确工作任务

在工业科学与实践课程的实践环节中，教师的主要工作是针对不同阶段的学生和不同的实践设备，结合表1-1所列的教学内容和培养目标设置工作任务。围绕一台实践设备，通常设置10个左右的工作任务，内容涵盖设备操作运行(认识能力)、系统结构和功能分析(系统分析能力)、基于技术资料分析运动和受力特性、进行测试和数据分析、控制方法和控制效果对比等。每个任务的侧重点不同，需要的技术资料和软件工具各有差异，这样，不仅可以拓宽学生的知识领域和提高工程能力，还可以培养学生的多学科交叉融合及理论联系实际的能力。

(3) 提出工程和学术问题

在工业科学与实践课程的实践环节中，教师的一个重要任务是针对不同工业设备和培养目标，提出工程和学术问题，激发学生主动思考的意识。其中，最常见的问题是“工业系统为什么采用此种设计实现方法而不是另外一种实现方案?”“理论结果、期望结果和试验结果为什么会有差异及其产生的原因?”等。这些问题通常没有标准答案和最优结果，目的是让学生通过这种开放但又非常具体的问题，逐步提升其解决复杂工程问题的能力。

(4) 注重沟通能力的培养

技术沟通能力是工业科学与实践课程中实践环节的主要培养目标之一。在一堂实践课上，学生要完成提交技术报告、口头描述系统功能、口头回答技术问题、口头阐述系统特点和设计优化的方案任务，这些任务均可以有效提升其技术沟通能力。

1.3 工业科学与实践课程考核方法及标准

本节介绍工业科学与实践课程的考核内容和特点，包括考核程序、形式与内容、评价标准以及实验设备的特色等，并在此基础上总结工程师的培养标准及内涵，最后通过一个案例介绍实践环节考核的具体内容，并分析其特色。工业科学与实践中实践课程环节的考核形式新颖，其以评估学生的综合能力为准则的评价标准与工程师的培养目标契合。

1. 考核程序

工业科学实践环节的考核建议持续4小时，考核环节可分为三部分，具体见表1-5。

表1-5 工业科学实践环节考核程序

时　间	完成内容	考核模式
第1部分 (1小时)	① 根据说明书操作运行实践设备，测量基本性能参数； ② 完成系统功能分析，阐述各部件在实际系统中的作用	口头阐述5分钟
第2部分 (1小时)	① 分析系统的结构组成，给出结构框图； ② 建立性能模型，解释模型与物理系统的关系及内涵	口头阐述5分钟
第3部分 (1.5小时)	① 对系统操作，或者对系统文件进行分析，辨识控制模型中的未知参数； ② 在参数确定之后，对模型进行仿真，与实际测试结果进行对比； ③ 给出系统设计改进建议，并解释模型改进后的系统的改进点	不进行口头考核
	总结	口头阐述10分钟

在考核开始之前，老师需要介绍与设备相关的基本背景，以及考核的要点和注意事项。学生要掌握此次考核的目的、实施途径，并能够领会不同工业领域、不同设备之间的相同与不同点。在考核用电脑上会提供所有与设备相关的文档资料、图纸、软件工具等，现场还准备好操作工具和测试设备。

在整个考核过程中，老师不能主动提醒和打扰考生，在每个部分完成后，考生可以向老师示意，等待向老师口头阐述。在等待过程中，考生可以继续下一个部分的工作直至完成所有要求的项目。最后 10 分钟的总结之后，考评老师会根据考生的综合表现进行打分。

2. 考核标准

在工业科学实践环节的考试中，主要考核 6 项专业能力，每项专业能力包含 3 个基本技能。每个基本技能通过一个相关的问题来考核，根据表现，每项技能评分从 0(差)到 3(非常好)不等。考核标准见表 1－6。

表 1－6　工业科学实践环节考核标准

序　号	专业能力	基本技能
A	理解系统工作方式和原理	A. 1 描述设计功能和结构； A. 2 正确使用设备； A. 3 理解和确认设计者意图
B	分析能力	B. 1 明确产品设计和需求； B. 2 正确分析系统功能和结构； B. 3 分析模型与实际系统之间的差异及产生的原因
C	实验及动手能力	C. 1 掌握操作规范； C. 2 正确操作设备； C. 3 正确测试实验结果
D	建模及分析能力	D. 1 具备建立/验证模型正确性的能力； D. 2 能够基于模型进行分析和仿真； D. 3 基于分析结果校核模型的准确性
E	解决问题的能力	E. 1 掌握数值仿真技巧； E. 2 准确进行数值仿真； E. 3 能够准确得到数值仿真的结果
F	设计优化及决策能力	F. 1 提出设计方案； F. 2 对现有的设计方案提出优化建议； F. 3 给出结论

实践环节考核满分为 20 分，其中 15 分与完成工作的结果有关，根据表 1－6 所描述的 18 项技能的表现直接给出分数。另外 5 分用来评价技术沟通能力、工程能力以及口头表述能力，其中：① 口头描述的逻辑性和质量(2 分)；② 与工程能力(分析系统的功能和性能，以及模型与实际产品结果存在差异的原因)相关的阐述结果(2 分)；③ 老师根据表现进行综合权衡(1 分)。

3. 考核用设备

为工业科学与实践课程开发的实验设备种类很多，且大都来源于实际工业系统，涵盖大多数工业领域和所有工业科学与实践课程涉及的学科方向。当然，这些设备具有一定的相似性，考生在掌握基本专业知识、数学方法及软件工具之后，就具备了通过考核的能力。

图 1－3 中列出了可用于工业科学与实践课程考核的部分教学设备。从考核用设备可以看出，其涉及领域非常广泛，15 种考核用设备涵盖了交通、汽车、农业、办公、通信、医疗等多个行业，每台设备设置 3 个重点各异的考核题目，分别侧重机械、控制、信息处理等。其中，图(a)～(e)是近年新开发的设备，图(f)～(o)是曾经用于实际考核的设备。每年需要更新 20％左右的工业科学实践设备，设备的更新与工业技术的发展同步，以保证考核内容具有一定的先进性。

(a) 电动自动调节屋顶　(b) Delta机器人　(c) 触觉跟踪器　(d) 喷墨打印机

(e) 汽车驾驶模拟器　(f) 力感知伺服机械手　(g) 压路机　(h) 飞行观测控制实验系统

(i) 三轴稳定摄像　(j) 血液自动采集系统　(k) 无人机控制平台

(l) 天文望远镜控制平台　(m) 腹腔镜手术操作臂　(n) 葡萄分拣机器人　(o) 航空用伺服机构MAXPID

图 1－3　工业科学与实践课程部分考核用设备

工业科学与实践课程的教学内容具有以下三个特点：

(1) 理论与实践教学紧密结合

理论教学内容并非将机械、控制、系统科学等学科进行区分，而是将这些内容在一门课程中进行全面讲解，采用一种典型的多学科交叉和融合的教学模式。

实践教学的特点是持续时间长，实践环节多。不同于以验证理论为目的的实践教学模式，在工业科学与实践课程的实践环节中，教师通过明确工作任务和设置问题，培养学生多学科交叉融合的能力、理论联系实际的能力和解决复杂工程问题的能力。

(2) 实验设备来源于实际工业系统，具有典型的多学科特征

通常使用的教学实践设备多是标准设备，以演示和验证理论目标为主。工业科学实践设备大多是非标准工业系统或设备，种类多样、来源丰富，多学科交叉特征明显。学生在学习期间，能够接触和掌握与实际工业系统相关的大多数学科和工程技术，不仅有助于培养动手、动脑的习惯以及多学科交叉融合的能力，还有助于发现自身的技术优势及兴趣，更加合理地规划将来的职业方向。同时，每年20%左右的实践教学设备的更新也保证了教学内容的先进性。

(3) 注重技术沟通能力的培养和考核

普通实践类课程的考核通常以结果的准确性为标准，对过程质量的评价以及沟通能力的评估所占比重很小。工业科学与实践课程与普通实践类课程的考核环节不同，不仅考查对工业科学基础知识和技能的掌握程度，也评估学生的技术沟通能力，书面报告、口头描述、结果展示等环节的评估结果在课程成绩中占有较高的比重。这种考核方法有效提升了学生的技术沟通能力。

4. 案　例

本节以航空用伺服机构(见图1-3(o))为例，介绍工业科学与实践课程考核的主要内容。该装置的设计理念来源于飞机舵机系统，飞机舵机接收飞行控制计算机指令，需要转动固定角度，以实现对飞机姿态和飞行轨迹的准确控制。作为一种简化的飞机舵机系统，该装置可以接收计算机的位置指令，并通过控制器、驱动电机、机械机构、传感器等，实现对舵机转角的准确控制，其具体性能指标见表1-7。

表1-7　舵机机构性能指标

描　述	指标要求
质量	1.2 kg
转动角度	0～40°
快速性	全量程阶跃响应时间＜0.2 s
准确性	无稳态误差
稳定性	相角裕度＞60°

在4小时的考核期间，考生围绕航空用伺服机构，需要完成的工作项目见表1-8。

对应表1-6阐述的考核能力及标准，围绕伺服机构设备，每个工作项目与对应的考核能力关系矩阵见表1-9。

表 1-8　工业科学与实践课程考核过程的工作项目

序　号	工作项目
1	识别伺服机构系统组成； 分析实验系统与实际飞机舵机系统的差异； 分析运动学特征
2	分析传感器及系统信息流
3	测量运动角度； 分析电机转动角度与舵机转动角度之间的关系
4	基于测量结果，分析辨识部分结构参数(如电机时间常数等)
5	理论分析当前设计状态下伺服机构的性能参数
6	通过实验对比不同控制参数下系统的响应
7	理论分析不同控制参数对系统性能的影响
8	通过实验验证系统中的非线性环节
9	考虑伺服机构的重量、摩擦力、电枢电流饱和环节等非线性因素； 校核模型正确性
10	对比理论分析与试验结果之间的差异及其产生的原因
11	基于建立的模型调整控制参数，分析是否能够达到性能需求
12	为了验证调整后的模型，需要进行实验设计，确定测试项目； 评估模型准确性的验证方法
13	评价系统响应稳态误差，确定消除稳态误差的方法
14	基于提供的软件工具，用计算机实现控制器
15	通过实验来验证所提出的稳态误差消除方法
16	提出系统设计优化方法和方案

表 1-9　工作项目与考核能力关系矩阵

考核能力	系统理解能力			分析能力			实验动手能力			建模分析			解决问题			设计优化与决策			评　分				
序　号	A1	A2	A3	B1	B2	B3	C1	C2	C3	D1	D2	D3	E1	E2	E3	F1	F2	F3	0	1	2	3	总　分
工作项目 1	1	1	—	—	1	1	—	—	—	—	—	—	—	—	—	—	—	—					
工作项目 2	1	—	1	—	—	—	—	—	—	1	—	—	—	—	—	—	—	—					
工作项目 3	—	—	—	—	—	1	—	1	1	1	—	—	—	—	—	—	—	—					
工作项目 4	—	—	—	—	—	—	—	—	—	—	1	—	1	1	1	—	—	—					
工作项目 5	—	—	—	—	—	—	—	—	—	—	1	—	—	1	1	—	—	—					
工作项目 6	—	—	—	—	—	—	1	1	1	—	—	1	—	—	—	—	—	—					
工作项目 7	—	—	—	—	—	—	—	—	—	1	—	—	—	—	—	—	1	—					
工作项目 8	—	—	—	—	—	—	1	1	1	—	—	—	—	—	—	—	—	—					
工作项目 9	—	—	—	—	—	—	1	1	1	—	—	—	—	—	—	—	—	—					
工作项目 10	—	—	—	—	—	—	—	—	—	—	1	1	—	—	—	—	1	—					
工作项目 11	—	—	—	—	—	—	—	—	—	—	—	—	1	1	1	—	—	1					
工作项目 12	—	—	—	—	—	—	—	1	1	—	—	1	—	—	—	—	—	—					
工作项目 13	—	—	—	1	1	1	—	—	—	—	—	—	—	—	—	—	—	—					

续表 1-9

考核能力	系统理解能力			分析能力			实验动手能力			建模分析			解决问题			设计优化与决策			评 分				
序 号	A1	A2	A3	B1	B2	B3	C1	C2	C3	D1	D2	D3	E1	E2	E3	F1	F2	F3	0	1	2	3	总 分
工作项目14	—	—	—	—	—	—	—	—	—	1	—	—	—	1	1	—	—	—					
工作项目15	—	—	—	—	—	—	—	1	1	—	—	—	—	1	—	1	—	1					
工作项目16	—	—	—	1	1	1	—	—	—	—	—	—	—	—	—	—	—	—					

根据考生在所有16个工作项目上的表现，老师根据表1-6给出学生的客观表现评价(最高15分)。另外5分评价考生的技术沟通和口头表述能力，包括：① 正确描述结果的能力；② 解释结果发生的原因；③ 独立自主工作；④ 提出多种解决问题的方案；⑤ 针对问题给出结论。技术沟通能力最高为5分，老师根据学生在阐述环节的表现进行综合评定。

工业科学与实践课程的考核具有以下特点：

① 考核内容和形式与工业科学与实践课程的教学内容无缝衔接、互相促进。实践环节的考核以工程实际系统为对象，在持续4小时的考核时间中，考生与考评老师能够进行充分的沟通和交流。实践设备来源于工程实际，督促教师在平时的教学过程中注意保持教学内容与工业技术发展的同步性。

② 考核方法和标准与现代工程技术人才培养需求和目标高度契合。工业科学与实践课程的实践环节主要考核6项专业能力，涵盖18项基本技能以及技术沟通能力。科学合理的考核方法和标准有助于提高这些专业能力和基本技能的培养水平，进而支撑工程技术人才培养体系的完善。

③ 评价标准科学规范。考核采取“自主工作+问答”的方式，能够充分考评考生在“专业基础知识、动手能力、自主解决问题的能力、沟通交流的水平”等各个方面的素质，评估手段更具科学合理性。6大类的评价标准+18项专项技能的标准，以及技术沟通能力的评价标准，设置科学合理，既能科学评价考生的综合素质，又具备非常高的可操作性，使考生在4小时的考核期间，可以充分发挥自身能力。科学评价标准也减少了考核过程中的偶然和不确定因素，更是考生真实素质和能力的体现。

工业科学与实践课程提出的18项评价标准与我国工程教育培养标准具有高度的一致性，值得在我国推广应用。但这种考核方法，需要大量师资资源，同时需要配套的、能体现当今工业科技发展水平的实践教学设备。因此，这种考评模式的推广，还需要政府的统筹指导、工业界的积极参与和教师的教学投入。

1.4 小 结

本章介绍了工业科学与实践课程的内容与培养目标，分别阐述了理论教学内容与多种能力培养之间的逻辑关系，实践教学内容和实践设备的特点，以及实践环节的考核方法与特点。

工业科学与实践课程是一门理论深度联系实际的课程，主要目标是培养学生在面对实际且复杂的工业系统时，综合运用多学科知识解决问题的能力，以及与人进行技术沟通的能力。本章所阐述的教学内容和实践环节的考核方法可以供教师读者参考。

第2章　系统分析方法

现代工业系统组成复杂，功能多样，对系统进行设计与分析，需要掌握相关技术领域的知识和技能。本章首先简要介绍现代工业系统的基本分类，然后分别阐述需求分析和功能分析方法，并针对实际工业系统和实践设备，通过案例介绍工业系统的分析方法。

2.1　概念与术语

2.1.1　概念与系统分析术语

1. 需　求

需求(need)是用户对产品或系统期望功能或性能的描述。

2. 产　品

产品(product)是提供给用户并满足需求的物理系统。

3. 系　统

系统(system)是由不同部件组成的物理实体，可以具备一个或多个功能，比如人体的神经系统(nervous system)、太阳系(solar system)、用方程描述的系统(system of equations)。

在对系统进行分析时，通常还要分析工业系统的其他特性，包括：① 寿命；② 成本；③ 用量；④ 可靠性；⑤ 维修性等。

4. 系统结构

系统结构(structure)是通过对工业系统进行结构分析来描述系统的物理组成，以及物理部件之间的连接关系。

5. 系统作用

系统作用描述功能及功能实现所需要的条件和外部环境。

对工业系统进行分析时，通常先经过需求分析和功能分析，然后由用户(或产品开发者)经过综合分析与权衡，确定设计方案并实现。系统分析流程如图 2-1 所示。

从用户角度看，工业系统的所有元部件组合在一起，并非就天然地具备了一定的功能并满足用户需求。比如，自行车并不是多个元部件的简单组合，而是能够满足交通需求的工具。它必须满足以下几个特征：① 便宜；② 能够不太费力地载人移动；③ 快速；④ 美观。以上所有特征就构成了自行车系统的整体功能。

6. 主体功能

主体功能(global function of a system)是工业系统最主要的功能需求。如果没有此功能，系统就没有存在的理由。

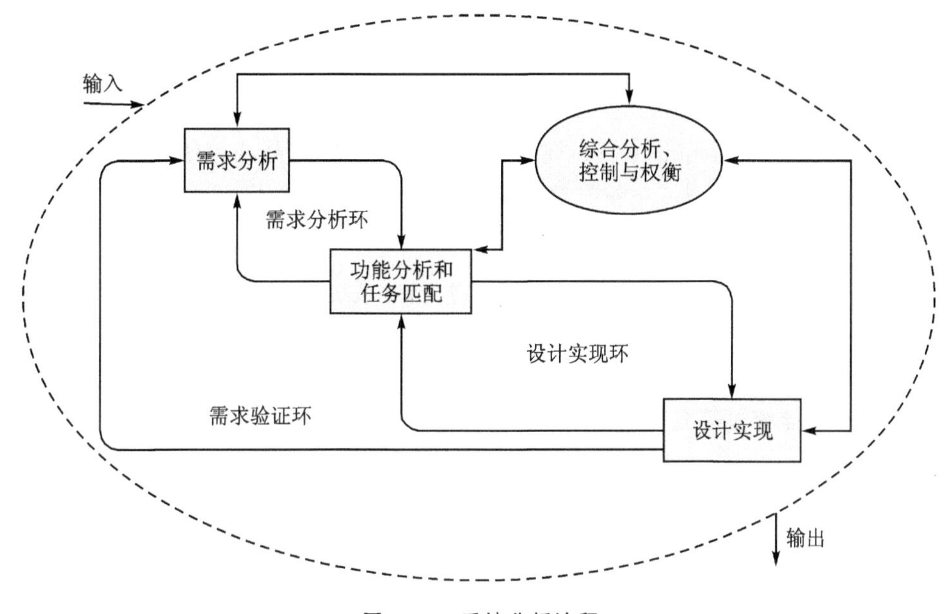

图 2-1 系统分析流程

7. 工作对象

工作对象(work material)是工业系统所处环境的一部分。系统运行改变工作对象的部分特征。工作对象可以是产品(对象),也可以是能量,还可以是信息。工作对象由系统输出值改变。

8. 系统输出值

系统输出值(added value)描述系统工作对象的初始值与最终值之间的差异,这种差异是系统导致的。通常,对于工业系统,其主体功能是向工作对象提供系统输出值,该输出值描述系统初值与终值之间的差异。这种差异就是用户的需求。

系统输出值可以是以下类型:① 随着时间变化的物理量(质量、能量等);② 相对运动的物理量(位移、速度、加速度等);③ 系统结构的变化等。

2.1.2 需求分析术语

随着技术水平的发展,工业系统的规模也越来越大,技术复杂度逐步提高。对工业系统的分析,尤其是需求分析,在工业系统设计环节中也扮演着越来越重要的角色。

1. 业务需求

业务需求(business requirement)表示组织或用户高层次的目标。业务需求通常来自项目投资人、购买产品的客户、实际用户的管理者、市场营销部门或产品策划部门。业务需求描述了为什么要开发一个系统,即希望达到的目标。类比当下比较火热的医用口罩市场,业务需求对应的就是医用口罩生产商。

2. 用户需求

用户需求(user requirement)描述的是用户的目标,或用户要求系统必须能完成的任务。用例、场景描述和事件-响应表都是表达用户需求的有效途径。也就是说,用户需求描述了用户能使用系统来做些什么。同样用医用口罩进行类比，用户需求面向的用户就是需要戴口罩的医护工作者、病毒感染者或者需要口罩防护的普通人。

3. 功能需求

功能需求(functional requirement)规定开发人员必须在产品或系统中实现的功能，用户利用这些功能来完成任务，满足业务需求。功能需求面向的是医用口罩本身。

4. 非功能性需求

非功能性需求(non-functional requirement)包括对系统提出的性能需求、可靠性、可用性需求、系统安全，以及系统对开发过程、时间、资源等方面的约束和标准等。其中，性能需求指定系统必须满足的定时约束或容量约束，一般包括速度(响应时间)、精度、信息量速率(吞吐量、处理时间)和存储容量等方面的需求。

2.2 工业系统分类

基于不同的分类标准，工业系统分类的结果多种多样。按照系统的构成内容，可以分为实体系统和概念系统；按照系统与环境的关系，可以分为开放系统和封闭系统；按照系统与时间的关系，可以分为动态系统和静态系统；按照系统规模大小和复杂程度，可以分为简单系统、巨系统和复杂巨系统。

对于工业系统来说，通常按照操作方式将其分为以下三类：

1. 人力系统

虽然是工业产品或系统，但需要通过人力执行和工作，比如自行车就是典型的人力系统。

2. 手动系统

此类工业系统由外部提供能源或动力，但是需要由用户手动操作实现预期功能，比如汽车(非自动驾驶或自动巡航汽车)、摩托及工业上常用的手动电钻等。

3. 自动系统

此类系统的能源由外部提供，操作指令由用户通过人机界面输入至系统，能够全自动运行并实现预期功能和性能，比如全自动洗衣机、自动驾驶汽车等系统就是典型的自动系统。本书中阐述的工业系统均为此类系统。

2.3 系统分析流程

2.3.1 瀑布模型

瀑布模型(waterfall model)是将项目活动分解为线性顺序阶段的过程，其中每个阶段都取决于上一个阶段的可交付成果，并且对应于特定的任务。该方法是某些工程设计领域的典型方法。在软件开发中，它往往是迭代性和灵活性较差的方法之一，因为在概念、启动、分析、设计、构造、测试、部署和维护的各个阶段中，项目进展主要沿着一个方向(如瀑布般“向下”)流动。瀑布模型如图2-2所示。

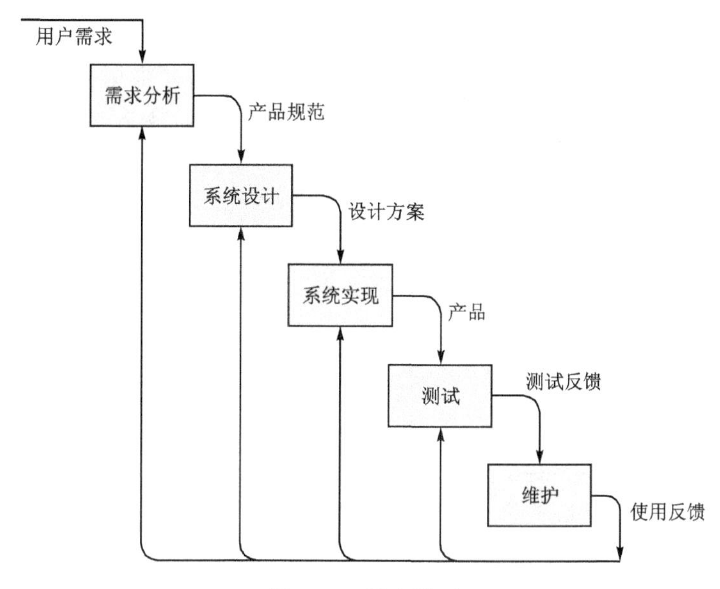

图 2－2　瀑布模型

瀑布模型最早应用在软件工程项目中。1985 年，美国国防部在 DOD－STD－2167A（其与软件开发承包商的合作标准）中采用了这种方法，其中指出：承包商应实施包括以下六个阶段的软件开发周期：初步设计，详细设计，编码，单元测试，集成，测试。这六个阶段也成为瀑布模型最初的模型组成部分。

瀑布模型能够为项目提供按阶段划分的检查点，当前一阶段完成后，项目管理者只需关注后续阶段；并且，瀑布模型提供了一个模板，该模板使得分析、设计、编码、测试和所支持的方法可以在该模板下有一个共同的指导准则。

使用瀑布模型对系统进行分析和管理产品开发进程也有显著缺陷。首先，由于其各个阶段的划分完全固定，阶段之间产生大量的文档，极大地增大了工作量。其次，由于开发模型是线性的，用户只有等到整个过程的末期才能见到开发成果，从而增大了开发风险。瀑布模型还有一个严重的缺点就是不适应用户需求的变化。

2.3.2　V 模型

V 模型（V-model）最初是一种用于软件工程开发的模型，由慕尼黑工业大学、凯泽斯劳滕工业大学、空中客车集团、IABG 和西门子公司共同开发，被德国政府和军方用作工程开发的标准。随着 V 模型的发展，它不仅可以用于软件系统的开发，在实际工业系统的设计和实现流程中也同样适用。因此，也可以在一般工程中被各个领域的企业所使用。

与传统的系统分析流程非常相似，V 模型中定义了一系列工业系统的实施阶段，这些阶段应该在整个系统研发周期中依次发生，直到系统研发完成。因此，V 模型不是一种快速研发系统的方法，并且它与研发阶段中复杂庞大的实施阶段相关。对团队中的每个人，特别是客户或用户来说，详细了解系统的 V 模型具有一定的挑战性。

如上所述，V 模型列出了在产品开发时需要经历的各个阶段，以及各阶段对应的产出，如图 2－3 所示。V 模型的左侧是系统的验证（verification），主要包括市场需求（business case）的分析与验证，产品需求（requirement）的分析与验证，需求分析后明确系统的规格（system specification),并确定系统设计(system design)和元件设计(components design)。V 模型的右侧是各部分的确认(validation)。不过,针对需求的确认,需要根据更高层次的需求文件或客户的需要来确认。最简单的区分“验证”与“确认”的方式是:“验证”永远是根据需求文件(技术层面),而“确认”则是根据真实世界的情形或者客户的需要。

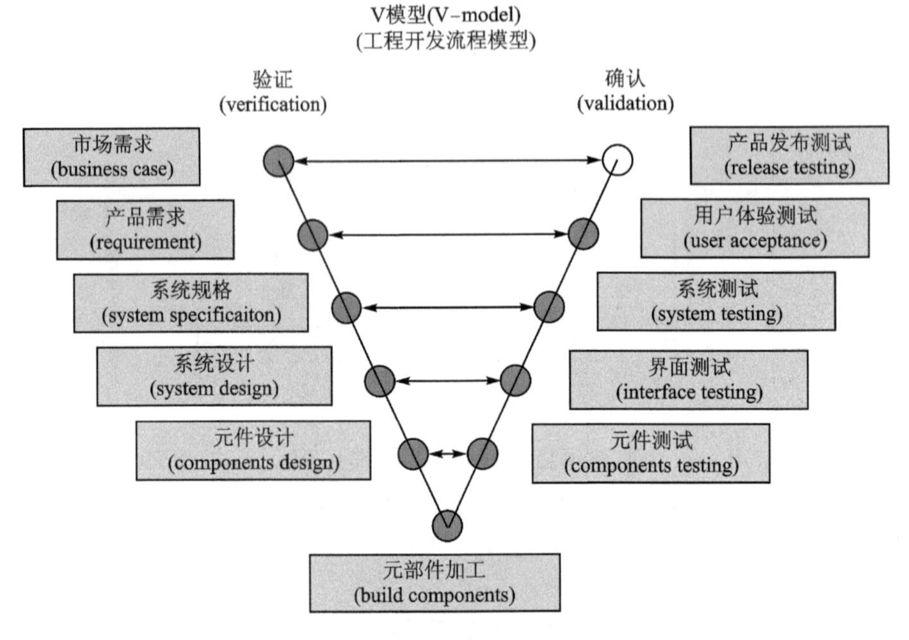

图 2-3　系统工程中使用的 V 模型

从 V 模型的左上角开始,随着时间的推移朝着右上角移动,这些阶段代表了与瀑布模型相似的顺序发展过程。下面简要讨论典型 V 模型中涉及的九个阶段中的每个阶段以及它们如何组合在一起。

1. 需求分析阶段

在此初始阶段,对系统需求的分析与明确对于确定系统功能和客户目标至关重要。就像瀑布模型或其他类似方法的相同阶段一样,在此阶段,工程师花费足够多的时间创建全面的用户需求文档。需求分析包括对业务需求、用户需求和功能需求的分析三个层次,分别由不同类型的工程实施人员完成。需求分析完成之后即可确定产品规范。

V 模型的独一无二的特征在于,对应每个验证阶段,都有相应的确认(校核)阶段实施。

2. 系统设计

通过在需求分析阶段得到的用户反馈和需求文档,在系统设计阶段生成详细规范文档,该文档将概述所有技术细节,系统测试方案也在此阶段设计,以备后用。

3. 元件设计

此阶段包括系统的所有低层级元部件的设计,以及如何实现所有功能及部件之间的连接规范等。元件测试方案也在该阶段创建。

4. 元部件加工与实现

该阶段是系统实施的重要节点。该时间段应分配足够的时间,以将所有以前生成的设计文档和图纸转换为实际的产品和系统。一旦测试阶段开始,此阶段应全部完成。

5. 元件测试

实施元件设计阶段制定的元件测试程序。理想情况下,此阶段应消除绝大多数潜在的错误和问题,因此它将是该项目最长的测试阶段。但是元件单元测试不能(或不应该)涵盖系统中每个可能发生的问题。

6. 界面测试(集成测试)

此处执行在系统设计阶段制定的测试程序,以确保能够将系统的所有元件及来自第三方的元部件集成为一体并正常运行。

7. 系统测试

执行在系统设计阶段制定的测试程序,此阶段侧重于对系统性能的确认。

8. 用户体验测试

测试产品或系统是否满足所有用户需求。

9. 发布前测试

测试产品或系统是否满足产品业务需求。

2.3.3　V 模型的特点

1. 优　点

适合严格限制周期和需求明确的系统开发。由于 V 模型具有线性设计特征,且实施和测试阶段也要求有一定的严格性,因此近年来医疗器械行业大量采用 V 模型。在项目周期和范围明确,技术稳定,文档和设计规范明确的情况下,V 模型是一个很好的系统分析方法。

项目周期管理的理想方法。V 模型非常适合必须保持严格期限,并在整个过程中满足关键里程碑日期的工业系统开发。通过相当清晰且易于理解的阶段,整个开发生命周期的创建时间线相对简单,同时为整个开发阶段的每个阶段创建了里程碑。

2. 缺　点

缺乏适应性。与传统瀑布模型所面临的问题类似,V 模型最差的方面是它无法适应开发生命周期中的任何必要变化。例如,某些基本系统设计中的一个被忽视的问题,即使在实施阶段被发现,也可能对工时和成本造成严重损失。这个问题恰恰说明了在前期系统分析阶段高质量完成工作的必要性。

时间限制。这虽然不是 V 模型本身的固有问题,但在生命周期结束时对测试的关注意味着在项目结束时很容易匆匆忙忙地进行测试,以便满足截止日期或里程碑。

不适合长寿命周期。与瀑布模型一样,V 模型完全是线性的,因此一旦开发过程启动,就不容易更改项目。因此,V 模型不适合处理可能需要许多版本或不断更新/补丁的长期项目。

鼓励“按照项目组”模式开发。V 模型及其各种线性阶段的严格和有条理的性质,往往强调一个适合管理者和用户的开发周期,而不是适合开发人员和设计人员。使用像 V 模型这样的方法,项目经理或其他人很容易忽略项目实施的巨大复杂性,并轻易尝试满足最后期限,或者对过程或当前进展过于自信。

2.4 功能分析方法

2.4.1 分 类

具备对复杂工业系统的分析能力是现代工程师必须具备的技能。本节阐述外部功能分析(external functional analysis)和内部功能分析(internal functional analysis)的方法，使读者在面对实际工业系统时，具备分析系统功能、掌握内部逻辑关系的基本技能，以及训练逻辑思维方式和方法的能力。

功能分析有以下两种类型：

1. 总体功能

总体功能(service function)是产品或系统为了满足用户需求而必须具备的功能，它描述了产品或系统与外部环境之间的内在关系。总体功能受系统与外部环境之间关系的约束，所以总体功能分析也称为外部功能分析。

2. 技术功能

技术功能(technical functions)描述工业系统内部子系统之间(或者元部件之间)的功能传递和逻辑关系，所以也称为内部功能分析。

2.4.2 外部功能分析

为了准确描述总体功能，需要明确定义产品或系统与外部环境之间的功能边界(boundary)。系统边界(boundary of system)可以是实际产品与外部环境之间的边界，也可以是假想边界。这个边界将系统与外部环境隔离开来。边界以内的元部件属于待分析系统，边界以外的元部件属于系统所处的环境。

在对系统进行分析之前，必须明确系统的边界。一旦系统边界明确，通过系统分析就可以得到：① 环境因素；② 环境因素与系统之间的关系；③ 系统的输入和输出。

系统改变所处环境(environment)的工作对象(work material)。因此，系统在其自身元件与外部环境之间产生相互作用，这种相互作用可用总体功能(service function)模型来描述，称为系统元素作用关系图(Inter-Actors Diagram, IAD)，如图 2-4 所示。系统元素作用关系图主要描述系统与外部环境因素之间的关联关系，其主要元素包括：

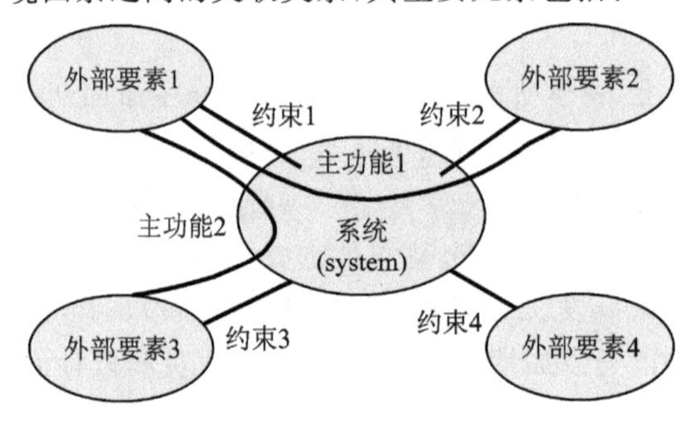

图 2-4 系统元素作用关系图

① 系统(system),也称研究对象。

② 系统边界(boundary of system),指系统与外部元素之间的边界。

③ 外部元素(external elements),指与系统存在关联关系的外部部件、人和其他外部环境。

④ 主功能(Main Function, MF),指由系统与一个或多个外部元素之间的关联关系构成的系统主功能。一个系统只有一个主功能,主功能主要用于满足系统需求。

⑤ 约束功能(Constraint Function, CF),指系统与其他外部环境元素之间的约束关系。

2.4.3　内部功能分析

内部功能分析即技术功能是由设计者定义,用于达到系统的总体功能。

在产品设计中,可以把用户的需求作为出发点来设置产品的功能模型,以阐明和设计产品的体系结构。

功能分析系统技术 (Functional Analysis System Technique, FAST)采用自顶向下的分析方法,用于定义、分析和理解产品的功能,确定功能之间的关系。它通常是以逻辑的顺序来展示产品的功能,对它们的主次关系进行排序,并检验功能之间的相互依赖关系。此外,还可以利用其中的“如何(How)—为何(Why)”的问答方式,从关键路径上一直核查到根节点——基本功能,以此来寻找其关键路径上各子功能与基本功能的关系。

1. 功能分析系统技术框架

功能分析系统技术是一种图形化的描述产品、系统、流程、服务之间内在逻辑关系的方法,通过描述系统功能的原因(或目的)(Why)、方法(How)以及实现系统的时间关系(When)来表述产品或系统之间的内在逻辑关系。如图 2-5 所示是一种 FAST 分析方法的典型架构。

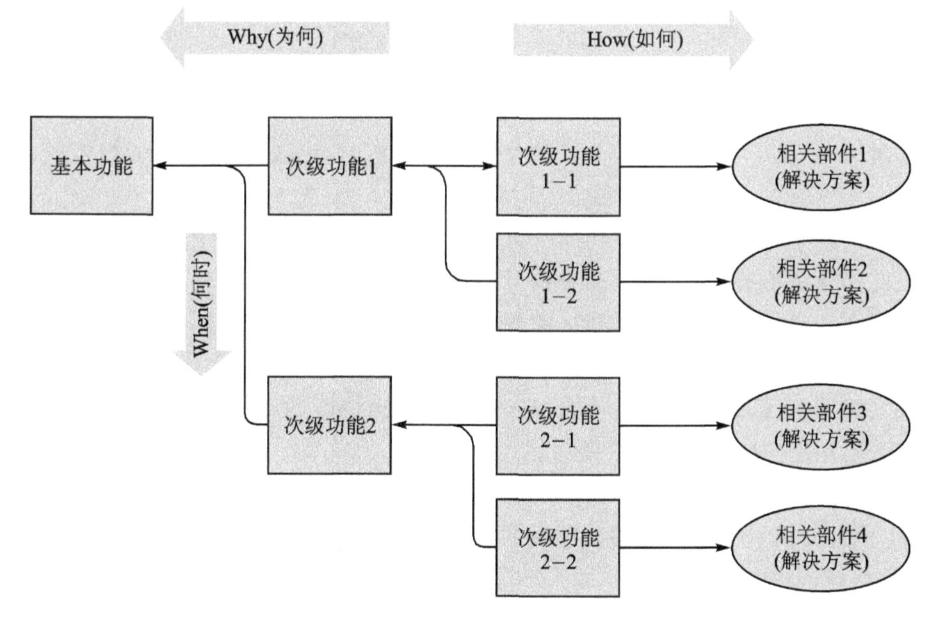

图 2-5　功能分析系统技术框架

2. FAST是对系统进行分析的关键环节

功能分析系统技术通过展示系统各个功能之间的逻辑关系，来直观地思考并界定项目范围。将系统功能展示为功能逻辑FAST图，使系统分析者能够识别所有必需的功能。FAST图可用于验证是否符合设计功能需求，并且说明系统设计方案是如何实现设定功能的，此外，它还可用于识别重复的或不必要的功能，以及哪些需要的功能处于设计缺失状态。

3. FAST分析的优点

FAST图的开发是一个创造性的思维过程，有助于团队成员之间的沟通与协调。

通过开发团队对系统的FAST图进行分析，有助于团队开展以下工作：

① 建立对项目的共同理解；

② 明确系统功能是否缺失；

③ 定义、简化和澄清系统开发中存在的问题；

④ 组织和理解功能之间的关系；

⑤ 确定项目、流程或产品的基本功能；

⑥ 增强沟通和共识；

⑦ 激发团队创造力。

4. 如何绘制FAST图

绘制FAST图，需要解决三个关键问题：

① 如何实现功能；

② 为什么要这样做；

③ 执行此功能时，还必须具备哪些其他功能。

5. 构建FAST图的步骤

从系统设定的功能开始，开展功能分析（function analysis）工作：

① 从“How（如何）”向右和从“Why（为何）”向左扩展。

② 通过回答“设定功能如何实现？”这个逻辑，构建“How（如何）”路径，将实施方案放在右边。

③ 通过询问“为什么要执行此功能？”绘制“Why（为何）”路径（从上到下）。

④ 当此条策略不适用时，要主动寻找可能缺失或冗余的功能，并调整功能的次序。

⑤ 当需要分辨同时发生的功能时，需要清晰了解“何时完成此功能，此功能或者由其他功能引起？”

⑥ 高层级功能（FAST图左侧功能）描述的是最终目标，低层级功能（FAST图右侧功能）描述了高层级功能是如何通过低层级功能实现的。

⑦ FAST图中的“When（何时）”不是指物理时间，而是指相关功能之间的因果关系。

FAST图通常由具有工程经验的项目负责人绘制，但是项目的所有参与者都要为FAST图的绘制提供输入信息和资料。

FAST图虽然是一种行之有效的、对系统功能的逻辑关系进行描述的工具，但是任何系统的FAST图绘制都没有标准答案。FAST模型的有效性取决于系统需求分析时与会者的知识范围。FAST图的绘制过程和目标有助于项目团队对项目的理解达成共识。

2.4.4　结构化分析和设计技术

1. 概　述

结构化分析和设计技术(Structured Analysis and Design Technique, SADT)是一种系统工程和软件工程方法,用于将系统描述为功能层次结构。SADT 也是一种结构化分析建模语言,使用了两种类型的图表:活动模型(active model)和数据模型(data model)。SADT 通过符号框图,让工程师更便捷地描述和理解系统。它提供了用于表示实体和活动的构建块,以及用于关联框的各种箭头,这些框和箭头具有相关的非正式语义。SADT 可用作对工业过程进行功能分析的工具,表述不同层次的细节。SADT 方法不仅可满足对信息系统开发的需求(通常用于工业信息系统),还可以展示和呈现工业活动的制造流程和程序。

SADT 是一系列结构化方法的一部分,代表了一系列分析、设计和编程技术,这些技术是为了应对 20 世纪 60—80 年代软件世界所面临的问题而开发的。当时大部分商业编程都是在 COBOL 和 FORTRAN、C 和 BASIC 中完成的。对"好"的设计和编程技术的指导很少,而且没有标准的技术来记录需求和设计。之后,系统越来越大、越来越复杂,信息系统的开发也变得越来越困难。作为一种帮助管理大型复杂软件的方法,SADT 是一系列类似的结构化方法之一,自其 1960 年出现以来,中间经过了多次完善和更改,直至 1981 年,以 SADT 为基础,发展出一种功能建模(function modeling)工具 IDEF0。IDEF0 是一种系统描述工具,通过图形化及结构化的方式,清楚严谨地将一个系统中的功能,以及功能彼此之间的限制、关系、相关信息和对象表达出来。通过如此的表达方式,让使用者得以借由图形便可清楚知道系统的运作方式以及功能所需的各项资源,并且为建构者和使用者在进行相互沟通与讨论时,提供一种标准化与一致性的语言。

2. SADT 的基本知识

SADT 主要用于软件和工业系统的功能分析,采用层次化结构,通常采用自顶向下的层次结构,SADT 的典型结构及其应用如图 2-6 所示。

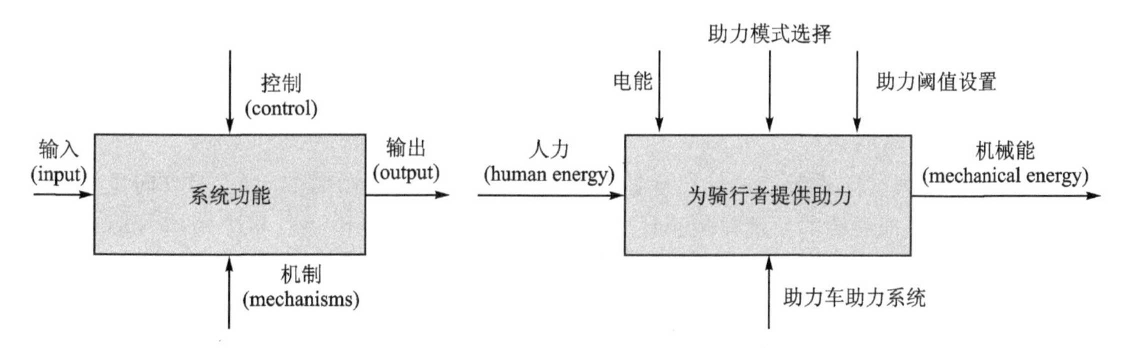

图 2-6　SADT 的典型结构及其应用

SADT 的典型结构如下:

① 主框(main box)描述系统或活动的名称;

② 左端代表输入(input);

③ 上端代表活动所需要的数据(control);

④ 底端代表活动所采用的方法(mechanism);

⑤ 右端代表输出(output)。

SADT框图中的箭头兼备活动(activities)和数据(data)的双层语义。其中,活动箭头的语义包括:

① 左侧输入活动,表示将系统所需的数据或消耗品输入至系统。

② 右侧输出活动,表示系统生成数据或产品。

③ 顶部控制活动,表示控制从顶部进入,影响活动执行但系统并未消耗的命令或条件。

④ 底部机制活动,表示完成活动的手段、组件或工具。

数据箭头的语义包括:

① 左侧输入数据,表示系统需要的数据。

② 右侧输出数据,表示系统输出的数据。

③ 顶部控制数据,表示影响系统内部数据状态的数据和量。

2.5 系统分析实例

2.5.1 基于IAD的外部功能分析案例

1. 汽车电子助力转向系统的系统组成及原理

电子助力转向系统(EPS)在不同车型上的结构部件不尽相同,但基本组成大同小异,一般由传统的汽车转向系统(方向盘、转向轴、齿轮齿条或其他形式的转向机构)和电子助力系统组成。而电子助力系统又由以下部件组成:

① 转矩传感器和车速传感器;

② 电子控制单元ECU和蓄电池;

③ 电机;

④ 电磁离合器;

⑤ 减速机构。

以最常见的转向柱助力式EPS(column-assist type EPS)为例,电子助力转向系统的机械模型如图2-7所示。

汽车电子助力转向系统的工作原理如图2-7所示。驾驶员操纵方向盘,对方向盘施加一个力矩,力矩与扭杆两端的角度差成正比。安装在扭杆上的力矩传感器将力矩信号输入电子控制单元ECU(Electric Control Unit),车速传感器将车速信号传给ECU。ECU在检测到汽车点火信号有效后,基于设定的助力规则,输出控制信号控制电机输出助力力矩,再经过离合器和减速器将助力力矩传递给输出轴,按照设定规则提供助力。当汽车处于直线行驶状态时,由于输出轴的转角与方向盘的转角相等,即扭杆两端的角度相等,因此力矩传感器接收到的信号为零,系统不提供助力,电动机停止工作。只有在汽车转向时,系统才提供助力作用。

2. 汽车电子助力系统的主要部件及工作机制

(1) 扭矩传感器

扭矩传感器的作用是将驾驶员施加在方向盘上的力矩等比例地转换为电信号,电信号的

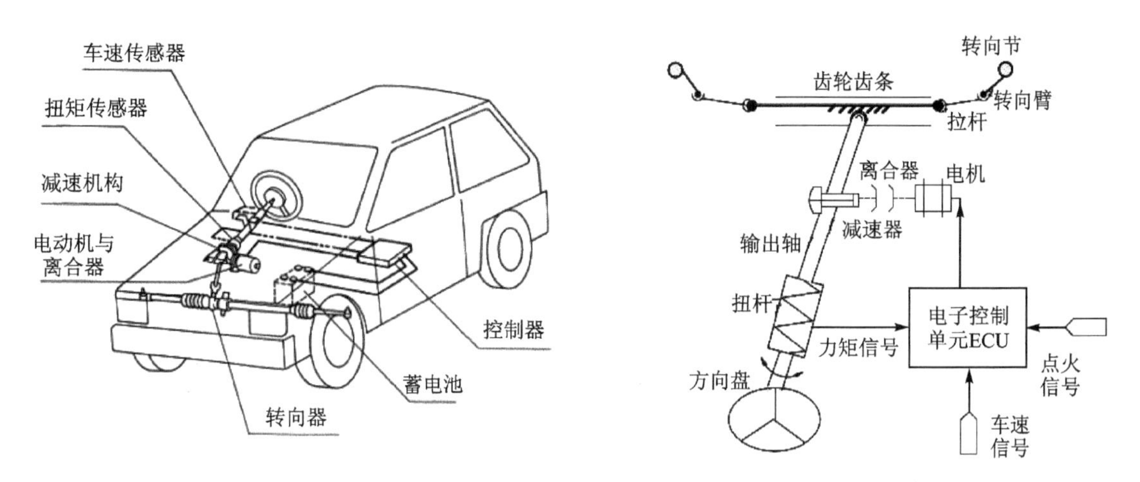

图 2-7 汽车电子助力转向系统的结构及工作原理

正负表示力矩的方向。目前常用的扭矩传感器有电位计式扭矩传感器、金属电阻应变片扭矩传感器,以及非接触式扭矩传感器。

(2) 助力电机

助力电机的功能是根据从电子控制单元接收到的信号输出助力矩,是汽车电子助力转向系统的关键部件之一。虽然不同形式的助力系统对电机的功率要求不同,但是基本要求都是相同的,不仅要求电机具有低速大扭矩,而且要求它可靠性高、易于控制、效率高、转动惯量小、振动噪声小等。随着技术的发展,不断有高性能的驱动电机出现。目前应用在汽车电子助力转向系统中的电机主要包括永磁直流电机、异步电机和永磁同步电机。

永磁直流电机(见图 2-8)最早应用于助力系统中,大多与一个电磁离合器相连。它的价格低廉,工艺技术成熟,控制简单,在早期的电子助力系统中得到广泛采用,目前国内自主研发的助力系统上大部分仍采用这种电机。然而,由于有电刷和换向机构的存在,使得永磁直流电机的噪声大、可靠性较差、寿命短的问题突显,使其逐渐有被其他形式电机取代的趋势。但由于其工作原理简单,易于实现,因此在许多教学实验仪器中大多被采用。

图 2-8 电子助力系统使用的永磁直流电机

(3) 电磁离合器

电磁离合器靠线圈的通断电来控制离合器的接合与分离。电磁离合器可分为干式单片电磁离合器、干式多片电磁离合器、湿式多片电磁离合器、磁粉离合器和转差式电磁离合器等。汽车电子助力转向系统中一般采用干式单片电磁离合器。如图 2-9 所示,干式单片电磁离合器的工作原理是:线圈通电时产生磁力,在电磁力的作用下,使衔铁的弹簧片产生变形,动盘与“衔铁”吸合在一起,离合器处于接合状态;线圈断电时,磁力消失,“衔铁”在弹簧片弹力的作用下弹回,离合器处于分离状态。

由于电机输出的扭矩较小,且转速很大,因此需要在电机与传动机构之间添加减速机构,用以减小转速,增大力矩。减速机构的设计应考虑汽车上转向机构安装空间的大小,结构应尽量简单、紧凑,正向转动效率要高,逆向转动效率要适当,并且要具有合适的转动惯量和摩擦力，尽可能减小正向转动与逆向转动转换时的空间间隙。这样既能保证一定的转向轻便性和路感，又能有适当的转向灵敏度。目前，减速机构有助力方式和位置推动方式两种形式。助力方式主要有蜗轮蜗杆机构（见图 2－10）和齿轮箱变速机构，位置推动方式主要有差动轮系机构。蜗轮蜗杆机构结构简单，传动比大，便于安装，需要通过离合器与转向柱相连，主要用于转向轴助力方式电子助力系统。

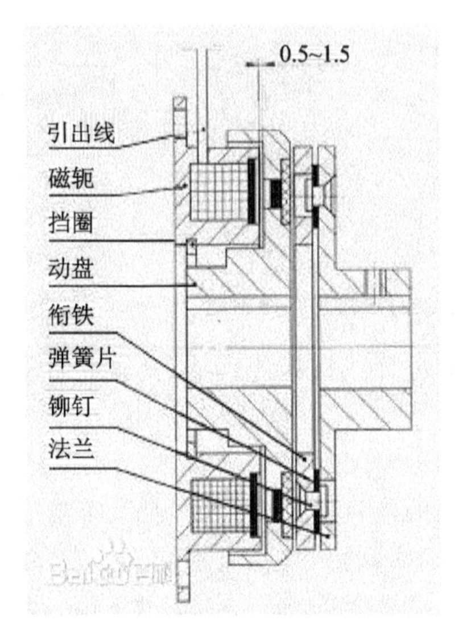

图 2－9　干式单片电磁离合器

图 2－10　蜗轮蜗杆减速机构

（4）车速传感器

车速传感器通常采用电磁感应式。当汽车行驶时，固定在变速箱内侧的齿轮盘转动，与固定在变速箱壳体上的车速传感器产生相对移动，车速传感器获得连续的正弦信号，信号频率与车速成正比。另外，车速也可以从仪表盘中获得。在汽车电子助力系统实验台上，车速传感器由车速模拟装置代替，并将相应的电信号传送给电子控制单元。

（5）电子控制单元

电子控制单元是汽车电子助力转向系统的核心部件，其主要功能是获取扭矩传感器和车速传感器所获得的信号，并对信号进行相应的转换，通过转换获得的信号，根据自带的控制程序，输出电机的控制信号，控制电机提供助力力矩。

（6）汽车电子助力系统（EPS）的控制策略

汽车电子助力系统的控制策略需要解决确定电机目标电流和对目标电流进行跟踪两大问题。EPS 系统电机的助力力矩一般由如图 2－11 所示的助力特性曲线确定，在相同力矩下，助力力矩与目标电流成正比，并随车速的递增而下降，助力随输入轴力矩的增大而加大。而对于目标电流的跟踪，一般的 EPS 系统采用传统的比例-积分-微分（PID）控制。

3. Twingo 汽车助力系统实验台

如图 2－12 所示是 Twingo 汽车的电子助力转向系统，并配置了测试控制平台。实验台的工作原理与 Twingo 汽车的电子助力系统完全相同，并在实物基础上添加了必要的模拟、采样和显示设备，包括汽车前轮力矩模拟器、数据采样装置、汽车行驶速度模拟装置、方向盘转矩

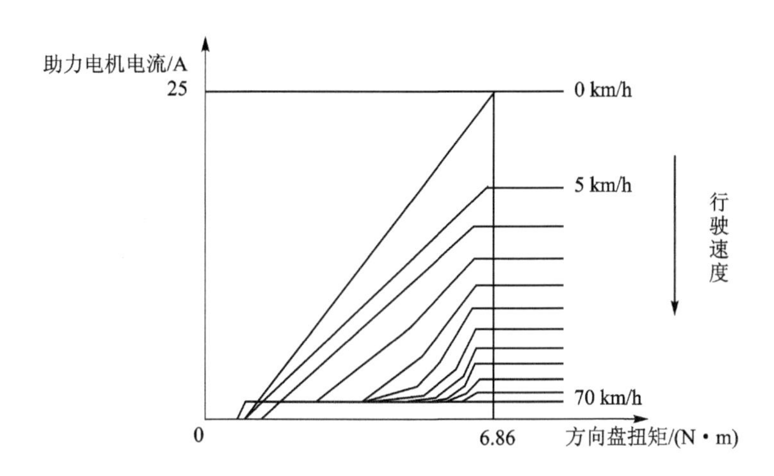

图 2-11　汽车电子助力转向系统的助力特性曲线

设置装置、测控计算机和数据分析软件等。通过此实验，可以让学生了解汽车电子助力转向系统的工作原理，并以此实验台为对象，学习掌握复杂工业系统的建模、设计、分析和验证的基本技能。

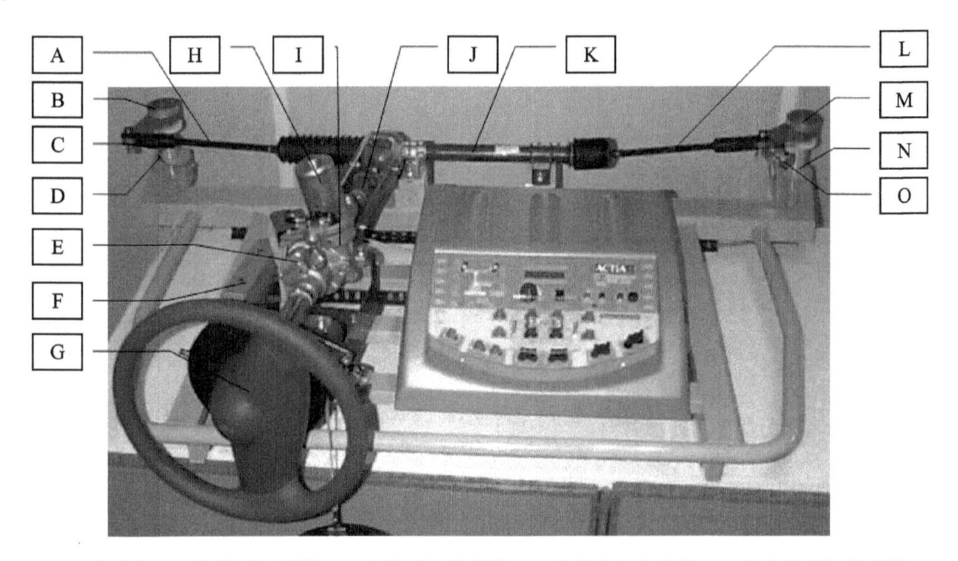

A—左连杆；B—左轮扭矩设置；C—左轮扭矩传感器；D—左轮转角传感器；E—方向盘扭矩传感器；F—解算单元；G—方向盘转角传感器；H—直流电机；I—减速齿轮；J—输出轴扭矩传感器；K—齿轮齿条；L—右连杆；M—右轮扭矩设置；N—右轮扭矩传感器；O—右轮转角传感器

图 2-12　Twingo 汽车电子助力转向系统结构及实验台

4. 汽车助力系统外部功能分析

当驾驶员驾驶汽车时，电子助力系统中的扭矩传感器测量驾驶员施加给方向盘的力矩，并将测量信号传送给控制器。控制器同时接收汽车速度信号和发动机转速信号，基于控制策略确定助力电机需要输出的转矩（电枢电压或电流）。同时，控制器控制离合处于联动状态（当不需要助力时，离合处于不联动状态）。助力电机输出的力矩经减速机构施加到方向盘的转轴上，从而达到辅助驾驶员驱动方向盘的目的。

汽车电子助力转向系统的外部元素包括驾驶员、蓄电池、转向机构（机械部分）和系统所处的外部环境，它们之间的关系如图 2－13 所示，其中：

- 主功能：在行驶过程中根据方向盘转矩和行驶速度提供机械助力。
- 约束 1：可用的电源（12 V/70 Ah 蓄电池）。
- 约束 2：能够适应的多种外部环境（日照，温度，振动）及其他不可预见的环境。

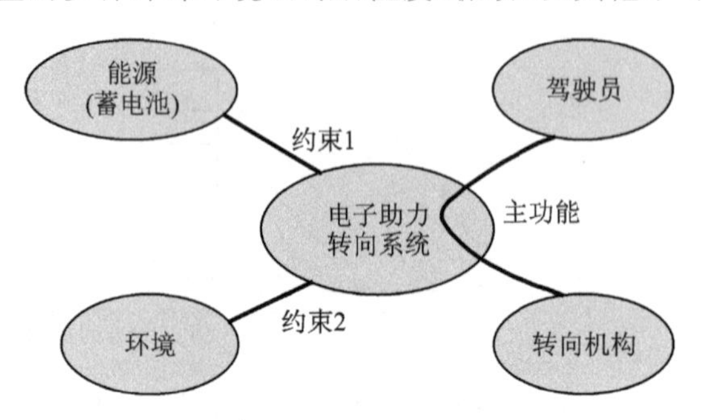

图 2－13　汽车电子助力转向系统外部元素作用关系图

2.5.2　基于 FAST 的内部功能分析案例

针对电子助力转向系统的主功能——在行驶过程中根据方向盘转矩和行驶速度提供机械助力——进行功能分析，该系统的 FAST 结构图如图 2－14 所示。

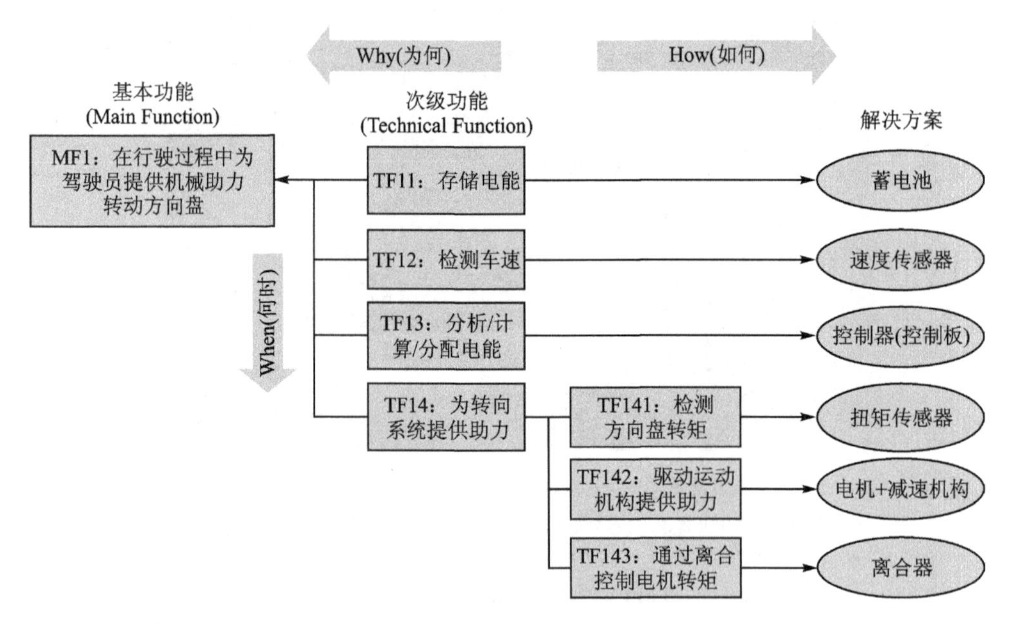

图 2－14　汽车电子助力转向系统的 FAST 结构图

在此案例中，主功能被分解为四个次级功能，分别是：

① 存储电能；

② 检测测量行驶速度；

③ 分析/计算/分配电能；

④ 为转向系统提供助力。

为了准确描述功能与系统元部件之间的逻辑关系，将第四个次级功能（TF14：为转向系统提供助力)又分解为三个次次级功能,分别是:检测方向盘转矩、驱动运动机构提供动力和通过离合控制电机转矩。在FAST结构图中,最右侧的解决方案与相应的功能对应。从左往右,阐述了如何实现具体功能;从右往左,阐述了要实现的目标和功能;从上往下,阐述了各个功能之间的内在逻辑顺序(不是指实际系统的先后运行次序)。

2.5.3　结构化分析和设计方法(SADT)案例

1. 乒乓球模拟包装实验机简介

包装机械是工业系统中的常见设备,包装设备在工业系统中非常普遍,比如各种球、酸奶、矿泉水、油漆、药品等,这些设备的工作流程大多类似,使用PLC(可编程逻辑控制器)进行控制。

图2-15所示为乒乓球模拟包装系统的整体简图。该装置可以分为三个部分,分别是装载装置(中)、传动装置(左)和封盖装置(右)。其中,装载装置是该系统中最重要的部分,其余两个装置配合、协调工作。这三个装置的运行都由储存在控制箱内的可编程逻辑控制器程序控制。

图 2-15　乒乓球模拟包装系统

(1) 装载装置

装载装置主要负责乒乓球的装载入筒,将三个乒乓球装入到预定位置的空管中。图2-16中的圆盘控制转动,转动盘固定在底板上,底板上还固定着一个支撑柱,一个连接入口,一个连接出口。在支撑柱上固定着装有乒乓球的容器,在容器中还装有一个搅动管(由一个马达控制),搅动乒乓球,使乒乓球在较短时间内掉落,进入空管。在进入空管之前,乒乓球会进入一段导轨(确保乒乓球直线下落),在导轨附近有两个凸销、两个传感器,凸销的作用是可以伸缩控制乒乓球的运动,而传感器的作用是检测空管的到来(较低位置)以及乒乓球的下落及其个数(较高位置)。

当填充完成后，转盘转动到下一阶段。

注：这一部分装置还有一个位于转盘下方的传感器，在初始化阶段起作用，通过探测转盘下面的螺丝钉来确定转盘的初始位置。

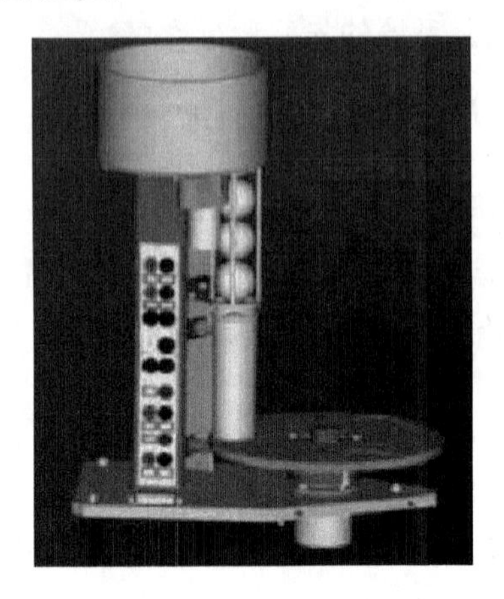

图 2-16 装载装置

(2) 传动装置

传动装置的主要作用是“装货”和“卸货”，因此，图 2-17 的传动装置中最为重要的构件是两个钳子，用来取放本生产线上的基本原料——空管。与装载装置相同的是：它们都有固定于底板上的两个高低不等的钢柱和一个传感器(位于后方支持台的上方，检测是否有空管)。由图可见，中间立柱的右侧用来控制钳子的运动，是三个不同的气动装置。滑槽正后方的气动装置(气动缸)用来控制钳子的升降，该气动装置左上方的另一个气动装置用来控制钳子的旋转，最上面的气动装置用来控制钳嘴的开闭。值得注意的是，两个钳子是完全相同的，且同时运动。

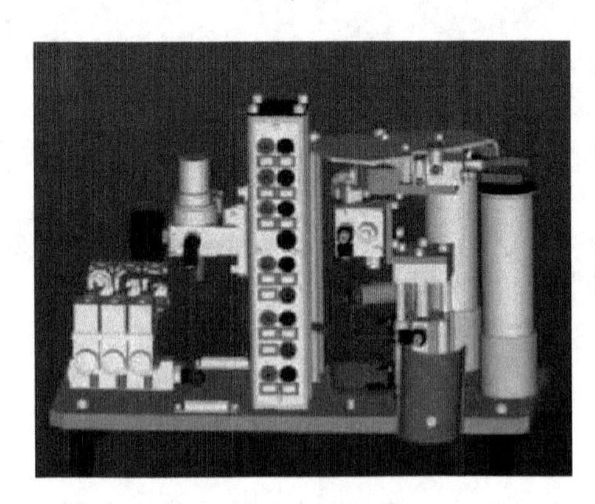

图 2-17 传动装置

整个系统的主要能源为压缩气体，所以压缩气源是本系统的重要部分。实验室中所用的压气机与图 2-18 中的有所不同，但基本的构造相同，主要部件是气瓶，气瓶上方是控制开关，以及显示内部气压的气压计。当压力满足一定条件(表盘上的显示数为 2～4 bar(1 bar=100 kPa))时，关闭开关，将压缩气体传送到传动装置和封盖装置处。

再回到传动装置，当气压满足条件时，打开固定在两根柱子上的开关，此时柱子上面的气

图 2-18　压缩气源(压气机)

压计会显示此处的气压值,通过传动装置最左侧的三个气压分配装置分别控制三个气动装置,以达到将压缩气体传送到传动装置和封盖装置处的效果。

(3) 封盖装置

封盖装置的作用是为填充好乒乓球的管子加上盖,使之成为一件成品。与之前的传动装置类似,封盖装置也是通过气动(加电动,有传感器和气压分配装置)控制的。从图 2-19 可以清楚看到,用于密封的盖子放在滑槽内,由两根固定在底板上的钢柱支撑着。当左侧铁板上的传感器探测到管子到来时,再加上位于第一个盖子下方的传感器感应到有盖子,就会触发该装置运行。

图 2-19　封盖装置

这里有两个半(半个会在后面单独讨论)气压分配装置,其中两个分别控制位于钢柱上方的气动装置,通过各自的伸缩,旋转配合装置上的铰接机构,使得吸盘吸取盖子或放开盖子,以完成各类运作。

吸盘的动作:半个气压分配装置用来控制吸盘上的气动装置,将盖子与吸盘之间的空气吸走,减压使得盖子被牢牢地吸在吸盘上;反之,放下盖子时通过增大压强,消除吸盘与盖子之间的作用力,在装好盖子后,再由转盘将成品送到传动装置处,送出整个系统。

2. 乒乓球包装系统 FAST 图

乒乓球包装系统 FAST 图如图 2-20 所示。

3. 乒乓球包装系统 SADT 图

乒乓球包装系统 SADT 图如图 2-21 所示。

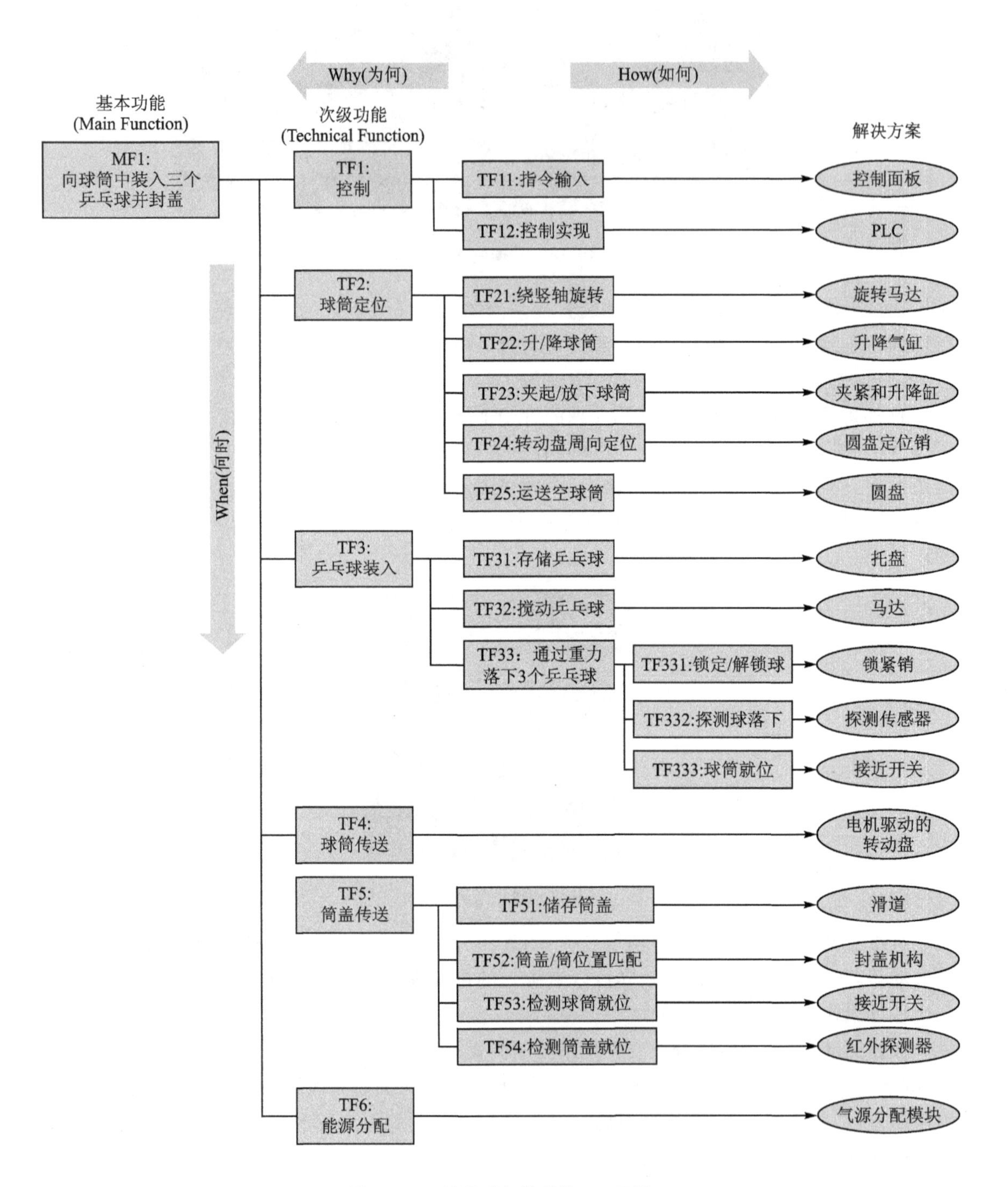

图 2-20　乒乓球包装系统 FAST 图

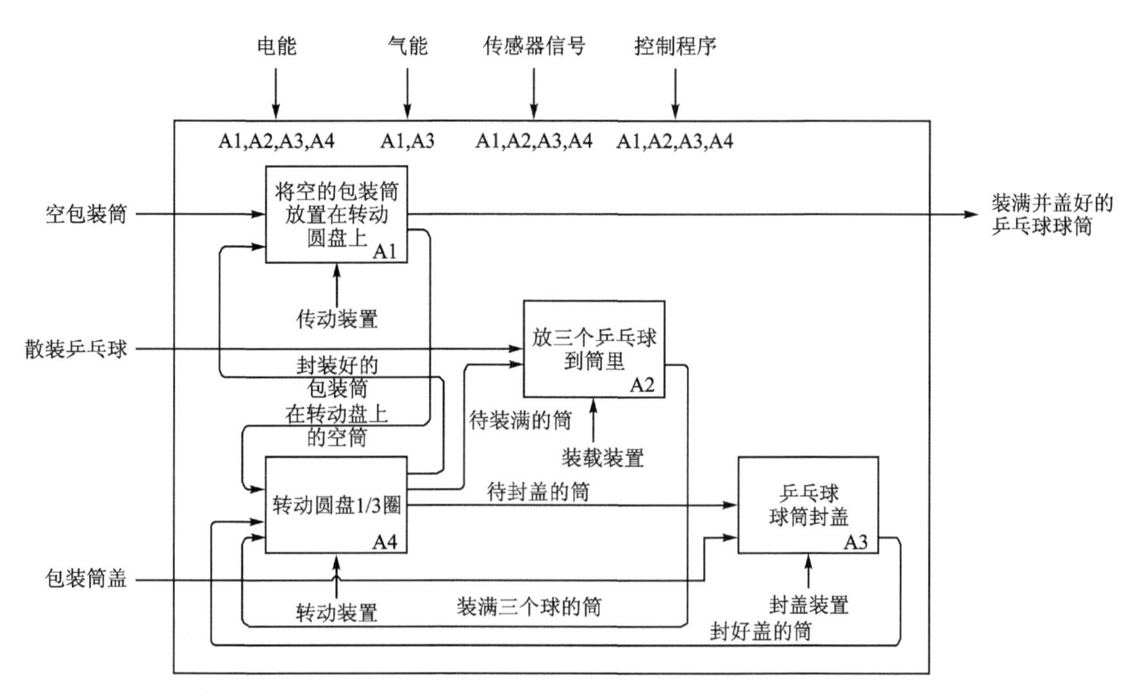

图 2-21　乒乓球包装系统 SADT 图

2.6　小　结

本章主要介绍了工业系统常用的系统分析方法。当面对已有的复杂工业系统时，工程师需要对其进行快速分析，掌握其系统结构、组成和工作原理，并能够分辨系统中主要元部件的功能和系统功能之间的内在逻辑。在开发新的工业系统之前，工程师需要对用户需求进行分析，并将分析结果与工业系统的开发过程结合起来。本章介绍的系统分析方法和流程是工业系统开发和分析的一般流程。基于典型工业系统阐述的分析案例，为工程师在类似系统分析时提供了参考。

第3章　工业系统的结构体系

本章介绍工业系统的基本结构体系，包括工业系统组成、常用能源与传输方式、信息采集与传递形式、常用传感器及其工作原理。最后基于工业系统案例，向读者直观阐述工业系统的结构、组成和工作原理。

3.1　工业系统的典型结构

在第2章中已经介绍，工业系统通常分为“人力系统”、“手动系统”和“自动系统”。随着工业系统智能化程度的提高，人力系统和手动系统在越来越多的工业应用中被自动系统取代。本章主要针对自动系统，阐述工业系统的典型结构和组成。

一个典型的工业自动系统，通常由人机界面（Human-Machine Interface，HMI）或控制面板（control panel）、控制器（controller）、执行机构（actuator）、传动或转换机构（transmitter）、控制对象、传感器（sensor）组成，如图3-1所示。

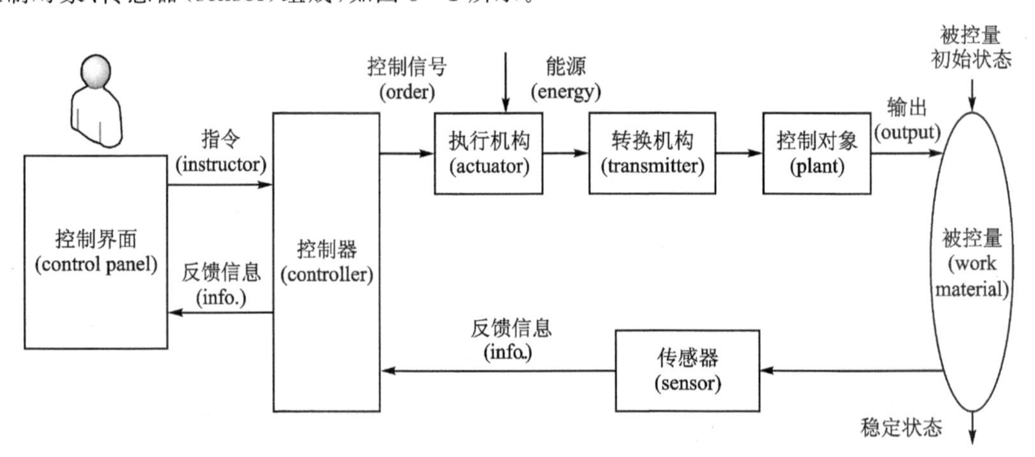

图3-1　工业自动系统的典型结构

控制界面，有时也称作人机界面，它将来自操作者（操作人员或其他上级系统）的指令，转换为控制器能够接收的信号，同时也接收来自控制器的反馈信息（通常描述系统工作状态和性能）。控制器是工业自动系统的核心，是由硬件（计算机）和软件（算法程序）组成的。控制器接收来自上级的指令和系统内部的反馈，根据设定算法计算得到给执行机构的控制信号。执行机构接收来自控制器的信号和外部能源（在小功率工业系统中，控制信号也可作为能源），将外部能源转换为控制对象能够接受的能源形式（通常为机械能），执行机构输出的能量通过转换机构驱动控制对象，实现按照预期改变控制量的目的。传感器采集系统工作信息，将物理信息转换为控制器能够接收的电信号。

现代工业系统通常使用计算机代替人，作为整个系统的核心。围绕计算机开发的工业系统，通常也称为计算机控制系统。根据计算机在工业自动化系统中参与控制的方式，可将计算机控制系统分为以下几种。

1. 数据采集处理系统

计算机数据采集系统结构如图 3－2 所示。严格来说，这种系统不属于计算机控制系统，因为计算机不直接参与控制。这种系统主要实现的功能是：① 对生产过程集中监视；② 控制指导。所以，计算机数据采集系统和生活中的监控摄像头功能并无本质差异。

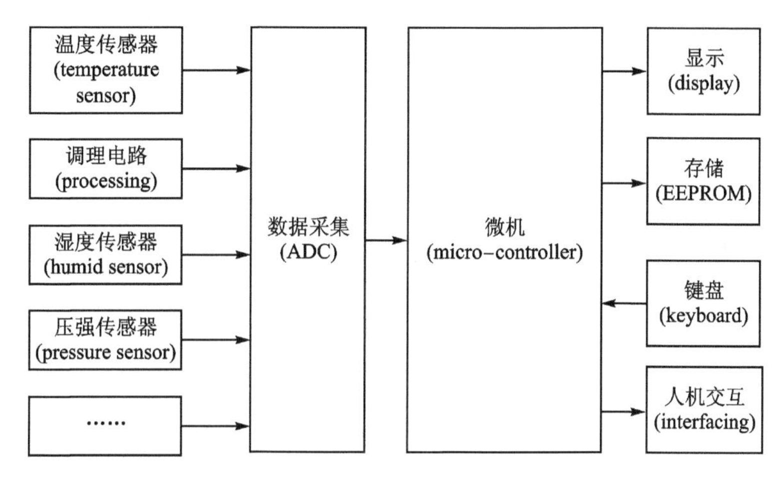

图 3－2　数据采集系统结构

2. 直接数字控制系统

直接数字控制(Direct Digital Control, DDC)系统由控制计算机取代常规的模拟调节仪表，进而直接对生产过程进行控制。由于计算机发出的信号为数字量，故得名直接数字控制。实际上，对于受控的生产过程中的控制部件，接收的控制信号可以通过控制器的数/模(D/A)转换器，将计算机输出的数字控制量转换为模拟量；输入的模拟量也要经控制器的模/数(A/D)转换器转换为数字量进入计算机。DDC 系统架构如图 3－3 所示。

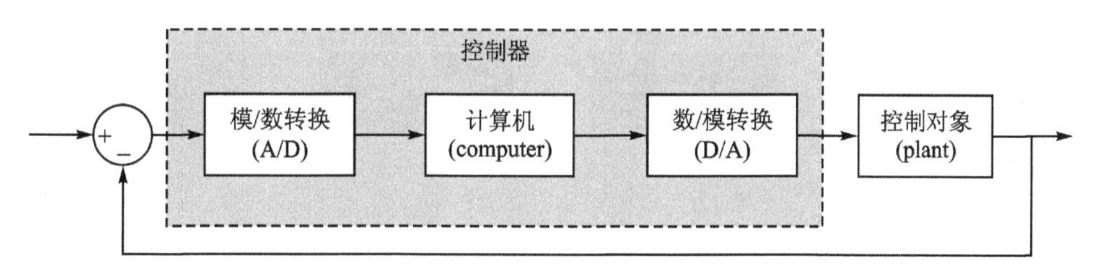

图 3－3　直接数字控制系统架构

直接数字控制系统中常使用小型计算机或微型机的分时系统来实现多个点的控制功能，这实际上是属于用控制机离散采样，实现离散多点控制。这种 DDC 系统已成为当前主要的控制形式之一。由于计算机直接参与生产过程的控制，所以，要求计算机实时性好、可靠性高和环境适应性强。在半实物仿真系统中用到的计算机(通常所说的工控机或带有实时操作系统的计算机)与普通计算机不同。

3. 计算机监督控制系统

计算机监督控制(Supervisory Computer Control，SCC)系统结构如图 3－4 所示。该类系

统采用2级计算机控制(上位机和下位机)。下位机(直接控制计算机)完成对控制对象的直接控制,监督计算机(上位机)根据采集的现场数据和已知的数学模型,产生决策信号,作为直接控制计算机的指令信号,由直接数字控制计算机执行。生活中常见的生产设备控制多为此种类型(航天飞船是典型的计算机监督控制系统)。

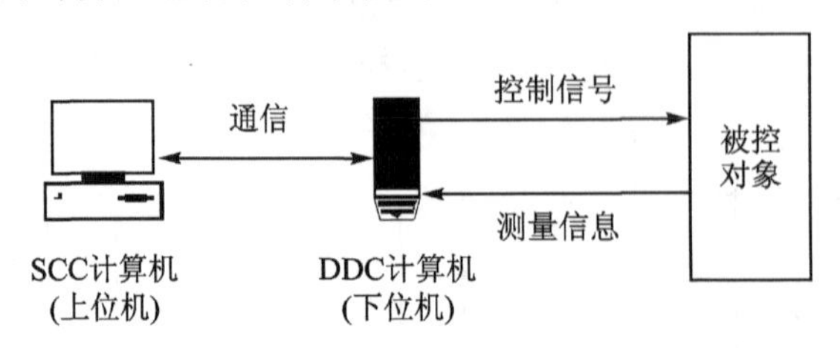

图3-4　计算机监督控制系统典型结构

4. 分布式控制或分散控制系统

集散控制系统(Distribute Control System, DCS)是以微处理器为基础,也可直译为"分散控制系统"或"分布式计算机控制系统",其典型结构如图3-5所示。它采用控制分散,但操作和管理集中的基本设计思想,它采用的多层分级、合作自治的结构形式将控制系统分成若干独立的局部控制子系统,用以完成对受控生产过程的自动控制任务,其主要特征是集中管理和分散控制。由于微型计算机的出现与迅速发展,为实现分散控制提供了物质和技术基础。近年来,分散控制以超乎寻常的速度发展,已成为计算机控制发展的重要趋势。目前,DCS在电力、冶金、石化等各行各业都获得了极其广泛的应用。

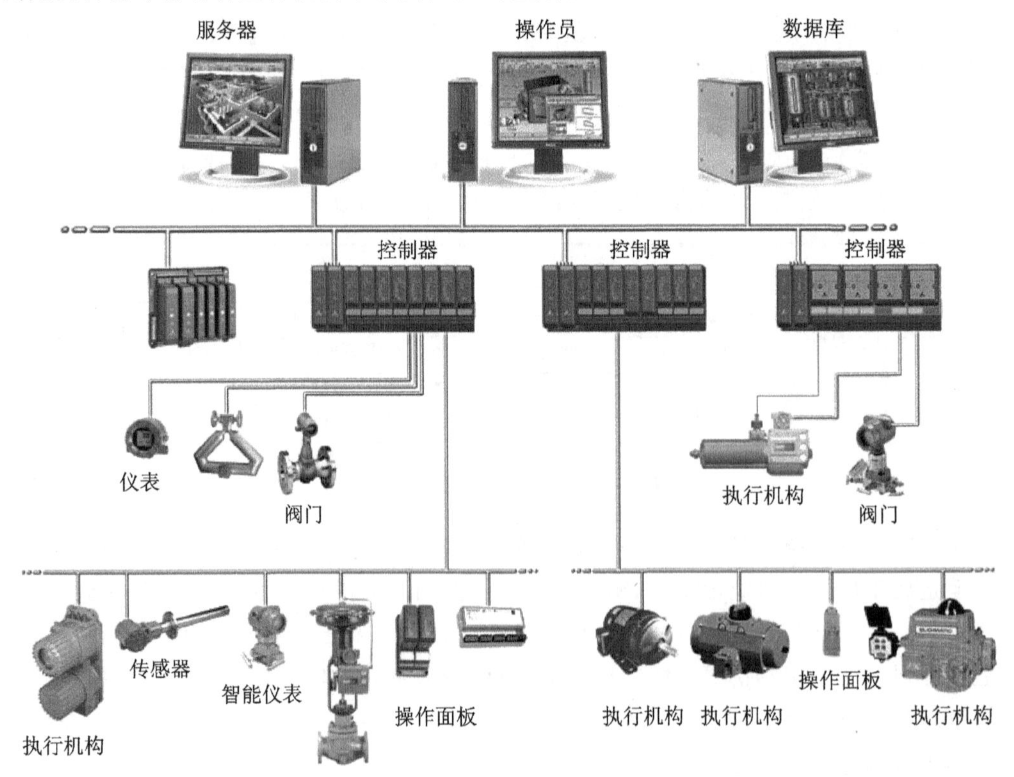

图3-5　DCS系统的典型结构

3.2 工业系统的能量流和信息流

在工业系统的分析过程中,有时需要区分不同的功能链(functional chains)来分别描述工业系统的能量传递(能量流, energy chain)和信息传递(信息流, information chain)方式。能量和信息的准确传递是工业系统正常工作的基础。工业系统中常用的能源有电能、机械能和流体能等多种形式,每种能源形式在工业系统中的应用均具有一定特点,在复杂工业系统的单台(套)系统中往往具有多种能源形式,这就涉及工业系统中能源形式之间的转换和传递。信息的传递通常以电信号的方式,分为模拟信号、数字信号、离散信号、连续信号等多种信号类型。

能量链为系统提供、分配、转换能量。能量链包括:

① 能量传输和分配单元。将工业系统的一级能源经过分配后传递给系统中的作动机构。常见的能量传输与分配单元有伺服阀(连续模式)、开关阀(离散模式)、接触器和功率放大器。

② 作动机构。将经过分配与处理后的能源转换为机械能。常用的作动机构有液压/气动缸、液压/气动马达和电动机等。

③ 传动或传递机构。将机械能传递给执行机构,并在传递过程中控制系统特性(速度、位移、力)等。传递机构的类型很多,工业系统中常见的有齿轮箱、皮带传动机构、涡轮蜗杆、滚珠丝杠等机构。

④ 执行机构。执行机构改变工业系统的控制对象。执行机构的类型多样,工业系统中常用的有机械手和钻头等多种机构。

信息链具备工业系统中的信息获得、信息处理和信息传递的功能。工业系统中的信息链涉及一系列元部件,主要包括传感器(sensor)和指令系统(command system)。传感器将物理信息转换为指令系统能够接收的信息(通常为电信号)。指令系统处理传感器的信息,并将处理后的信息传输给执行系统(operative system)。

以第2章描述的汽车电子助力转向系统为例,图3-6描述了系统中的能量流和信息流。

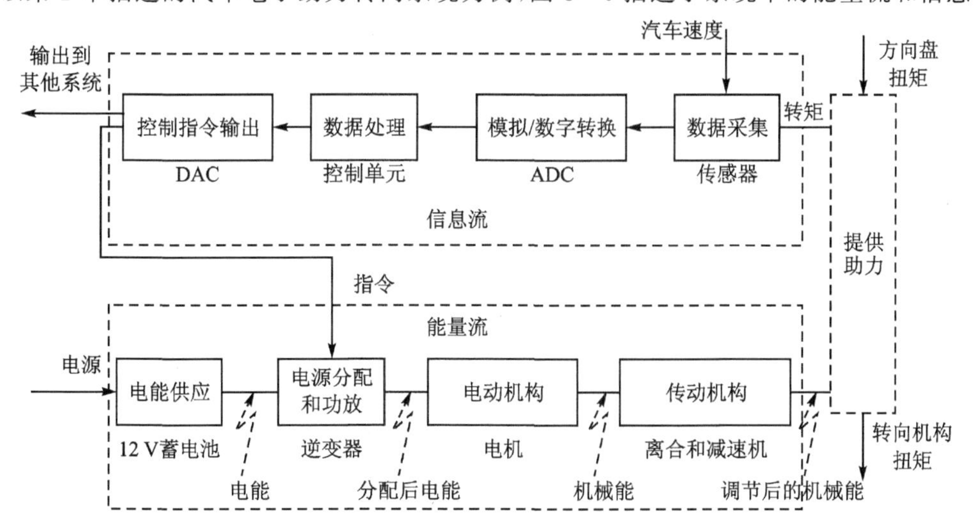

图3-6 汽车电子助力转向系统能量流和信息流

在能量流中，助力系统中的蓄电池接收外部电源（汽车发电机）进行充电，储存电能。然后经电源分配和功率放大装置，按照指令分配后的电能传送给直流电机，电机将电能转换为机械能，机械能经传动机构调节为执行结构（齿轮齿条）可接受的能量形式，最后为方向盘转动提供助力转矩。

在信息流中，方向盘扭矩、汽车行驶速度等信息，经传感器采集后转换为连续电信号，然后经模拟/数字转换器（ADC）转换为数字信号，经处理后传给控制单元。控制单元计算后输出数字信号，经数字/模拟转换器（DAC）转换为连续电信号后输出到电源分配单元（功率放大器），驱动电机工作。

3.2.1 能量流中的不同能源形式

工业系统中，动力机（提供源动力）有一次动力机和二次动力机之分。直接利用自然能源的动力机械称为一次动力机，如汽轮机、内燃机、水轮机、风力机等。将一次动力得到的电能、液能、气能等能源转变为机械能的动力机械称为二次动力机，如电动机、液压马达、气动马达等。不同能源形式的优缺点对比见表 3-1。

表 3-1 常用能源及对比

能源形式	优 点	缺 点
电能/电动 electrical-electronic	精度高/噪声小/寿命长/无须移动部件； 维护方便/可靠性高/效率高； 能源管理高效/无须频繁校准； 操作和控制需要的能量低	初期费用高/故障处理难度大； 电磁干扰/有着火及电类伤害的风险； 有短路接地的风险
液动 hydraulic	功率密度高/易于维持恒定输出力； 传输距离长/正反向运动切换快速； 能够承受强负载/震动类型刚度高； 磨损损失小/不会有电弧危险/运行平稳； 易于发现泄漏点/可在高温环境下工作	相比气动系统更为昂贵； 噪声问题严重/污染问题严重； 维护要求高/元部件重； 液压油介质对人体有危害； 液压油对环境有污染
气动 pneumatic	初期费用低/气体介质易于获得； 长距离管路传输便捷/传输速度高； 使用便捷/维护便捷/安全性高； 清洁/在宽温度范围内可用/可以压缩存储能源	能耗高/能源使用效率低； 容易泄漏且泄漏点不易发现； 噪声大/环境适应性低/需要干燥环境； 速度控制需要附加控制设备； 位置控制困难/不能在水中工作； 不能工作在极端温度环境下； 需要的执行机构体积大

随着工业系统复杂程度的提高，在一个工业系统中，通常存在不同的能源形式，根据具体应用场合的不同，不同能源形式之间也需要互相转换。

本小节以飞机为例，阐述工业系统中常用的各种能源形式。飞机能源系统分为内能源系统和外能源系统。内能源系统是由燃油在发动机内燃烧所产生的热能、电能和机械能，所有内能源皆源自飞机所携带的燃油，可以说燃油是飞机一切能量的源泉。外部能源则主要来自太阳能、压缩气体等。飞机各级能源系统的关系如图 3-7 所示。

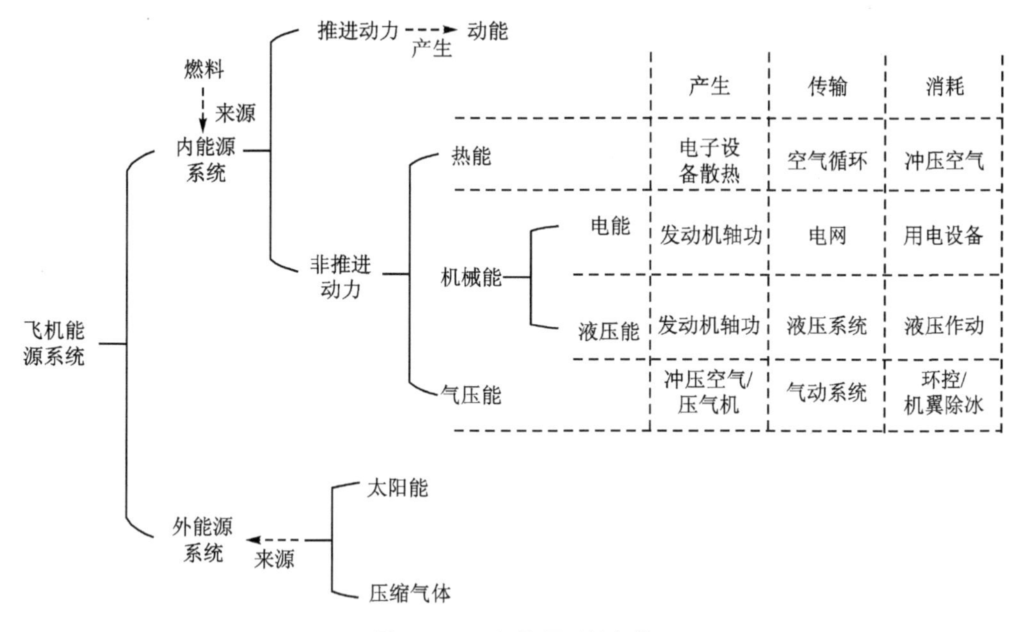

图 3-7　飞机能源系统架构

从图 3-7 可以看出，飞机内能源系统中的非推进动力是维持飞机各系统正常工作不可或缺的能量系统。随着飞机性能的提升，这一部分能量所占的比例越来越大。飞机的非推进动力有气压能、电能、液压能等各种能源形式，并在不同能源形式之间存在转换，而且在不同能源形式之间还通过能量转换单元(Power Transfer Unit，PTU)互为备份以应对紧急情况。

非推进动力的能量源于发动机，在主发动机工作时提取发动机轴功，一部分轴功带动压气机工作产生气压能用于除冰和环控系统的气源；另一部分轴功通过齿轮箱带动发动机和液压泵工作。液压泵工作产生液压能，为飞行控制面和起落装置等提供能量。发电机工作产生电能，为飞机系统提供电力。同时，各装置工作时会产生热能，热能通过换热介质将热量传递给空气或燃油。图 3-8 所示为飞机非推进动力系统架构。

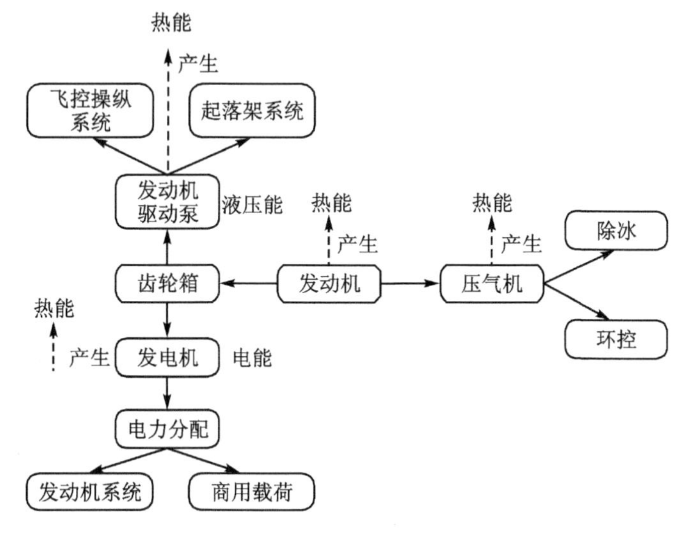

图 3-8　飞机非推进动力系统架构

1. 电　能

电能具有易于输送、分配和控制的优点，目前，飞机越来越依赖电气设施，未来的飞机会不断朝着多电或全电发展，电能也将部分或全部取代液压能和气压能成为飞机的主要能源。

飞机电源系统由主电源、辅助电源、应急电源、二次电源及外部电源共同组成。如图3-9所示为大型民用飞机可用电源分布位置示意图。

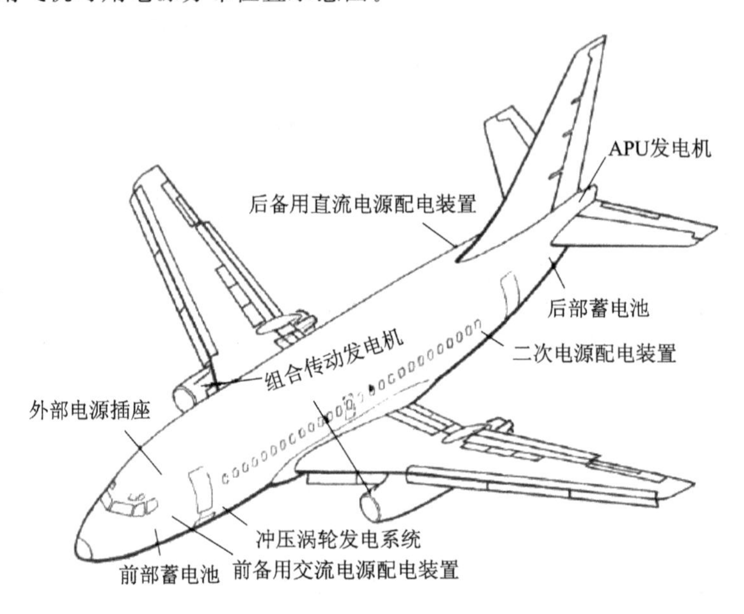

图3-9　民用飞机电源分布

2. 液压能

液压系统具有功率密度大、传递距离远、易于实现自动控制等优点，因此在航空领域具有广泛的应用。飞机液压系统主要作为飞机各作动面的动力源，通过控制升降舵、方向舵、襟副翼等来实现飞机的滚转、升降等动作。

液压系统负载遍布飞机全身，包括主飞行舵面、辅助飞行舵面、起落架和功能系统，其中，起落架主要用来承受、消耗和吸收飞机着陆及在地面运动时的撞击能量，帮助飞机完成转弯和制动；主舵面包括方向舵、升降舵、副翼，用于飞机翻转、升降、偏航；辅助舵面包括扰流板、襟翼、缝翼、尾翼，用于控制飞机提升、下降、减速；功能系统主要包括手动舱门等。图3-10所示为波音737飞机液压系统负载分布简图。

3. 气压能

飞机系统气压能源的用途主要有三个方面：

① 防冰/除冰：用于除去机翼表面形成的冰层；

② 环境控制系统和冷却：用于为冷却系统提供空气源和环境温度控制；

③ 增压：为液压油箱、水箱和座舱环境提供适当的压力，确保系统正常工作和座舱环境的舒适。

气压系统有以下优点：① 作为工作介质的空气容易获得；② 系统组成简单且重量轻；③ 安全可靠。但也存在一些缺点：① 传动速度快，器件易损坏；② 气体黏性小，易泄漏。

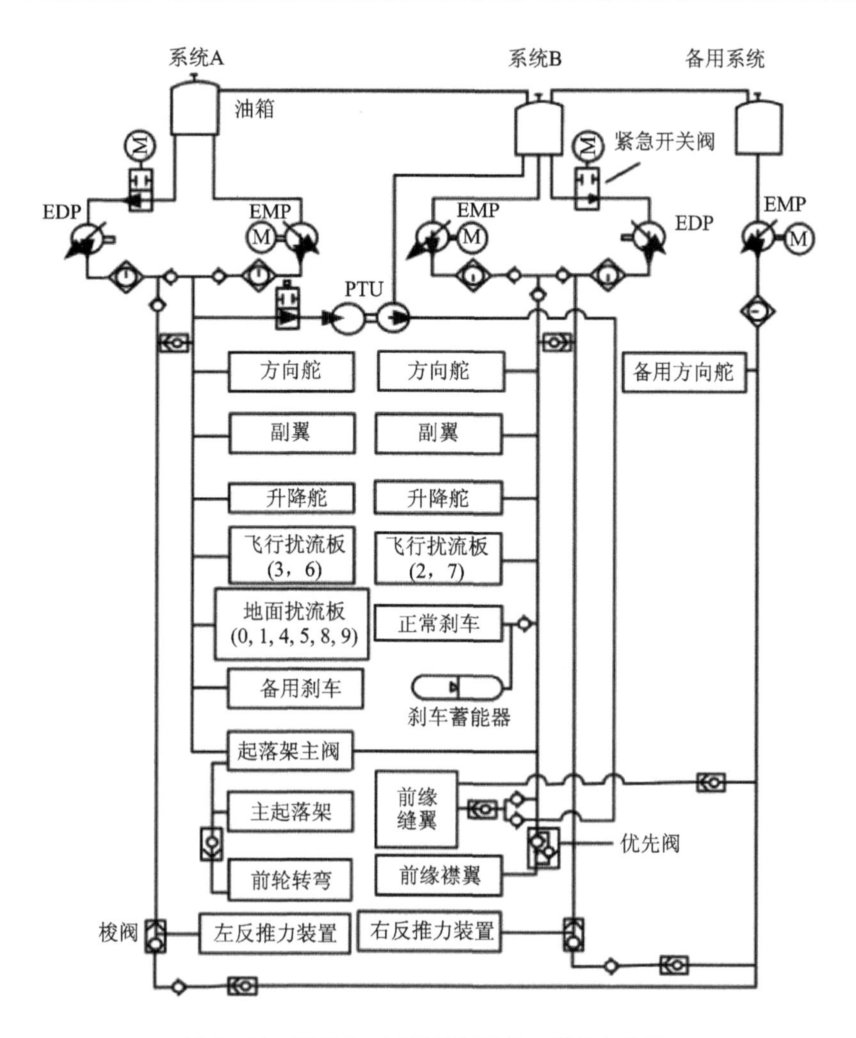

图 3-10　波音 737 飞机液压系统负载分布简图

3.2.2　不同能源形式下的常用器件

1. 电动机

电动机是将电能转换为机械能的电动机械。大多数电动机通过磁场和绕组中电流之间的相互作用来运行，输出绕轴旋转的动力。电动机可以由直流电(DC)供电，也可以由交流电(AC)供电。发电机在机械组成上与电动机相同，但是将机械能转换为电能。

可以根据电源类型、内部结构形式、应用领域和输出运动形式等因素对电动机进行分类。除了可以按照供电类型分为交流电动机与直流电动机外，还可以按照有无电刷分为有刷电动机和无刷电动机。如果是交流供电，则根据电源的相数可以分为单相、双向和三相电动机。电动机的功率范围很宽，大型电动机的功率可以达到 100 MW，常用于船舶推进、空气压缩机和抽水蓄能等。微型电动机可以用在微型机电类产品和电子表中。电动机的分类如图 3-11 所示。

(1) 直流电动机

直流电动机是将直流电能转换为机械能，是最常见和常用的电机。直流电动机的速度可

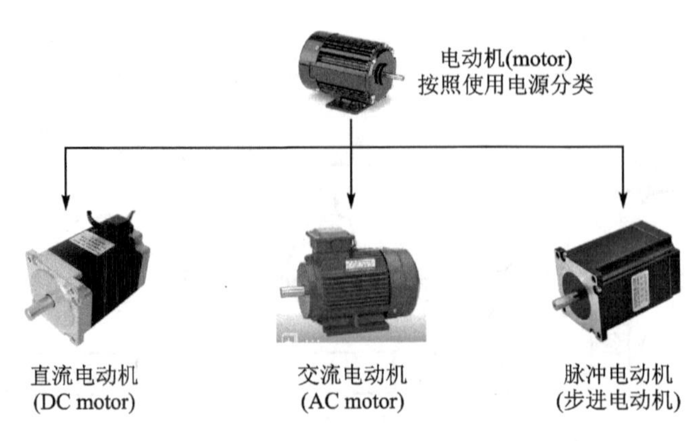

图 3-11 电动机分类

以通过改变电源电压或励磁绕组中的电流，在很宽的范围内进行控制。小型直流电动机用于工具、玩具和家用电器；较大的直流电动机用于电动汽车、电梯驱动以及轧钢机的驱动器中。随着电力电子技术的发展，在许多应用中已经用交流电动机代替直流电动机。

（2）交流电动机

交流电动机是利用交流电来激励并产生磁场的电动机。交流电动机可以控制电流和磁场的方向，而不用设计电刷。根据其结构主要分为同步电动机和异步电动机两大类，前者一般会有永久磁铁，后者则使用感应方式使线圈产生磁场。也可根据所加的交流电的相数分为单相和三相电动机。

2. 机械传动

电动机的输出一般是高速低转矩旋转运动方式，为使电动机的输出与最终工作机的需求保持一致（通常是低速、直线或旋转运动，且有比较大的力或力矩），通常需要在电动机的输出端增加减速机构（降低转速、增加转矩）和传动机构（改变运动形式）。

减速机构就是电动机和最终工作机械之间的齿轮系，用于降低电动机的传输速度和增加传动力矩。

电动传动机构将电动机输出的动力从工业系统的一个部件传送到另外一个部件。传动机构可以：

① 改变动力机输出的转矩，以满足工作机的要求；

② 把动力机输出的运动转变为工作机所需的形式，如将旋转运动转变为直线运动，或反之；

③ 将一个动力机的机械能传送到数个工作机上，或将数个动力机的机械能传送到一个工作机上；

④ 其他特殊作用，如有利于机器的控制、装配、安装、维护和安全等而设置的传动装置。

常见的传动机构有齿轮传动、带传动和链传动等。

（1）齿轮传动

齿轮传动应用最为广泛，实际上减速机构也是齿轮传动的一种，图 3-12 所示是常见的齿轮传动机构。

（2）带传动

带传动（见图 3-13）是利用张紧在带轮上的柔性带进行运动或动力传递的一种机械传

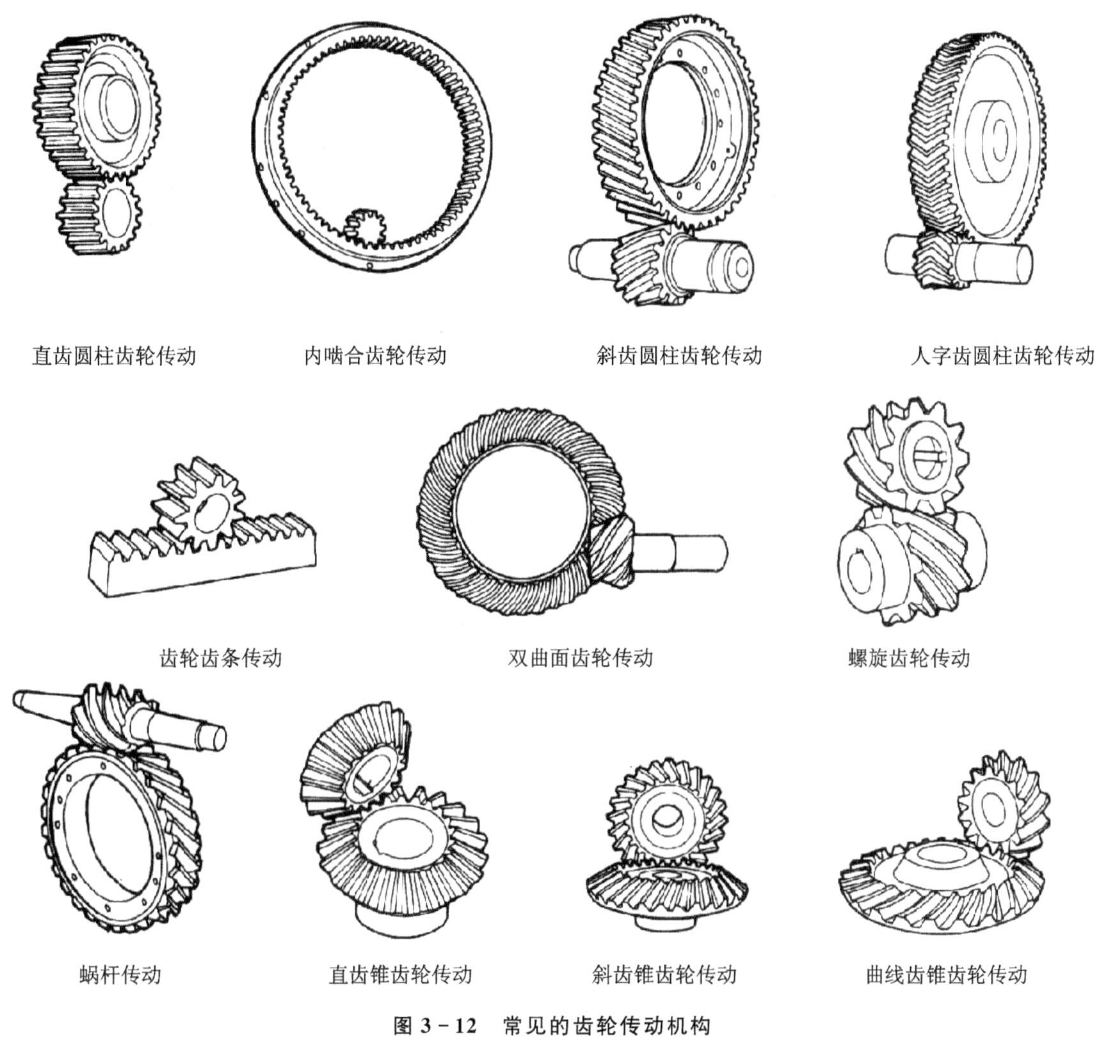

图3-12　常见的齿轮传动机构

动，具有结构简单、传动平稳、能缓冲吸振、可在大的轴间距和多轴间传递动力，且造价低廉、不需润滑、维护容易等特点，在近代机械传动中应用十分广泛。根据传动原理的不同，有靠带与带轮间的摩擦力传动的摩擦型带传动，也有靠带与带轮上的齿相互啮合传动的同步带传动。摩擦型带传动运转噪声低，但会出现过载打滑和传动比不准确（滑动率在2%以下）的问题。

图3-13　带传动

(3) 链传动

链传动(见图 3-14)是通过链条将具有特殊齿形的主动链轮的运动和动力传递到具有特殊齿形的从动链轮的一种传动方式。与带传动相比,链传动有许多优点:无弹性滑动和打滑现象,平均传动比准确,工作可靠,效率高;传递功率大,过载能力强,相同工况下的传动尺寸小;所需张紧力小,作用于轴上的压力小;能在高温、潮湿、多尘、有污染等恶劣环境中工作。链传动的缺点主要有:仅能用于两平行轴间的传动;成本高,易磨损,易伸长,传动平稳性差,运转时会产生附加动载荷、振动、冲击和噪声,不宜用在急速反向的传动中。

图 3-14 链传动

3. 液压系统与液压传动元件

流体传动是以流体为工作介质进行能量转换、传递与控制的传动,包括液压传动、液力传动和气压传动。液压传动主要利用液体的压力能来传递能量;而液力传动主要利用液体的动能来传递能量。"气压传动与控制"亦称"气动技术",是以压缩空气作为传递动力和控制信号的工作介质,提供驱动力和力矩,并对执行元件的位置、速度、力和力矩进行控制。

液压与气压传动是以有压流体(液压油和压缩空气)作为传动介质来实现能量传递和控制的一种传动形式。将各种元件组成不同功能的基本控制回路,若干基本控制回路再经过有机组合,就构成一个完整的液压(气压)传动系统。它们的基本原理、元件工作机理及回路构成等诸多方面极其相似,所不同的是作为液压传动的液压油几乎不可压缩,作为气压传动的空气具有较大的压缩性。

以图 3-15 所示的机床工作台的液压传动系统为例说明液压传动系统的基本组成。

根据液压传动系统的工作原理图 3-15,液压泵由电动机带动旋转后,从油箱中吸油,油液经过过滤器进入液压泵的吸油腔,当油从液压泵中输出进入压力油路后,在图 3-15(a)所示状态下,通过换向阀 5、节流阀 6,经换向阀 7 进入液压缸左腔,此时液压缸右腔的油液经换向阀 7 和回油管排回油箱,液压缸中的活塞推动工作台 9 向右移动。

如果将换向阀 7 的手柄移动至图 3-15(b)所示的位置,则经节流阀 6 的压力油将由换向阀 7 进入液压缸的右腔,此时液压缸左腔的油经换向阀 7 和回油管排回油箱,液压缸中的活塞将推动工作台向左移动。因而换向阀 7 的主要作用就是控制液压缸及工作台的运动方向;系统中换向阀 5 若处于图 3-15(c)的位置,则液压泵输出的压力油将经换向阀 5 直接排回油箱,系统处于卸荷状态,液压油不能进入液压缸,所以换向阀 5 又称为开停阀。

工作台的移动速度通过节流阀来调节,当节流阀的开口大时,进入液压缸的油液流量就大,工作台的移动速度就加快;反之,工作台的移动速度将减慢。因而节流阀 6 的主要作用是控制进入液压缸的流量,从而控制液压缸活塞的运动速度。

液压缸推动工作台移动时必须克服液压缸所受到的各种压力,因而液压缸必须产生一个足够大的推力,该推力由液压缸中的油液产生。需要克服的阻力越大,液压缸中的油液压力越高;反之压力越低。系统中输入液压缸的油液由节流阀调节,液压泵所输出的多余的油液须经溢流阀和排油管排回油箱,这只有在压力管路中的油液压力对溢流阀的阀芯(图中为钢球)的

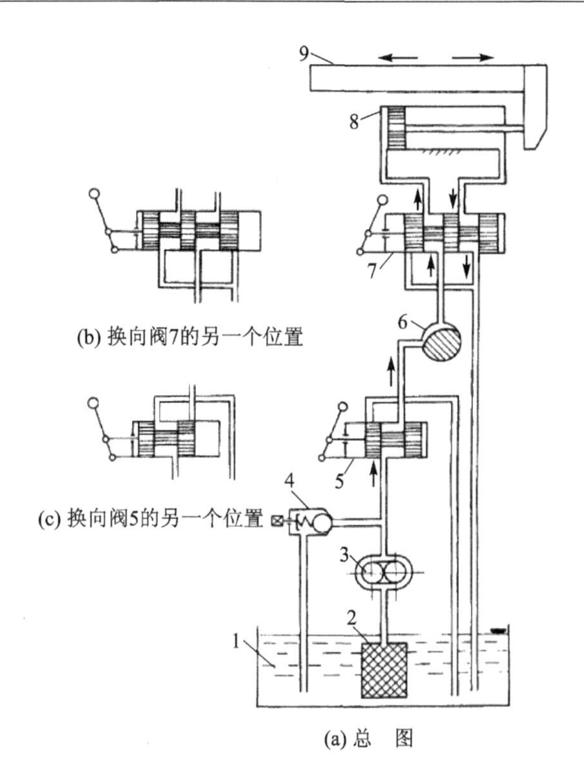

1—油箱；2—过滤器；3—液压泵；4—溢流阀；
5、7—换向阀；6—节流阀；8—液压缸；9—工作台

图 3-15　机床工作台液压系统的工作原理图

作用力等于或略大于溢流阀中弹簧的预压力时，油液才能顶开溢流阀中的钢球流回油箱，所以在图示系统中，液压泵出口处的油液压力是由溢流阀决定的，它和液压缸中的压力（由负载决定）不一样大，一般情况下，液压泵出口处的压力值大于液压缸中的压力值，因而溢流阀在液压系统中的主要作用是控制系统的工作压力。

液压系统的主要部件包括：液压泵（液压马达）、液压缸、液压阀以及其他附件。

（1）液压泵（液压马达）

液压泵是液压传动系统中的动力元件，其功能是向系统提供一定压力和流量的油液，它是把由液压泵轴端输入的机械能（转矩 T_p 与角速度 ω_p 之乘积）转换为液压能（输出压力 p_p 与输出流量 q_v 之乘积）的能量转换装置。

液压马达则是液压传动系统中的执行元件，其功能是驱动外负载做功，它是把液压能转换为机械能的能量转换装置。液压泵与液压马达具有相同的基本结构要素——密闭而又可周期性变化的容积和相应的配油机构，因此就工作原理而言，二者是可互逆的。但由于二者的工作条件和性能要求不同，所以在实际结构上存在某些差异，使之不能互为逆用。

液压泵和液压马达的形式很多，按其原理结构的不同可有图 3-16 中列写的各种形式。

（2）液压缸

液压缸是将液体的压力能转换为机械能的能量转换装置，属于机床液压传动系统中的执行元件。液压缸按结构形式可分为活塞式、柱塞式和摆动式。前二者实现往复直线运动，输出推力和速度；后者实现往复摆动，输出转矩和角速度。常用液压缸的类型如图 3-17 所示。

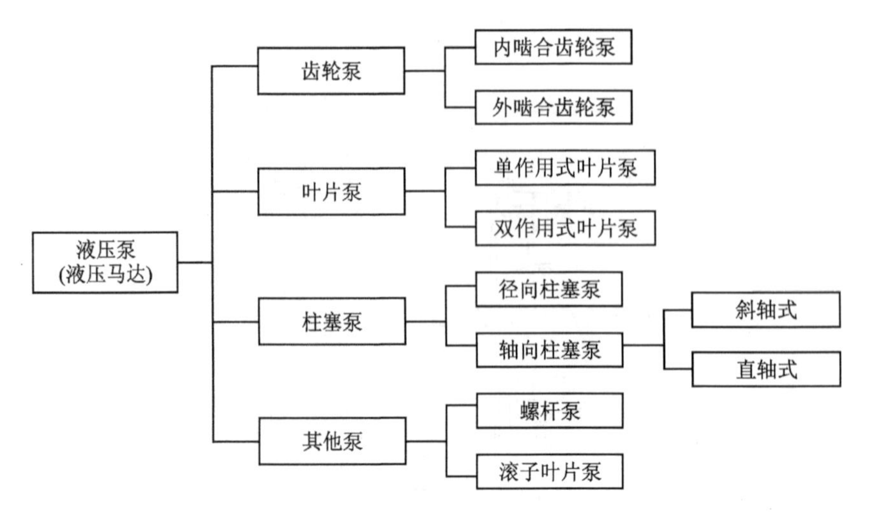

图 3-16　液压泵(液压马达)分类

(3) 液压控制元件

液压控制元件用于动力元件与执行元件的连接,以实现对执行元件的运动方向、运动速度或输出力的控制。液压阀是液压系统中的控制元件,按其功用可划分为三大类:

① 方向控制阀:控制液流的方向,如单向阀、换向阀(见图 3-18～图 3～20)等。

② 压力控制阀:控制系统或部分油路的压力,如溢流阀、减压阀、顺序阀、压力继电器等。

③ 流量控制阀:控制油路的流量,如节流阀、调速阀等。

液压阀通常由阀体、阀芯和操纵机构组成。如果按操纵机构的形式划分,有手动、机动、液动、电动、电液动等多种形式;如果按连接方式划分,有管式(螺纹或法兰)和板式连接两种。为了简化系统结构,通常会将几个常用的阀组合制造在一个阀体之中,构成组合阀或插装阀。

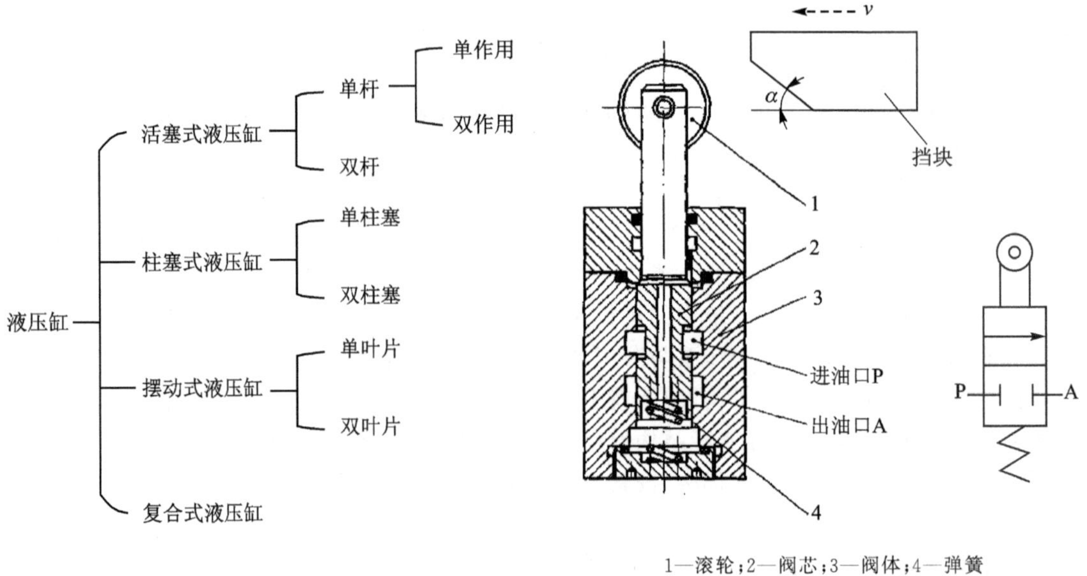

图 3-17　常用液压缸的类型

1—滚轮;2—阀芯;3—阀体;4—弹簧

图 3-18　二位二通机动换向阀

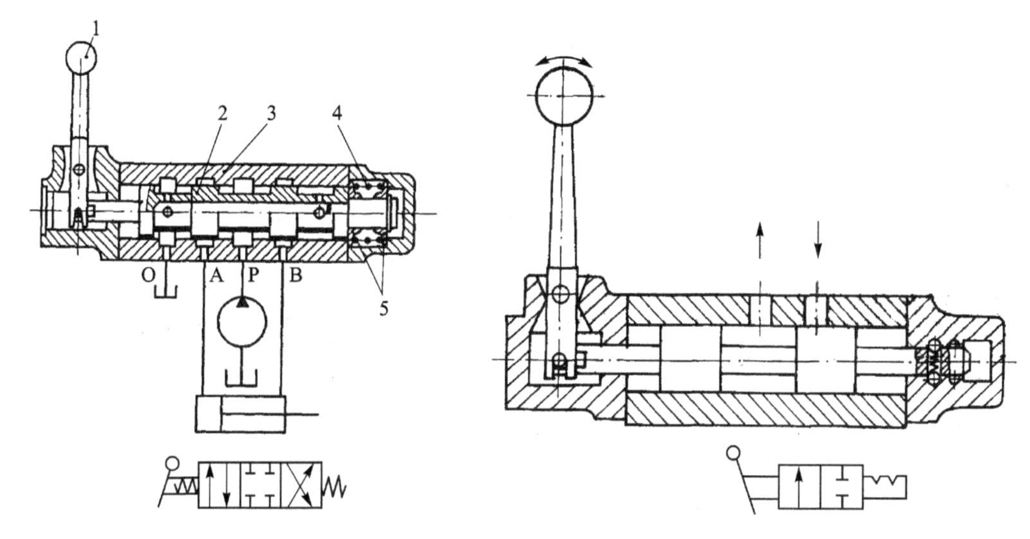

1—手柄；2—阀芯；3—阀体；4—弹簧；5—弹簧座

(a) 三位四通自动复位式手动换向阀　　(b) 二位二通钢珠定位式手动换向阀

图 3-19　手动换向阀

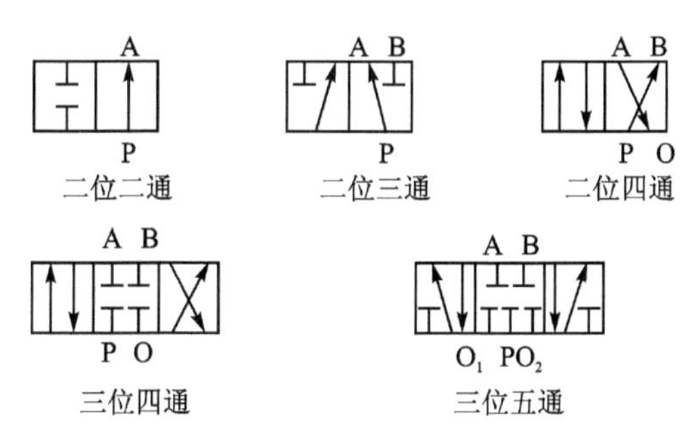

图 3-20　滑阀的位置数和通路符号

4. 气压传动与气动元件

气动技术指以压缩空气为工作介质进行能量与信号传递的技术。也可以说，气动技术是以压缩空气为动力源，实现各种生产控制自动化的一门技术。气压传动通过动力元件（空气压缩机），借助于密封容积的变化，将原动机（如电动机）输入的机械能转换为气体压力能，再经密封管道和控制元件（如阀）等输送至执行元件（如气缸），将气体压力能再次转换为机械能以驱动工作部件。压力和流量是气压传动中两个最重要的参数，压力取决于负载，流量决定执行元件的运动速度。

(1) 气压传动系统

气压传动系统由气压发生装置、气动执行元件、气动控制元件和气动辅助元件组成，典型气压传动系统如图 3-21 所示。

1) 气压发生装置

气压发生装置即能源元件，是获得压缩空气的装置，它将电能转换为压缩空气的压力能，其主体部分是空气压缩机。空气压缩机有容积式和速度式两种。

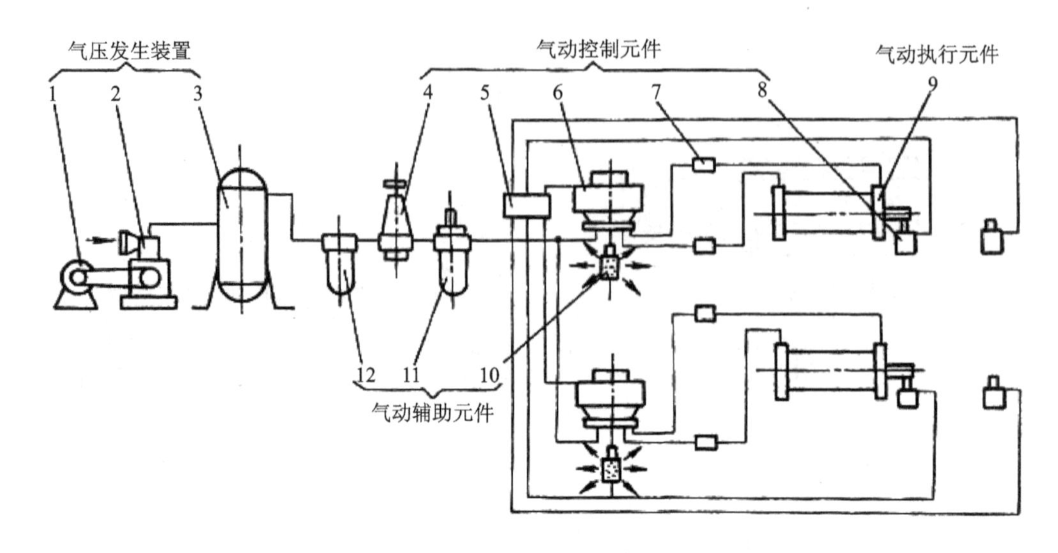

1—电动机；2—空气压缩机；3—储气罐；4—压力控制阀；5—逻辑元件；6—方向控制阀；
7—流量控制阀；8—机控阀；9—气缸；10—消声器；11—油雾气；12—空气过滤器

图 3-21　气压传动系统示意图

气动系统的能源元件一般设在距控制执行元件较远的压气站内，用管道远距离输送压缩空气。近年来也有小型低噪声压缩机或增压泵设置在控制、执行元件的近旁，实行单机单泵供给或局部加压。

空气压缩机是将机械能转换成气体压力能的一种转换装置，即气压发生装置，它为气动装置提供具有一定压力和流量的压缩空气。

空气压缩机的种类很多，按工作原理分为容积型压缩机和速度型压缩机两类。容积型压缩机的工作原理是，压缩气体的体积使单位体积内气体分子的密度增加以提高压缩空气的压力。速度型压缩机的工作原理是，先提高气体分子的运动速度，然后将气体分子的动能转换为压力能以提高压缩空气的压力。

活塞式压缩机是通过曲柄连杆机构使活塞做往复运动而实现吸、压气，并达到提高气体压力的目的。图 3-22 所示为单级单作用压缩机工作原理图。

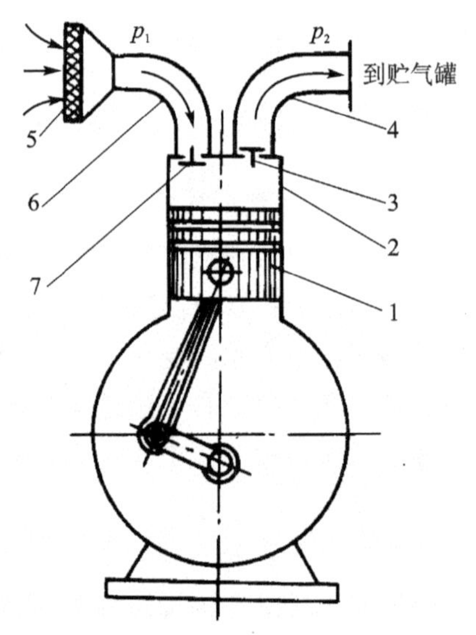

1—活塞；2—缸体；3—排气阀；4—排气管；
5—滤网；6—吸气管；7—吸气阀

图 3-22　活塞式压缩机工作原理图

曲柄由电动机带动旋转，从而驱动活塞在缸体内做往复运动。当活塞向下运动时，气缸内容积增大而形成真空，外界空气在大气压力作用下推开吸气阀 7 而进入气缸中，这个过程称为“吸气过程”；当活塞反向运动时，吸气阀关闭，随着活塞的上移，缸内空气受到压缩而使压力升高，这个过程称为“压缩过程”。当气缸内压力增高到略高于输气管路中的压力时，排气阀3打开，气体便被排入输气管路内，这个过程称为“排气过程”。曲柄旋转一周，活塞往复运动一次，即完成一个工作循环。图中只表示了一个活塞一个缸的空气压缩机，大多数空气压缩机是多缸多活塞的组合。

2）气动执行元件

气动执行元件是以压缩空气为工作介质，将压缩空气的压力能转换为机械能的能量转换装置。执行元件分为实现直线运动的气缸和实现回转运动的气动马达两类。气缸有单作用、双作用和实现各种特殊功能的特殊气缸等。气动马达有回转式和摆动式，摆动式的也称为摆动缸。

3）气动控制元件

气动控制元件用来调节和控制压缩空气的压力、流量和流动方向，以便使执行机构按要求的程序和性能工作。气动控制元件分为压力控制阀、流量控制阀、方向控制阀和逻辑元件。压力控制阀包括调压阀、溢流阀和顺序阀等。流量控制阀可简单分为节流阀和速度控制阀两种。方向控制阀可分为单向型和换向型两种。逻辑元件分为气动逻辑元件和射流逻辑元件，可实现“是”“或”“非”等逻辑功能。

4）气动辅助元件

气动辅助元件用于辅助保证气动系统正常工作。它主要有净化压缩空气的净化器、过滤器、干燥器、分水滤清器等，有供给系统润滑的油雾器、消除噪声的消声器，供系统冷却的冷却器，还有连接元件的管件和所必需的仪器、仪表，如压力表等。

因为气动技术是以压缩空气为介质的，并具有防火、防爆、防电磁干扰，不受放射线及噪声的影响，对振动及冲击也不敏感，以及结构简单、工作可靠、成本低、寿命长等优点，所以近年来得到迅速发展和广泛应用。但气动技术也存在由于空气可压缩而造成的稳定性差，由于工作压力低而引起的出力小，以及超声速排气时噪声大和工作介质没有润滑等缺点，因此，在使用时应引起注意。现在，气动技术正向节能化、小型化、轻量化、位置控制高精度化，以及与机、电、液、气相结合的综合控制技术方向发展。

据资料调查表明，目前气动控制装置在下述几方面都有普遍的应用：

① 汽车制造业：包括汽车自动化生产线、车体部件的自动搬运与固定、自动焊接等。

② 半导体电子及家电行业：例如硅片的搬运、元器件的插入与锡焊、家用电器的组装等。

③ 加工制造业：其中包括机械加工生产线上工件的装夹及搬送，冷却、润滑的控制，制造生产线上的造型、捣固、合箱等。

④ 介质管道运输业：可以说，用管道输送介质的自动化流程绝大多数都采用气动控制，如石油加工、气体加工、化工等。

⑤ 包装业：其中包括各种半自动或全自动包装生产线，例如聚乙烯、化肥、酒类、油类、煤气罐装，以及各种食品的包装等。

⑥ 机器人：例如装配机器人、喷漆机器人、搬运机器人，以及爬墙、焊接机器人等。

⑦ 其他：例如车辆的刹车装置、车门开闭装置、颗粒物质的筛选、鱼雷导弹的自动控制装置等。至于各种气动工具等，当然也是气动技术应用的一个重要侧面。

(2) 气动执行元件

气动执行元件是一种传动装置，它将压缩空气的压力能转换为机械能，以驱动机构实现直线往复运动、摆动、旋转运动或冲击动作。气动执行元件分为气缸和气动马达两大类。气缸用于实现直线往复运动或摆动，输出力和直线或摆动位移。气动马达用于实现连续回转运动，输出力矩和角位移。

气动系统中最常使用的是单活塞杆双作用气缸，其典型结构如图 3－23 所示，由缸筒、活塞、活塞杆、前端盖、后端盖及密封件等组成。这种双作用气缸被活塞分成有杆腔（简称头腔或前腔）和无杆腔（简称尾腔或后腔）。有活塞杆的腔室称为有杆腔，无活塞杆的腔室称为无杆腔。

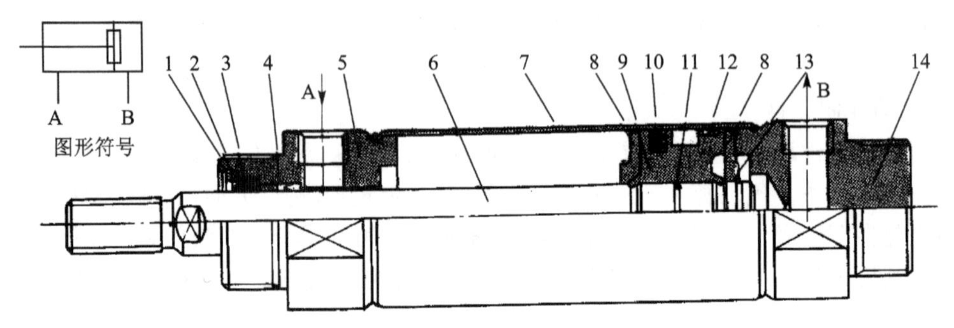

1、13—弹性挡圈；2—防尘圈压板；3—防尘圈；4—导向套；5—有杆侧端盖；6—活塞杆；7—缸筒；8—缓冲垫；9—活塞；10—活塞密封；11—密封圈；12—耐磨环；14—无杆侧端盖

图 3－23　单活塞杆双作用气缸典型结构

当从无杆腔输入压缩空气时，有杆腔排气，气缸两腔的压力差作用在活塞上所形成的力克服各种阻力负载推动活塞前进，使活塞杆伸出；当无杆腔排气，有杆腔进气时，活塞杆缩至初始位置。有杆腔和无杆腔交替进气和排气，活塞实现往复直线运动。

气缸的种类很多，分类的方法也不同。通常可以按压缩空气作用在活塞端面上的方向、气缸的结构特征及其使用功能等来分类。

按压缩空气作用在活塞端面上的方向可分为：

① 单作用气缸：指压缩空气仅在气缸的一端进气，推动活塞向一个方向运动，而活塞的返回则借助于弹簧力、膜片张力、活塞杆的自重或外力来实现。借助弹簧力时分弹簧压出和弹簧压回两种方式。

② 双作用气缸：指压缩空气交替从气缸两端进入，推动活塞做往复运动。双作用气缸又可分为单出杆和双出杆两种。双出杆气缸的活塞两侧受压面积相同，两个方向上的各参数对称，因此，容易调整两个方向上的速度使其相等，便于控制。但所需空间接近于单出杆气缸的两倍。

按气缸的结构特征可分为：① 活塞式气缸；② 膜片式气缸。

按气缸的使用功能可分为：

① 普通气缸：包括单作用式和双作用式气缸。常用于无特殊要求的场合。

② 缓冲气缸：指气缸的一端或两端带有缓冲装置。当活塞运动到行程终端的速度较大，且有一定的质量负载时，如果没有缓冲，活塞会撞击端盖造成气缸损坏，因此，有些气缸带有缓冲。缓冲方式有无缓冲、垫缓冲、气缓冲和液压缓冲等几种，这几种缓冲方式的缓冲能力由弱到强。

③ 高速气缸：指活塞的运动速度超过 500 mm/s。

④ 低摩擦气缸：气缸内系统摩擦力的大小会直接影响气缸运动的稳定性。减小摩擦力的措施有，降低缸筒内表面和活塞杆外表面等滑动表面的粗糙度值，减小密封圈的接触面积，采用低摩擦系数的材料等。

⑤ 耐热气缸：用于环境温度为 120～150 ℃的场合。其密封圈、活塞上的导向环和缓冲垫等均需采用耐热材料，如密封圈和缓冲垫用氟橡胶，导向环用聚四氟乙烯。

⑥ 耐腐蚀气缸：用于有腐蚀性的环境下。其外露表面的零件均需采用防腐材料，如缸筒、活塞杆、端盖和拉杆等选用不锈钢等制作，根据腐蚀状况可选不同的耐腐蚀材料。

按照气缸的安装形式可分为：

① 固定式气缸：气缸安装在机体上固定不动，有脚座式和法兰式。

② 轴销式气缸：缸体围绕固定轴可做一定角度的摆动，有 U 形钩式和耳轴式。

③ 回转式气缸：缸体固定在机床主轴上，可随机床主轴做高速旋转运动。这种气缸常用于机床上的气动卡盘中，以实现工件的自动装卡。

④ 嵌入式气缸：气缸缸筒直接制作在夹具体内。

(3) 气动控制元件

在气动系统中，气动控制元件用来调节压缩空气的压力、流量和方向等，以保证执行机构按规定的程序正常工作。方向靠机械部分的换向来控制；流量主要靠调节过流面积来控制，但会受到高压和低压侧的压差变化影响；压力是由负载建立起来的，所以使用开环不能任意控制压力，一般压力控制元件都通过压力反馈来调节过流面积，从而达到控制压力的目的。

气动控制元件按功能可分为压力控制阀、流量控制阀和方向控制阀。

1) 压力控制阀

压力控制阀主要用来控制系统中气体的压力，以满足各种压力要求或用以节能。根据阀的作用，压力控制阀又可分为：

① 减压阀：用来调节或控制气压的变化，并保持降压后的输出压力值稳定在所需要的值上，以确保系统压力稳定。减压阀又称调压阀。

② 溢流阀：用来保证进口压力的稳定。当压力超过一调定值时，一部分流体从排气口溢出，并在溢流过程中保持回路中的压力基本稳定。

③ 安全阀：用来保证气动回路或贮气罐的安全。当压力超过规定的最高值时，实现自动向外排气，以使压力回到所调定的范围内。

④ 顺序阀：在有两个以上分支回路时，根据压力的大小来控制两个执行元件顺序动作。

气压传动与液压传动所不同的一点是，它先将压力高的压缩空气储于气罐中，然后使用时再减压至适于系统的压力，因此每台气动装置的供气压力都需要用减压阀来减压，并保持供气压力值稳定。对于低压系统，除用减压阀降低压力外，还需用精密减压阀来获得更稳定的供气压力。溢流阀、安全阀和顺序阀的工作原理与液压阀中同类型阀的原理基本相同。

2) 流量控制阀

流量控制阀是通过改变阀的流通面积来实现流量控制的元件。流量控制阀可分为节流阀、单向节流阀(或称速度控制阀)、排气节流阀和快速排气阀等。节流阀的工作原理与液压阀中同类型阀的原理相似。

3) 方向控制阀

方向控制阀是用来控制管道内压缩空气的流动方向和气流通断的气动控制元件，是气动系统中应用最广泛的一类阀。方向控制阀按气流在阀内的作用方向，可分为单向型方向控制阀和换向型方向控制阀两类。只允许气流沿一个方向流动的方向控制阀称为单向型方向控制阀，如单向阀、梭阀、双压阀等。可以改变气流流动方向的方向控制阀称为换向型方向控制阀，简称换向阀。

3.2.3 不同能量形式的功率表达

功率的通用描述是

$$P = \mathrm{d}W/\mathrm{d}t$$

机械功：

$$P(t) = Fv \quad （一维直线运动）$$

$$P(t) = \omega T \quad （旋转运动）$$

$$P(t) = pQ \quad （流体传动）$$

电力功：

$$P(t) = IV = I^2R = \frac{V^2}{R}$$

3.2.4 工业系统的信息流

工业系统中的信息流是一系列元部件的组合，主要包括传感器(sensor)和指令系统(command system)。信息流主要完成系统中的信息获得、信息处理和信息传递的功能。

信息流中的传感器：将物理信息转换为指令系统能够接收的信息(通常为电信号)。

信息流中的指令系统：处理传感器的信息，并将处理后的信息传输给操作系统(operation system)。

控制系统的典型结构如图 3-24 所示。对于连续控制系统，无论是被控对象还是控制器，其各点信号在时间上和幅值上都是连续的。其中，不同部位的信号形式如图 3-25 所示，从时间上区分，分为连续时间信号和离散时间信号；从幅值上区分，分为模拟量、离散量和数字量。

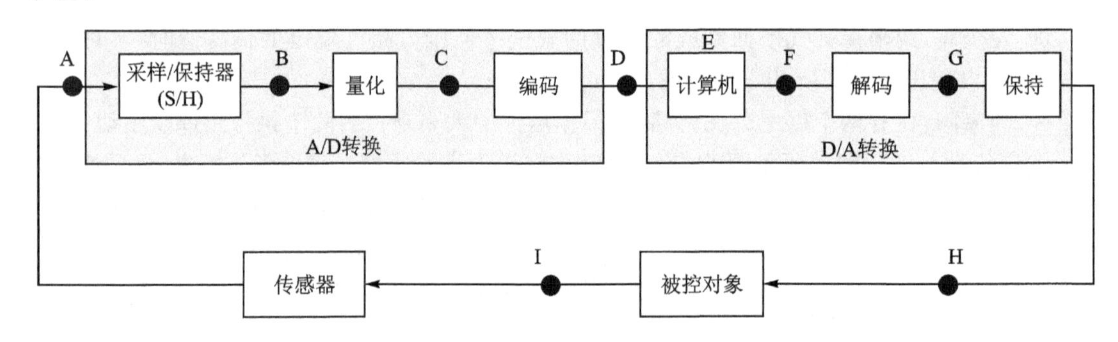

图 3-24 工业系统信息流中的信号类型

信号 A—B 之间的转换主要由采样频率决定。采样频率可以根据采样定理确定。

采样定理(香农定理)：若连续信号是有限带宽的，且它所包含的频率分量的最大值为 ω_m，当采样频率 $\omega_s \geq 2\omega_m$ 时，原连续信号完全可以用其采样信号来表征，或者说采样信号可以不失真地代表原连续信号。

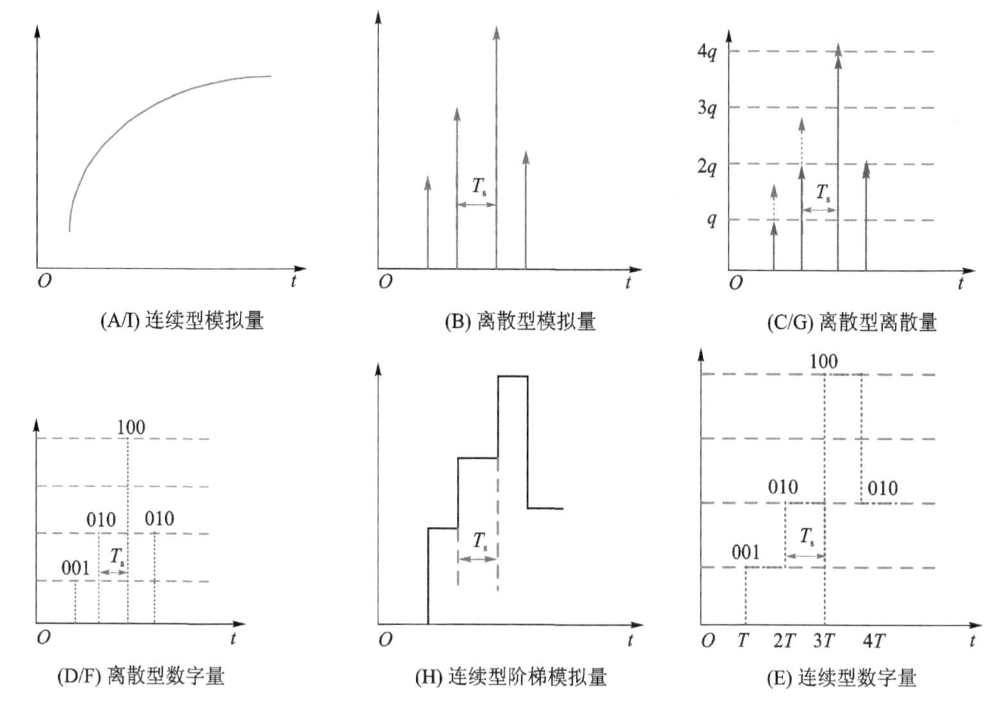

图 3-25 工业系统中的信号形式(与图 3-24 对应)

信号 B—C 之间的转换主要由量化单位(数据格式)决定。信号 C—D 之间的转换主要由编码规则决定。

3.2.5 常用传感器

1. 直线位移传感器

物体位置和位移的测量对于许多应用来说都是必不可少的,如在过程反馈控制、性能评估、交通控制、机器人技术、安全系统等应用领域。这里所说的位置,指的是某物体在所选参考系中的坐标(直角坐标或极坐标);位移则指从一个位置移动到另一个位置所经过的距离(线位移)或角度(角位移),常见的位移传感器有电位器式、电容式、电感式、电涡流式和超声波式等。

(1) 电位器式位移传感器

电位器是一种将机械位移转换为与之成一定函数关系的电阻值变化的元件,按其结构形式不同,可分为机械触点式(如线绕式、薄膜式等)和光电式等,如图 3-26 所示。机械触点式的优点是技术成熟,结构简单,性能稳定,量程范围宽,输出信号强,可实现线性或较为复杂的输出特性。机械触点式的不足之处主要是要求输入能量大,导致动态响应较差,适合测量变化缓慢的参量;电刷与电阻元件之间容易磨损,使其可靠性和使用寿命受到影响;线绕电位器还存在阶梯误差等不足。

光电式电位器以光束代替常规电刷,具有非接触的特点,其优点是完全无摩擦、无磨损,不会对仪表系统附加任何有害的力矩,可提高仪表精度、寿命和可靠性,分辨力也很高。其缺点是输出阻抗较高,需要匹配高输入阻抗的放大器,体积大,质量重,结构复杂,线性度又不易做得很高。

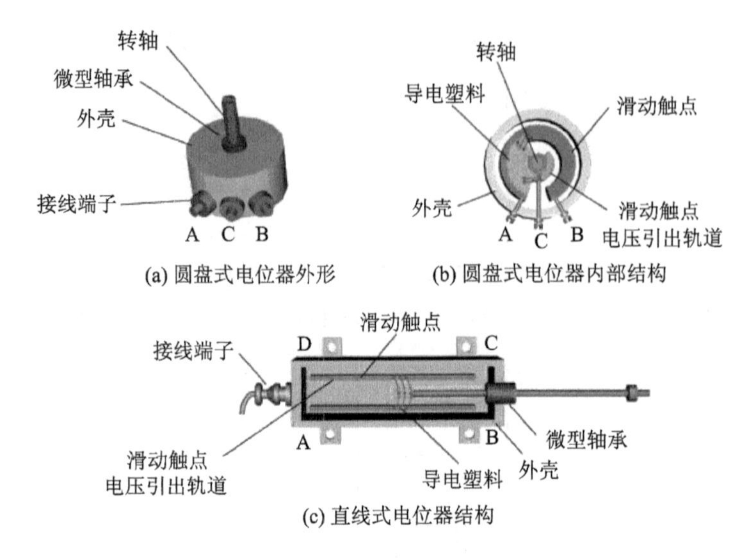

(a) 圆盘式电位器外形　　(b) 圆盘式电位器内部结构

(c) 直线式电位器结构

图 3－26　位移传感器

(2) 电容式位移传感器

电容式位移传感器(见图 3－27)是将被测量的变化转换为电容量的变化来实现测量的一种装置。它本身是一个电容,或能与被测量组成一个电容。电容板之间的距离、有效工作面积或极板间材料位置的变化、介电常数的变化都能引起电容的变化,对应的传感器分别为变极距型、变面积型和变介电常数型电容传感器。

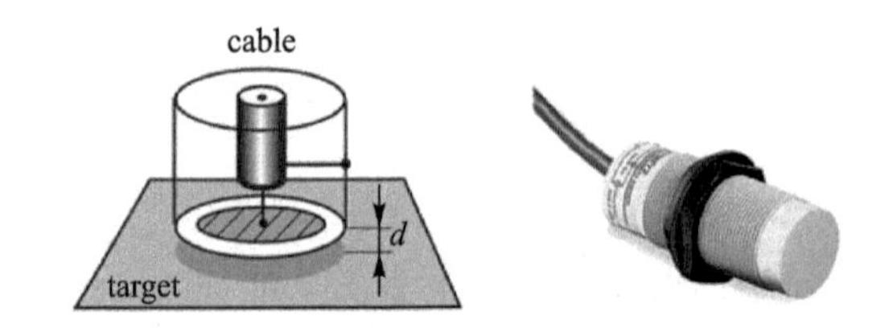

(a) 带等位环的电容式位移传感器

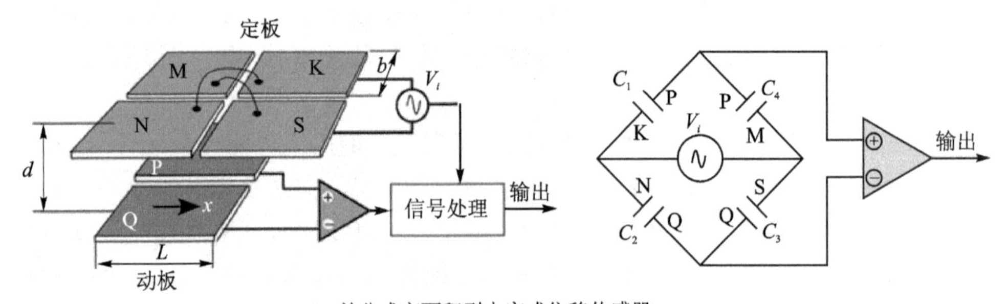

(b) 差分式变面积型电容式位移传感器

图 3－27　电容式位移传感器

与电阻式、电感式传感器相比,电容式传感器具有温度稳定性好、结构简单、适应性强等特点,可工作于各种恶劣环境中,能对带磁物体进行测量,体积可以很小,可满足特殊场合使用。另外,还可以实现非接触测量,具有平均效应,可以减小表面粗糙度的影响。缺点是受电极的几何尺寸等限制，容量较小；输出阻抗很高，负载能力差，易受干扰；寄生电容影响大（寄生电容会降低灵敏度），并可能使仪器工作不稳定，影响测量精度；对电缆的选择、安装、接法都有要求。

变极距型电容传感器适用于对几十纳米到几百微米的微小位移的测量，为了提高灵敏度，减小非线性及外界因素（如电源电压、环境温度等）的影响，常采用差分（使用两个电容）或电容电桥（使用四个电容）形式。由于电容式传感器的动态响应好，固有频率高，因此特别适用于动态测量（如振动测量）。为了消除或减少边缘效应带来的不利影响，在实际使用时需要通过增设等位环等方式提高测量精度。

容栅式电容传感器可用于较大位移的测量。

(3) 电感式位移传感器

电感式位移传感器（见图 3－28）的优点是结构简单可靠，输出功率大，抗干扰能力强，对工作环境要求不高，稳定性好；缺点是频率响应低，不宜用于快速动态测量。典型的有线性可变差动变压器（Linear Variable Differential Transformer，LVDT）型位移传感器，在位移测量领域具有广泛的应用，测量范围可从几毫米到数十毫米。

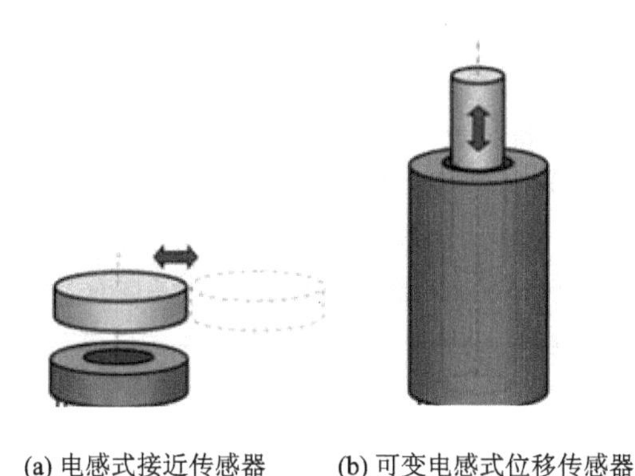

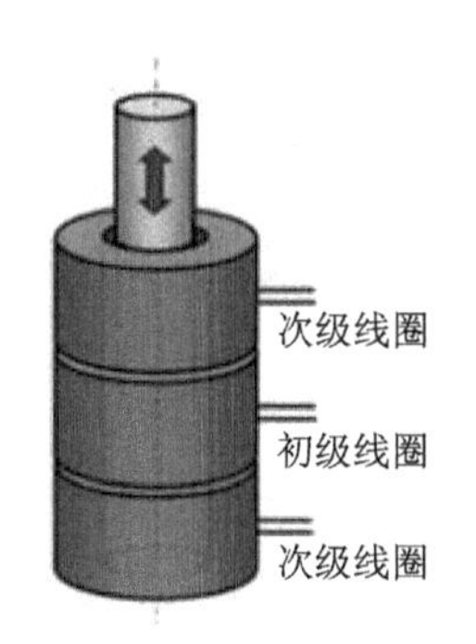

(a) 电感式接近传感器　(b) 可变电感式位移传感器　(c) LVDT位移传感器

图 3－28　电感式位移传感器

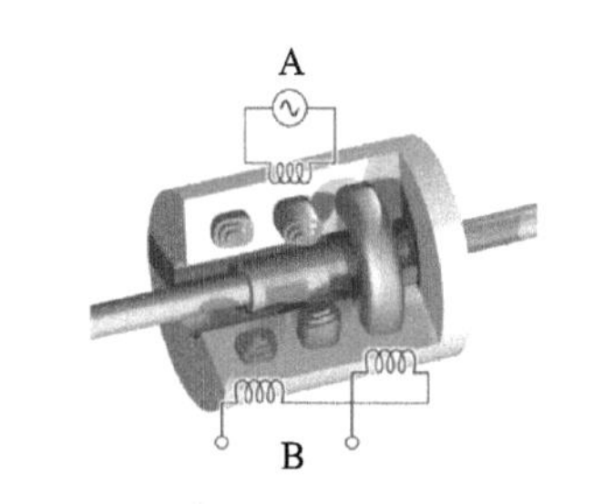

图 3－29　LVDT 的工作原理示意图

LVDT 属于直线位移传感器，其工作原理如图 3－29 所示。简单来说，它是铁芯可动变压器，由一个初级线圈、两个次级线圈、铁芯、线圈骨架、外壳等部件组成。初级线圈和次级线圈分布在线圈骨架上，线圈内部有一个可自由移动的杆状铁芯。当铁芯处于中间位置时，两个次级线圈产生的感应电动势相等，这样输出的电压为零；当铁芯在线圈内部移动并偏离中心位置时，两个次级线圈产生的感应电动势不等，有电压输出，其电压大小取决于位移量的大小。为了提高传感器的灵敏度，改善传感器的线性度，增大传感器的线性范围，设计时将两个次级线圈反串相接，两个次级线圈的电压极性相反，LVDT 输出的电压是两个次级线圈的电压之差，这样输出的电压值与铁芯的位移量呈线性关系。

LVDT 采用变压器结构，至少有三个线圈：一个初级线圈，两个次级线圈。当磁棒在线圈中移动时，会改变初级线圈与次级线圈之间的电磁耦合。感应信号的比值表明了磁棒相对于线圈的位置。这种比率测量技术是 LVDT 实现高稳定性和测量性能的关键。

（4）电涡流式位移传感器

电涡流式位移传感器是使用涡流形成原理来感应位移。当移动或变化的磁场与导体相交时会形成涡流，反之亦然。相对运动导致导体内的电子或电流循环流动。电流的这些循环涡流会产生电磁场，该电磁场与外加磁场的作用相反。外加磁场越强，导体的电导率越大，或者说相对运动的速度越大，产生的电流就越大，电流产生的与外加磁场方向相反的磁场也越大。涡流探头会感应到次级磁场的形成，以找出探头与目标材料之间的距离。

霍尔传感器是根据霍尔效应制作的一种磁场传感器。霍尔效应是磁电效应的一种，这一现象是霍尔（A. H. Hall，1855—1938）于1879年在研究金属的导电机理时发现的。后来又发现半导体、导电流体等也有这种效应，而半导体的霍尔效应比金属强得多。利用这种现象制成的各种霍尔元件广泛应用于工业自动化技术、检测技术及信息处理等方面。

霍尔传感器是测量磁场强度的设备，其输出电压与通过它的磁场强度成正比。霍尔传感器应用于接近感应、定位、速度检测和电流感应中。

通常，霍尔传感器与阈值检测结合起来作为开关使用，这在工业应用中很常见，例如图3－30所示的气缸；它也被用在消费类设备中，例如，某些计算机连接的打印机使用它来检测缺纸并打开盖子；它还被用于要求超高可靠性的计算机键盘中。

（5）超声波式位移传感器

超声波式位移传感器（见图3－31）是将超声波信号转换为其他能量信号（通常是电信号）的传感器。超声波是振动频率高于20 kHz的机械波，具有频率高、波长短、绕射现象小，特别是方向性好、能够成为射线而定向传播等特点。超声波对液体、固体的穿透本领很大，尤其是在不透明的固体中。超声波碰到杂质或分界面时会产生显著反射形成反射回波，碰到活动物体时能产生多普勒效应。超声波传感器广泛应用在工业、国防和生物医学等方面。

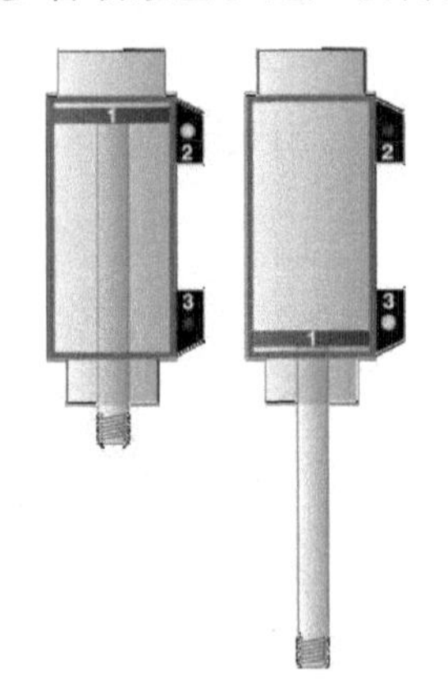

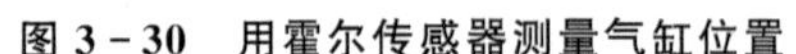
图3－30　用霍尔传感器测量气缸位置

图3－31　超声波式位移传感器

常用的超声波传感器由压电晶片组成，既可以发射超声波，也可以接收超声波。小功率超声探头多用作探测使用。它有许多不同的结构，可分为直探头（纵波）、斜探头（横波）、表面波探头（表面波）、兰姆波探头（兰姆波）、双探头（一个探头发射、一个探头接收）等。

2. 角位移传感器

光电编码式位移传感器（见图3－32）是最常用的角位移传感器。它是通过测量相对位置的变化来得到位移、速度（转速）等物理量的传感器。内部结构包括光源、透镜、主光栅、指示光栅和光电元件。基本原理是光束照射到光栅上，光电探测器测量透射或反射光，产生一个位置信号。主要特点是：测量精度高，在圆分度和角位移测量方面，一般认为光栅式传感器是精度最高的一种，可实现大量程测量兼具高分辨率；可进行动态测量，易于实现测量及数据处理的自动化；具有较强的抗干扰能力。

(a) 光电编码式角位移传感器

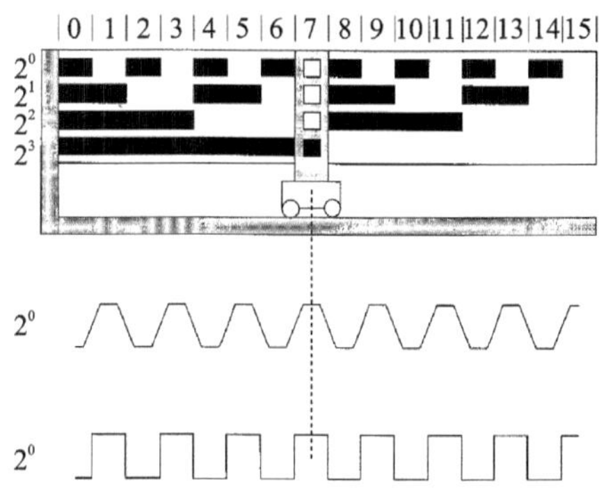

(b) 光电编码式线位移传感器

图 3-32　光电编码式位移传感器

旋转编码器(rotary encoder)也称为轴编码器，是将旋转位置或旋转量转换为模拟或数字信号的机电设备，一般装设在旋转物体中垂直于旋转轴的一面。旋转编码器被用在许多需要精确的旋转位置及速度的场合，如工业控制、机器人技术、专用镜头、计算机输入设备(如鼠标及轨迹球)等。

旋转编码器可分为绝对型(absolute)编码器和增量型(incremental)编码器两种。增量型编码器也称为相对型编码器(relative encoder)，利用检测脉冲的方式来计算转速及位置，可输出有关旋转轴运动的信息，一般会由其他设备或电路进一步转换为速度、距离、每分钟转速或位置的信息。绝对型编码器会输出旋转轴的位置，可视为一种角度传感器。

3. 力传感器

当力作用到某些物体上时，能够产生各种物理效应，力传感器就是通过感知这些物理效应并将其转换为电信号的装置，其示例如图 3-33 所示。

(a) 应变片式力传感器

(b) S型称重传感器

图 3-33　力传感器

力传感器的常见检测方法有：

① 被测力使弹性体(如弹簧、梁、波纹管、膜片等)产生相应的位移，通过测量位移来获得力的信号。

② 被测力使弹性构件发生变形，引起粘贴在构件上的应变片发生形变，使应变片电阻值发生变化，通过测量电阻来获得力的信号。

③ 被测力作用在压电器件上，通过压电器件把力转换为电荷输出（压电效应）。

④ 被测力作用在机械谐振系统上，导致其振荡频率发生变化，通过测量频率变化等参数来获取力的相关信息。

⑤ 根据电磁力与待测力的平衡，通过平衡时检测装置的电磁参数来获得力的信息。

（1）应变片式力传感器

力作用到某些物体上时会产生应变，应变又能引起应变片输出电阻的变化，因此可以通过检测应变片输出电阻的变化来测量力。常见的应变片包括金属应变片和半导体应变片，它们具有尺寸小、质量轻、结构简单、测量速度快，既可静态测量，又可动态测量等特点。金属应变片具有较好的温度稳定性，但灵敏度较低。而半导体应变片的灵敏度非常高，可以测量微小的应变；缺点是其特性受温度的影响大，因此需进行温度补偿或在恒温下使用，此外，在测量较大应变时非线性较为严重。

（2）压电式力传感器

压电式力传感器（见图 3－34）是一种基于压电效应的传感器，它的敏感元件由压电材料制成。压电材料受力后会在表面产生电荷，此电荷经转换处理电路（如电荷放大器）和放大电路处理后，成为正比于所受外力的电量输出，因此可用来测量最终能转换为力的多种物理量，在检测技术中，常用来测量力和加速度。

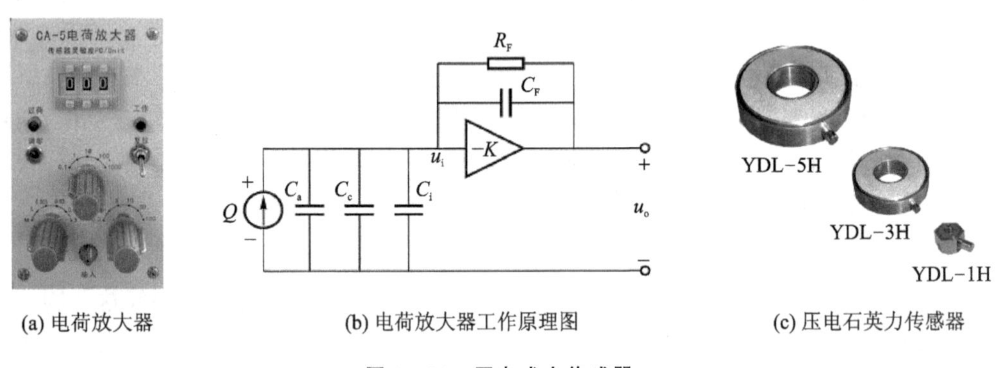

(a) 电荷放大器　　(b) 电荷放大器工作原理图　　(c) 压电石英力传感器

图 3－34　压电式力传感器

压电元件是一种典型的力敏感元件。常用的压电材料包括压电单晶（如石英晶体）、压电陶瓷（如锆钛酸铅（PZT））和压电薄膜（如聚偏氟乙烯（PVDF））等。它的优点是频带宽、灵敏度高、信噪比高、结构简单、工作可靠和质量轻等。缺点是直流响应差，需要采用高输入阻抗电路或电荷放大器来克服这一缺陷，一般只适合于测量动态量。

（3）电磁力传感器

用于称重的电磁力传感器（见图 3－35）的基本工作原理是通过力带动杠杆，使得与之相连接的带电线圈在磁场中运动，从而产生电磁力。该电磁力与重力平衡，线圈中电流的大小与质量呈比例关系，当测量到电流的大小后即可得到所称量的质量。

4. 姿态传感器——陀螺仪

利用陀螺的力学性质制成的各种功能的陀螺装置称为陀螺仪（gyroscope），如图 3－36 所示，它可用于各种姿态的测量。利用陀螺仪制成的各种仪表或装置，常见的有：

图3－35　电磁力传感器

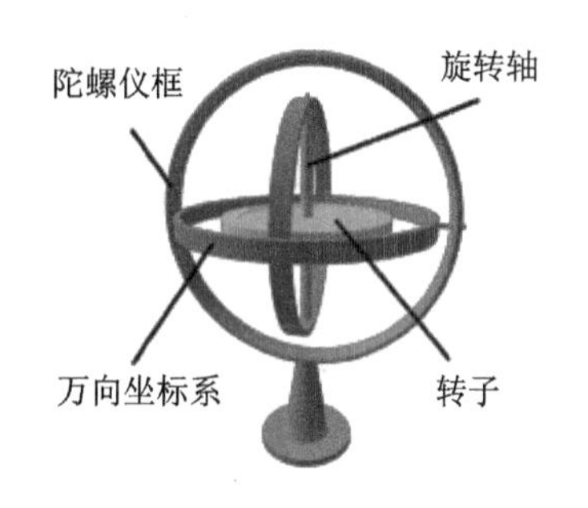

图3－36　陀螺仪

① 陀螺方向仪：能给出飞行物体转弯角度和航向指示的陀螺装置。由于摩擦及其他干扰，会导致指向逐渐偏离原始方向，因此每隔一段时间须对照精密罗盘做一次人工调整。

② 陀螺罗盘：供航行和飞行物体作方向基准用的寻找并跟踪地理子午面的陀螺仪。

③ 陀螺垂直仪：是利用摆式敏感元件对三自由度陀螺仪施加修正力矩以指示地垂线的仪表，又称陀螺水平仪。陀螺垂直仪是除陀螺摆以外应用于航空和航海导航系统的又一种地垂线指示或测量仪表。

④ 速率陀螺仪：是用于直接测定运载器角速率的陀螺装置。

陀螺仪可用于测量姿态角度和角速度，其中飞轮(rotor)绕旋转轴自由旋转。旋转时，根据角动量守恒，旋转轴(spin axis)的方向不受安装架倾斜或旋转的影响。

基于陀螺仪的工作原理，人们还开发了各种类型的陀螺仪，例如在电子设备中使用微芯片封装的MEMS陀螺仪、固态环形激光器、光纤陀螺仪和极其灵敏的量子陀螺仪。

陀螺仪广泛应用于惯性导航系统，包括航空、航天、航海设备。由于陀螺仪的精度高，因此也可用于陀螺经纬仪中以保持隧道采矿的方向。陀螺仪可用于构造陀螺罗盘，以补充或替代磁罗盘(在船舶、飞机和航天器中，一般是在车辆中)来增强稳定性，或用作惯性制导系统的一部分。

陀螺仪在某些消费电子产品中很流行，例如智能手机、智能机器人等。MEMS陀螺仪的种类很多，按工作机理来分，可以分为压电陀螺仪、微机械陀螺仪、光纤陀螺仪和激光陀螺仪等，如图3－37所示，它们都是电子式的，并且可与加速度计、磁阻芯片和GPS做成惯性导航

(a) 光纤陀螺仪

(b) MEMS陀螺仪

图3－37　新型陀螺仪

控制系统。按用途来分,可以分为传感陀螺仪和指示陀螺仪。传感陀螺仪用于飞行体运动的自动控制系统中,作为水平、垂直、俯仰、航向和角速度传感器,以便用自动导航仪来控制飞机、舰船或航天飞机等航行体按一定的航线飞行,而在导弹、卫星运载器或空间探测火箭等航行体的制导中,则直接利用这些信号完成航行体的姿态控制和轨道控制。指示陀螺仪主要用于飞行状态的指示,作为驾驶和领航仪表使用。陀螺仪也可作为稳定器,使列车在单轨上行驶,减小船舶在风浪中摇摆,使安装在飞机或卫星上的照相机相对于地面稳定,等等。作为精密测试仪器,陀螺仪器能够为地面设施、矿山隧道、地下铁路、石油钻探和导弹发射井等提供准确的方位基准。

目前,陀螺仪,特别是基于 MEMS 的陀螺仪,由于具有体积小、质量轻、成本低、功耗低、易于集成等特点,因此在智能设备上具有广泛的应用,如实现 GPS+惯性导航,在没有 GPS 信号时,通过陀螺仪来测量汽车的偏航或直线运动位移,从而继续导航;还可以与手机上的摄像头配合使用实现防抖功能;可以用作输入设备,把陀螺仪当作一个立体的鼠标,作为各类游戏的传感器,监测游戏者手的位移,从而实现各种游戏操作的效果。而随着虚拟现实、增强现实,特别是人工智能技术的发展,陀螺仪将得到更加广泛的应用。

3.3 工业系统的体系结构分析实例

在实际工业系统中,通常根据功能需求设计不同类型的体系结构。本节以部分实际系统为例,介绍不同类型的工业系统结构和控制系统的特点,以方便读者理解,也供在设计系统时参考。

3.3.1 计算机控制系统类型分析

1. 数据采集处理系统示例——船舶操舵系统实验平台

船舶自动驾驶仪是不需要连续的人力来维持已选航线的重要设备,类似的设备也用于其他地方,比如飞机自动驾驶仪。常用的电子式自动驾驶仪通常由一个或多个输入传感器操作控制,它至少有一个磁罗盘(检测船舶行驶方向)和船舶定位系统(GPS 或北斗系统),自动驾驶仪控制器根据当前的航向和位置计算出所需要的舵面偏角,以控制船舶的运行方向。

船舶操舵系统是自动驾驶仪的重要组成部分,主要是控制舵面自动偏转的系统。由于它模拟了实际船舶自动操舵的工作原理,所以船舶操舵系统实验平台和实际自动驾驶仪中的操舵系统的组成结构和工作原理大致相同。船舶操舵分为自动操舵、手动操舵和应急操舵,实验平台模拟了其中的自动操舵和手动操舵,也就是对应实验平台的自动模式和手动模式。

船舶操舵系统实验平台主要由以下四部分组成:基座、液压系统、负载平台、配件及连接装置,如图 3-38 所示。

基座是整个系统的支撑平台,所有其他系统都安装或通过其他装置连接在基座上。基座箱内承载着电路系统和液压系统的运算器,在基座表面提供了用于数据测量的接线孔。由于基座的重量远高于负载的重量,负载在装置上产生的转动力矩远小于系统质心作用的力矩,因此基座能够保证在液压系统运行中装置的稳定性。

液压系统是实验平台的核心部分,直接安装在基座上,它保证了实验项目能够完成的前提条件。液压系统的组成部件相对复杂,元素较多,主要包括电动机、泵、液压缸(带有 LVDT 位

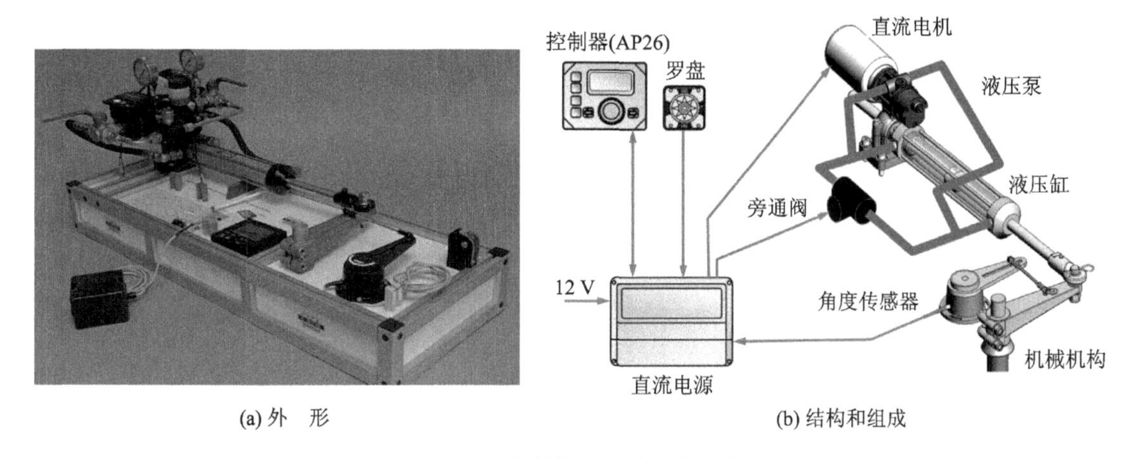

(a) 外 形

(b) 结构和组成

图 3－38 船舶操舵系统实验平台

移传感器)、导管及流量限制阀门、控制平台,以及运算器和罗盘等。

电动机安装在液压系统的一端,与泵固连在一起,通过导线与基座和流量计连接。电机的作用是将电能转换为机械能,使得泵能够输出高压油,最终驱动液压缸带动负载运动。电动机是液压系统能量链的起点。液压泵 V2H40 处于液压系统的中间位置,与电动机、导管、基座连接,在泵上连接着油箱,泵将机械能转换为液压系统的流量。液压缸位于液压系统的底部,与导管、基座、LVDT 传感器连接。液压缸双向运动,使得舵柱臂逆时针或顺时针转动。固连在液压缸上的 LVDT 传感器能够获取液压缸拉杆的位移量,将信息传输到控制器上。控制器 AP26 安装在基座上,用于控制液压系统的运动和调节运动的模式(手动模式、自动模式)。中央控制器 AC10 安装在基座箱内,在自动模式下能够采集 LVDT 位移传感器、角度传感器和罗盘方向的信息,然后进行运算,控制整个液压系统的运动。在系统处于自动模式下,通过转动罗盘来模拟船舶船头的实际方向,并传输到运算器进行处理来自动调节舵面的偏转角度,最终控制航向。

负载平台是用于模拟改变船舶舵面的负载,主要包括舵摇臂(带有角度传感器)、负载平台及负载、负载筒。舵摇臂通过转动轴承连接在基座上,并与液压缸和负载平台连接。舵柱臂由液压缸拉杆的运动带动,使负载平台上下运动。连接在舵柱臂上的角度传感器能够采集舵柱臂的转动角度信息,并传输给运算器。负载平台通过链条和滑轮连接到舵柱臂上,负载放在负载平台上用于模拟阻碍。负载以质量各为 2 kg、1 kg 的砝码代替。

船舶操舵系统的测控系统的体系结构如图 3－39 所示。从图中可以看出,在此系统中,上位计算机(安装了数据采集软件)只负责数据的采集及分析,并不直接参与系统的任何控制。这种系统是典型的计算机数据采集系统。

2. 直接数字控制系统示例——自动栏杆教学平台

自动栏杆机是停车收费系统中的重要组成部分,其不仅可用于公路、桥梁和口岸,同时也可用于场区的禁行管理中。在高速公路的运营管理中,自动栏杆的正常运行是车辆快速通过收费站的重要保障。自动栏杆机的性能、寿命和功耗在很大程度上取决于系统设计的技术水平,尤其对控制器的设计形式要求更高。

自动栏杆教学平台由基于实际的自动栏杆机,加上配套的上位机和测控系统组成。栏杆

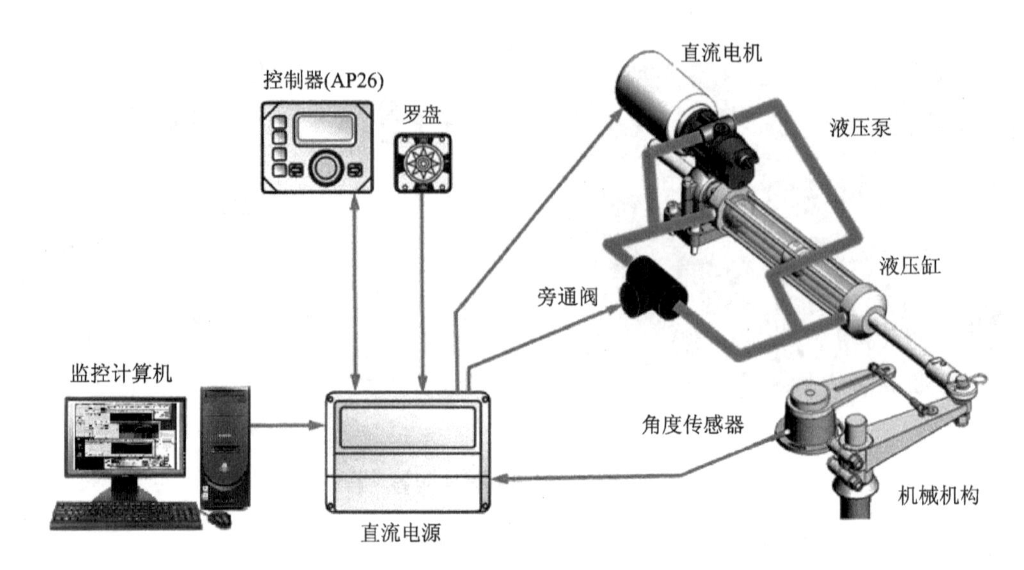

图 3-39　船舶操舵系统的测控系统体系结构

机的控制指令由上位机发出，并通过与自动栏杆机连接的计算机接口卡控制栏杆机的起落，同时可以控制抬起与落下的行程。图 3-40 所示为自动栏杆教学平台的系统框架图，其中自动栏杆的控制、抬起角度量的测量、控制命令的输入都是在命令控制台上实现的，是一种典型的直接数字控制系统。

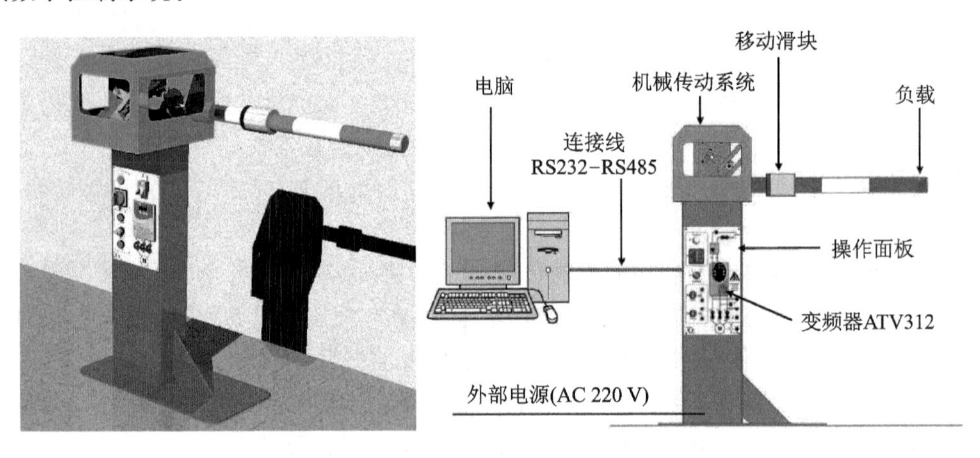

图 3-40　自动栏杆教学平台系统框架图

3. 计算机监督控制系统

航空用伺服机构 MAXPID 的设计理念来源于飞机舵机系统，即飞机舵机接收飞行控制计算机的指令后转动固定的角度，以实现对飞机姿态和飞行轨迹的准确控制。MAXPID 是一种简化的飞机舵机系统，它接收计算机（模拟飞行控制计算机）的位置指令后，通过控制器、驱动电机、机械机构、传感器等实现对舵机转角的准确控制。

MAXPID 的结构如图 3-41 所示。

MAXPID 是一种典型的上下位机式计算机监督控制结构。上位机（计算机）安装有监控软件，负责发送指令到下位机。下位机（控制器）接收来自上位机的指令，直接控制对象（电机）

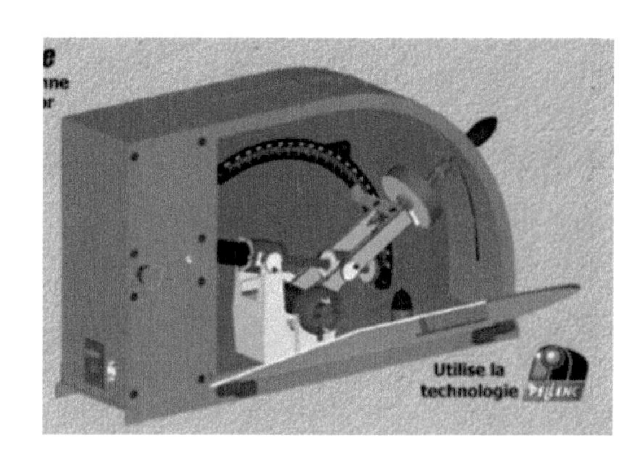

图 3-41　航空用伺服机构 MAXPID 的结构

运动，同时控制器在控制闭环中还需要接收来自系统传感器的反馈信号，并进行处理。部分传感器反馈信号也通过上下位机的通信传输给上位机，以实现对系统状态的实时监督。计算机监督控制系统是在工业领域中应用最为广泛的一种体系结构。

3.3.2　工业系统常用能源及传递方式——以船舶操舵系统为例

船舶操舵系统由外部 220 V AC 供电，通过供电单元将交流电转换为 12 V DC，从而实现从交流电向直流电的转换，如图 3-42 所示。

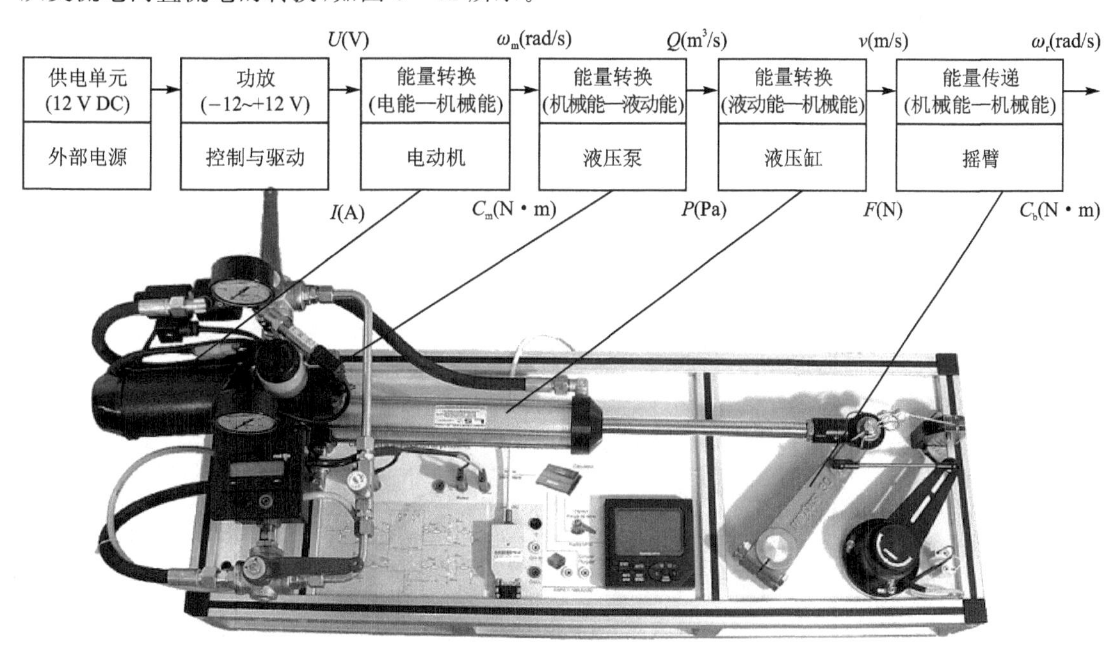

图 3-42　船舶操舵系统能量传递

船舶操舵系统实现了如下能量转换：

- 电能—机械能转换：由直流电动机完成。输入电能/输出功率$=UI/(C_{m}\omega_{m})$。
- 机械能—液动能转换：由液压泵完成。输入功率/输出功率$=C_{m}\omega_{m}/(QP)$。
- 液动能—机械能转换：由液压缸完成。输入功率/输出功率$=QP/(Fv)$。

- 机械能(直线运动)—机械能(旋转运动)转换:由摇臂完成。输入功率/输出功率$=Fv/(C_b\omega_r)$。

3.3.3 能量流和信息流实验——以自动控制综合性能实验平台为例

自动控制综合性能实验平台是一个典型的位置自动控制系统,由操作手柄(开环控制时输入控制指令)、电源、控制器、电机驱动器、直流电机、编码器和传动机构组成。

自动控制综合性能实验平台是基于施耐德电气(Schneider Electric)的三轴机器人(机械手)Leximu Max R设计的,如图3-43所示。Leximu Max R机器人具有三个自由度,三个自由度的驱动机构和传动机构能够保证其在X,Y,Z三个方向上直线运动。

机械手能够承受的最大负载为50 kg,可分别在X方向(0~5 500 mm)、Y方向(0~1 500 mm)、Z方向(0~1 200 mm)范围内精确移动,以实现对物品的抓取和放置。

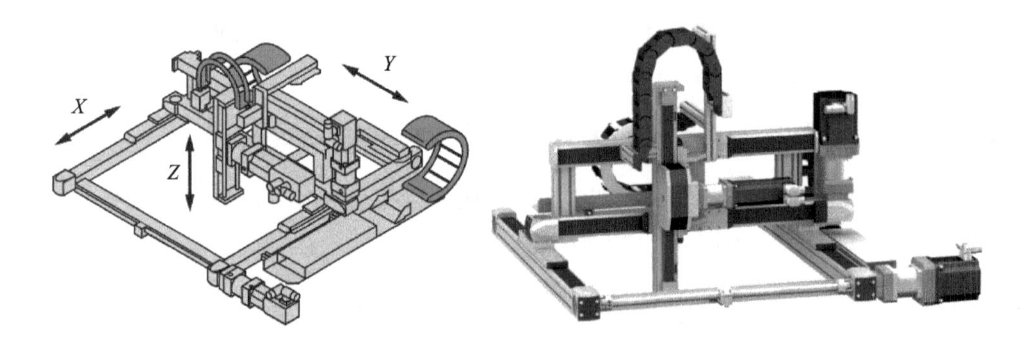

图3-43 Leximu Max R机器人的结构(施耐德电气)

Leximu Max R机器人的具体性能指标见表3-2。

表3-2 Leximu Max R机器人的性能指标

判据		值
C1	系统稳定	—
C2	幅值裕度	$M_G>10$ dB
	相位裕度	$M_\varphi>45°$
	超调	$D_1<25\%$
C3	穿越频率	$\omega_{co\text{-}0\ dB}>15$ rad/s
	调节时间	$T_{5\%}<500$ ms
C4	稳态误差	$\varepsilon_s<0.5$ mm

自动控制综合性能实验平台模拟工业系统中常用的"抓取和放置"操作,在这些应用场景中,机械臂必须快速准确地定位到另一个位置。在这种使用环境中,该平台的外部负载为零,电动机仅用于克服机械装置内部的惯性力和被动阻力。

自动控制综合性能实验平台的结构如图3-44所示。综合图中的元部件信息,可以得到该平台的能量流和信息流如图3-45所示。

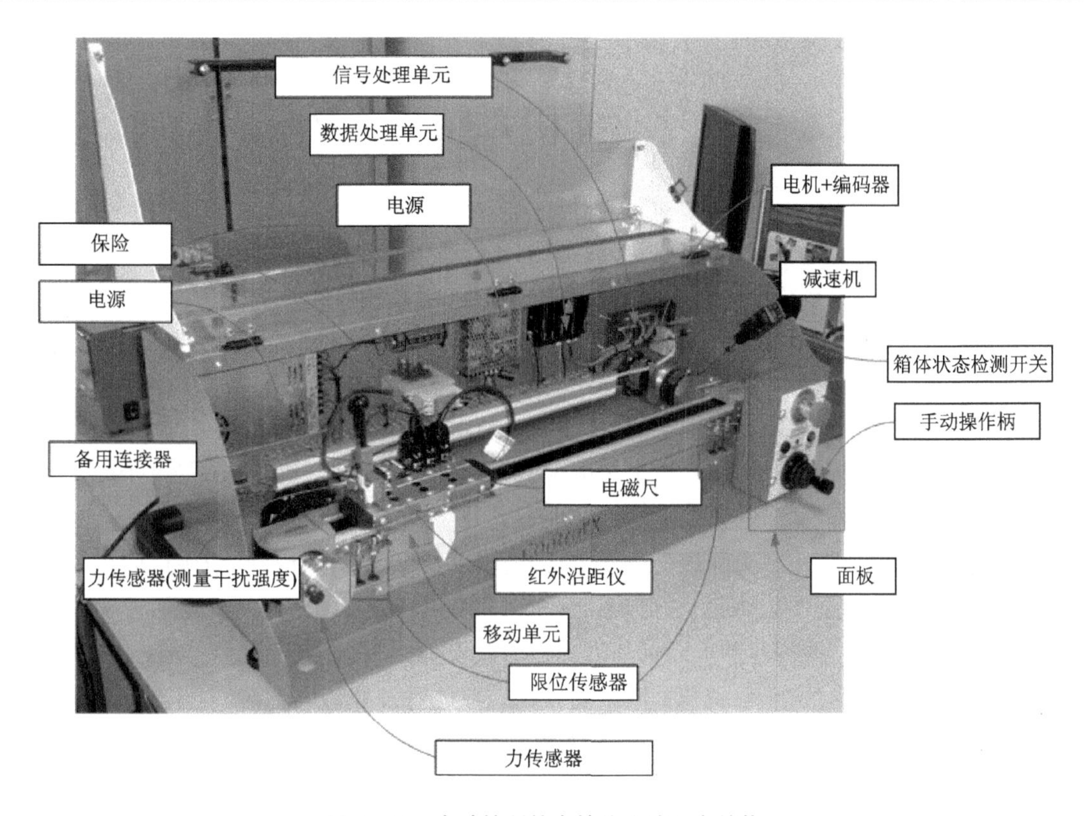

图 3-44　自动控制综合性能实验平台结构

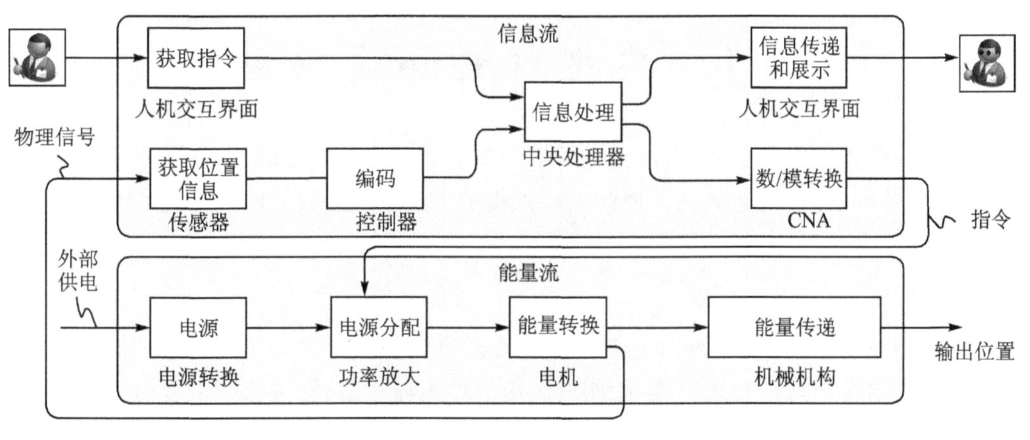

图 3-45　能量流和信息流

3.4　小　结

本章主要介绍工业系统中常用的能量和信息传递方式，能量流中的主要部件及功能，以及信息流中的主要部件及功能。能量和信息是工业系统的主要组成部分，掌握能量流和信息流的分配、传递，以及能量流和信息流中各个节点的功率计算方法及信号形式，是掌握工业系统的工作机制的必要前提。

第 4 章　机械机构的运动分析

机械机构是工业系统的重要组成部分。机械机构作为工业系统的骨骼，承担着系统中的机械负载，同时将工业系统中的机械能按照系统工作机制进行传递。机械机构还是大部分工业系统的执行机构，承担着系统中类似于人的“骨骼”和“手足”的功能。

机构运动分析的任务是在已知机构尺寸及原动件运动规律的情况下，确定机构中其他构件上某些点的轨迹、位移、速度及加速度，以及构件的角位移、角速度和角加速度。上述这些内容，无论是为了设计新的机械，还是为了了解现有机械的运动性能，都是十分必要的。运动分析还是研究机械动力性能的必要前提。

本书中尝试使用螺旋理论等现代数学工具，处理复杂运动的刚体或复杂刚体体系的问题。在使用螺旋理论分析刚体运动和受力问题时，先根据基本理论给出通用形式下的数学表达式；再从一般表达式出发，根据各种不同运动形式下的假设，对问题进行简化，将一般表达式退化到平面运动、定轴转动、定点运动和一般运动方程。如此通过螺旋式方法，对不同运动形式下的刚体运动学和动力学问题进行分析，加深对基本理论和通用数学表达式的理解。此种描述形式的特点是数学性强、高度抽象化、入门起点高，并且入门后的框架完备、体系紧凑、系统性强，虽然短期效果不明显，但从长远看有助于培养学生独立解决问题的能力和创新能力。

4.1　典型机构和运动副

机械机构的类型多种多样，功能千差万别。本节在第 3 章的基础上，简要介绍工业系统中常见的联结、传动、构件和运动副。这些机械机构是工业系统能够实施其功能的关键环节。

4.1.1　联　结

由于使用、结构、制造、装配和运输等，在机械系统中有相当多的零部件需要彼此联结(joint)。被联结件之间相互固定、不能相对运动的称为静联结；能按照一定运动形式做相对运动的称为动联结，如导向平键和导向花键联结、铰链等都是动联结。常见的联结方式有螺纹联结、键联结(平键、花键、销)，如图 4－1 所示。

按照联结是否可以拆装分类，联结可以分为可拆的联结(螺纹、键)以及不可拆的联结(铆接、焊接、胶结)。按照传递载荷(力或力矩)的工作原理分类，联结可以分为摩擦的和非摩擦的两大类。摩擦类联结靠联结中配合面的摩擦来传递载荷，如过盈联结。非摩擦类联结通过零件的相互嵌合来传递载荷，如平键。

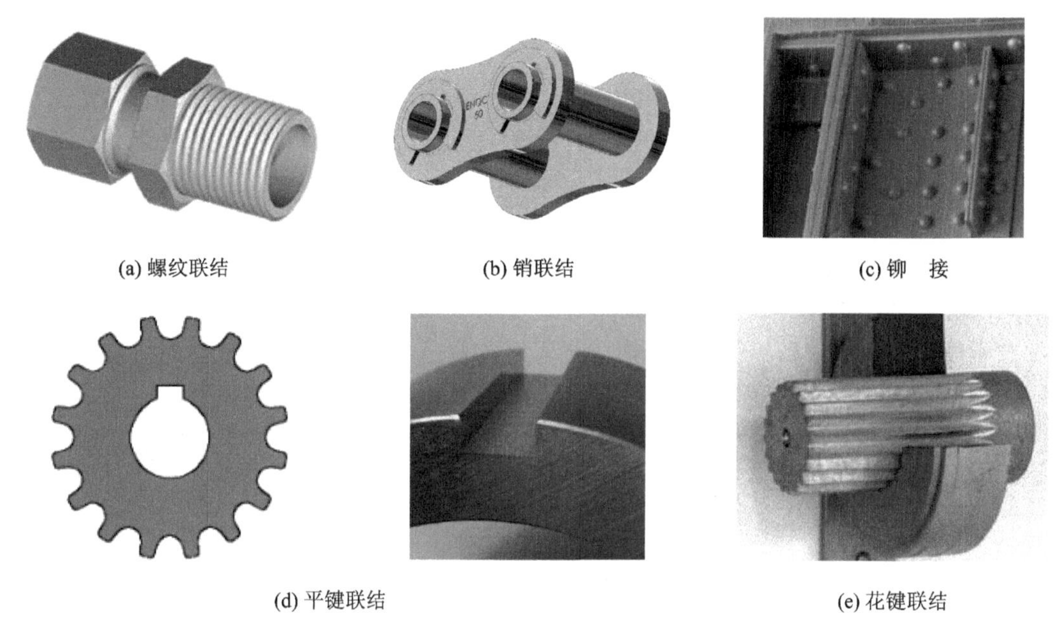

(a) 螺纹联结 (b) 销联结 (c) 铆 接

(d) 平键联结 (e) 花键联结

图4-1 常见的联结方式

4.1.2 传 动

传动装置是一种在距离间传递能量并兼实现某些其他作用的装置。这些作用是:① 能量的分配;② 转速的改变;③ 运动形式的改变(如将回转运动改变为往复运动),等等。

工业系统中之所以要采用传动装置是因为:

① 工作机构要求的速度、转矩或力,通常与动力机械不一致;

② 工作机构常要求改变速度,而用调节动力机速度的方法来达到这一目的往往不很经济;

③ 动力机的输出轴一般只做等速度回转运动,而工作机构通常需要实现多种多样的运动形式,如螺旋运动、直线运动或间歇运动等;

④ 一个动力机有时需要带动若干个运动形式和速度都不同的工作机构。

如第3章所述,按照二次能源形式,传动也可以分为机械传动、流体传动和电传动三类。在机械传动和流体传动中,输入的是机械能,输出的仍是机械能;在电传动中,则把电能转换为机械能,或者把机械能转换为电能。机械传动分为啮合传动和摩擦传动,流体传动分为液压传动和气压传动。在最常见的几种机械传动方式中,皮带传动是摩擦传动,同步带传动、链传动和齿轮传动都是啮合传动。最常见的啮合传动方式是齿轮传动、链传动、蜗杆传动、同步带传动和螺旋传动。

4.1.3 构件和运动副

机械机构通常由构件和运动副组成。其中,构件是组成机构的基本要素,任何机构都是由若干个(两个以上)构件(solid link)组合而成的。当由构件组成机构时,需要以一定的方式把各个构件彼此联结起来,而被联结的两个构件之间仍需要产生某些相对运动(这种联结显然不能是刚性的,因为如果是刚性的,两者便成为一个构件了)。这种由两个构件直接接触而组成的可动的联结称为运动副(kinematic pair)。构件通过运动副的联结而构成的可相对运动的系统称为运动链(kinematic chain)。

两个构件在未构成运动副之前,在空间中它们共有 6 个自由度,而当两个构件构成运动副之后,它们的相对运动将受到约束。两个构件构成运动副之后所受到的约束最少为 1,最多为 5。运动副常根据其约束度进行分类:把约束度为 1 的运动副称为Ⅰ级副(class Ⅰ pairs),约束度为 2 的运动副称为Ⅱ级副(class Ⅱ pairs),以此类推。

运动副还常根据构成运动副的两个构件的接触情况进行分类。凡两个构件通过单一点或线接触构成的运动副统称为高副(higher pair),而通过面接触构成的运动副称为低副(lower pair)。

工业系统中常见的运动副及图符描述方式见表 4-1。

表 4-1 工业系统中常见的运动副

运动副	三维描述	二维描述	自由度
球/面副 (sphere/plane pair)	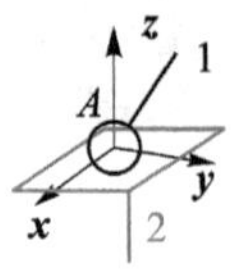	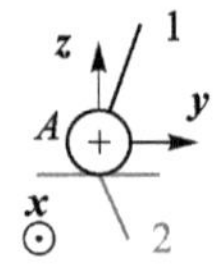	5
直线/面副 (line/plane contact pair)	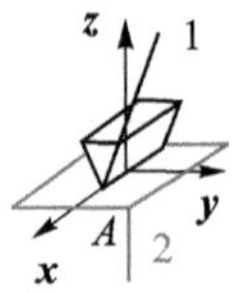	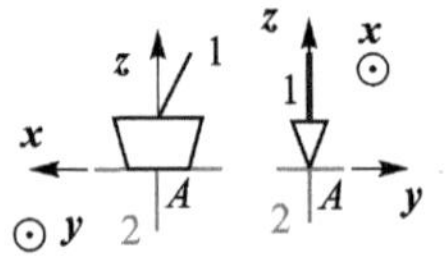	4
球/圆柱副 (sphere/cylinder pair)	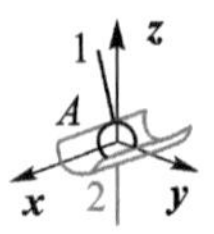	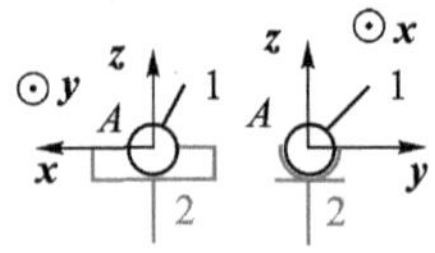	4
平面副 (planar pair)	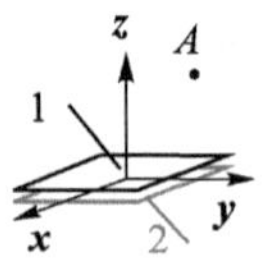	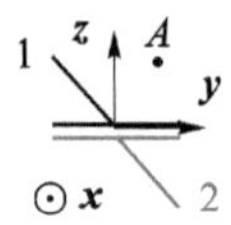	3
球面副 (spherical joint/S-pair)	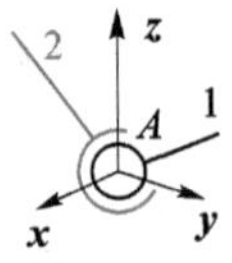	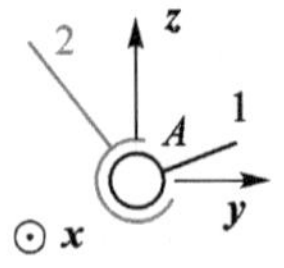	3
球销副 (cardan joint/U-pair)	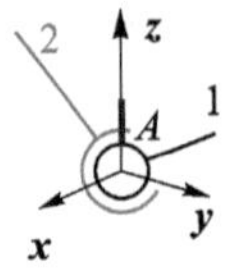	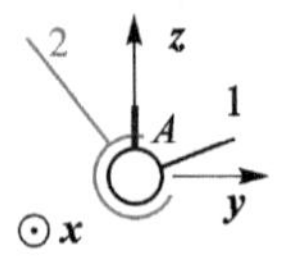	2
圆柱副 (cylinder pair/C-pair)	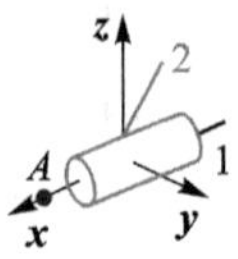	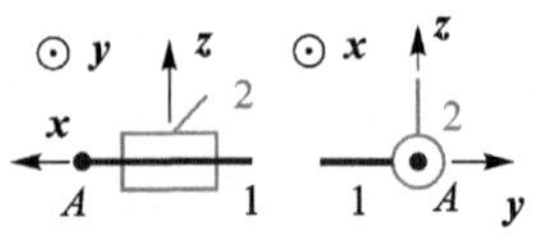	2

续表 4-1

运动副	三维描述	二维描述	自由度
螺旋副 (screw pair/H-pair)			1
移动副(棱柱副) (prismatic joint/P-pair)			1
旋转副(铰接) (revolute pair/R-pair)			1
固定联结 (rigid joint)			0

4.1.4　运动链

构件通过运动副的联结而构成的可相对运动的系统称为运动链。如果组成运动链的各构件,其构成的力构成首末封闭的系统,如图 4-2(a)所示,则称该运动链为闭式运动链(closed kinematic chain),或简称闭链。如果组成运动链的各构件,其构成的力未构成首末封闭的系统,如图 4-2(b)所示,则称该运动链为开式运动链(open kinematic chain),或简称开链。在一般机械中都采用闭链,开链多用在机械手中。

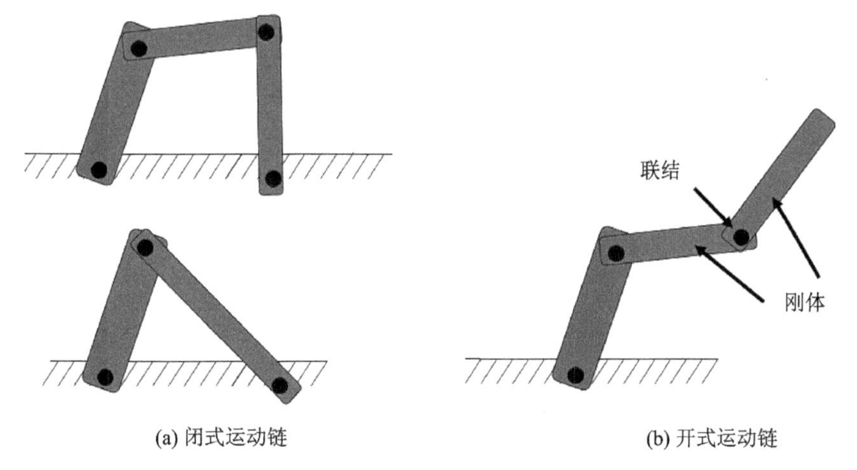

(a) 闭式运动链　　(b) 开式运动链

图 4-2　运动链

此外,根据运动链中各构件间的相对运动是平面运动还是空间运动,可把运动链分为平面运动链(planar kinematic pair)和空间运动链(spatial kinematic chain)。

4.2 螺旋理论

螺旋理论的起源可以追溯到18世纪。1742年，Bernoulli首先提出了平面运动刚体速度瞬心的概念。1763年，意大利数学家Mozzi首次提出刚体瞬时运动轴的概念。1830年，Chasles证明任何物体从一个位姿到另一个位姿的刚体运动都可以用绕某直线的转动和沿该直线的移动复合实现，称为螺旋运动，螺旋运动的无限小量即为“运动螺旋”。1834年，Louis Poinsot发现作用在刚体上的任何力系都可以合成为一个广义力，其由一个沿某直线的集中力和绕该直线轴的力矩组成，称为“力螺旋”。19世纪末，英国剑桥大学的R. S. Ball教授对螺旋理论进行了系统而全面的研究，奠定了螺旋理论的基础[Robert Stawell Ball. A Treatise on the Theory of Screws[M]. Cambridge: Cambrige University Press, 1998]。Ball认为，螺旋(又称旋量)可以认为是与标量、矢量、张量等并列的一种代数量，形式上是由两个三维矢量组成的双矢量，可以同时表示矢量的方向和位置，例如刚体运动中的速度和角速度构成“运动螺旋”，力和力矩构成“力螺旋”。

在介绍螺旋理论之前，首先介绍数学基础知识——向量微分方程。

4.2.1 向量微分方程

定义坐标系：$F_1(\boldsymbol{x}_1,\boldsymbol{y}_1,\boldsymbol{z}_1)$，$F_2(\boldsymbol{x}_2,\boldsymbol{y}_2,\boldsymbol{z}_2)$，如图4-3所示。

假设坐标系F_1和坐标系F_2的关系如图4-3所示，也就是$\boldsymbol{z}_1=\boldsymbol{z}_2$，$(\boldsymbol{x}_1,\boldsymbol{x}_2)=(\boldsymbol{y}_1,\boldsymbol{y}_2)=\gamma$。

定义在F_2坐标系下的向量$\boldsymbol{X}$为

$$\boldsymbol{X}=x(t)\boldsymbol{x}_2+y(t)\boldsymbol{y}_2+z(t)\boldsymbol{z}_2 \tag{4-1}$$

求$\dfrac{\mathrm{d}\boldsymbol{X}}{\mathrm{d}t}$。

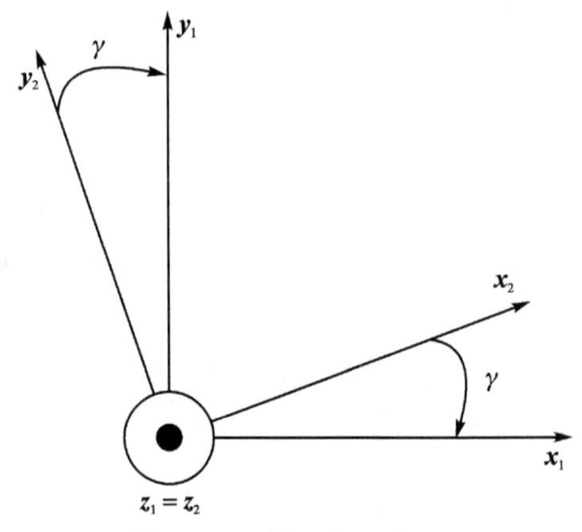

图4-3 坐标系F_1和F_2

如果在坐标系F_2中求解$\dfrac{\mathrm{d}\boldsymbol{X}}{\mathrm{d}t}$，由于矢量$(\boldsymbol{x}_2,\boldsymbol{y}_2,\boldsymbol{z}_2)$在坐标系$F_2$中是固定的，所以

$$\left[\frac{\mathrm{d}\boldsymbol{X}}{\mathrm{d}t}\right]_{F_2}=\dot{x}(t)\boldsymbol{x}_2+\dot{y}(t)\boldsymbol{y}_2+\dot{z}(t)\boldsymbol{z}_2 \tag{4-2}$$

如果在坐标系F_1中求解$\dfrac{\mathrm{d}\boldsymbol{X}}{\mathrm{d}t}$，则在坐标系$F_2$下作为常量的向量$(\boldsymbol{x}_2,\boldsymbol{y}_2,\boldsymbol{z}_2)$，在坐标系$F_1$中就变成了变量，所以

$$\left[\frac{\mathrm{d}\boldsymbol{X}}{\mathrm{d}t}\right]_{F_1}=\dot{x}(t)\boldsymbol{x}_2+\dot{y}(t)\boldsymbol{y}_2+\dot{z}(t)\boldsymbol{z}_2+x(t)\left[\frac{\mathrm{d}\boldsymbol{x}_2}{\mathrm{d}t}\right]_{F_1}+y(t)\left[\frac{\mathrm{d}\boldsymbol{y}_2}{\mathrm{d}t}\right]_{F_1}+z(t)\left[\frac{\mathrm{d}\boldsymbol{z}_2}{\mathrm{d}t}\right]_{F_1}=$$

$$\left[\frac{\mathrm{d}\boldsymbol{X}}{\mathrm{d}t}\right]_{F_2}+x(t)\left[\frac{\mathrm{d}\boldsymbol{x}_2}{\mathrm{d}t}\right]_{F_1}+y(t)\left[\frac{\mathrm{d}\boldsymbol{y}_2}{\mathrm{d}t}\right]_{F_1}+z(t)\left[\frac{\mathrm{d}\boldsymbol{z}_2}{\mathrm{d}t}\right]_{F_1} \tag{4-3}$$

很明显，公式(4-2)与公式(4-3)不同，也可以看出，如果不标明坐标系，则针对向量的微分没

有实际的物理意义。

两个向量 $\boldsymbol{U}$ 与 $\boldsymbol{V}$ 之和的微分为

$$\forall \boldsymbol{U},\boldsymbol{V},\quad \left[\frac{\mathrm{d}(\boldsymbol{U}+\boldsymbol{V})}{\mathrm{d}t}\right]_{F_1}=\left[\frac{\mathrm{d}\boldsymbol{U}}{\mathrm{d}t}\right]_{F_1}+\left[\frac{\mathrm{d}\boldsymbol{V}}{\mathrm{d}t}\right]_{F_1} \tag{4-4}$$

两个向量积的微分运算包括：

- 向量(vector)与变量(variable)乘积的微分为

$$\forall \lambda \in \mathbf{R},\forall \boldsymbol{U},\quad \left[\frac{\mathrm{d}(\lambda\boldsymbol{U})}{\mathrm{d}t}\right]_{F_1}=\dot{\lambda}\boldsymbol{U}+\lambda\left[\frac{\mathrm{d}\boldsymbol{U}}{\mathrm{d}t}\right]_{F_1} \tag{4-5}$$

- 两个向量点积(dot product)的微分为

$$\forall \boldsymbol{U},\boldsymbol{V},\quad \left[\frac{\mathrm{d}(\boldsymbol{U}\cdot\boldsymbol{V})}{\mathrm{d}t}\right]_{F_1}=\left[\frac{\mathrm{d}\boldsymbol{U}}{\mathrm{d}t}\right]_{F_1}\cdot\boldsymbol{V}+\boldsymbol{U}\cdot\left[\frac{\mathrm{d}\boldsymbol{V}}{\mathrm{d}t}\right]_{F_1} \tag{4-6}$$

- 两个向量叉乘(cross product)的微分为

$$\forall \boldsymbol{U},\boldsymbol{V},\quad \left[\frac{\mathrm{d}(\boldsymbol{U}\times\boldsymbol{V})}{\mathrm{d}t}\right]_{F_1}=\left[\frac{\mathrm{d}\boldsymbol{U}}{\mathrm{d}t}\right]_{F_1}\times\boldsymbol{V}+\boldsymbol{U}\times\left[\frac{\mathrm{d}\boldsymbol{V}}{\mathrm{d}t}\right]_{F_1} \tag{4-7}$$

下面重新考虑公式(4-3)中的向量的微分。

公式(4-3)中的 $\left[\frac{\mathrm{d}\boldsymbol{x}_2}{\mathrm{d}t}\right]_{F_1}$ 项具有以下特征：

$$\begin{aligned}
&\boldsymbol{x}_2\cdot\boldsymbol{x}_2=\|\boldsymbol{x}_2\|^2=1\\
&\quad\Rightarrow\left[\frac{\mathrm{d}(\boldsymbol{x}_2\cdot\boldsymbol{x}_2)}{\mathrm{d}t}\right]_{F_1}=\boldsymbol{x}_2\cdot\left[\frac{\mathrm{d}\boldsymbol{x}_2}{\mathrm{d}t}\right]_{F_1}+\left[\frac{\mathrm{d}\boldsymbol{x}_2}{\mathrm{d}t}\right]_{F_1}\cdot\boldsymbol{x}_2=0\\
&\quad\Rightarrow\boldsymbol{x}_2\cdot\left[\frac{\mathrm{d}\boldsymbol{x}_2}{\mathrm{d}t}\right]_{F_1}=0
\end{aligned} \tag{4-8}$$

由公式(4-8)可知，向量 $\boldsymbol{x}_2$ 与向量 $\left[\frac{\mathrm{d}\boldsymbol{x}_2}{\mathrm{d}t}\right]_{F_1}$ 是垂直的，所以可以将 $\left[\frac{\mathrm{d}\boldsymbol{x}_2}{\mathrm{d}t}\right]_{F_1}$ 描述为

$$\left[\frac{\mathrm{d}\boldsymbol{x}_2}{\mathrm{d}t}\right]_{F_1}=a_{12}\boldsymbol{y}_2+a_{13}\boldsymbol{z}_2$$

同理，可以得到

$$\begin{cases}
\left[\frac{\mathrm{d}\boldsymbol{x}_2}{\mathrm{d}t}\right]_{F_1}=a_{12}\boldsymbol{y}_2+a_{13}\boldsymbol{z}_2\\
\left[\frac{\mathrm{d}\boldsymbol{y}_2}{\mathrm{d}t}\right]_{F_1}=a_{21}\boldsymbol{x}_2+a_{23}\boldsymbol{z}_2\\
\left[\frac{\mathrm{d}\boldsymbol{z}_2}{\mathrm{d}t}\right]_{F_1}=a_{31}\boldsymbol{x}_2+a_{32}\boldsymbol{y}_2
\end{cases} \tag{4-9}$$

由于

$$\left[\frac{\mathrm{d}(\boldsymbol{x}_2\cdot\boldsymbol{y}_2)}{\mathrm{d}t}\right]_{F_1}=\boldsymbol{x}_2\cdot\left[\frac{\mathrm{d}\boldsymbol{y}_2}{\mathrm{d}t}\right]_{F_1}+\left[\frac{\mathrm{d}\boldsymbol{x}_2}{\mathrm{d}t}\right]_{F_1}\cdot\boldsymbol{y}_2=0 \tag{4-10}$$

将公式(4-9)代入公式(4-10)，得到

$$\begin{cases}
a_{21}+a_{12}=0\\
a_{23}+a_{32}=0\\
a_{13}+a_{31}=0
\end{cases} \tag{4-11}$$

将公式(4－11)代入公式(4－9),可以得到

$$\begin{cases}\left[\dfrac{\mathrm{d}\boldsymbol{x}_2}{\mathrm{d}t}\right]_{F_1}=a_{12}\boldsymbol{y}_2-a_{31}\boldsymbol{z}_2\\ \left[\dfrac{\mathrm{d}\boldsymbol{y}_2}{\mathrm{d}t}\right]_{F_1}=-a_{12}\boldsymbol{x}_2+a_{23}\boldsymbol{z}_2\\ \left[\dfrac{\mathrm{d}\boldsymbol{z}_2}{\mathrm{d}t}\right]_{F_1}=a_{31}\boldsymbol{x}_2-a_{23}\boldsymbol{y}_2\end{cases}\tag{4-12}$$

通过公式(4－12)可以得知,存在一个向量$\boldsymbol{\Omega}(F_2/F_1)=\dot{\alpha}\boldsymbol{x}_2+\dot{\beta}\boldsymbol{y}_2+\dot{\gamma}\boldsymbol{z}_2$,使得公式(4－12)可表达为

$$\begin{cases}\left[\dfrac{\mathrm{d}\boldsymbol{x}_2}{\mathrm{d}t}\right]_{F_1}=a_{12}\boldsymbol{y}_2-a_{31}\boldsymbol{z}_2=\boldsymbol{\Omega}(F_2/F_1)\times\boldsymbol{x}_2\\ \left[\dfrac{\mathrm{d}\boldsymbol{y}_2}{\mathrm{d}t}\right]_{F_1}=-a_{12}\boldsymbol{x}_2+a_{23}\boldsymbol{z}_2=\boldsymbol{\Omega}(F_2/F_1)\times\boldsymbol{y}_2\\ \left[\dfrac{\mathrm{d}\boldsymbol{z}_2}{\mathrm{d}t}\right]_{F_1}=a_{31}\boldsymbol{x}_2-a_{23}\boldsymbol{y}_2=\boldsymbol{\Omega}(F_2/F_1)\times\boldsymbol{z}_2\end{cases}\tag{4-13}$$

联立公式(4－12)和公式(4－13),可以得到

$$\boldsymbol{\Omega}(F_2/F_1)=\dot{\alpha}\boldsymbol{x}_2+\dot{\beta}\boldsymbol{y}_2+\dot{\gamma}\boldsymbol{z}_2=a_{23}\boldsymbol{x}_2+a_{31}\boldsymbol{y}_2+a_{12}\boldsymbol{z}_2\tag{4-14}$$

将公式(4－14)代入公式(4－3),可以得到

$$\begin{aligned}\left[\frac{\mathrm{d}\boldsymbol{X}}{\mathrm{d}t}\right]_{F_1}=&\left[\frac{\mathrm{d}\boldsymbol{X}}{\mathrm{d}t}\right]_{F_2}+x(t)\left[\frac{\mathrm{d}\boldsymbol{x}_2}{\mathrm{d}t}\right]_{F_1}+y(t)\left[\frac{\mathrm{d}\boldsymbol{y}_2}{\mathrm{d}t}\right]_{F_1}+z(t)\left[\frac{\mathrm{d}\boldsymbol{z}_2}{\mathrm{d}t}\right]_{F_1}=\\ &\left[\frac{\mathrm{d}\boldsymbol{X}}{\mathrm{d}t}\right]_{F_2}+x(t)\boldsymbol{\Omega}(F_2/F_1)\times\boldsymbol{x}_2+y(t)\boldsymbol{\Omega}(F_2/F_1)\times\boldsymbol{y}_2+z(t)\boldsymbol{\Omega}(F_2/F_1)\times\boldsymbol{z}_2=\\ &\left[\frac{\mathrm{d}\boldsymbol{X}}{\mathrm{d}t}\right]_{F_2}+\boldsymbol{\Omega}(F_2/F_1)\times[x(t)\boldsymbol{x}_2+y(t)\boldsymbol{y}_2+z(t)\boldsymbol{z}_2]=\\ &\left[\frac{\mathrm{d}\boldsymbol{X}}{\mathrm{d}t}\right]_{F_2}+\boldsymbol{\Omega}(F_2/F_1)\times\boldsymbol{X}\end{aligned}\tag{4-15}$$

公式(4－15)就是向量$\boldsymbol{X}=x(t)\boldsymbol{x}_2+y(t)\boldsymbol{y}_2+z(t)\boldsymbol{z}_2$在坐标系$F_1$和坐标系$F_2$中的微分公式及转换关系,以及在不同坐标系中微分的关系。

定义1:向量微分方程

假设在坐标系F_2中的向量$\boldsymbol{X}=x(t)\boldsymbol{x}_2+y(t)\boldsymbol{y}_2+z(t)\boldsymbol{z}_2$,则在坐标系$F_2$下的速度向量$\left[\dfrac{\mathrm{d}\boldsymbol{X}}{\mathrm{d}t}\right]_{F_2}$与在坐标系$F_1$下的速度向量$\left[\dfrac{\mathrm{d}\boldsymbol{X}}{\mathrm{d}t}\right]_{F_1}$之间的关系可以表述为

$$\left[\frac{\mathrm{d}\boldsymbol{X}}{\mathrm{d}t}\right]_{F_1}=\left[\frac{\mathrm{d}\boldsymbol{X}}{\mathrm{d}t}\right]_{F_2}+\boldsymbol{\Omega}(F_2/F_1)\times\boldsymbol{X}\tag{4-16}$$

其中,$\boldsymbol{\Omega}(F_2/F_1)$是坐标系$F_2$相对于坐标系$F_1$的转动速度向量(矢量),且有

$$\boldsymbol{\Omega}(F_2/F_1)=\dot{\alpha}\boldsymbol{x}_2+\dot{\beta}\boldsymbol{y}_2+\dot{\gamma}\boldsymbol{z}_2\tag{4-17}$$

其中$\dot{\alpha}$,$\dot{\beta}$,$\dot{\gamma}$分别是坐标系F_2相对于坐标系F_1围绕x_2,y_2,z_2三个轴的角速度。

在以后的阐述中,将坐标系F_1,F_2简写为1,2,将$\boldsymbol{\Omega}(F_2/F_1)$简写为$\boldsymbol{\Omega}(2/1)$。

直线速度向量(矢量):刚体 2(坐标系 F_2)中的一点 P 相对于坐标系 F_1 的坐标原点 O 的速度向量可以表示为

$$\forall P \in 2,\quad \mathbf{V}(P,2/1)=\left[\frac{\mathrm{d}\overrightarrow{OP}}{\mathrm{d}t}\right]_{F_1} \tag{4-18}$$

加速度向量(矢量):刚体 2(坐标系 F_2)中的一点 P 相对于坐标系 F_1 的坐标原点 O 的加速度向量可以表示为

$$\forall P \in 2,\quad \boldsymbol{a}(P,2/1)=\left[\frac{\mathrm{d}\mathbf{V}(P,2/1)}{\mathrm{d}t}\right]_{F_1}=\left[\frac{\mathrm{d}^2\overrightarrow{OP}}{\mathrm{d}t^2}\right]_{F_1} \tag{4-19}$$

4.2.2 螺旋理论基础

1. 螺旋理论的数学本质

欧几里得仿射空间 ξ 中任意一点 M 对应的螺旋 $\{T\}_{\mathrm{m}}$ 是由一个反对称矢量场 $\boldsymbol{u}(M)$ 及与之相对应的欧几里得空间 E 的矢量 $\boldsymbol{R}$ 组成的,记为公式

$$\{\mathcal{T}\}_{\mathrm{m}}=\begin{Bmatrix}\boldsymbol{R}\\ \boldsymbol{u}(M)\end{Bmatrix} \tag{4-20}$$

为了解释反对称矢量场的性质,先从反对称映射说起。

当一个映射 ℓ 为反对称映射时,它满足如下性质:

$$\forall \boldsymbol{u},\boldsymbol{v} \in E,\quad \ell(\boldsymbol{u})\cdot\boldsymbol{v}=-\ell(\boldsymbol{v})\cdot\boldsymbol{u}$$

$$\exists\,!\boldsymbol{R}\in E \rightarrow \boldsymbol{R}\times\boldsymbol{u}(\forall \boldsymbol{u}\in E)$$

若存在一个反对称映射 ℓ,使得

$$\forall M,N \in \xi,\quad \boldsymbol{u}(N)=\boldsymbol{u}(M)+\ell(\overrightarrow{MN})$$

则称 $\boldsymbol{u}$ 为反对称矢量,而反对称矢量与等距投影场是等价的,即与欧几里得仿射空间 ξ 中任意两点 M 和 N 对应的两个反对称矢量 $\boldsymbol{u}(M)$和 $\boldsymbol{u}(N)$,在两点连线 MN 上的投影相等,如图 4-4 所示,其数学表述为

$$\overrightarrow{MN}\cdot\boldsymbol{u}(N)=\overrightarrow{MN}\cdot\boldsymbol{u}(M)$$

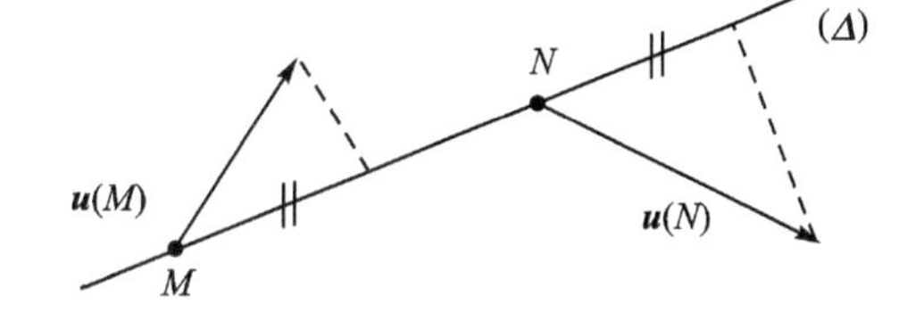

图 4-4 反对称矢量与等距投影的等价示意图

故对于仿射空间中的任意一点 N,有公式

$$\boldsymbol{u}(N)=\boldsymbol{u}(M)+\boldsymbol{R}\times\overrightarrow{MN} \tag{4-21}$$

其中 $\boldsymbol{R}$ 为该螺旋的力矢量,$\boldsymbol{u}(M)$为该螺旋在 M 点处的矩矢量,$\boldsymbol{R}$ 和 $\boldsymbol{u}(M)$统称为 M 点处的螺旋简化元素。若已知这两个元素,则可根据公式(4-21)求出欧几里得仿射空间中任意一点 N 的矩矢量 $\boldsymbol{u}(N)$。

2. 螺旋的数学运算

了解了螺旋理论的数学本质后,下面将介绍关于螺旋的数学运算。

设有两个定义在同一点 O 的螺旋

$$\{\mathcal{T}_1(O)\}=\{\boldsymbol{u}_1(O),\boldsymbol{R}_1\}\quad 和 \quad \{\mathcal{T}_2(O)\}=\{\boldsymbol{u}_2(O),\boldsymbol{R}_2\}$$

当且仅当螺旋的两个简化元素力矢量和矩矢量均相等时,称这两个螺旋相等。

两个螺旋之和仍为螺旋,且螺旋的加法运算具有如下性质:

① 满足交换律和结合律；

② 单比特元素为零螺旋，即力矢量和矩矢量均为零；

③ 螺旋$\{\boldsymbol{u}(O),\boldsymbol{R}\}$均有一反螺旋$\{-\boldsymbol{u}(O),-\boldsymbol{R}\}$。

一个螺旋与标量相乘仍为螺旋。

两个螺旋的互易积或标量积定义为

$$\{\mathscr{T}_1(O)\}\cdot\{\mathscr{T}_2(O)\}=\boldsymbol{R}_1\cdot\boldsymbol{u}_2(O)+\boldsymbol{R}_2\cdot\boldsymbol{u}_1(O) \tag{4-22}$$

公式(4－22)是一个与简化点O无关的标量。

当且仅当螺旋的两个简化元素力矢量和矩矢量同时为零时，该螺旋方为零螺旋。

除了螺旋的数学运算外，与之相关的还有两种极其重要的概念：螺旋的自互易积和中心轴。

螺旋的自互易积或不变标量定义为

$$I=\boldsymbol{R}\cdot\boldsymbol{u}(O)$$

其值为两个相等螺旋的互易积值的一半，它也是与简化点无关的标量。

螺旋中心轴(Δ)是，对于力矢量不为零的螺旋，所有满足$\boldsymbol{u}(P)\times\boldsymbol{R}=\boldsymbol{0}$的点$P$组成的集合，故点$P$满足公式

$$\overrightarrow{OP}=\lambda\boldsymbol{R}+\frac{\boldsymbol{R}\times\boldsymbol{u}(O)}{|\boldsymbol{R}|^2}\quad(\lambda\in\mathbf{R}) \tag{4-23}$$

螺旋中心轴(Δ)是沿着力矢量$\boldsymbol{R}$的方向，经过点P_0的直线，其中$\overrightarrow{OP}_0=\dfrac{\boldsymbol{R}\times\boldsymbol{u}(O)}{|\boldsymbol{R}|^2}$。

特别地，存在如下两种特殊螺旋：

① 滑量。当一个螺旋的自互易积为零时，称该螺旋为滑量，即$I=\boldsymbol{R}\cdot\boldsymbol{u}(O)=0$且$\boldsymbol{R}\neq\boldsymbol{0}$。可以证明对于滑量中心轴上的点而言，其矩矢量为零。

② 偶量。当一个螺旋的力矢量为零时，称该螺旋为偶量，此时该偶量的矩矢量与简化点无关。可以证明偶量不存在中心轴。

4.3 运动螺旋

由于力学中常用的矢量(力之矩、动量矩和惯性力矩)具有的相同性质，使之可以用“螺旋”这个统一的数学框架来描述，在形式上十分简洁，便于数学计算，且通过数学计算易于得到具有显著物理意义的物理量和定理，使数学性质和物理意义得到了很好的映照，因此，在分析刚体动力学问题时具有独特的优势。

力学中的螺旋理论建立在两个基本定理——Chasle定理和Poinsot定理之上，**前者定义了“运动螺旋”，后者定义了“力螺旋”，两者共同构成了螺旋理论的基础**。本节主要介绍运动螺旋(kinematic screw)。

定义2：运动螺旋

坐标系F_2(刚体S)中的一点P相对于坐标系F_1的坐标原点O的运动螺旋为

$$\{\mathscr{V}(P,F_2/F_1)\}=\begin{Bmatrix}\boldsymbol{\Omega}(F_2/F_1)\\ \mathbf{V}(P,F_2/F_1)\end{Bmatrix} \tag{4-24}$$

其中，$\boldsymbol{\Omega}(F_2/F_1)$为力矢量，$\mathbf{V}(P,F_2/F_1)$为矩矢量。

举例：

假设刚体 S 与坐标系 F_2 的相对位置不变(也就是根据刚体结构定义坐标系 F_2)，坐标系 F_2 中刚体上的两点 A,B 相对于坐标系 F_1 的速度变换公式为

$$\forall A,B \in (S \stackrel{\text{def}}{=} F_2),$$

$$\left[\frac{\mathrm{d}\overrightarrow{AB}}{\mathrm{d}t}\right]_{F_1} = \left[\frac{\mathrm{d}(\overrightarrow{AO_1}+\overrightarrow{O_1B})}{\mathrm{d}t}\right]_{F_1} = \left[\frac{\mathrm{d}\overrightarrow{O_1B}}{\mathrm{d}t}\right]_{F_1} - \left[\frac{\mathrm{d}\overrightarrow{O_1A}}{\mathrm{d}t}\right]_{F_1} = \mathbf{V}(B,F_2/F_1) - \mathbf{V}(A,F_2/F_1) \quad (\text{Ⅰ})$$

其中，O_1 为坐标系 F_1 的原点。

由公式(4-16)可以得到

$$\left[\frac{\mathrm{d}\overrightarrow{AB}}{\mathrm{d}t}\right]_{F_1} = \left[\frac{\mathrm{d}\overrightarrow{AB}}{\mathrm{d}t}\right]_{F_2} + \boldsymbol{\Omega}(F_2/F_1)\times\overrightarrow{AB} \quad (\text{Ⅱ})$$

因为 A,B 是坐标系 F_2 中相对位置不变的两个点(点 A,B 所属的刚体定义了坐标系 F_2)，故有

$$\left[\frac{\mathrm{d}\overrightarrow{AB}}{\mathrm{d}t}\right]_{F_2} = \mathbf{0} \quad (\text{Ⅲ})$$

得到

$$\left[\frac{\mathrm{d}\overrightarrow{AB}}{\mathrm{d}t}\right]_{F_1} = \boldsymbol{\Omega}(2/1)\times\overrightarrow{AB} \quad (\text{Ⅳ})$$

联合公式(Ⅰ)～(Ⅳ)四个方程，得到**点速度向量变换公式**

$$\forall A,B \in F_2,\quad \mathbf{V}(B,F_2/F_1) = \mathbf{V}(A,F_2/F_1) + \boldsymbol{\Omega}(F_2/F_1)\times\overrightarrow{AB} \quad (4-25)$$

4.3.1 刚体中两点的运动螺旋转换

根据公式(4-25)，如果已知刚体 S(刚体 S 定义坐标系 F_2)上一点 A 的运动螺旋

$$\{\mathscr{V}(A,F_2/F_1)\} = \begin{Bmatrix} \boldsymbol{\Omega}(F_2/F_1) \\ \mathbf{V}(A,F_2/F_1) \end{Bmatrix} \quad (4-26)$$

可以得到刚体 S(坐标系 F_2)上另外一点 B 的运动螺旋

$$\{\mathscr{V}(B,F_2/F_1)\} = \begin{Bmatrix} \boldsymbol{\Omega}(F_2/F_1) \\ \mathbf{V}(B,F_2/F_1) \end{Bmatrix} = \begin{Bmatrix} \boldsymbol{\Omega}(F_2/F_1) \\ \mathbf{V}(A,F_2/F_1) + \boldsymbol{\Omega}(F_2/F_1)\times\overrightarrow{AB} \end{Bmatrix} \quad (4-27)$$

运动螺旋具有如下两种特性：

- 特性1：标量不变性，可表示为

$$\forall A,B \in F_2,\quad \boldsymbol{\Omega}(F_2/F_1)\cdot\mathbf{V}(A,F_2/F_1) = \boldsymbol{\Omega}(F_2/F_1)\cdot\mathbf{V}(B,F_2/F_1) \quad (4-28)$$

- 特性2：等距投影，可表示为

$$\forall A,B \in F_2,\quad \mathbf{V}(A,F_2/F_1)\cdot\overrightarrow{AB} = \mathbf{V}(B,F_2/F_1)\cdot\overrightarrow{AB} \quad (4-29)$$

下面按三种特殊的运动来分析运动螺旋的性质：

① 当刚体做平移时，其运动螺旋的力矢量为零，运动螺旋可简化为一个偶量。

② 当刚体做定轴转动时，其运动螺旋的自互易积为零，运动螺旋可简化为一个滑量，且滑量的中心轴即为刚体的转动轴。

③ 当刚体做螺旋运动时，其运动可分解为沿固定轴的平移和旋转的合成，其运动螺旋的

自互易旋量非零。

值得一提的是，由于加速度是速度对时间的一阶导数，经过计算可知加速度不满足等距投影矢量场的性质，根据螺旋的定义可知刚体的加速度场不是螺旋。

设坐标系 R 中刚体 S_1 上一点 P_1 处于运动状态，P_1 相对于 R 的速度和加速度分别记为 $V(P_1 \in S_1/R)$ 和 $a(P_1 \in S_1/R)$，则该记法可清晰反映出被研究的点所属的刚体和相对坐标系。

4.3.2 复合运动中速度的组合特性

根据刚体 S_0,S_1,S_2 分别定义坐标系 F_0,F_1,F_2，其中点 A,B,C 分别属于刚体 S_0,S_1,S_2，如图 4-5 所示。

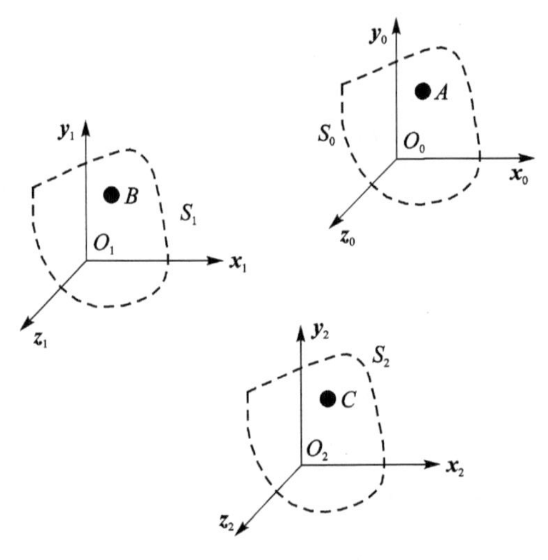

图 4-5 不同刚体坐标系示意图

计算点 C 相对于坐标系 F_0 的速度矢量

$$\mathbf{V}(C,F_2/F_0)=\left[\frac{\mathrm{d}\overrightarrow{AC}}{\mathrm{d}t}\right]_{F_0}=\left[\frac{\mathrm{d}(\overrightarrow{AB}+\overrightarrow{BC})}{\mathrm{d}t}\right]_{F_0}=$$

$$\left[\frac{\mathrm{d}\overrightarrow{AB}}{\mathrm{d}t}\right]_{F_0}+\left[\frac{\mathrm{d}\overrightarrow{BC}}{\mathrm{d}t}\right]_{F_0}$$

其中，

$$\left[\frac{\mathrm{d}\overrightarrow{AB}}{\mathrm{d}t}\right]_{F_0}=\mathbf{V}(B,F_1/F_0)$$

基于公式(4-16)可知

$$\left[\frac{\mathrm{d}\overrightarrow{BC}}{\mathrm{d}t}\right]_{F_0}=\left[\frac{\mathrm{d}\overrightarrow{BC}}{\mathrm{d}t}\right]_{F_1}+\boldsymbol{\Omega}(F_1/F_0)\times\overrightarrow{BC}=$$

$$\mathbf{V}(C,F_2/F_1)+\boldsymbol{\Omega}(F_1/F_0)\times\overrightarrow{BC}$$

联合以上两式，得到

$$\mathbf{V}(C,F_2/F_0)=\mathbf{V}(C,F_2/F_1)+\underbrace{\mathbf{V}(B,F_1/F_0)+\boldsymbol{\Omega}(F_1/F_0)\times\overrightarrow{BC}}_{\mathbf{V}(C,F_1/F_0)}$$

根据公式(4-25)，得到

$$\boldsymbol{V}(C, F_2/F_0) = \boldsymbol{V}(C, F_2/F_1) + \boldsymbol{V}(C, F_1/F_0)$$

直线速度矢量组合特性可表示为

$$\forall P \in F_2, \quad \boldsymbol{V}(P, F_2/F_0) = \boldsymbol{V}(P, F_2/F_1) + \boldsymbol{V}(P, F_1/F_0) \tag{4-30}$$

其中，$\boldsymbol{V}(P, F_2/F_0)$为绝对速度(absolute velocity)，$\boldsymbol{V}(P, F_2/F_1)$为相对速度(relative velocity)，$\boldsymbol{V}(P, F_1/F_0)$为牵连速度(moving space velocity)。

很容易用生活中的场景描述这几个速度的关系，比如飞机上的小推车与地面的运动关系，如果将小推车随体坐标系定义为 F_2，将飞机坐标系定义为 F_1，将地面坐标系定义为 F_0，则小推车上一点 P 相对于地面坐标系 F_0 的速度为 $\boldsymbol{V}(P, F_2/F_0)$，即绝对速度，小推车相对于飞机的速度为 $\boldsymbol{V}(P, F_2/F_1)$，飞机相对于地面的速度为 $\boldsymbol{V}(P, F_1/F_0)$。

类似地，可以得到**角速度矢量组合特性**为

$$\forall P \in F_2, \quad \boldsymbol{\Omega}(F_2/F_0) = \boldsymbol{\Omega}(F_2/F_1) + \boldsymbol{\Omega}(F_1/F_0) \tag{4-31}$$

组合公式(4－30)和公式(4－31)，可以得到**运动螺旋组合特性**为

$$\forall P \in F_2, \quad \{\mathscr{V}(P, F_2/F_0)\} = \{\mathscr{V}(P, F_2/F_1)\} + \{\mathscr{V}(P, F_1/F_0)\} \tag{4-32}$$

4.3.3　复合运动中加速度的组合特性

根据公式(4－25)的速度变换公式

$$\forall A, B \in F_2, \quad \boldsymbol{V}(B, F_2/F_1) = \boldsymbol{V}(A, F_2/F_1) + \boldsymbol{\Omega}(F_2/F_1) \times \overrightarrow{AB}$$

计算加速度矢量(**点加速度矢量变换公式**)为

$$\begin{aligned} &\forall A, B \in F_2, \\ &\boldsymbol{a}(B, F_2/F_1) = \left[\frac{\mathrm{d}\boldsymbol{V}(B, F_2/F_1)}{\mathrm{d}t}\right] = \\ &\qquad \boldsymbol{a}(A, F_2/F_1) + \left\{\frac{\mathrm{d}\boldsymbol{\Omega}(F_2/F_1)}{\mathrm{d}t}\right\} \times \overrightarrow{AB} + \\ &\qquad \boldsymbol{\Omega}(F_2/F_1) \times \{\boldsymbol{\Omega}(F_2/F_1) \times \overrightarrow{AB}\} \end{aligned}$$

加速度矢量组合公式为

$$\begin{aligned} &\forall P \in F_2, \\ &\boldsymbol{a}(P, F_2/F_0) = \boldsymbol{a}(P, F_2/F_1) + \boldsymbol{a}(P, F_1/F_0) + 2\boldsymbol{\Omega}(F_1/F_0) \times \boldsymbol{V}(P, F_2/F_1) \end{aligned} \tag{4-33}$$

其中，$\boldsymbol{a}(P, F_2/F_0)$为绝对加速度(absolute acceleration)，$\boldsymbol{a}(P, F_2/F_1)$为相对加速度(relative acceleration)，$\boldsymbol{a}(P, F_1/F_0)$为牵连加速度(moving space acceleration)，$2\boldsymbol{\Omega}(F_1/F_0) \times \boldsymbol{V}(P, F_2/F_1)$为科里奥利加速度(Coriolis acceleration)。

4.3.4　基于螺旋理论求解平面机构的运动问题

两个在同一个平面运动的刚体，分别定义其所在的坐标系 F_1 和 F_2，其中

$$F_1(O_1; \boldsymbol{x}_1, \boldsymbol{y}_1, \boldsymbol{z}_1), \quad F_2(O_2; \boldsymbol{x}_2, \boldsymbol{y}_2, \boldsymbol{z}_2)$$

两个坐标系之间的关系如图 4－6 所示，用公式可描述为

$$\overrightarrow{O_1O_2} = x\boldsymbol{x}_1 + y\boldsymbol{y}_1$$

$$(\boldsymbol{x}_1, \boldsymbol{x}_2) = (\boldsymbol{y}_1, \boldsymbol{y}_2) = \alpha$$

容易得到坐标系 F_2 的原点 O_2 相对于坐标系 F_1 的原点 O_1 的运动螺旋为

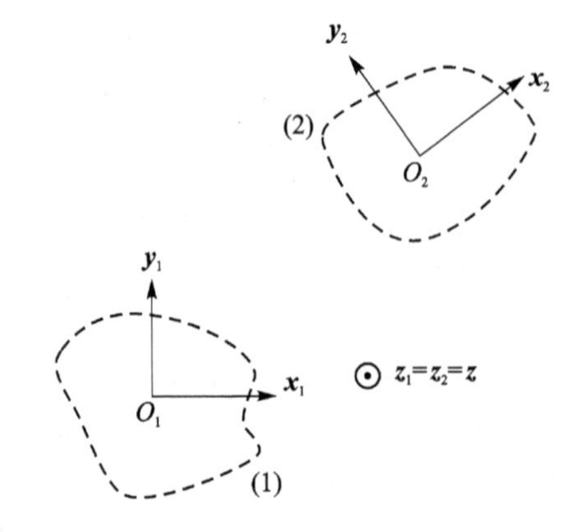

图 4-6　坐标系 F_1 与坐标系 F_2 的关系图

$$\{\mathscr{V}(O_2,F_2/F_1)\}=\begin{Bmatrix}\boldsymbol{\Omega}(F_2/F_1)\\ \mathbf{V}(O_2,F_2/F_1)\end{Bmatrix}=\begin{Bmatrix}\dot{\alpha}\boldsymbol{z}_1\\ \dot{x}\boldsymbol{x}_1+\dot{y}\boldsymbol{y}_1\end{Bmatrix}$$

问题：

针对坐标系 F_2 上任意一点 P，如果 $\overrightarrow{O_1P}=x_P\boldsymbol{x}_1+y_P\boldsymbol{y}_1$，则点 P 相对于坐标系 F_1 的运动螺旋是多少？

解：

首先求矩矢量

$$\begin{aligned}\mathbf{V}(P,F_2/F_1)=&\mathbf{V}(O_2,F_2/F_1)+\boldsymbol{\Omega}(F_2/F_1)\times\overrightarrow{O_2P}=\\&\mathbf{V}(O_2,F_2/F_1)+\boldsymbol{\Omega}(F_2/F_1)\times(\overrightarrow{O_1P}-\overrightarrow{O_1O_2})=\\&\dot{x}\boldsymbol{x}_1+\dot{y}\boldsymbol{y}_1+\dot{\alpha}\boldsymbol{z}_1\times[(x_P-x)\boldsymbol{x}_1+(y_P-y)\boldsymbol{y}_1]=\\&[\dot{x}-(y_P-y)\dot{\alpha}]\boldsymbol{x}_1+[\dot{y}+(x_P-x)]\boldsymbol{y}_1\end{aligned}$$

然后得到点 P 的运动螺旋

$$\{\mathscr{V}(P,F_2/F_1)\}=\begin{Bmatrix}\dot{\alpha}\boldsymbol{z}_1\\ [\dot{x}-(y_P-y)\dot{\alpha}]\boldsymbol{x}_1+[\dot{y}+(x_P-x)]\boldsymbol{y}_1\end{Bmatrix}$$

举例：自行车车轮的运动螺旋问题

对于如图 4-7 所示的自行车车轮，如果定义大地坐标系为 F_1（原点为 O_1），自行车车轮坐标系为 F_2（原点为 O_2），则自行车车轮上一点 A 在大地坐标系中的运动螺旋为 $\{\mathscr{V}(A,F_2/F_1)\}$。

根据运动关系，容易得到 O_2 在坐标系 F_1 中的运动螺旋为

$$\{\mathscr{V}(O_2,F_2/F_1)\}=\begin{Bmatrix}\boldsymbol{\Omega}(F_2/F_1)\\ \mathbf{V}(O_2,F_2/F_1)\end{Bmatrix}=\begin{Bmatrix}\omega\boldsymbol{z}_1\\ r\omega\boldsymbol{x}_1\end{Bmatrix}$$

根据公式(4-25)的速度变换公式，得

$$\mathbf{V}(A,F_2/F_1)=\mathbf{V}(O_2,F_2/F_1)+\boldsymbol{\Omega}(F_2/F_1)\times\overrightarrow{O_2A}$$

其中，$\boldsymbol{\Omega}(F_2/F_1)=\omega\boldsymbol{z}_1$，$\mathbf{V}(O_2,F_2/F_1)=r\omega\boldsymbol{x}_1$，$\overrightarrow{O_2A}=-r\cos\theta\boldsymbol{x}_1+r\sin\theta\boldsymbol{y}_1$。将这些变量代入上式，得到

$$\begin{aligned}\mathbf{V}(A,F_2/F_1)=&r\omega\boldsymbol{x}_1+\omega\boldsymbol{z}_1\times(-r\cos\theta\boldsymbol{x}_1+r\sin\theta\boldsymbol{y}_1)=\\&r\omega(1+\sin\theta)\boldsymbol{x}_1+r\omega\cos\theta\boldsymbol{y}_1\end{aligned}$$

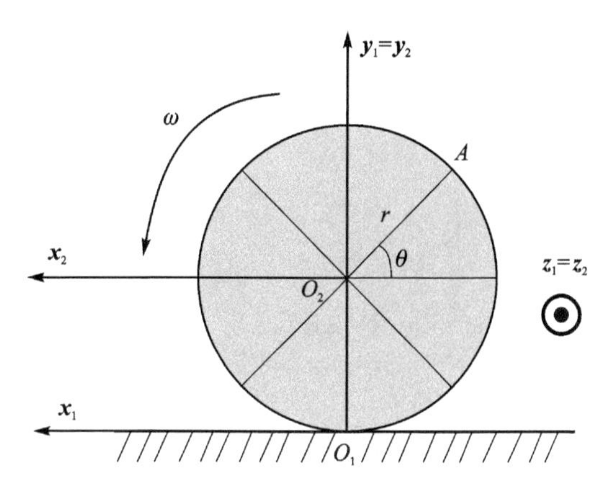

图 4-7　自行车车轮运动机构

最后得到点 A 在坐标系 F_1 中的运动螺旋为

$$\{\mathscr{V}(A,F_2/F_1)\}=\begin{Bmatrix}\boldsymbol{\Omega}(F_2/F_1)\\ \mathbf{V}(A,F_2/F_1)\end{Bmatrix}=\begin{Bmatrix}\omega\boldsymbol{z}_1\\ r\omega(1+\sin\theta)\boldsymbol{x}_1+r\omega\cos\theta\boldsymbol{y}_1\end{Bmatrix}$$

4.3.5　运动副的运动螺旋

用运动螺旋描述刚体 S_2(坐标系 F_2)中点 A 相对于刚体 S_1(坐标系 F_1)的运动关系为

$$\{\mathscr{V}(A,F_2/F_1)\}=\begin{Bmatrix}\boldsymbol{\Omega}(2/1)=p_{21}\boldsymbol{x}+q_{21}\boldsymbol{y}+r_{21}\boldsymbol{z}\\ \mathbf{V}(A,2/1)=u_{21}^{A}\boldsymbol{x}+v_{21}^{A}\boldsymbol{y}+w_{21}^{A}\boldsymbol{z}\end{Bmatrix}$$

用运动螺旋描述运动副的运动关系如下：

① 球/面副(sphere/plane pair)：

$$\{\mathscr{V}(A,F_2/F_1)\}=\begin{Bmatrix}p_{21}\boldsymbol{x}+q_{21}\boldsymbol{y}+r_{21}\boldsymbol{z}\\ u_{21}^{A}\boldsymbol{x}+v_{21}^{A}\boldsymbol{y}\end{Bmatrix}$$

② 直线/面副(line/plane contact pair)：

$$\{\mathscr{V}(A,F_2/F_1)\}=\begin{Bmatrix}p_{21}\boldsymbol{x}+r_{21}\boldsymbol{z}\\ u_{21}^{A}\boldsymbol{x}+v_{21}^{A}\boldsymbol{y}\end{Bmatrix}$$

③ 球/圆柱副(sphere/cylinder pair)：

$$\{\mathscr{V}(A,F_2/F_1)\}=\begin{Bmatrix}p_{21}\boldsymbol{x}+q_{21}\boldsymbol{y}+r_{21}\boldsymbol{z}\\ u_{21}^{A}\boldsymbol{x}\end{Bmatrix}$$

④ 平面副(planar pair)：

$$\{\mathscr{V}(A,F_2/F_1)\}=\begin{Bmatrix}r_{21}\boldsymbol{z}\\ u_{21}\boldsymbol{x}+v_{21}\boldsymbol{y}\end{Bmatrix}$$

⑤ 球面副(spherical joint/S-pair)：

$$\{\mathscr{V}(A,F_2/F_1)\}=\begin{Bmatrix}p_{21}\boldsymbol{x}+q_{21}\boldsymbol{y}+r_{21}\boldsymbol{z}\\ \mathbf{0}\end{Bmatrix}$$

⑥ 球销副(cardan joint/U-pair)：

$$\{\mathscr{V}(A,F_2/F_1)\}=\begin{Bmatrix}p_{21}\boldsymbol{x}+r_{21}\boldsymbol{z}\\ \mathbf{0}\end{Bmatrix}$$

⑦ 圆柱副(cylinder pair/C-pair):

$$\{\mathcal{V}(A,F_2/F_1)\}=\begin{Bmatrix} p_{21}\boldsymbol{x} \\ u_{21}^{A}\boldsymbol{x} \end{Bmatrix}$$

⑧ 螺旋副(screw pair/H-pair):

$$\{\mathcal{V}(A,F_2/F_1)\}=\begin{Bmatrix} p_{21}\boldsymbol{x} \\ kp_{21}\boldsymbol{x} \end{Bmatrix}$$

⑨ 移动副(棱柱副)(prismatic joint/P-pair):

$$\{\mathcal{V}(A,F_2/F_1)\}=\begin{Bmatrix} \boldsymbol{0} \\ u_{21}^{A}\boldsymbol{x} \end{Bmatrix}$$

⑩ 旋转副(回转副,铰接)(revolute pair/R-pair):

$$\{\mathcal{V}(A,F_2/F_1)\}=\begin{Bmatrix} p_{21}\boldsymbol{x} \\ \boldsymbol{0} \end{Bmatrix}$$

⑪ 固定联结(rigid joint):

$$\{\mathcal{V}(A,F_2/F_1)\}=\begin{Bmatrix} \boldsymbol{0} \\ \boldsymbol{0} \end{Bmatrix}$$

⑫ 串联 n 个运动副的运动组合:对于由 n 个运动副串联起来的系统,第 n 个运动副中的某点 A 相对于第 0 个运动副的运动螺旋可以描述为

$$\{\mathcal{V}(A,S_n/S_0)\}=\sum_{i=1}^{n}\{\mathcal{V}(S_i/S_{i-1})\} \tag{4-34}$$

4.4 运动分析实验

4.4.1 案 例

根据如图 4-8 所示的运动机构,计算点 B 的速度。

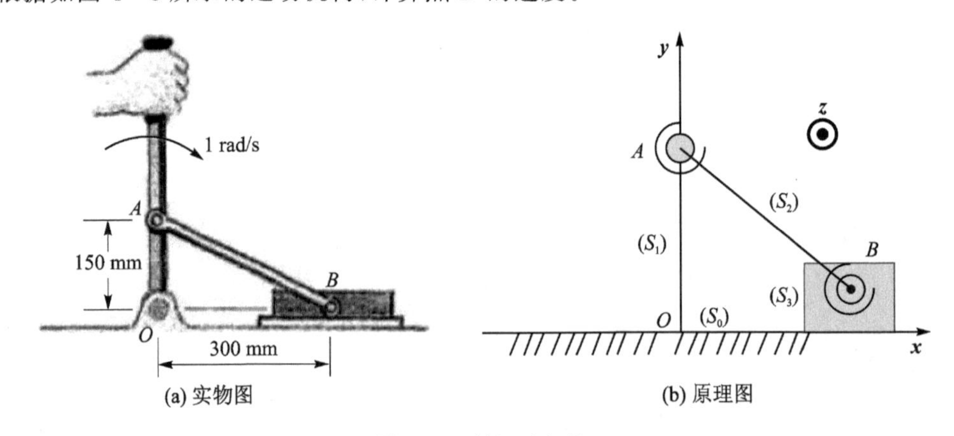

(a) 实物图　　(b) 原理图

图 4-8 某运动机构

定义杆 OA 为刚体 S_1,杆 AB 为刚体 S_2,滑块为刚体 S_3,固定体为刚体 S_0,因此可以得到

$$\{\mathscr{V}(O,F_1/F_0)\}=\begin{Bmatrix}\boldsymbol{\Omega}(F_1/F_0)\\ \mathbf{V}(O,F_1/F_0)\end{Bmatrix}=\begin{Bmatrix}-1\boldsymbol{z}\\ \mathbf{0}\end{Bmatrix}$$

容易得知

$$\mathbf{V}(A,F_1/F_0)=\mathbf{V}(O,F_1/F_0)+\boldsymbol{\Omega}(F_1/F_0)\times\overrightarrow{OA}=$$
$$-1\boldsymbol{z}\times 0.15\boldsymbol{y}=0.15\boldsymbol{x}\,(\mathrm{m/s})$$

根据两点的运动螺旋转换公式,得到

$$\mathbf{V}(B,F_1/F_0)=\mathbf{V}(A,F_1/F_0)+\boldsymbol{\Omega}(F_1/F_0)\times\overrightarrow{AB}=$$
$$0.15\boldsymbol{x}+(-1\boldsymbol{z})\times(0.3\boldsymbol{x}-0.15\boldsymbol{y})=$$
$$-0.3\boldsymbol{y}$$

容易得知,

$$\{\mathscr{V}(A,F_2/F_1)\}=\begin{Bmatrix}\boldsymbol{\Omega}(F_2/F_1)\\ \mathbf{V}(A,F_2/F_1)\end{Bmatrix}=\begin{Bmatrix}\omega_{21}\boldsymbol{z}\\ \mathbf{0}\end{Bmatrix}$$

根据两点的运动螺旋转换公式,得到

$$\mathbf{V}(B,F_2/F_1)=\mathbf{V}(A,F_2/F_1)+\boldsymbol{\Omega}(F_2/F_1)\times\overrightarrow{AB}=$$
$$\omega_{21}\boldsymbol{z}\times(0.3\boldsymbol{x}-0.15\boldsymbol{y})=$$
$$0.3\omega_{21}\boldsymbol{y}+0.15\omega_{21}\boldsymbol{x}$$

同理,假设

$$\{\mathscr{V}(B,F_3/F_2)\}=\begin{Bmatrix}\boldsymbol{\Omega}(F_3/F_2)\\ \mathbf{V}(B,F_3/F_2)\end{Bmatrix}=\begin{Bmatrix}\omega_{32}\boldsymbol{z}\\ \mathbf{0}\end{Bmatrix}$$

$$\{\mathscr{V}(B,F_3/F_0)\}=\begin{Bmatrix}\boldsymbol{\Omega}(F_3/F_0)\\ \mathbf{V}(B,F_3/F_0)\end{Bmatrix}=\begin{Bmatrix}\mathbf{0}\\ v_B\boldsymbol{x}\end{Bmatrix}$$

由于

$$\{\mathscr{V}(B,F_3/F_0)\}=\{\mathscr{V}(B,F_3/F_2)\}+\{\mathscr{V}(B,F_2/F_1)\}+\{\mathscr{V}(B,F_1/F_0)\}$$

因此得到

$$\begin{Bmatrix}\mathbf{0}\\ v_B\boldsymbol{x}\end{Bmatrix}=\begin{Bmatrix}\omega_{32}\boldsymbol{z}\\ \mathbf{0}\end{Bmatrix}+\begin{Bmatrix}\omega_{21}\boldsymbol{z}\\ 0.3\omega_{21}\boldsymbol{y}+0.15\omega_{21}\boldsymbol{x}\end{Bmatrix}+\begin{Bmatrix}-1\boldsymbol{z}\\ -0.3\boldsymbol{y}\end{Bmatrix}$$

故

$$\begin{Bmatrix}\mathbf{0}\\ v_B\boldsymbol{x}\end{Bmatrix}=\begin{Bmatrix}\omega_{32}\boldsymbol{z}\\ \mathbf{0}\end{Bmatrix}+\begin{Bmatrix}\omega_{21}\boldsymbol{z}\\ 0.3\omega_{21}\boldsymbol{y}+0.15\omega_{21}\boldsymbol{x}\end{Bmatrix}+\begin{Bmatrix}-1\boldsymbol{z}\\ -0.3\boldsymbol{y}\end{Bmatrix}$$

$$\Rightarrow\begin{cases}\omega_{32}+\omega_{21}-1=0\\ v_B=0.15\omega_{21}\\ 0.3\omega_{21}-0.3=0\end{cases}$$

$$\Rightarrow\begin{cases}\omega_{21}=1\\ \omega_{32}=0\\ v_B=0.15\end{cases}$$

可以得知,杆 AB 在固定坐标系 F_0 中角速度的大小为

$$\Omega(F_2/F_0)=\omega_{20}=\omega_{21}+\omega_{10}=1-1=0$$

4.4.2 伺服机械臂运动分析实验

举例:滚珠丝杠(ball screw)(见图 4-9)的运动螺旋问题

图 4-9 滚珠丝杠

设螺母和丝杠分别对应坐标系 F_1 和 F_2,如图 4-10 所示。

丝杠相对于螺母的转动角速度矢量(力矢量)为

$$\boldsymbol{\Omega}(F_2/F_1)=\dot{\alpha}\boldsymbol{z}_1=\dot{\alpha}\boldsymbol{z}_2$$

线速度矢量(矩矢量)为

$$\mathbf{V}(O_2,F_2/F_1)=k\dot{\alpha}\boldsymbol{z}_1=k\dot{\alpha}\boldsymbol{z}_2$$

其中 $k=\dfrac{p}{2\pi}$,p 为螺距。可以得到 O_2 相对于 F_1 的运动螺旋

$$\{\mathscr{V}(O_2,F_2/F_1)\}=\begin{Bmatrix}\boldsymbol{\Omega}(F_2/F_1)\\\mathbf{V}(O_2,F_2/F_1)\end{Bmatrix}=\begin{Bmatrix}\dot{\alpha}\boldsymbol{z}_2\\k\dot{\alpha}\boldsymbol{z}_2\end{Bmatrix}$$

问题:

如图 4-11 所示,丝杠(坐标系 F_2)上另外一点 P 相对于坐标系 F_1(螺母)的运动螺旋 $\{\mathscr{V}(P,F_2/F_1)\}$ 是多少?已知 $\overrightarrow{O_2P}=d\boldsymbol{x}_2$。

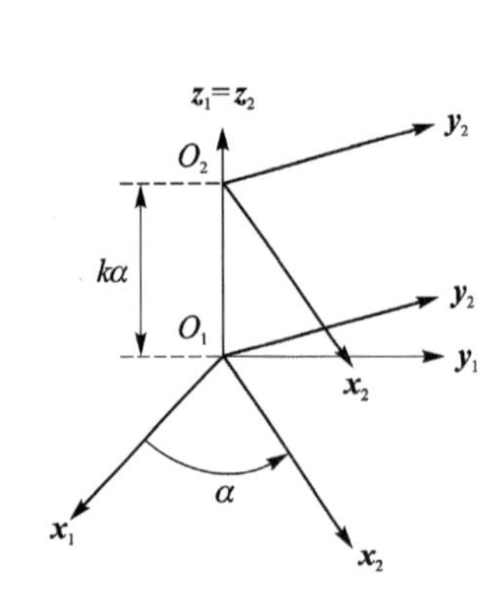

图 4-10 滚珠丝杠的运动机构

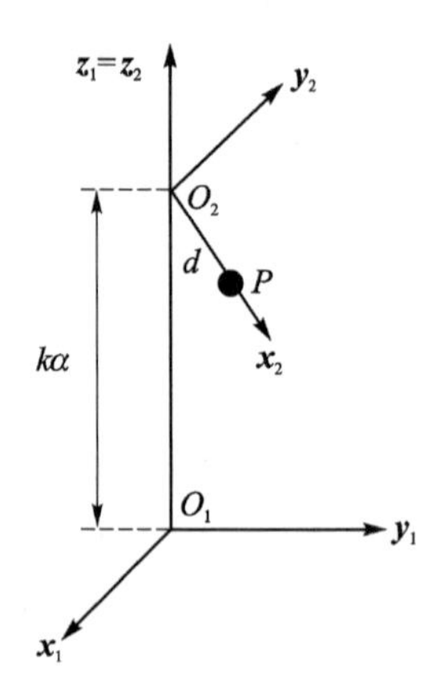

图 4-11 丝杠的运动机构

解:

$$\{\mathscr{V}(P,F_2/F_1)\}=\begin{Bmatrix}\boldsymbol{\Omega}(F_2/F_1)\\\mathbf{V}(P,F_2/F_1)\end{Bmatrix}=$$

$$\begin{Bmatrix} \boldsymbol{\Omega}(F_2/F_1) \\ \boldsymbol{V}(O_2,F_2/F_1)+\boldsymbol{\Omega}(F_2/F_1)\times\overrightarrow{O_2P} \end{Bmatrix}=$$

$$\begin{Bmatrix} \dot{\alpha}\boldsymbol{z}_2 \\ k\dot{\alpha}\boldsymbol{z}_2+\dot{\alpha}\boldsymbol{z}_2\times d\boldsymbol{x}_2 \end{Bmatrix}=$$

$$\begin{Bmatrix} \dot{\alpha}\boldsymbol{z}_2 \\ k\dot{\alpha}\boldsymbol{z}_2+d\dot{\alpha}\boldsymbol{y}_2 \end{Bmatrix}$$

发现什么问题了？上述公式是基于坐标系 $F_2(O_2;\boldsymbol{x}_2,\boldsymbol{y}_2,\boldsymbol{z}_2)$ 进行描述的。如果是基于坐标系 F_1 的方向矢量($\boldsymbol{x}_1,\boldsymbol{y}_1,\boldsymbol{z}_1$)，则结果会出现明显差异。

4.4.3　船舶操舵系统实验

下面以 3.3.1 小节中描述的船舶操舵系统为例，介绍基于运动螺旋分析舵面运动特性的方法。

船舶操舵系统的几何结构示意图如图 4-12 所示。

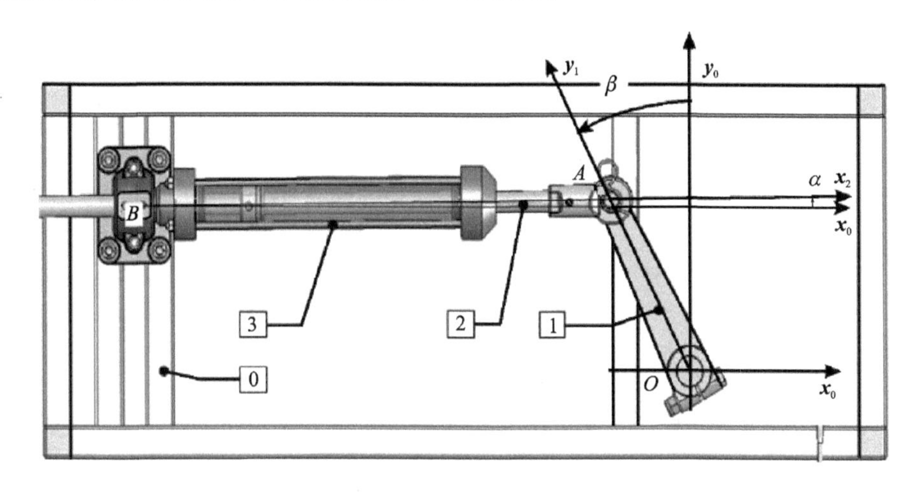

图 4-12　船舶操舵系统几何结构示意图

根据图 4-12 所示的几何结构，操舵系统的运动机构由四个部件组成：壳体(0)，舵摇臂(1)，液压缸输出杆(2)，液压缸筒(3)。可以看出，运动副 1/0 和运动副 2/1 是回转副(R-pair)，运动副 3/0 是球面副(S-pair)，运动副 3/2 是圆柱副(C-pair)。几何部件及其之间的运动副类型如图 4-13 所示。

定义每个几何部件的坐标系(将系统简化为平面运动机构，$\boldsymbol{z}$ 轴相同)如下：

- 壳体：$F_0(O;\boldsymbol{x}_0,\boldsymbol{y}_0,\boldsymbol{z})$；
- 舵摇臂：$F_1(O;\boldsymbol{x}_1,\boldsymbol{y}_1,\boldsymbol{z})$；
- 液压缸活塞杆：$F_2(O;\boldsymbol{x}_2,\boldsymbol{y}_2,\boldsymbol{z})$；
- 液压缸筒：$F_3(O;\boldsymbol{x}_2,\boldsymbol{y}_2,\boldsymbol{z})$。

说明：由于液压缸活塞杆和缸筒分别属于两个不同的刚体，所以定义坐标系分别为 F_2 和 F_3，为了计算方便，F_2 和 F_3 两个刚体坐标系共用一个坐标。

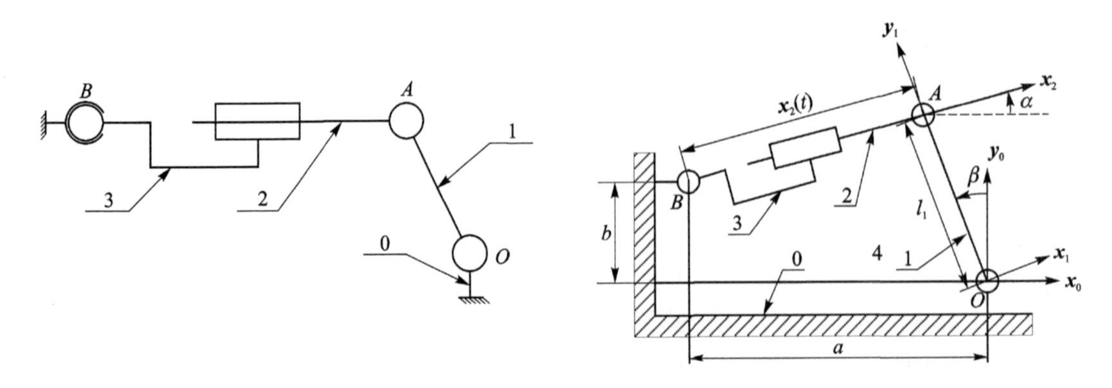

图 4-13　船舶操舵系统运动副

问题：

设系统中液压缸杆的位移 $\boldsymbol{x}_2(t)$ 为输入，舵摇臂转角 β 为输出，求输出与输入之间的运动关系(几何位置关系和速度关系)。

解：

(1) 输入与输出的几何位置关系

根据几何结构图 4-13，得到

$$\overrightarrow{OB}+\overrightarrow{BA}+\overrightarrow{AO}=\mathbf{0}$$
$$\Leftrightarrow\overrightarrow{BA}-\overrightarrow{OA}-\overrightarrow{BO}=\mathbf{0}$$
$$\Leftrightarrow x_2(t)\boldsymbol{x}_2-l_1\boldsymbol{y}_1-\overrightarrow{BO}=\mathbf{0} \tag{Ⅰ}$$

其中

$$\left.\begin{aligned}&\overrightarrow{BO}=a\boldsymbol{x}_0-b\boldsymbol{y}_0\\&\alpha=(\boldsymbol{x}_0,\boldsymbol{x}_2)=(\boldsymbol{y}_0,\boldsymbol{y}_2)\\&\beta=(\boldsymbol{x}_0,\boldsymbol{x}_1)=(\boldsymbol{y}_0,\boldsymbol{y}_1)\end{aligned}\right\} \tag{Ⅱ}$$

联立公式(Ⅰ)和公式(Ⅱ)，得到

$$x_2(t)\boldsymbol{x}_2-l_1\boldsymbol{y}_1-a\boldsymbol{x}_0+b\boldsymbol{y}_0=\mathbf{0}$$

$$\Leftrightarrow\begin{cases}x_2(t)\boldsymbol{x}_2\cdot\boldsymbol{x}_0-l_1\boldsymbol{y}_1\cdot\boldsymbol{x}_0-a\boldsymbol{x}_0\cdot\boldsymbol{x}_0+b\boldsymbol{y}_0\cdot\boldsymbol{x}_0=0\\x_2(t)\boldsymbol{x}_2\cdot\boldsymbol{y}_0-l_1\boldsymbol{y}_1\cdot\boldsymbol{y}_0-a\boldsymbol{x}_0\cdot\boldsymbol{y}_0+b\boldsymbol{y}_0\cdot\boldsymbol{y}_0=0\end{cases}$$

$$\Leftrightarrow\begin{cases}x_2(t)\cos(\boldsymbol{x}_2,\boldsymbol{x}_0)-l_1\cos(\boldsymbol{y}_1,\boldsymbol{x}_0)-a=0\\x_2(t)\cos(\boldsymbol{x}_2,\boldsymbol{y}_0)-l_1\cos(\boldsymbol{y}_1,\boldsymbol{y}_0)+b=0\end{cases}$$

$$\Leftrightarrow\begin{cases}x_2(t)\cos\alpha-l_1\cos\left(\beta+\dfrac{\pi}{2}\right)-a=0\\x_2(t)\cos\left(\dfrac{\pi}{2}-\alpha\right)-l_1\cos\beta+b=0\end{cases}$$

$$\Leftrightarrow\begin{cases}x_2(t)\cos\alpha+l_1\sin\beta-a=0\\x_2(t)\sin\alpha-l_1\cos\beta+b=0\end{cases}$$

$$\Leftrightarrow\begin{cases}x_2(t)\cos\alpha=a-l_1\sin\beta\\x_2(t)\sin\alpha=l_1\cos\beta-b\end{cases}$$

$$\Leftrightarrow x_2(t)=\sqrt{(a-l_1\sin\beta)^2+(l_1\cos\beta-b)^2} \tag{Ⅲ}$$

(2) 输入与输出的速度关系

根据公式(4－32)中描述的运动螺旋关系，针对系统中刚体上的任意一点 A，可以得到针对船舶导航机构的运动螺旋关系为

$$\{\mathscr{V}(A,F_3/F_0)\}=\{\mathscr{V}(A,F_3/F_2)\}+\{\mathscr{V}(A,F_2/F_1)\}+\{\mathscr{V}(A,F_1/F_0)\}$$

其中，$\{\mathscr{V}(A,F_1/F_0)\}$是期望求得的运动螺旋。把上式变换形式为

$$\{\mathscr{V}(A,F_1/F_0)\}=\{\mathscr{V}(A,F_3/F_0)\}+\{\mathscr{V}(A,F_2/F_3)\}+\{\mathscr{V}(A,F_1/F_2)\} \tag{Ⅳ}$$

根据机构之间的运动副类型，以及 4.3.5 小节中描述的运动副的运动螺旋，得到

$$\left.\begin{aligned}
\{\mathscr{V}(O,F_1/F_0)\}&=\begin{Bmatrix}\boldsymbol{\Omega}(F_1/F_0)\\ \mathbf{V}(O,F_1/F_0)\end{Bmatrix}=\begin{Bmatrix}\dot\beta\boldsymbol{z}\\ \mathbf{0}\end{Bmatrix}\\
\{\mathscr{V}(A,F_1/F_2)\}&=\begin{Bmatrix}\boldsymbol{\Omega}(F_1/F_2)\\ \mathbf{V}(A,F_1/F_2)\end{Bmatrix}=\begin{Bmatrix}(\dot\beta-\dot\alpha)\boldsymbol{z}\\ \mathbf{0}\end{Bmatrix}\\
\{\mathscr{V}(B,F_2/F_3)\}&=\begin{Bmatrix}\boldsymbol{\Omega}(F_2/F_3)\\ \mathbf{V}(B,F_2/F_3)\end{Bmatrix}=\begin{Bmatrix}\mathbf{0}\\ \dot x_2\boldsymbol{x}_2\end{Bmatrix}\\
\{\mathscr{V}(B,F_3/F_0)\}&=\begin{Bmatrix}\boldsymbol{\Omega}(F_3/F_0)\\ \mathbf{V}(B,F_3/F_0)\end{Bmatrix}=\begin{Bmatrix}\dot\alpha\boldsymbol{z}\\ \mathbf{0}\end{Bmatrix}
\end{aligned}\right\} \tag{Ⅴ}$$

根据公式(4－25)的点速度向量变换公式，将所有运动螺旋统一为参考点 A，可得

$$\left.\begin{aligned}
\{\mathscr{V}(A,F_1/F_0)\}&=\begin{Bmatrix}\boldsymbol{\Omega}(F_1/F_0)\\ \mathbf{V}(A,F_1/F_0)\end{Bmatrix}=\begin{Bmatrix}\boldsymbol{\Omega}(F_1/F_0)\\ \mathbf{V}(O,F_1/F_0)+\boldsymbol{\Omega}(F_1/F_0)\times\overrightarrow{OA}\end{Bmatrix}=\\
&\begin{Bmatrix}\dot\beta\boldsymbol{z}\\ \dot\beta\boldsymbol{z}\times\overrightarrow{OA}\end{Bmatrix}=\begin{Bmatrix}\dot\beta\boldsymbol{z}\\ \dot\beta\boldsymbol{z}\times l_1\boldsymbol{y}_1\end{Bmatrix}=\begin{Bmatrix}\dot\beta\boldsymbol{z}\\ -\dot\beta l_1\boldsymbol{x}_1\end{Bmatrix}\\
\{\mathscr{V}(A,F_2/F_3)\}&=\begin{Bmatrix}\boldsymbol{\Omega}(F_2/F_3)\\ \mathbf{V}(A,F_2/F_3)\end{Bmatrix}=\begin{Bmatrix}\boldsymbol{\Omega}(F_2/F_3)\\ \mathbf{V}(B,F_2/F_3)+\boldsymbol{\Omega}(F_2/F_3)\times\overrightarrow{BA}\end{Bmatrix}=\\
&\begin{Bmatrix}\mathbf{0}\\ \dot x_2\boldsymbol{x}_2+\mathbf{0}\times\overrightarrow{BA}\end{Bmatrix}=\begin{Bmatrix}\mathbf{0}\\ \dot x_2\boldsymbol{x}_2\end{Bmatrix}\\
\{\mathscr{V}(A,F_3/F_0)\}&=\begin{Bmatrix}\boldsymbol{\Omega}(F_3/F_0)\\ \mathbf{V}(A,F_3/F_0)\end{Bmatrix}=\begin{Bmatrix}\boldsymbol{\Omega}(F_3/F_0)\\ \mathbf{V}(B,F_3/F_0)+\boldsymbol{\Omega}(F_3/F_0)\times\overrightarrow{BA}\end{Bmatrix}=\\
&\begin{Bmatrix}\dot\alpha\boldsymbol{z}\\ \dot\alpha\boldsymbol{z}\times\overrightarrow{BA}\end{Bmatrix}=\begin{Bmatrix}\dot\alpha\boldsymbol{z}\\ \dot\alpha\boldsymbol{z}\times x_2(t)\boldsymbol{x}_2\end{Bmatrix}=\begin{Bmatrix}\dot\alpha\boldsymbol{z}\\ \dot\alpha x_2(t)\boldsymbol{y}_2\end{Bmatrix}
\end{aligned}\right\} \tag{Ⅵ}$$

将公式(Ⅵ)代入公式(Ⅳ)进而得到

$$\begin{Bmatrix}\dot\beta\boldsymbol{z}\\ -\dot\beta l_1\boldsymbol{x}_1\end{Bmatrix}-\begin{Bmatrix}(\dot\beta-\dot\alpha)\boldsymbol{z}\\ \mathbf{0}\end{Bmatrix}-\begin{Bmatrix}\mathbf{0}\\ \dot x_2\boldsymbol{x}_2\end{Bmatrix}-\begin{Bmatrix}\dot\alpha\boldsymbol{z}\\ \dot\alpha x_2\boldsymbol{y}_2\end{Bmatrix}=\begin{Bmatrix}\mathbf{0}\\ \mathbf{0}\end{Bmatrix}$$

$$\Rightarrow -\dot\beta l_1\boldsymbol{x}_1-\dot x_2\boldsymbol{x}_2-\dot\alpha x_2\boldsymbol{y}_2=\mathbf{0}$$

为了消除变量 $\dot\alpha$，将上式统一点乘 $\boldsymbol{x}_2$ 得到

$$\Rightarrow -\dot\beta l_1\boldsymbol{x}_1\cdot\boldsymbol{x}_2-\dot x_2\boldsymbol{x}_2\cdot\boldsymbol{x}_2-\dot\alpha x_2\boldsymbol{y}_2\cdot\boldsymbol{x}_2=0$$

$$\Leftrightarrow -\dot{\beta} l_1 \cos(\beta-\alpha) - \dot{x}_2 = 0$$

$$\Leftrightarrow -\dot{\beta} l_1 (\cos\beta\cos\alpha + \sin\alpha\sin\beta) - \dot{x}_2 = 0$$

将公式(Ⅲ)中得到的 $\cos\alpha$ 和 $\sin\alpha$ 代入上式得到

$$\cos\alpha = \frac{a - l_1\sin\beta}{x_2(t)}$$

$$\sin\alpha = \frac{l_1\cos\beta - b}{x_2(t)}$$

最后可以得到输出与输入之间的速度关系为

$$-\dot{\beta} l_1 \left[\cos\beta \frac{a - l_1 sin\beta}{x_2(t)} + \frac{l_1\cos\beta - b}{x_2(t)}\sin\beta\right] - \dot{x}_2 = 0$$

$$\Leftrightarrow x_2(t)\dot{x}_2(t) = -\dot{\beta} l_1 [\cos\beta(a - l_1\sin\beta) + \sin\beta(l_1\cos\beta - b)]$$

$$\Leftrightarrow x_2(t)\dot{x}_2(t) = \dot{\beta} l_1 (b\sin\beta - a\cos\beta)$$

4.4.4 伺服机构运动分析实验

本小节以 3.3.1 小节介绍的航空用伺服机构 MAXPID 为例，介绍基于运动螺旋分析机构的运动特性的方法。伺服机构 MAXPID 的运动副框图如图 4-14 所示。图中 $OA=a$，$OB=b$，$AC=c$，$BC=x(t)$。

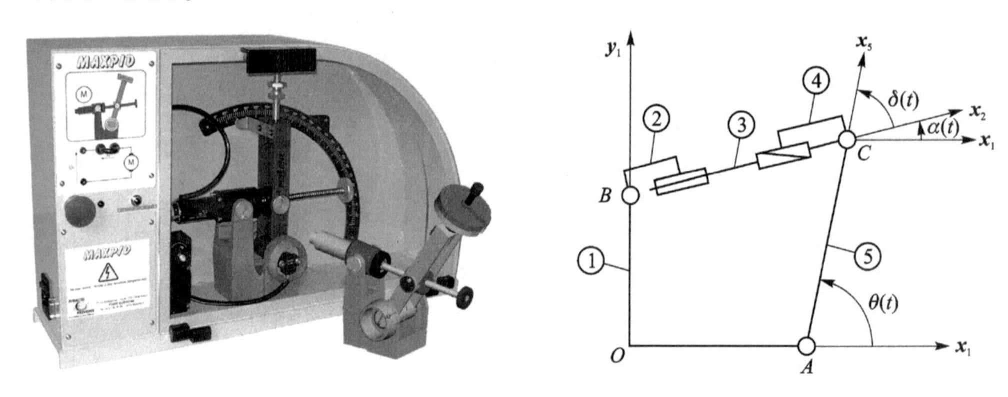

图 4-14 伺服机构 MAXPID 运动副框图

问题 1：

刚体 S_1(壳体)、S_2(电机壳体)、S_3(电机输出轴，丝杠)、S_4(螺母)和 S_5(摇臂)之间的运动副类型是什么？

解：

每个刚体定义的坐标系分别为

壳体： $F_1(O;\boldsymbol{x}_1,\boldsymbol{y}_1,\boldsymbol{z})$

电机壳体： $F_2(O;\boldsymbol{x}_2,\boldsymbol{y}_2,\boldsymbol{z})$

电机输出轴： $F_3(O;\boldsymbol{x}_3,\boldsymbol{y}_3,\boldsymbol{z})$

螺母： $F_4(O;\boldsymbol{x}_4,\boldsymbol{y}_4,\boldsymbol{z})$

摇臂： $F_5(A;\boldsymbol{x}_5,\boldsymbol{y}_5,\boldsymbol{z})$

根据典型机构和运动副可知，运动副 S_2/S_1，S_3/S_2，S_5/S_4，S_5/S_1 均为旋转副(回转副，铰接)(revolute pair/R-pair)，运动副 S_4/S_3 是螺旋副(screw pair)。

问题 2：

电机输出角速度为 $\omega(t)=\dot{\beta}(t)$，螺旋副 S_4/S_3(螺纹螺杆)的螺距为 p，各个运动副之间的运动螺旋是多少？

解：

各个运动副之间的运动螺旋为

$$\{\mathcal{V}(B,F_2/F_1)\}=\begin{Bmatrix}\boldsymbol{\Omega}(F_2/F_1)\\ \mathbf{V}(B,F_2/F_1)\end{Bmatrix}=\begin{Bmatrix}\dot{\alpha}(t)\boldsymbol{z}\\ \mathbf{0}\end{Bmatrix}$$

$$\{\mathcal{V}(B,F_3/F_2)\}=\begin{Bmatrix}\boldsymbol{\Omega}(F_3/F_2)\\ \mathbf{V}(B,F_3/F_2)\end{Bmatrix}=\begin{Bmatrix}\dot{\beta}(t)\boldsymbol{z}\\ \mathbf{0}\end{Bmatrix}$$

$$\{\mathcal{V}(B,F_4/F_3)\}=\begin{Bmatrix}\boldsymbol{\Omega}(F_4/F_3)\\ \mathbf{V}(B,F_4/F_3)\end{Bmatrix}=\begin{Bmatrix}\dot{\beta}(t)\boldsymbol{x}_2\\ -p\dot{\beta}(t)\boldsymbol{x}_2\end{Bmatrix}$$

$$\{\mathcal{V}(C,F_5/F_4)\}=\begin{Bmatrix}\boldsymbol{\Omega}(F_5/F_4)\\ \mathbf{V}(C,F_5/F_4)\end{Bmatrix}=\begin{Bmatrix}\dot{\delta}(t)\boldsymbol{z}\\ \mathbf{0}\end{Bmatrix}$$

$$\{\mathcal{V}(A,F_5/F_0)\}=\begin{Bmatrix}\boldsymbol{\Omega}(F_5/F_0)\\ \mathbf{V}(A,F_5/F_0)\end{Bmatrix}=\begin{Bmatrix}\dot{\theta}(t)\boldsymbol{z}\\ \mathbf{0}\end{Bmatrix}$$

问题 3：

计算输入 $\omega(t)=\dot{\beta}(t)$ 与输出 $\dot{\theta}(t)$ 之间的运动关系。

解：根据公式(4-34)描述的运动螺旋之间的关系，可知

$$\begin{aligned}\{\mathcal{V}(P,F_5/F_0)\}=&\{\mathcal{V}(P,F_5/F_4)\}+\{\mathcal{V}(P,F_4/F_3)\}+\{\mathcal{V}(P,F_3/F_2)\}+\\&\{\mathcal{V}(P,F_2/F_1)\}+\{\mathcal{V}(P,F_1/F_0)\}\end{aligned}\tag{Ⅰ}$$

将运动螺旋统一参考点为 B，得到

$$\begin{aligned}\{\mathcal{V}(B,F_5/F_0)\}=&\{\mathcal{V}(B,F_5/F_4)\}+\{\mathcal{V}(B,F_4/F_3)\}+\{\mathcal{V}(B,F_3/F_2)\}+\\&\{\mathcal{V}(B,F_2/F_1)\}+\{\mathcal{V}(B,F_1/F_0)\}\end{aligned}$$

根据公式(4-25)的点速度向量变换公式，得到

$$\{\mathcal{V}(B,F_5/F_0)\}=\begin{Bmatrix}\boldsymbol{\Omega}(F_5/F_0)\\ \mathbf{V}(A,F_5/F_0)+\boldsymbol{\Omega}(F_5/F_0)\times\overrightarrow{AB}\end{Bmatrix}=$$

$$\begin{Bmatrix}\dot{\theta}(t)\boldsymbol{z}_0\\ \dot{\theta}(t)\boldsymbol{z}\times\overrightarrow{AB}\end{Bmatrix}=\begin{Bmatrix}\dot{\theta}(t)\boldsymbol{z}_0\\ \dot{\theta}(t)\boldsymbol{z}\times(b\boldsymbol{y}_1-a\boldsymbol{x}_1)\end{Bmatrix}=\begin{Bmatrix}\dot{\theta}(t)\boldsymbol{z}_0\\ -b\dot{\theta}(t)\boldsymbol{x}_1-a\dot{\theta}(t)\boldsymbol{y}_1\end{Bmatrix}\tag{Ⅱ}$$

$$\{\mathcal{V}(B,F_5/F_4)\}=\begin{Bmatrix}\boldsymbol{\Omega}(F_5/F_4)\\ \mathbf{V}(C,F_5/F_4+\boldsymbol{\Omega}(F_5/F_4)\times\overrightarrow{CB}\end{Bmatrix}=$$

$$\begin{Bmatrix}\dot{\delta}(t)\boldsymbol{z}_0\\ \dot{\delta}(t)\boldsymbol{z}\times\overrightarrow{CB}\end{Bmatrix}=\begin{Bmatrix}\dot{\delta}(t)\boldsymbol{z}_0\\ \dot{\delta}(t)\boldsymbol{z}_0\times[-x(t)\boldsymbol{x}_2]\end{Bmatrix}=\begin{Bmatrix}\dot{\delta}(t)\boldsymbol{z}_0\\ -x(t)\dot{\delta}(t)\boldsymbol{y}_2\end{Bmatrix}\tag{Ⅲ}$$

将本案例中的公式(Ⅱ)和公式(Ⅲ)代入公式(Ⅰ)可得

$$-b\dot{\theta}(t)\boldsymbol{x}_1-a\dot{\theta}(t)\boldsymbol{y}_1=-x(t)\dot{\delta}(t)\boldsymbol{y}_2-p\dot{\beta}(t)\boldsymbol{x}_2 \tag{Ⅳ}$$

从公式(Ⅳ)可以看出,公式中包含了需要分析的输入 $\omega(t)=\dot{\beta}(t)$ 和输出 $\dot{\theta}(t)$,但还有一个未知的变量 $\dot{\delta}(t)$,为了消除这个未知变量,将公式(Ⅳ)的两侧同时点积向量 $\boldsymbol{x}_2$,可得

$$-b\dot{\theta}(t)\boldsymbol{x}_1\cdot\boldsymbol{x}_2-a\dot{\theta}(t)\boldsymbol{y}_1\cdot\boldsymbol{x}_2=-x(t)\dot{\delta}(t)\boldsymbol{y}_2\cdot\boldsymbol{x}_2-p\dot{\beta}(t)\boldsymbol{x}_2\cdot\boldsymbol{x}_2$$

$$\Leftrightarrow -b\cos[\alpha(t)]\dot{\theta}(t)-a\dot{\theta}(t)\sin[\alpha(t)]=-p\dot{\beta}(t) \tag{Ⅴ}$$

根据矢量关系

$$\overrightarrow{BC}-\overrightarrow{AC}=\overrightarrow{BA}$$

$$\Leftrightarrow\begin{cases}(\overrightarrow{BC}-\overrightarrow{AC})\cdot\boldsymbol{x}_1=\overrightarrow{BA}\cdot\boldsymbol{x}_1=a\\(\overrightarrow{BC}-\overrightarrow{AC})\cdot\boldsymbol{y}_1=\overrightarrow{BA}\cdot\boldsymbol{y}_1=-b\end{cases}$$

$$\Leftrightarrow\begin{cases}[x(t)\boldsymbol{x}_2-c\boldsymbol{x}_5]\cdot\boldsymbol{x}_1=a\\ [x(t)\boldsymbol{x}_2-c\boldsymbol{x}_5]\cdot\boldsymbol{y}_1=-b\end{cases}$$

$$\Leftrightarrow\begin{cases}x(t)\cos\alpha(t)-c\cos\theta(t)=a\\x(t)\sin\alpha(t)-c\sin\theta(t)=-b\end{cases}$$

可以得到

$$\left.\begin{aligned}\cos\alpha(t)&=\frac{a+c\cos\theta(t)}{x(t)}\\ \sin\alpha(t)&=\frac{-b+c\sin\theta(t)}{x(t)}\end{aligned}\right\} \tag{Ⅵ}$$

将公式(Ⅵ)代入公式(Ⅴ),可以推导出

$$b\frac{a+c\cos\theta(t)}{x(t)}\dot{\theta}(t)+a\dot{\theta}(t)\frac{-b+c\sin\theta(t)}{x(t)}=p\dot{\beta}(t)$$

$$\Leftrightarrow bc\cos\theta(t)\dot{\theta}(t)+ac\sin\theta(t)\dot{\theta}(t)=p\dot{\beta}(t)x(t)$$

由于 $x(t)=-p\beta(t)$,故可得到

$$-c\dot{\theta}(t)\frac{b\cos\theta(t)+a\sin\theta(t)}{p^2}=\dot{\beta}(t)\beta(t)$$

问题 4:

通过将输入和输出之间的几何关系对时间求导,能否得到与问题 3 相同的运动关系?

解:输入和输出之间的几何关系为

$$\beta(t)=-\frac{1}{p}\sqrt{a^2+b^2+c^2+2c[a\cos\theta(t)-b\sin\theta(t)]}$$

$$\Rightarrow\beta^2(t)=\frac{1}{p^2}\{a^2+b^2+c^2+2c[a\cos\theta(t)-b\sin\theta(t)]\}$$

将上式对时间求导,得

$$2\dot{\beta}(t)\beta(t)=\frac{1}{p^2}\{2c[-a\dot{\theta}(t)\sin\theta(t)-b\dot{\theta}(t)\cos\theta(t)]\}$$

$$\Leftrightarrow\dot{\beta}(t)\beta(t)=\frac{-c\dot{\theta}(t)}{p^2}[b\cos\theta(t)+a\sin\theta(t)]$$

即得出与问题 3 中相同的输入和输出之间的运动关系。

4.5 小　结

本章介绍了典型工业系统中的典型运动机构，以及常见的运动副类型；主要阐述了基于螺旋理论来描述典型运动副的运动螺旋，并通过案例阐述了运用运动螺旋分析机械机构运动学的方法。通过以上介绍可知，基于运动螺旋可以很方便地描述在由多个刚体组成的运动机构中，刚体位于不同参考坐标系中的运动关系，并且这是一个非常高效和实用的机构运动分析方法。

第 5 章　机构动力学分析

力学中最基本的四种螺旋包括：① 运动螺旋（译自法语 torseur cinematique）；② 力螺旋（译自法语 torseur statique）；③ 动量螺旋（译自法语 torseur cinetique）；④ 惯性力螺旋（译自法语 torseur dynamique）。

下面将对这四种螺旋进行详细剖析。

第 4 章介绍的“运动螺旋”描述刚体的平动和转动，本章介绍的“力螺旋”描述作用在刚体上的力和力矩，“动量螺旋”描述刚体的动量和动量矩，“惯性力螺旋”描述刚体的惯性力和惯性力矩。一旦建立了刚体和刚体间约束的运动螺旋和惯性力螺旋模型，便可以应用动力学基本定理来求解刚体或刚体系的力学问题。

在本章开始之前，考虑到内容的连续性，在这里重复一下运动螺旋的概念。

刚体 S 的随体坐标系 F_2 中的一点 A，相对于坐标系 F_1 的原点 O 的运动螺旋为

$$\{\mathscr{V}(A,F_2/F_1)\}=\begin{Bmatrix}\boldsymbol{\Omega}(F_2/F_1)\\ \boldsymbol{V}(A,F_2/F_1)\end{Bmatrix} \tag{5-1}$$

其中，$\boldsymbol{\Omega}(F_2/F_1)$ 为力矢量，$\boldsymbol{V}(A,F_2/F_1)$ 为矩矢量。

随体坐标系 F_2 上另外一点 B，相对于坐标系 F_1 的运动螺旋为

$$\{\mathscr{V}(B,F_2/F_1)\}=\begin{Bmatrix}\boldsymbol{\Omega}(F_2/F_1)\\ \boldsymbol{V}(B,F_2/F_1)\end{Bmatrix}=\begin{Bmatrix}\boldsymbol{\Omega}(F_2/F_1)\\ \boldsymbol{V}(A,F_2/F_1)+\boldsymbol{\Omega}(F_2/F_1)\times\overrightarrow{AB}\end{Bmatrix} \tag{5-2}$$

5.1　力螺旋

5.1.1　概念和定义

一个刚体受到的机械力，可以用力(force)和力矩(moment)描述。以塔吊举例说明。

重物 L（刚体）对塔吊(Crane)的机械力，其作用点为 P（质心），重力大小为 mg，方向垂直向下。建立重物与塔吊之间的机械作用力模型如图 5-1 所示。

定义坐标系 F_1 为 $F_1(O;\boldsymbol{x},\boldsymbol{y},\boldsymbol{z})$。用矢量 $\boldsymbol{R}(L\to\text{Crane})$ 表示重物作用在塔吊上的作用力，则

$$\boldsymbol{R}(L\to\text{Crane})=\boldsymbol{W}=-mg\boldsymbol{z}$$

用 $\boldsymbol{M}(A,L\to\text{Crane})$ 表示重物（质心为 P）作用在塔吊上（作用点 A）的力矩，则

$$\boldsymbol{M}(A,L\to\text{Crane})=\overrightarrow{AP}\times\boldsymbol{R}(L\to\text{Crane})=\boldsymbol{R}(L\to\text{Crane})\times\overrightarrow{PA} \tag{5-3}$$

刚体 S_2 在点 A 处受到来自刚体 S_1 的外部机械力，由公式(5-3)可知，在刚体 S_1 中，刚体 S_2 在点 A 处的作用力矩为

$$\boldsymbol{M}(A,S_1\to S_2)=\overrightarrow{AP}\times\boldsymbol{R}(S_1\to S_2) \tag{5-4}$$

注意：在公式(5-4)中，A 是刚体 S_1 和刚体 S_2 的力矩作用参考点。P 表示刚体 S_1 对刚体 S_2 作用力的作用点。

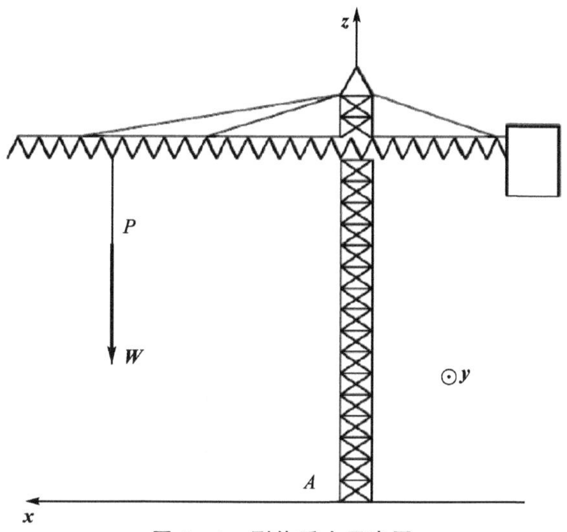

图5-1 刚体受力示意图

1. 力螺旋(mechanical action screw)

刚体的力螺旋由刚体 S_1 作用在刚体 S_2 上的力矢量和矩矢量构成,记为

$$\{\mathscr{F}(S_1 \to S_2, A)\} = \begin{Bmatrix} \boldsymbol{R}(S_1 \to S_2) \\ \boldsymbol{M}(A, S_1 \to S_2) \end{Bmatrix}$$

力螺旋由力矢量 $\boldsymbol{R}(S_1 \to S_2)$ 和矩矢量 $\boldsymbol{M}(A, S_1 \to S_2)$ 组成,其中,

$$\boldsymbol{R}(S_1 \to S_2) = X_{12}\boldsymbol{x} + Y_{12}\boldsymbol{y} + Z_{12}\boldsymbol{z}$$

$$\boldsymbol{M}(A, S_1 \to S_2) = L_{12}^{A}\boldsymbol{x} + M_{12}^{A}\boldsymbol{y} + N_{12}^{A}\boldsymbol{z}$$

所以,可以将力螺旋描述为

$$\{\mathscr{F}(S_1 \to S_2, A)\} = \begin{Bmatrix} \boldsymbol{R}(S_1 \to S_2) \\ \boldsymbol{M}(A, S_1 \to S_2) \end{Bmatrix} = \begin{Bmatrix} X_{12}\boldsymbol{x} + Y_{12}\boldsymbol{y} + Z_{12}\boldsymbol{z} \\ L_{12}^{A}\boldsymbol{x} + M_{12}^{A}\boldsymbol{y} + N_{12}^{A}\boldsymbol{z} \end{Bmatrix} \tag{5-5}$$

矩矢量的点变换公式为

$$\begin{aligned} \boldsymbol{M}(B, S_1 \to S_2) &= \overrightarrow{BP} \times \boldsymbol{R}(S_1 \to S_2) = (\overrightarrow{BA} + \overrightarrow{AP}) \times \boldsymbol{R}(S_1 \to S_2) = \\ &\overrightarrow{AP} \times \boldsymbol{R}(S_1 \to S_2) + \overrightarrow{BA} \times \boldsymbol{R}(S_1 \to S_2) = \\ &\boldsymbol{M}(A, S_1 \to S_2) + \boldsymbol{R}(S_1 \to S_2) \times \overrightarrow{AB} \end{aligned} \tag{5-6}$$

2. 力螺旋功率

力螺旋功率为

$$\forall A, B \in \xi, \quad \boldsymbol{R}(S_1 \to S_2) \cdot \boldsymbol{M}(A, S_1 \to S_2) = \boldsymbol{R}(S_1 \to S_2) \cdot \boldsymbol{M}(B, S_1 \to S_2) \tag{5-7}$$

力螺旋与运动螺旋之间存在重要的互易性,二者的互易积即为**力螺旋功率**。作用在刚体上的力螺旋功率定义为

$$\begin{aligned} P(S_1 \leftrightarrow S_2) &= \{\mathscr{F}(S_1 \to S_2, A)\} \otimes \{\mathscr{V}(A, S_2/S_1)\} = \\ &\begin{Bmatrix} \boldsymbol{R}(S_1 \to S_2) \\ \boldsymbol{M}(A, S_1 \to S_2) \end{Bmatrix} \otimes \begin{Bmatrix} \boldsymbol{\Omega}(S_2/S_1) \\ \boldsymbol{V}(A, S_2/S_1) \end{Bmatrix} = \\ &\boldsymbol{R}(S_1 \to S_2) \cdot \boldsymbol{V}(A, S_2/S_1) + \boldsymbol{M}(A, S_1 \to S_2) \cdot \boldsymbol{\Omega}(S_2/S_1) \end{aligned} \tag{5-8}$$

思考：如果刚体是理想接触（不考虑摩擦及其他能量损失），则 $P(S_1 \leftrightarrow S_2)$ 应等于多少？（见图 5－2）

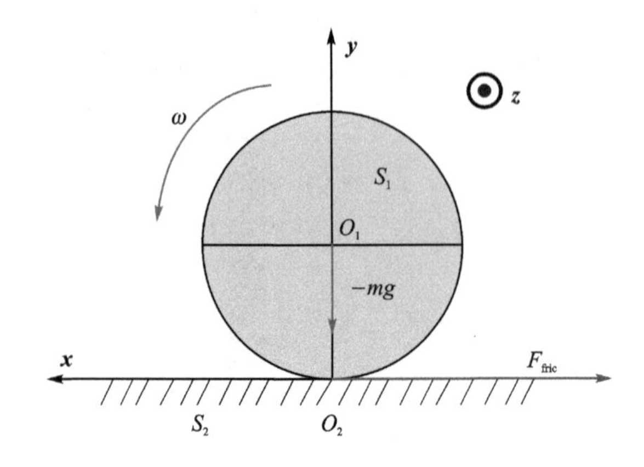

图 5－2　刚体力螺旋示意图

举例说明，图 5－2 中的刚体 S_1（圆盘）与刚体 S_2（大地）之间的力矢量及矩矢量分别为

$$\boldsymbol{R}(S_1 \rightarrow S_2) = -F_{\text{fric}}\boldsymbol{x} - mg\boldsymbol{y}$$

$$\boldsymbol{M}(O_2, S_1 \rightarrow S_2) = \overrightarrow{O_2O_1} \times \boldsymbol{R}(S_1 \rightarrow S_2) = r\boldsymbol{y}_1 \times (-F_{\text{fric}}\boldsymbol{x}_1 - mg\boldsymbol{y}_1) = -F_{\text{fric}}r\boldsymbol{z}_1$$

得到力螺旋

$$\{\mathscr{F}(S_1 \rightarrow S_2, O_2)\} = \begin{Bmatrix} \boldsymbol{R}(S_1 \rightarrow S_2) \\ \boldsymbol{M}(O_2, S_1 \rightarrow S_2) \end{Bmatrix} = \begin{Bmatrix} -F_{\text{fric}}\boldsymbol{x} - mg\boldsymbol{y} \\ -F_{\text{fric}}r\boldsymbol{z} \end{Bmatrix}$$

假设圆盘在大地上不滑动，其中，

$$\boldsymbol{\Omega}(S_2/S_1) = -\omega\boldsymbol{z}$$

$$\mathbf{V}(O_2, S_2/S_1) = \mathbf{0}$$

得到运动螺旋

$$\{\mathscr{V}(O_2, S_2/S_1)\} = \begin{Bmatrix} \boldsymbol{\Omega}(S_2/S_1) \\ \mathbf{V}(O_2, S_2/S_1) \end{Bmatrix} = \begin{Bmatrix} -\omega\boldsymbol{z} \\ \mathbf{0} \end{Bmatrix}$$

从而得到力螺旋功率

$$P(S_1 \leftrightarrow S_2) = \{\mathscr{F}(S_1 \rightarrow S_2, O_2)\} \otimes \{\mathscr{V}(O_2, S_2/S_1)\} = \begin{Bmatrix} \boldsymbol{R}(S_1 \rightarrow S_2) \\ \boldsymbol{M}(O_2, S_1 \rightarrow S_2) \end{Bmatrix} \otimes \begin{Bmatrix} \boldsymbol{\Omega}(S_2/S_1) \\ \mathbf{V}(O_2, S_2/S_1) \end{Bmatrix} = (-F_{\text{fric}}\boldsymbol{x} - mg\boldsymbol{y}) \cdot \mathbf{0} + (-F_{\text{fric}}r\boldsymbol{z}) \cdot (-\omega\boldsymbol{z}) = F_{\text{fric}}r\omega$$

5.1.2　刚体的力螺旋

刚体 S_1 对刚体 S_2 作用的力螺旋为

$$\{\mathscr{F}(S_1 \rightarrow S_2, A)\} = \begin{Bmatrix} \boldsymbol{R}(S_1 \rightarrow S_2) \\ \boldsymbol{M}(A, S_1 \rightarrow S_2) \end{Bmatrix} = \begin{Bmatrix} X_{12}\boldsymbol{x} + Y_{12}\boldsymbol{y} + Z_{12}\boldsymbol{z} \\ L_{12}^{A}\boldsymbol{x} + M_{12}^{A}\boldsymbol{y} + N_{12}^{A}\boldsymbol{z} \end{Bmatrix} \tag{5-9}$$

其中矩矢量的参考点为 A。

下面用力螺旋描述运动副的相互作用力。

(1) 球/面副(sphere/plane pair)

运动螺旋

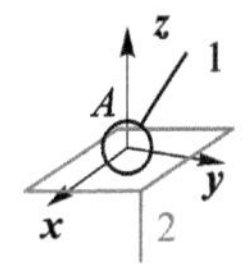

$$\{\mathscr{V}(A, F_2/F_1)\} = \begin{Bmatrix} p_{21}\boldsymbol{x} + q_{21}\boldsymbol{y} + r_{21}\boldsymbol{z} \\ u_{21}^A\boldsymbol{x} + v_{21}^A\boldsymbol{y} \end{Bmatrix}$$

力螺旋

$$\{\mathscr{F}(S_1 \rightarrow S_2, A)\} = \begin{Bmatrix} Z_{12}\boldsymbol{z} \\ \boldsymbol{0} \end{Bmatrix}$$

(2) 直线/面副(line/plane contact pair)

运动螺旋

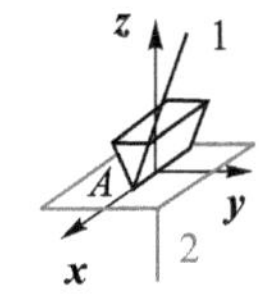

$$\{\mathscr{V}(A, F_2/F_1)\} = \begin{Bmatrix} p_{21}\boldsymbol{x} + r_{21}\boldsymbol{z} \\ u_{21}^A\boldsymbol{x} + v_{21}^A\boldsymbol{y} \end{Bmatrix}$$

力螺旋

$$\{\mathscr{F}(S_1 \rightarrow S_2, A)\} = \begin{Bmatrix} Z_{12}\boldsymbol{z} \\ M_{12}^A\boldsymbol{y} \end{Bmatrix}$$

(3)球/圆柱副(sphere/cylinder pair)

运动螺旋

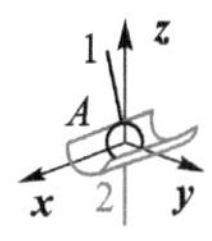

$$\{\mathscr{V}(A, F_2/F_1)\} = \begin{Bmatrix} p_{21}\boldsymbol{x} + q_{21}\boldsymbol{y} + r_{21}\boldsymbol{z} \\ u_{21}^A\boldsymbol{x} \end{Bmatrix}$$

力螺旋

$$\{\mathscr{F}(S_1 \rightarrow S_2, A)\} = \begin{Bmatrix} Y_{12}\boldsymbol{y} + Z_{12}\boldsymbol{z} \\ \boldsymbol{0} \end{Bmatrix}$$

(4) 平面副(planar pair)

运动螺旋

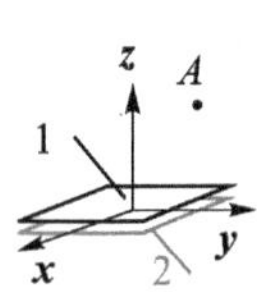

$$\{\mathscr{V}(A, F_2/F_1)\} = \begin{Bmatrix} r_{21}^A\boldsymbol{z} \\ u_{21}\boldsymbol{x} + v_{21}\boldsymbol{y} \end{Bmatrix}$$

力螺旋

$$\{\mathscr{F}(S_1 \rightarrow S_2, A)\} = \begin{Bmatrix} Z_{12}\boldsymbol{z} \\ L_{12}^A\boldsymbol{x} + M_{12}^A\boldsymbol{y} \end{Bmatrix}$$

(5) 球面副(spherical joint/S-pair)

运动螺旋

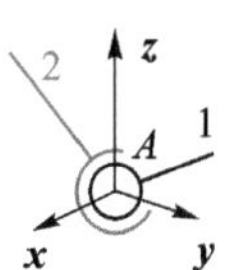

$$\{\mathscr{V}(A, F_2/F_1)\} = \begin{Bmatrix} p_{21}\boldsymbol{x} + q_{21}\boldsymbol{y} + r_{21}\boldsymbol{z} \\ \boldsymbol{0} \end{Bmatrix}$$

力螺旋

$$\{\mathscr{F}(S_1 \rightarrow S_2, A)\} = \begin{Bmatrix} X_{12}\boldsymbol{x} + Y_{12}\boldsymbol{y} + Z_{12}\boldsymbol{z} \\ \boldsymbol{0} \end{Bmatrix}$$

(6) 球销副 (cardan joint/U-pair)

运动螺旋

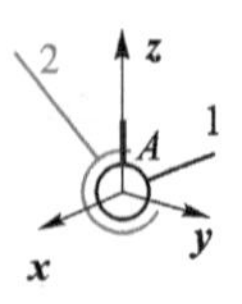

$$\{\mathcal{V}(A, F_2/F_1)\} = \begin{Bmatrix} p_{21}\boldsymbol{x} + r_{21}\boldsymbol{z} \\ \boldsymbol{0} \end{Bmatrix}$$

力螺旋

$$\{\mathcal{F}(S_1 \rightarrow S_2, A)\} = \begin{Bmatrix} X_{12}\boldsymbol{x} + Y_{12}\boldsymbol{y} + Z_{12}\boldsymbol{z} \\ M_{12}^{A}\boldsymbol{y} \end{Bmatrix}$$

(7) 圆柱副(cylinder pair/C-pair)

运动螺旋

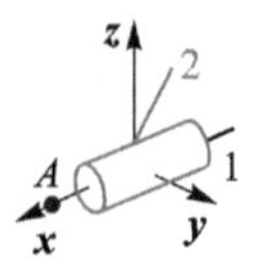

$$\{\mathcal{V}(A, F_2/F_1)\} = \begin{Bmatrix} p_{21}\boldsymbol{x} \\ u_{21}^{A}\boldsymbol{x} \end{Bmatrix}$$

力螺旋

$$\{\mathcal{F}(S_1 \rightarrow S_2, A)\} = \begin{Bmatrix} Y_{12}\boldsymbol{y} + Z_{12}\boldsymbol{z} \\ M_{12}^{A}\boldsymbol{y} + N_{12}^{A}\boldsymbol{z} \end{Bmatrix}$$

(8) 螺旋副(screw pair/H-pair)

运动螺旋

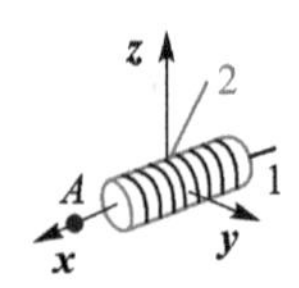

$$\{\mathcal{V}(A, F_2/F_1)\} = \begin{Bmatrix} p_{21}\boldsymbol{x} \\ kp_{21}\boldsymbol{x} \end{Bmatrix}$$

力螺旋

$$\{\mathcal{F}(S_1 \rightarrow S_2, A)\} = \begin{Bmatrix} X_{12}\boldsymbol{x} + Y_{12}\boldsymbol{y} + Z_{12}\boldsymbol{z} \\ L_{12}^{A}\boldsymbol{x} + M_{12}^{A}\boldsymbol{y} + N_{12}^{A}\boldsymbol{z} \end{Bmatrix}$$

(9) 移动副(棱柱副)(prismatic joint/P-pair)

运动螺旋

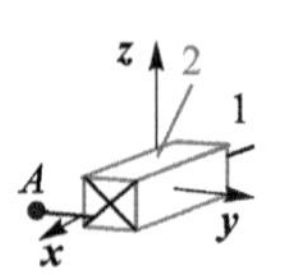

$$\{\mathcal{V}(A, F_2/F_1)\} = \begin{Bmatrix} \boldsymbol{0} \\ u_{21}^{A}\boldsymbol{x} \end{Bmatrix}$$

力螺旋

$$\{\mathcal{F}(S_1 \rightarrow S_2, A)\} = \begin{Bmatrix} Y_{12}\boldsymbol{y} + Z_{12}\boldsymbol{z} \\ L_{12}^{A}\boldsymbol{x} + M_{12}^{A}\boldsymbol{y} + N_{12}^{A}\boldsymbol{z} \end{Bmatrix}$$

(10) 旋转副(回转副,铰接)(revolute pair/R-pair)

运动螺旋

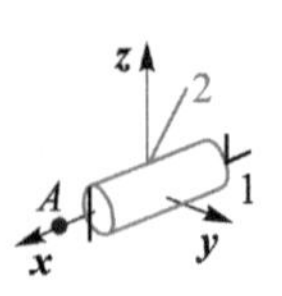

$$\{\mathcal{V}(A, F_2/F_1)\} = \begin{Bmatrix} p_{21}\boldsymbol{x} \\ \boldsymbol{0} \end{Bmatrix}$$

力螺旋

$$\{\mathcal{F}(S_1 \rightarrow S_2, A)\} = \begin{Bmatrix} X_{12}\boldsymbol{x} + Y_{12}\boldsymbol{y} + Z_{12}\boldsymbol{z} \\ M_{12}^{A}\boldsymbol{y} + N_{12}^{A}\boldsymbol{z} \end{Bmatrix}$$

(11) 固定联结(rigid joint)

运动螺旋

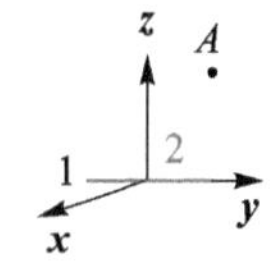

$$\{\mathscr{V}(A,F_2/F_1)\}=\begin{Bmatrix}\mathbf{0}\\\mathbf{0}\end{Bmatrix}$$

力螺旋

$$\{\mathscr{F}(S_1\rightarrow S_2,A)\}=\begin{Bmatrix}X_{12}\boldsymbol{x}+Y_{12}\boldsymbol{y}+Z_{12}\boldsymbol{z}\\L_{12}^{A}\boldsymbol{x}+M_{12}^{A}\boldsymbol{y}+N_{12}^{A}\boldsymbol{z}\end{Bmatrix}$$

5.2　动量螺旋

5.2.1　概念和定义

如图 5－3 所示,刚体 S 中质量为 $\mathrm{d}m$ 的刚体(用质点 P 代替),在坐标系 $F(O;\boldsymbol{x},\boldsymbol{y},\boldsymbol{z})$ 中的动量为

$$\mathrm{d}\boldsymbol{R}_{\mathrm{K}}(P/F)=\mathrm{d}m\mathbf{V}(P,S/F)\qquad(5-10)$$

如果质点 P(质量为 $\mathrm{d}m$)绕一个通过点 O 的轴 $\Delta=(O,\boldsymbol{u})$旋转,则其动量矩为

$$\mathrm{d}\boldsymbol{\sigma}(O,P/F)=\overrightarrow{OP}\times\mathrm{d}m\mathbf{V}(P/F)\quad(5-11)$$

刚体 S 的动量是质点 $\mathrm{d}m$ 的动量之和,因此其动量可表示为

$$\boldsymbol{R}_{\mathrm{K}}(S/F)=\int_{P\in S}\mathbf{V}(P,S/F)\,\mathrm{d}m\qquad(5-12)$$

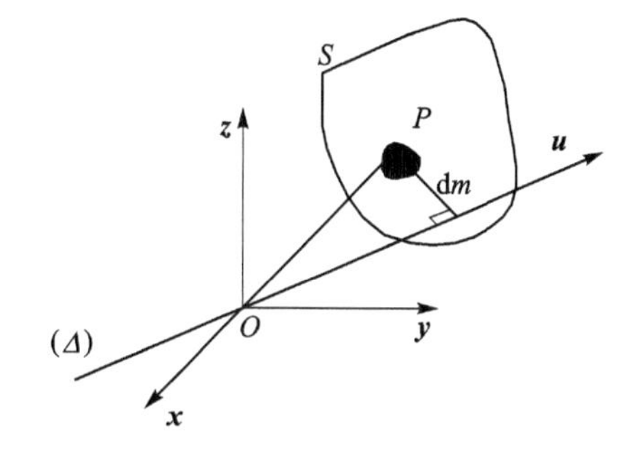

图 5－3　刚体动量与动量矩

刚体 S 上的参考点 A 在坐标系 F 中的动量矩为

$$\boldsymbol{\sigma}(A,S/F)=\int_{P\in S}\mathrm{d}\boldsymbol{\sigma}(A,P/F)=\int_{P\in S}\overrightarrow{AP}\times\mathbf{V}(P,S/F)\,\mathrm{d}m\qquad(5-13)$$

刚体 S 在坐标系 F 中,相对于坐标系 F 的原点 O 的**动量螺旋(kinetic screw)**为

$$\{\mathscr{K}(O,S/F)\}=\begin{Bmatrix}\boldsymbol{R}_{\mathrm{K}}(S/F)=\int_{P\in S}\mathbf{V}(P,S/F)\,\mathrm{d}m\\\boldsymbol{\sigma}(O,S/F)=\int_{P\in S}\overrightarrow{OP}\times\mathbf{V}(P,S/F)\,\mathrm{d}m\end{Bmatrix}\qquad(5-14)$$

5.2.2　刚体中两点的动量螺旋转换

根据第 4 章介绍的向量微分方程

$$\mathbf{V}(B,F_2/F_1)=\mathbf{V}(A,F_2/F_1)+\boldsymbol{\Omega}(F_2/F_1)\times\overrightarrow{AB}$$

可得刚体 S 在坐标系 F 中的速度矢量为

$$\mathbf{V}(P,S/F)=\mathbf{V}(O,S/F)+\boldsymbol{\Omega}(S/F)\times\overrightarrow{OP}$$

在公式(5－13)中,若刚体 S 上的参考点为 O,则在坐标系 F 中的动量矩可转换为(G 为刚体 S 的质心)

$$\begin{aligned}\boldsymbol{\sigma}(O,S/F)=&\int_{P\in S}\overrightarrow{OP}\times[\mathbf{V}(O,S/F)+\boldsymbol{\Omega}(S/F)\times\overrightarrow{OP}]\,\mathrm{d}m=\\&\int_{P\in S}\overrightarrow{OP}\times\mathbf{V}(O,S/F)\,\mathrm{d}m+\int_{P\in S}\overrightarrow{OP}\times[\boldsymbol{\Omega}(S/F)\times\overrightarrow{OP}]\,\mathrm{d}m=\\&\int_{P\in S}(\overrightarrow{OP}\mathrm{d}m)\times\mathbf{V}(O,S/F)+\int_{P\in S}\overrightarrow{OP}\times[\boldsymbol{\Omega}(S/F)\times\overrightarrow{OP}]\,\mathrm{d}m=\\&m\overrightarrow{OG}\times\mathbf{V}(O,S/F)+\int_{P\in S}\overrightarrow{OP}\times[\boldsymbol{\Omega}(S/F)\times\overrightarrow{OP}]\,\mathrm{d}m\end{aligned}\tag{5-15}$$

如果公式(5-15)中的点 O 是坐标系 F 的原点,也就是 $\mathbf{V}(O,S/F)=\mathbf{0}$,则

$$\boldsymbol{\sigma}(O,S/F)=\int_{P\in S}\overrightarrow{OP}\times[\boldsymbol{\Omega}(S/F)\times\overrightarrow{OP}]\,\mathrm{d}m\tag{5-16}$$

如果坐标系 F 的坐标原点与刚体 S 的质心 G 重合,即 $O\equiv G$,则

$$\boldsymbol{\sigma}(G,S/F)=\int_{P\in S}\overrightarrow{GP}\times[\boldsymbol{\Omega}(S/F)\times\overrightarrow{GP}]\,\mathrm{d}m\tag{5-17}$$

刚体 S(质量为 m)围绕一个轴 $\Delta=(O,\boldsymbol{u})$旋转的转动惯量定义为

$$\boldsymbol{I}_{\Delta}(O,S)=\boldsymbol{u}\cdot\int_{P\in S}\overrightarrow{OP}\times(\boldsymbol{u}\times\overrightarrow{OP})\,\mathrm{d}m\tag{5-18}$$

得到

$$\boldsymbol{I}(O,S)\boldsymbol{u}=\int_{P\in S}\overrightarrow{OP}\times(\boldsymbol{u}\times\overrightarrow{OP})\,\mathrm{d}m\tag{5-19}$$

根据公式(5-15)和公式(5-19),可以得到

$$\boldsymbol{\sigma}(O,S/F)=m\overrightarrow{OG}\times\mathbf{V}(O,S/F)+\boldsymbol{I}(O,S)\boldsymbol{\Omega}(S/F)\tag{5-20}$$

对比公式(5-18)和公式(5-19)可知,当 O 为坐标原点或者刚体质心 G 与坐标原点 O 重合时,刚体 S 在坐标系 F 中相对于点 O 的动量矩(G 为刚体 S 的质心)为

$$\boldsymbol{\sigma}(O,S/F)=\boldsymbol{I}(O,S)\boldsymbol{\Omega}(S/F)\tag{5-21}$$

5.2.3 惯性张量

如图 5-3 所示的刚体 S 绕坐标系 F(原点为 O)旋转的转动惯量为

$$\boldsymbol{I}(O,S)=\begin{bmatrix}A_O & -F_O & -E_O\\ -F_O & B_O & -D_O\\ -E_O & -D_O & C_O\end{bmatrix}_{(x,y,z)}\tag{5-22}$$

其中,

$$-A_O=\int_{P\in S}(y^2+z^2)\,\mathrm{d}m$$

$$-B_O=\int_{P\in S}(x^2+z^2)\,\mathrm{d}m$$

$$-C_O=\int_{P\in S}(x^2+y^2)\,\mathrm{d}m$$

$$-D_O=\int_{P\in S}yz\,\mathrm{d}m$$

$$-E_O=\int_{P\in S} xz\,\mathrm{d}m$$

$$-F_O=\int_{P\in S} xy\,\mathrm{d}m$$

惠更斯定理(平行轴定理):

$$\boldsymbol{I}(O,S)\boldsymbol{u}=\boldsymbol{I}(G,S)\boldsymbol{u}+m\overrightarrow{OG}\times(\boldsymbol{u}\times\overrightarrow{OG})$$

其中,G 为刚体质心。

举例:

针对如图 5-4 所示系统,假设

$$\overrightarrow{OG}=a\boldsymbol{x}+b\boldsymbol{y}+c\boldsymbol{z}$$

$$\boldsymbol{u}=u_x\boldsymbol{x}+u_y\boldsymbol{y}+u_z\boldsymbol{z}$$

则可得到

$$\begin{aligned}\overrightarrow{OG}\times(\boldsymbol{u}\times\overrightarrow{OG})=&\overrightarrow{OG}^2\boldsymbol{u}-(\overrightarrow{OG}\cdot\boldsymbol{u})\overrightarrow{OG}=\\&(a^2+b^2+c^2)(u_x\boldsymbol{x}+u_y\boldsymbol{y}+u_z\boldsymbol{z})-\\&(au_x+bu_y+cu_z)(a\boldsymbol{x}+b\boldsymbol{y}+c\boldsymbol{z})=\\&[(b^2+c^2)u_x-abu_y-acu_z]\boldsymbol{x}+\\&[-abu_x+(a^2+c^2)u_y-bcu_z]\boldsymbol{y}+\\&[-acu_x-bcu_y+(a^2+b^2)u_z]\boldsymbol{z}\end{aligned}$$

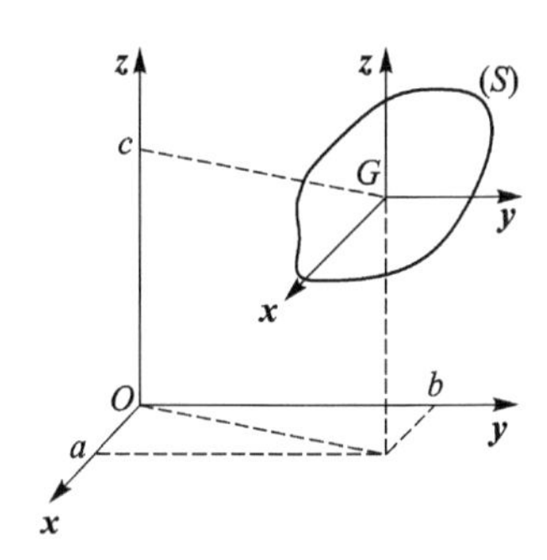

图 5-4　转动惯量示意图

$$m\overrightarrow{OG}\times(\boldsymbol{u}\times\overrightarrow{OG})=m\begin{bmatrix}b^2+c^2 & -ab & -ac\\ -ab & a^2+c^2 & -bc\\ -ac & -bc & a^2+b^2\end{bmatrix}_{(x,y,z)}\begin{bmatrix}u_x\\u_y\\u_z\end{bmatrix}_{(x,y,z)}$$

故

$$A_O=A_G+m(b^2+c^2)$$

$$B_O=B_G+m(a^2+c^2)$$

$$C_O=C_G+m(a^2+b^2)$$

$$D_O=D_G+mbc$$

$$E_O=E_G+mac$$

$$F_O=F_G+mab$$

5.3　惯性力螺旋

质点 P(质量为 $\mathrm{d}m$)的动力(quantity of acceleration)为

$$\boldsymbol{R}_\mathrm{D}(S/F)=\int_{P\in S}\boldsymbol{a}(P,S/F)\,\mathrm{d}m \tag{5-23}$$

系统或刚体 S 在坐标系 F 中,相对于点 O 的动力矩(dynamic moment)为

$$\boldsymbol{\delta}(O,S/F)=\int_{P\in S}\mathrm{d}\boldsymbol{\delta}(O,P/F)=\int_{P\in S}\overrightarrow{OP}\times\boldsymbol{a}(P,S/F)\,\mathrm{d}m \tag{5-24}$$

惯性力螺旋(dynamic screw)为

$$\{\mathscr{D}(O,S/F)\}=\begin{Bmatrix}\boldsymbol{R}_{\mathrm{D}}(S/F)=\int_{P\in S}\boldsymbol{a}(P,S/F)\,\mathrm{d}m\\ \boldsymbol{\delta}(O,S/F)=\int_{P\in S}\overrightarrow{OP}\times\boldsymbol{a}(P,S/F)\,\mathrm{d}m\end{Bmatrix}\tag{5-25}$$

其中，动力(冲量公式)为

$$\boldsymbol{R}_{\mathrm{D}}(S/F)=\int_{P\in S}\boldsymbol{a}(P,S/F)\,\mathrm{d}m=m\boldsymbol{a}(G,S/F)\tag{5-26}$$

动量(见公式(5-12))与动力(见公式(5-26))的关系为

$$\frac{\mathrm{d}\boldsymbol{R}_{\mathrm{K}}(S/F)}{\mathrm{d}t}=m\,\frac{\mathrm{d}\boldsymbol{V}(G,S/F)}{\mathrm{d}t}=m\boldsymbol{a}(G,S/F)=\boldsymbol{R}_{\mathrm{D}}(S/F)\tag{5-27}$$

刚体 S 在坐标系 F 中(原点为 O)，相对于点 A 的动力矩(见公式(5-24))与动量矩(见公式(5-21))之间的关系为

$$\boldsymbol{\delta}(A,S/F)=\frac{\mathrm{d}\boldsymbol{\sigma}(A,S/F)}{\mathrm{d}t}+\frac{\mathrm{d}\overrightarrow{OA}}{\mathrm{d}t}\times m\boldsymbol{V}(G,S/F)\tag{5-28}$$

5.4 基于螺旋理论的物理定律

5.4.1 牛顿第一定律

使用符号 Σ 代表在地面坐标系(伽利略坐标系)中的一个独立刚体系统，符号 $\bar{\Sigma}$ 代表刚体系统之外的刚体或系统。

任何保持匀速直线运动或静止状态的刚体系统，其受到的外力(力螺旋)为零，可表述为

$$\{\mathscr{F}(\bar{\Sigma}\rightarrow\Sigma,O)\}=\{\boldsymbol{0}\}$$

如果刚体系统 Σ 由刚体(i)和刚体(j)两个刚体组成，即 $\{\Sigma\}=\{i,j\}$，则

$$\{\mathscr{F}(i\rightarrow j,O)\}=-\{\mathscr{F}(j\rightarrow i,O)\}\tag{5-29}$$

5.4.2 牛顿第二定律

根据空间任意力系的平衡条件可知，当刚体系统 Σ 处于平衡状态时，作用在系统上的力螺旋为零螺旋，即

$$\{\mathscr{F}(\bar{\Sigma}\rightarrow\Sigma,O)\}=\begin{Bmatrix}\boldsymbol{R}(\bar{\Sigma}\rightarrow\Sigma)\\ \boldsymbol{M}(O,\bar{\Sigma}\rightarrow\Sigma)\end{Bmatrix}=\begin{Bmatrix}\boldsymbol{0}\\ \boldsymbol{0}\end{Bmatrix}\tag{5-30}$$

其中，O 表示刚体系统力矩的参考点。

由于力的作用是相互的，因此可得到

$$\{\mathscr{F}(\bar{\Sigma}\rightarrow\Sigma,O)\}=-\{\mathscr{F}(\Sigma\rightarrow\bar{\Sigma},O)\}$$

根据牛顿第二定律——质点动量对时间的一阶导数等于作用在质点上的力，可知在绝对坐标系中，作用在刚体上的外力螺旋与刚体的惯性力螺旋之间存在如下关系。

对于任意刚体系统 Σ，在坐标系 F 中，力螺旋和惯性力螺旋在任意时刻 t 满足

$$\{\mathscr{F}(\bar{\Sigma}\rightarrow\Sigma,O)\}=\{\mathscr{D}(O,\Sigma/\mathrm{bF})\}\tag{5-31}$$

式中，bF 表示刚体所在的坐标系。其中，力螺旋为

$$\{\mathscr{F}(\bar{\Sigma}\to\Sigma,O)\}=\begin{Bmatrix}\boldsymbol{R}(\bar{\Sigma}\to\Sigma)\\ \boldsymbol{M}(O,\bar{\Sigma}\to\Sigma)\end{Bmatrix}$$

惯性力螺旋为

$$\{\mathscr{D}(O,\Sigma/\mathrm{bF})\}=\begin{Bmatrix}\boldsymbol{R}_{\mathrm{D}}(\Sigma/\mathrm{bF})=\int_{P\in\Sigma}\boldsymbol{a}(P,\Sigma/\mathrm{bF})\,\mathrm{d}m\\ \boldsymbol{\delta}(O,\Sigma/\mathrm{bF})=\int_{P\in\Sigma}\overrightarrow{OP}\times\boldsymbol{a}(P,\Sigma/\mathrm{bF})\,\mathrm{d}m\end{Bmatrix}=\begin{Bmatrix}m\boldsymbol{a}(G,\Sigma/\mathrm{bF})\\ \int_{P\in\Sigma}\overrightarrow{OP}\times\boldsymbol{a}(P,\Sigma/\mathrm{bF})\,\mathrm{d}m\end{Bmatrix}$$

根据公式(5-31)得到

$$\left.\begin{aligned}&\boldsymbol{R}(\bar{\Sigma}\to\Sigma)=m\boldsymbol{a}(G,\Sigma/\mathrm{bF})\\&\boldsymbol{M}(O,\bar{\Sigma}\to\Sigma)=\boldsymbol{\delta}(O,\Sigma/\mathrm{bF})=\int_{P\in\Sigma}\overrightarrow{OP}\times\boldsymbol{a}(P,\Sigma/\mathrm{bF})\,\mathrm{d}m\end{aligned}\right\}\tag{5-32}$$

5.4.3 动量矩定理

动量螺旋为

$$\{\mathscr{K}(O,S/F)\}=\begin{Bmatrix}\boldsymbol{R}_{\mathrm{K}}(S/F)=\int_{P\in S}\mathbf{V}(P,S/F)\,\mathrm{d}m\\ \boldsymbol{\sigma}(O,S/F)=\int_{P\in S}\overrightarrow{OP}\times\mathbf{V}(P,S/F)\,\mathrm{d}m\end{Bmatrix}$$

惯性力螺旋为

$$\{\mathscr{D}(O,S/F)\}=\begin{Bmatrix}\boldsymbol{R}_{\mathrm{D}}(S/F)=\int_{P\in S}\boldsymbol{a}(P,S/F)\,\mathrm{d}m\\ \boldsymbol{\delta}(O,S/F)=\int_{P\in S}\overrightarrow{OP}\times\boldsymbol{a}(P,S/F)\,\mathrm{d}m\end{Bmatrix}$$

刚体 S 在坐标系 F 中(原点为 O),相对于点 A 的动力矩与动量矩之间的关系(**动量矩定理**)为

$$\boldsymbol{\delta}(A,S/F)=\frac{\mathrm{d}\boldsymbol{\sigma}(A,S/F)}{\mathrm{d}t}+\left[\frac{\mathrm{d}\overrightarrow{OA}}{\mathrm{d}t}\right]_{\mathrm{bF}}\times m\mathbf{V}(G,S/F)$$

公式

$$\boldsymbol{\delta}(A,S/F)=\left[\frac{\mathrm{d}\boldsymbol{\sigma}(A,S/F)}{\mathrm{d}t}\right]_{\mathrm{bF}}\tag{5-33}$$

成立的四种情况是:

① 坐标系 F 是原点与重心重合的坐标系,即 $\mathbf{V}(G,S/F)=\mathbf{0}$;

② 点 A 是坐标系 F 中的固定点或瞬时不动点,即 $\frac{\mathrm{d}\overrightarrow{OA}}{\mathrm{d}t}=\mathbf{0}$;

③ 点 A 与点 G 重合;

④ $\mathbf{V}(A,S/F)/\!/\mathbf{V}(G,S/F)(\forall t)$。

相应地,存在以下四种特殊运动形式:

① 刚体 S 相对于坐标系 F 做平移,有

$$\boldsymbol{\delta}(G,S/F)=\frac{\mathrm{d}\boldsymbol{\sigma}(G,S/F)}{\mathrm{d}t}=\mathbf{0} \tag{5-34}$$

② 刚体 S 上包含坐标系 F 中的不动点,有

$$\boldsymbol{\sigma}(A,S/F)=\boldsymbol{I}(A,S)\boldsymbol{\Omega}(S/F) \tag{5-35}$$

③ 刚体 S 绕坐标系 F 中的固定轴 $\Delta=(A,\boldsymbol{u})$ 做定轴转动,有

$$\left.\begin{aligned}&\boldsymbol{\delta}(\Delta,S/F)=\frac{\mathrm{d}\boldsymbol{\sigma}(\Delta,S/F)}{\mathrm{d}t}=\boldsymbol{I}(\Delta,S)\dot{\omega}\\&\boldsymbol{\Omega}(\mathrm{S}/F)=\omega\boldsymbol{u}\end{aligned}\right\} \tag{5-36}$$

④ 刚体 S 做任意形式的位移,有

$$\boldsymbol{\delta}(A,S/F)=\frac{\mathrm{d}\left[\boldsymbol{I}(G,S)\boldsymbol{\Omega}(S/F)\right]}{\mathrm{d}t}+m\boldsymbol{a}(G,S/F)\times\overrightarrow{GA} \tag{5-37}$$

需要指出的是,一般来说,求导运算是相对于坐标系 F 的,而惯性张量 $\boldsymbol{I}(G,S)$ 则表示为相对于刚体的随体坐标系的形式,因此需要注意坐标系的转换。

5.4.4 动 能

动能是与质量和运动相关的能量,刚体 S 在坐标系 F 中的**动能**定义为(P 为刚体 S 中的微小单元质点,质量为 $\mathrm{d}m$)

$$T(S/F)=\frac{1}{2}\int_{P\in S}\left[\mathbf{V}(P,S/F)\right]^{2}\mathrm{d}m \tag{5-38}$$

其中,

$$\mathbf{V}(P,S/F)=\mathbf{V}(O,S/F)+\boldsymbol{\Omega}(S/F)\times\overrightarrow{OP}$$

将上式代入公式(5-38),得到

$$\begin{aligned}T(S/F)=&\frac{1}{2}\int_{P\in S}\mathbf{V}(P,S/F)\cdot\left[\mathbf{V}(O,S/F)+\boldsymbol{\Omega}(S/F)\times\overrightarrow{OP}\right]\mathrm{d}m=\\&\frac{1}{2}\int_{P\in S}\mathbf{V}(P,S/F)\cdot\mathbf{V}(O,S/F)\,\mathrm{d}m+\frac{1}{2}\int_{P\in S}\mathbf{V}(P,S/F)\cdot\left[\boldsymbol{\Omega}(S/F)\times\overrightarrow{OP}\right]\mathrm{d}m=\\&\frac{1}{2}\int_{P\in S}\mathbf{V}(P,S/F)\cdot\mathbf{V}(O,S/F)\,\mathrm{d}m+\frac{1}{2}\int_{P\in S}\boldsymbol{\Omega}(S/F)\cdot\left[\overrightarrow{OP}\times\mathbf{V}(P,S/F)\right]\mathrm{d}m=\\&\frac{1}{2}\left[\int_{P\in S}\mathbf{V}(P,S/F)\,\mathrm{d}m\right]\cdot\mathbf{V}(O,S/F)+\frac{1}{2}\boldsymbol{\Omega}(S/F)\cdot\int_{P\in S}\left[\overrightarrow{OP}\times\mathbf{V}(P,S/F)\right]\mathrm{d}m\end{aligned} \tag{5-39}$$

将公式(5-12)和公式(5-14)代入公式(5-39),并根据公式(5-2)描述的运动螺旋和公式(5-14)描述的动量螺旋,得到

$$\begin{aligned}T(S/F)=&\frac{1}{2}\boldsymbol{R}_{\mathrm{K}}(S/F)\cdot\mathbf{V}(O,S/F)+\frac{1}{2}\boldsymbol{\Omega}(S/F)\cdot\boldsymbol{\sigma}(O,S/F)=\\&\frac{1}{2}\{\mathscr{H}(O,S/F)\}\otimes\{\mathscr{V}(O,S/F)\}\end{aligned} \tag{5-40}$$

公式(5-40)描述的是刚体 S 运动的动能,其中 O 是坐标系 F 的原点。

刚体的几种特殊运动形式下的动能如下。

1. 直线运动

刚体 S 在坐标系 F 中，绕固定方向 $\boldsymbol{u}$ 做直线运动，速度为 $\dot{\lambda}(t)\boldsymbol{u}$。由于是直线运动，所以 $\boldsymbol{\Omega}(S/F)=\boldsymbol{0}$，得到刚体 S 的运动螺旋为

$$\{\mathscr{V}(G,S/F)\}=\begin{Bmatrix}\boldsymbol{0}\\ \mathbf{V}(G,S/F)\end{Bmatrix}=\begin{Bmatrix}\boldsymbol{0}\\ \dot{\lambda}(t)\boldsymbol{u}\end{Bmatrix}$$

刚体 S 的动量螺旋为

$$\{\mathscr{K}(O,S/F)\}=\begin{Bmatrix}m\mathbf{V}(G,S/F)\\ \boldsymbol{\sigma}(O,S/F)\end{Bmatrix}=\begin{Bmatrix}m\dot{\lambda}(t)\boldsymbol{u}\\ \boldsymbol{0}\end{Bmatrix}_{\mathrm{bF}}$$

动能为

$$T(S/F)=\frac{1}{2}\{\mathscr{K}(O,S/F)\}\otimes\{\mathscr{V}(O,S/F)\}=\frac{1}{2}m\dot{\lambda}^2(t)$$

2. 绕固定轴的旋转运动

刚体 S 在坐标系 F 中，绕固定轴 $\Delta=(A,\boldsymbol{u})$ 做转速为 $\dot{\theta}(t)$ 的旋转运动，得到刚体 S 的运动螺旋为

$$\{\mathscr{V}(P,S/F)\}=\begin{Bmatrix}\dot{\theta}(t)\boldsymbol{u}\\ \boldsymbol{0}\end{Bmatrix}_{\mathrm{bF}}$$

其中，P 为固定轴 $\Delta=(A,\boldsymbol{u})$ 上的一点。

刚体 S 的动量螺旋为

$$\{\mathscr{K}(P,S/F)\}=\begin{Bmatrix}\boldsymbol{0}\\ \boldsymbol{I}(P,S)\boldsymbol{\Omega}(S/F)\end{Bmatrix}=\begin{Bmatrix}\boldsymbol{0}\\ \dot{\theta}(t)\boldsymbol{I}(P,S)\boldsymbol{u}\end{Bmatrix}_{\mathrm{bF}}$$

动能为

$$T(S/F)=\frac{1}{2}\{\mathscr{K}(P,S/F)\}\otimes\{\mathscr{V}(P,S/F)\}=\frac{1}{2}\dot{\theta}^2(t)\boldsymbol{u}\cdot\boldsymbol{I}(P,S)\boldsymbol{u}=\frac{1}{2}J\dot{\theta}^2(t)$$

其中，$J=\boldsymbol{u}\cdot\boldsymbol{I}(P,S)\boldsymbol{u}$ 为刚体绕 Δ 轴的转动惯量。

5.4.5 功　率

刚体 S 受到的来自外部的作用功率（参考坐标系 F）为

$$P(\bar{S}\leftrightarrow S)=\{\mathscr{F}(\bar{S}\rightarrow S,A)\}\otimes\{\mathscr{V}(A,S/F)\} \tag{5-41}$$

对公式(5-40)的刚体动能进行变换，得到刚体动能与功率之间的关系为

$$\frac{\mathrm{d}T(S/F)}{\mathrm{d}t}=P(\bar{S}\leftrightarrow S) \tag{5-42}$$

运用螺旋理论求解机械机构动力学问题的基本步骤如下：

第一步：定义研究系统；

第二步：运动学分析——位移向量、(角)速度向量和加速度向量；

第三步：质量几何分析——质心、转动惯量；

第四步：受力分析——确定外界作用在系统上的力螺旋，并施加在所选择的作用点上；

第五步：动力学分析——对研究系统应用动力学普遍定理；

第六步：求解微分方程以获得系统运动方程；

第七步：对结果进行分析。

5.5 动力分析实验

本节将通过四个案例介绍如何基于四种基本螺旋和基本物理定律来分析机械机构的动力学特性：①刚体动平衡系统；②陀螺系统；③球拍穿线系统；④自动栏杆系统。

5.5.1 刚体动平衡系统

在很多工业应用中，通常需要将旋转机构悬挂安装在一个固定机构上，机构旋转带来的振动有时会导致机构严重振动甚至损坏机械设备。为了减少这种损坏的可能性，通常在旋转机构与固定机构之间安装减振系统，或者通过配重实现刚体高速旋转时的动平衡（见图 5－5），以减小或消除由旋转运动引起的振动。

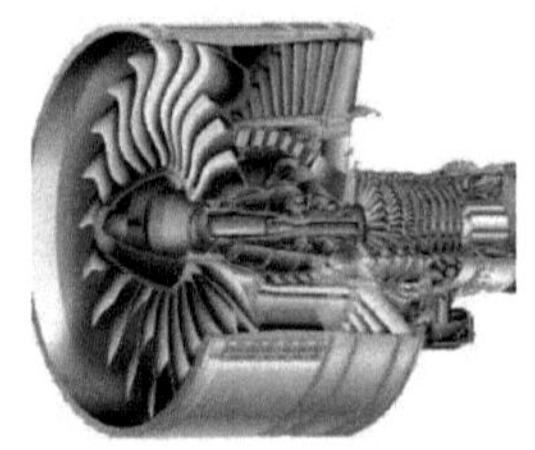

图 5－5 高速旋转的刚体的动平衡

图 5－6 展示了动平衡系统的简化模型。

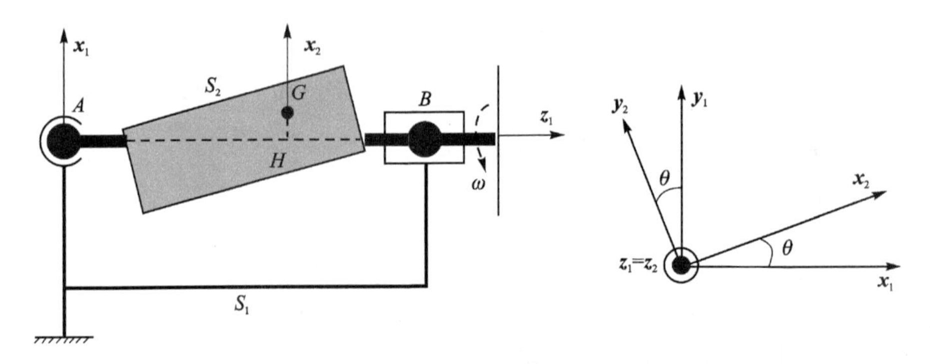

图 5－6 动平衡系统简化结构图

刚体 S_2 代表高速旋转体，S_1 代表固定机构。旋转刚体 S_2 与固定机构 S_1 之间通过球副（S-pair）在点 A 处联结。刚体 S_1 与支撑机构之间还通过圆柱副（sphere-cylinder）在点 B 处联结。假设结构参数为

$$\overrightarrow{AB}=L\boldsymbol{z}_1,\quad \overrightarrow{AG}=\overrightarrow{AH}+\overrightarrow{HG}=d\boldsymbol{z}_1+r\boldsymbol{x}_2$$

则围绕运动副 A（球副）的力螺旋可以描述为

$$\{\mathscr{F}(S_1\rightarrow S_2,A)\}=\begin{Bmatrix}\boldsymbol{R}_A(S_1\rightarrow S_2)\\ \boldsymbol{M}(A,S_1\rightarrow S_2)\end{Bmatrix}=\begin{Bmatrix}X_{12}^A\boldsymbol{x}_1+Y_{12}^A\boldsymbol{y}_1+Z_{12}^A\boldsymbol{z}_1\\ \boldsymbol{0}\end{Bmatrix}\tag{5-43}$$

围绕运动副 B(圆柱副)的力螺旋可以描述为

$$\{\mathscr{F}(S_1 \to S_2, B)\} = \begin{Bmatrix} \boldsymbol{R}_B(S_1 \to S_2) \\ \boldsymbol{M}(B, S_1 \to S_2) \end{Bmatrix} = \begin{Bmatrix} X_{12}^B \boldsymbol{x}_1 + Y_{12}^B \boldsymbol{y}_1 \\ \boldsymbol{0} \end{Bmatrix} \tag{5-44}$$

若刚体 S_2 的质量为 m,重心为点 G,定义 S_2 的随体坐标系为 $F_{S_2}:\{H,(\boldsymbol{x}_2,\boldsymbol{y}_2,\boldsymbol{z}_2)\}$,壳体坐标系为 $F_{S_1}:\{A,(\boldsymbol{x}_1,\boldsymbol{y}_1,\boldsymbol{z}_1)\}$,则刚体 S_2 绕自身重心点 G 的转动惯量为

$$\boldsymbol{I}(G, S_2) = \begin{bmatrix} A_G & -F_G & -E_G \\ -F_G & B_G & -D_G \\ -E_G & -D_G & C_G \end{bmatrix}_{(\boldsymbol{x}_2,\boldsymbol{y}_2,\boldsymbol{z}_1)}$$

在外部动力矩 $T_m \boldsymbol{z}_0$(发动机)的作用下,刚体 S_2 绕 z_1 轴做旋转运动。假设 $\theta = (\boldsymbol{x}_1, \boldsymbol{x}_2) = (\boldsymbol{y}_1, \boldsymbol{y}_2)$,并且刚体 S_2 做匀速旋转运动,则 $\ddot{\theta} = 0, \dot{\theta} = \omega, \theta = \omega t$。

根据公式(5-32)描述的惯性力螺旋和牛顿第二定律,因为刚体 S_2 只在运动副 A 和 B 处受到来自刚体 S_1 的外力,所以得知刚体 S_2 受到的来自外力的力螺旋为

$$\begin{aligned} \{\mathscr{F}(\bar{S}_2 \to S_2, A)\} &= \begin{Bmatrix} \boldsymbol{R}_G(\bar{S}_2 \to S_2) \\ \boldsymbol{M}(A, \bar{S}_2 \to S_2) \end{Bmatrix} = \\ & \{\mathscr{F}(S_1 \to S_2, A)\} + \{\mathscr{F}(S_1 \to S_2, B)\} = \\ & \begin{Bmatrix} \boldsymbol{R}_A(S_1 \to S_2) + \boldsymbol{R}_B(S_1 \to S_2) \\ \boldsymbol{M}(B, \bar{S}_2 \to S_2) + \boldsymbol{R}(\bar{S}_2 \to S_2) \times \overrightarrow{BA} \end{Bmatrix} = \\ & \begin{Bmatrix} \boldsymbol{R}_A(S_1 \to S_2) + \boldsymbol{R}_B(S_1 \to S_2) \\ \boldsymbol{M}(B, \bar{S}_2 \to S_2) + \boldsymbol{R}_B(S_1 \to S_2) \times \overrightarrow{BA} \end{Bmatrix} = \\ & \begin{Bmatrix} m\boldsymbol{a}(G, S_2/F_{S_1}) \\ \boldsymbol{\delta}(A, S_2/F_{S_1}) \end{Bmatrix} = \\ & \begin{Bmatrix} m\boldsymbol{a}(G, S_2/F_{S_1}) \\ T_m \boldsymbol{z}_1 + \boldsymbol{R}_B(S_1 \to S_2) \times \overrightarrow{BA} \end{Bmatrix} \end{aligned} \tag{5-45}$$

在公式(5-45)中,

$$\begin{aligned} \boldsymbol{R}_B(S_1 \to S_2) \times \overrightarrow{BA} &= \overrightarrow{AB} \times \boldsymbol{R}_B(S_1 \to S_2) = \\ & L\boldsymbol{z}_1 \times (X_{12}^B \boldsymbol{x}_1 + Y_{12}^B \boldsymbol{y}_1) = -LY_{12}^B \boldsymbol{x}_1 + LX_{12}^B \boldsymbol{y}_1 \end{aligned} \tag{5-46}$$

$$\boldsymbol{V}(G, S_2/F_{S_1}) = \left[\frac{\mathrm{d}\overrightarrow{AG}}{\mathrm{d}t}\right]_{\mathrm{bF}_{S_1}} = \left[\frac{\mathrm{d}(d\boldsymbol{z}_1 + r\boldsymbol{x}_2)}{\mathrm{d}t}\right]_{\mathrm{bF}_{S_1}} = \left[\frac{\mathrm{d}(r\boldsymbol{x}_2)}{\mathrm{d}t}\right]_{\mathrm{bF}_{S_1}}$$

将公式(4-12)描述的坐标变换关系

$$\left[\frac{\mathrm{d}\boldsymbol{x}_2}{\mathrm{d}t}\right]_{\mathrm{bF}_{S_1}} = \boldsymbol{\Omega}(F_{S_2}/F_{S_1}) \times \boldsymbol{x}_2 = \omega \boldsymbol{z}_2 \times \boldsymbol{x}_2 = \omega \boldsymbol{y}_2$$

代入上式,得到

$$\boldsymbol{V}(G, S_2/F_{S_1}) = \left[\frac{\mathrm{d}(r\boldsymbol{x}_2)}{\mathrm{d}t}\right]_{\mathrm{bF}_{S_1}} = r\omega \boldsymbol{y}_2 \tag{5-47}$$

从而得到

$$\boldsymbol{a}(G,S_2/F_{S_1})=\left[\frac{\mathrm{d}\boldsymbol{V}(G,S_2/F_{S_1})}{\mathrm{d}t}\right]=r\omega\left[\frac{\mathrm{d}\boldsymbol{y}_2}{\mathrm{d}t}\right]_{\mathrm{bF}_{S_1}}=$$

$$r\omega\boldsymbol{\Omega}(F_{S_2}/F_{S_1})\times\boldsymbol{y}_2=r\omega^2\boldsymbol{z}_2\times\boldsymbol{y}_2=-r\omega^2\boldsymbol{x}_2 \tag{5-48}$$

刚体 S_2 在坐标系 F_{S_1} 中的动量矩为

$$\boldsymbol{\sigma}(A,S_2/F_{S_1})=\boldsymbol{I}(A,S_2)\boldsymbol{\Omega}(F_{S_2}/F_{S_1})=\boldsymbol{I}(A,S_2)\omega\boldsymbol{z}_1 \tag{5-49}$$

其中,根据惠更斯定理

$$\boldsymbol{I}(A,S)\boldsymbol{u}=\boldsymbol{I}(G,S)\boldsymbol{u}+m\overrightarrow{AG}\times(\boldsymbol{u}\times\overrightarrow{AG})$$

及

$$\overrightarrow{AG}=\overrightarrow{AH}+\overrightarrow{HG}=d\boldsymbol{z}_1+r\boldsymbol{x}_2$$

得到

$$\boldsymbol{I}(A,S_2)=\begin{bmatrix}A_A & -F_A & -E_A\\ -F_A & B_A & -D_A\\ -E_A & -D_A & C_A\end{bmatrix}_{(\boldsymbol{x}_2,\boldsymbol{y}_2,\boldsymbol{z}_2)}=$$

$$\begin{bmatrix}A_G & -F_G & -E_G\\ -F_G & B_G & -D_G\\ -E_G & -D_G & C_G\end{bmatrix}_{(\boldsymbol{x}_2,\boldsymbol{y}_2,\boldsymbol{z}_2)}+m\begin{bmatrix}d^2 & 0 & -rd\\ 0 & r^2+d^2 & 0\\ -rd & 0 & r^2\end{bmatrix}_{(\boldsymbol{x}_2,\boldsymbol{y}_2,\boldsymbol{z}_2)}=$$

$$\begin{bmatrix}A_G+md^2 & -F_G & -(E_G+mrd)\\ -F_G & B_G+m(r^2+d^2) & -D_G\\ -(E_G+mrd) & -D_G & C_G+mr^2\end{bmatrix}_{(\boldsymbol{x}_2,\boldsymbol{y}_2,\boldsymbol{z}_2)}$$

将 $\boldsymbol{I}(A,S_2)$代入公式(5-49),得到

$$\begin{aligned}\boldsymbol{\sigma}(A,S_2/F_{S_1})&=\boldsymbol{I}(A,S_2)\omega\boldsymbol{z}_2\\&=[-(E_G+mrd)\boldsymbol{x}_2-D_G\boldsymbol{y}_2+(C_G+mr^2)\boldsymbol{z}_2]\omega\end{aligned} \tag{5-50}$$

和

$$\boldsymbol{\delta}(A,S_2/F_{S_1})=\left[\frac{\mathrm{d}\boldsymbol{\sigma}(A,S_2/F_{S_1})}{\mathrm{d}t}\right]_{\mathrm{bF}_{S_1}}=$$

$$[-(E_G+mrd)\boldsymbol{x}_2-D_G\boldsymbol{y}_2+(C_G+mr^2)\boldsymbol{z}_2]\omega^2 \tag{5-51}$$

联立公式(5-43)～公式(5-45)以及公式(5-50)和公式(5-51),得到

$$X_{12}^A+X_{12}^B=-mr\omega^2\cos\theta$$

$$Y_{12}^A+Y_{12}^B=-mr\omega^2\sin\theta$$

$$Z_{12}^A=0$$

$$-LY_{12}^B\boldsymbol{x}_1+LX_{12}^B\boldsymbol{y}_1+T_{\mathrm{m}}\boldsymbol{z}_1=-(E_G+mrd)\omega^2\boldsymbol{x}_2-D_G\omega^2\boldsymbol{y}_2+(C_G+mr^2)\omega^2\boldsymbol{z}_2$$

$$\Leftrightarrow -LY_{12}^B\boldsymbol{x}_1+LX_{12}^B\boldsymbol{y}_1+T_{\mathrm{m}}\boldsymbol{z}_1=(\cos\theta\boldsymbol{x}_1+\sin\theta\boldsymbol{y}_1)(\boldsymbol{y}_1-\boldsymbol{x}_1)+(C_G+mr^2)\omega^2\boldsymbol{z}_2$$

$$\Leftrightarrow\begin{cases}-LY_{12}^B=[-(E_G+mrd)+D_G\sin\theta]\omega^2\\-LX_{12}^B=[D_G\cos\theta+(E_G+mrd)\sin\theta]\omega^2\\T_{\mathrm{m}}=0\end{cases} \tag{5-52}$$

5.5.2　陀螺系统

针对图 5-7 所示的陀螺仪系统，定义机械系统的组成如下：

- 基础刚体系统(S_0)与大地固定在一起；
- 外框刚体 S_1 通过一个旋转副(R-pair)$(O, \boldsymbol{z}_0)$与刚体 S_0 相连；
- 内框刚体 S_2 通过一个旋转副(R-pair)$(O, \boldsymbol{x}_1)$与刚体 S_1 相连；
- 旋转刚体 S_3 通过一个旋转副$(O, \boldsymbol{z}_2)$与刚体 S_2 相连。旋转刚体 S_3 转速非常高，由电机驱动，驱动力矩为 $\boldsymbol{M}(O, S_2 \to S_3)\boldsymbol{z}_2 = T_{\mathrm{m}}$。

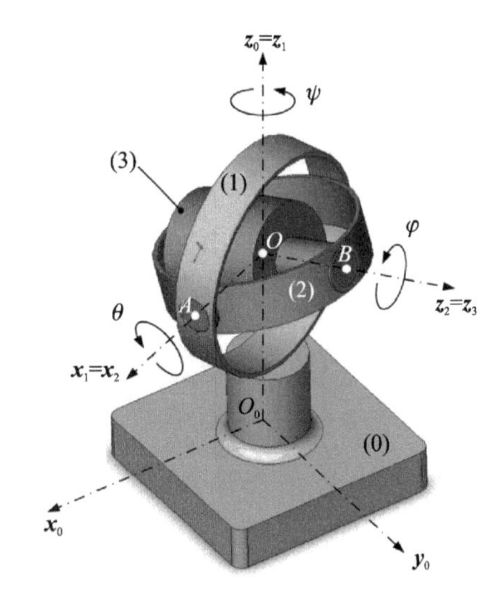

图 5-7　陀螺仪系统

分别针对刚体 S_0、S_1、S_2、S_3 定义坐标系如下：

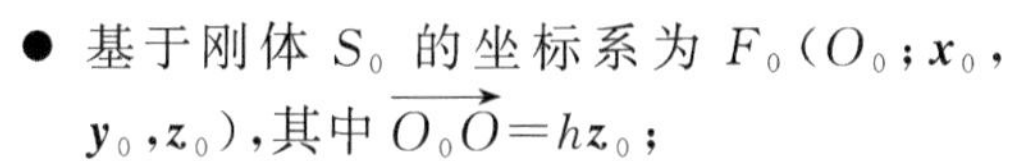

- 基于刚体 S_0 的坐标系为 $F_0(O_0; \boldsymbol{x}_0, \boldsymbol{y}_0, \boldsymbol{z}_0)$，其中 $\overrightarrow{O_0O} = h\boldsymbol{z}_0$；
- 基于刚体 S_1 的坐标系为 $F_1(O; \boldsymbol{x}_1, \boldsymbol{y}_1, \boldsymbol{z}_1)$，忽略刚体 S_1 的质量和惯性；
- 基于刚体 S_2 的坐标系为 $F_2(O; \boldsymbol{x}_2, \boldsymbol{y}_2, \boldsymbol{z}_2)$，忽略刚体 S_2 的质量和惯性；
- 基于刚体 S_3 的坐标系为 $F_3(O; \boldsymbol{x}_3, \boldsymbol{y}_3, \boldsymbol{z}_3)$，刚体 S_3 的质量为 m，质心 $G_3 \equiv O$，围绕质心的转动惯量矩阵为

$$\boldsymbol{I}(O, S_3) = \begin{bmatrix} A_3 & 0 & 0 \\ 0 & A_3 & 0 \\ 0 & 0 & C_3 \end{bmatrix}_{(\boldsymbol{x}_3, \boldsymbol{y}_3, \boldsymbol{z}_3)}$$

其中，三个旋转副的旋转角分别为：

- 进动角(precession) $\psi = (\boldsymbol{x}_0, \boldsymbol{x}_1) = (\boldsymbol{y}_0, \boldsymbol{y}_1)$，其中 $\boldsymbol{z}_0 = \boldsymbol{z}_1$；
- 章动角(nutation) $\theta = (\boldsymbol{y}_1, \boldsymbol{y}_2) = (\boldsymbol{z}_1, \boldsymbol{z}_2)$，其中 $\boldsymbol{x}_1 = \boldsymbol{x}_2$；
- 旋转角(intrinsic rotation) $\varphi = (\boldsymbol{x}_2, \boldsymbol{x}_3) = (\boldsymbol{y}_2, \boldsymbol{y}_3)$，其中 $\boldsymbol{z}_2 = \boldsymbol{z}_3$。

定义刚体 S_3 相对于刚体 S_0 的力矢量为

$$\boldsymbol{\Omega}(S_3/S_0) = \omega_x \boldsymbol{x}_2 + \omega_y \boldsymbol{y}_2 + \omega_z \boldsymbol{z}_2$$

同时，也有 $|\omega_z| \gg \sqrt{\omega_x^2 + \omega_y^2}$。因此，可以得到

$$\begin{aligned} \boldsymbol{\Omega}(S_3/S_0) &= \dot{\psi}\boldsymbol{z}_1 + \dot{\theta}\boldsymbol{x}_2 + \dot{\varphi}\boldsymbol{z}_2 = \\ &\dot{\psi}(\sin\theta\boldsymbol{y}_2 + \cos\theta\boldsymbol{z}_2) + \dot{\theta}\boldsymbol{x}_2 + \dot{\varphi}\boldsymbol{z}_2 = \\ &\dot{\theta}\boldsymbol{x}_2 + \dot{\psi}\sin\theta\boldsymbol{y}_2 + (\dot{\psi}\cos\theta + \dot{\varphi})\boldsymbol{z}_2 \end{aligned}$$

由上式可以看出

$$\left.\begin{aligned} \omega_x &= \dot{\theta} \\ \omega_y &= \dot{\psi}\sin\theta \\ \omega_z &= \dot{\psi}\cos\theta + \dot{\varphi} \end{aligned}\right\} \tag{5-53}$$

由于$|\omega_z| \gg \sqrt{\omega_x^2+\omega_y^2}$，因此可以将进动角和章动角忽略，得到

$$\boldsymbol{\Omega}(S_3/S_0) \approx \dot{\varphi}\boldsymbol{z}_2 = \omega_0\boldsymbol{z}_2$$

假设：①在点 A 处，刚体 S_1 受到一个外部力矩 $\boldsymbol{M}(A,\mathrm{Ext}\to S_1)=R_1\boldsymbol{y}_1$，其中 $\overrightarrow{OA}=L\boldsymbol{x}_1$；②在点 B 处，刚体 S_2 受到一个外部力矩 $\boldsymbol{M}(B,\mathrm{Ext}\to S_2)=R_2\boldsymbol{y}_2$，其中 $\overrightarrow{OB}=L\boldsymbol{z}_2$。

由动量矩公式(5-21)可知

$$\boldsymbol{\sigma}(O,S/F)=\boldsymbol{I}(O,S)\boldsymbol{\Omega}(S/F)$$

从而得到刚体 S_3 在坐标系 F_0 中相对于点 O 的动量矩(G 为刚体 S 的质心)为

$$\boldsymbol{\sigma}(O,S_3/F_0)=C_3\omega_0\boldsymbol{z}_2=C_3\omega_0\boldsymbol{z}_3$$

根据动量矩与动力矩之间的关系式(见公式(5-28))

$$\boldsymbol{\delta}(A,S/F)=\left[\frac{\mathrm{d}\boldsymbol{\sigma}(A,S/F)}{\mathrm{d}t}\right]_{\mathrm{bF}}+\left[\frac{\mathrm{d}\overrightarrow{OA}}{\mathrm{d}t}\right]_{\mathrm{bF}}\times m\boldsymbol{V}(G,S/F)$$

可以得到在坐标系 F_0 中相对于点 O 的动力矩为

$$\boldsymbol{\delta}(O,S_3/F_0)=\frac{\mathrm{d}\boldsymbol{\sigma}(O,S_3/F_0)}{\mathrm{d}t}=C_3\omega_0\frac{\mathrm{d}\boldsymbol{z}_2}{\mathrm{d}t} \tag{5-54}$$

在公式(5-54)中，

$$\begin{aligned}\left[\frac{\mathrm{d}\boldsymbol{z}_2}{\mathrm{d}t}\right]_{\mathrm{bF}_0}=\left[\frac{\mathrm{d}\boldsymbol{z}_2}{\mathrm{d}t}\right]_{\mathrm{bF}_2}+\boldsymbol{\Omega}(S_2/S_0)\times\boldsymbol{z}_2=\\ \boldsymbol{0}+[\boldsymbol{\Omega}(S_2/S_1)+\boldsymbol{\Omega}(S_1/S_0)]\times\boldsymbol{z}_2=\\ (\dot{\theta}\boldsymbol{x}_2+\dot{\psi}\boldsymbol{z}_1)\times\boldsymbol{z}_2=\\ [\dot{\theta}\boldsymbol{x}_2+\dot{\psi}(\sin\theta\boldsymbol{y}_2+\cos\theta\boldsymbol{z}_2)]\times\boldsymbol{z}_2=\\ (\dot{\theta}\boldsymbol{x}_2+\dot{\psi}\sin\theta\boldsymbol{y}_2+\dot{\psi}\cos\theta\boldsymbol{z}_2)\times\boldsymbol{z}_2=\\ \dot{\psi}\sin\theta\boldsymbol{x}_2-\dot{\theta}\boldsymbol{y}_2\end{aligned}$$

得到在坐标系 F_0 中相对于点 O 的动力矩为

$$\boldsymbol{\delta}(O,S_3/F_0)=C_3\omega_0(\dot{\psi}\sin\theta\boldsymbol{x}_2-\dot{\theta}\boldsymbol{y}_2) \tag{5-55}$$

从而可以得到陀螺仪在不同刚体部位之间的联结和受力关系链，如图 5-8 所示。

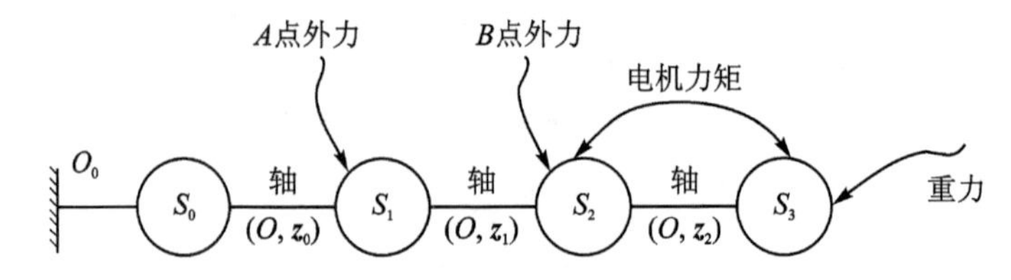

图 5-8　陀螺中刚体的受力关系

根据牛顿第二定律，得到惯性力螺旋为

$$\{\mathscr{D}(O,S/F)\}=\left\{\begin{array}{c}\boldsymbol{R}_{\mathrm{D}}(S/F)=\displaystyle\int_{P\in S}\boldsymbol{a}(P,S/F)\,\mathrm{d}m\\ \boldsymbol{\delta}(O,S/F)=\displaystyle\int_{P\in S}\overrightarrow{OP}\times\boldsymbol{a}(P,S/F)\,\mathrm{d}m\end{array}\right\}$$

其中，

$$\boldsymbol{R}(\bar{S} \to S) = m\boldsymbol{a}(G, S/F)$$

$$\boldsymbol{M}(A, \bar{S} \to S) = \int_{P \in \Sigma} \overrightarrow{AP} \times \boldsymbol{a}(P, S/F)\,\mathrm{d}m$$

由此可知，对于由刚体 S_1、S_2、S_3 组成的刚体系统整体$(\Sigma)=(S_1)\cup(S_2)\cup(S_3)$，基于牛顿第二定律可以得知，

动力：

$$\boldsymbol{R}(\bar{\Sigma} \to \Sigma) = m\sum \boldsymbol{a}(G_\Sigma, \Sigma/F_0)$$

动力矩：

$$\boldsymbol{M}(P, \bar{\Sigma} \to \Sigma) = \boldsymbol{\delta}(P, \Sigma/F_0)$$

通过对刚体 S_3 进行分析，可以得到 $\dot{\theta}$ 与 $\dot{\psi}$ 之间的关系。

首先，得到如图 5－8 所示的围绕 $\Delta=(O, \boldsymbol{z}_1)$ 轴旋转的刚体系统$(\Sigma)=(S_1)\cup(S_2)\cup(S_3)$的动力矩

$$\begin{aligned}\boldsymbol{\delta}(O, \Sigma/F_0)\cdot\boldsymbol{z}_1 = \boldsymbol{\delta}(O, S_3/F_0)\cdot\boldsymbol{z}_1 = &\\ \boldsymbol{M}(O, S_0 \to S_1)\cdot\boldsymbol{z}_1 + \boldsymbol{M}(O, \mathrm{Ext} \to S_1)\cdot\boldsymbol{z}_1 + &\\ \boldsymbol{M}(O, \mathrm{Ext} \to S_2)\cdot\boldsymbol{z}_1 + \boldsymbol{M}(O, \text{重力} \to S_3)\cdot\boldsymbol{z}_1 &\end{aligned} \tag{5-56}$$

其中，

$$\boldsymbol{M}(O, S_0 \to S_1)\cdot\boldsymbol{z}_1 = \boldsymbol{0}$$

$$\boldsymbol{M}(O, \mathrm{Ext} \to S_1) = \overrightarrow{OA} \times \boldsymbol{M}(A, \mathrm{Ext} \to S_1) = \overrightarrow{OA} \times R_1\boldsymbol{y}_1$$

$$\boldsymbol{M}(O, \mathrm{Ext} \to S_2) = \overrightarrow{OB} \times \boldsymbol{M}(B, \mathrm{Ext} \to S_2) = \overrightarrow{OB} \times R_2\boldsymbol{y}_2$$

将从公式(5－55)得到的 $\boldsymbol{\delta}(O, S_3/F_0) = C_3\omega_0(\dot{\psi}\sin\theta\boldsymbol{x}_2 - \dot{\theta}\boldsymbol{y}_2)$ 代入公式(5－56)，可以得到章动(nutation)角速度 $\dot{\theta}$ 的表达式

$$\begin{aligned}C_3\omega_0(\dot{\psi}\sin\theta\boldsymbol{x}_2 - \dot{\theta}\boldsymbol{y}_2)\cdot\boldsymbol{z}_1 = (\overrightarrow{OA} \times R_1\boldsymbol{y}_1)\cdot\boldsymbol{z}_1 + (\overrightarrow{OB} \times R_2\boldsymbol{y}_2)\cdot\boldsymbol{z}_1 + &\\ [\overrightarrow{OG_3} \times (-mg\boldsymbol{z}_0)]\cdot\boldsymbol{z}_1 &\end{aligned} \tag{5-57}$$

进而得到

$$\begin{aligned}-C_3\omega_0\dot{\theta}\boldsymbol{y}_2\cdot\boldsymbol{z}_1 &= (L\boldsymbol{x}_1 \times R_1\boldsymbol{y}_1)\cdot\boldsymbol{z}_1 + (L\boldsymbol{z}_2 \times R_2\boldsymbol{y}_2)\cdot\boldsymbol{z}_1\\ &\Leftrightarrow -C_3\omega_0\dot{\theta}\sin\theta = LR_1\\ &\Leftrightarrow \dot{\theta}\sin\theta = -\frac{LR_1}{C_3\omega_0}\end{aligned} \tag{5-58}$$

同样，也可以得到没有章动角情况下的进动角速度 $\dot{\psi}$ 的表达式

$$\begin{aligned}C_3\omega_0(\dot{\psi}\sin\theta\boldsymbol{x}_2 - \dot{\theta}\boldsymbol{y}_2)\cdot\boldsymbol{x}_1 = (\overrightarrow{OA} \times R_1\boldsymbol{y}_1)\cdot\boldsymbol{x}_1 + (\overrightarrow{OB} \times R_2\boldsymbol{y}_2)\cdot\boldsymbol{x}_1 + &\\ [OG_3 \times (-mg\boldsymbol{z}_0)]\cdot\boldsymbol{x}_1 &\\ \Leftrightarrow C_3\omega_0\dot{\psi}\sin\theta = (L\boldsymbol{z}_2 \times R_2\boldsymbol{y}_2)\cdot\boldsymbol{x}_1 &\\ \Leftrightarrow C_3\omega_0\dot{\psi}\sin\theta = -LR_2 &\\ \Leftrightarrow \dot{\psi}\sin\theta = \frac{-LR_2}{C_3\omega_0} &\end{aligned} \tag{5-59}$$

从公式(5-58)和公式(5-59)可以推算出陀螺仪在外力 R_1 和 R_2 作用下的运动特性如下：

- 情况1：$R_1 \neq 0, R_2 = 0$，可以得到

$$\begin{cases} \dot{\theta}\sin\theta = -\dfrac{LR_1}{C_3\omega_0} = -A_0 \\ \dot{\psi}\sin\theta = 0 \end{cases}$$

$$\Leftrightarrow \begin{cases} \theta = \arccos(A_0 t + \cos\theta_0) \\ \psi = \psi_0 \end{cases}$$

通过实验来测试在给定一个 R_1 的情况下，刚体 S_1 的进动角并不会变化，刚体 S_2 的章动角有所变化。

- 情况2：$R_1 = 0, R_2 \neq 0$，可以得到

$$\begin{cases} \theta = \theta_0 \\ \psi = \dfrac{B_0}{\sin\theta_0} t + \psi_0 \end{cases}$$

- 情况3：$R_1 = R_2 \neq 0$，可以得到

$$\frac{\dot{\theta}}{\dot{\psi}} = -\frac{A_0}{B_0}$$

- 情况4：$R_1 = R_2 = 0$，可以得到

$$\begin{cases} \theta = \theta_0 \\ \psi = \psi_0 \end{cases}$$

请按照以上四种情况，分别试验陀螺仪在不同受力情况下的响应，并分析原因。

5.5.3 球拍穿线系统

球拍穿线系统即通常用于为专业人士的羽毛球拍和网球拍的弦线提供固定拉紧力的设备。整个设备由拉紧平台、球拍夹紧机构、弦线夹紧机构、拉紧机构、直流电机及控制系统等组成。基于实验的需要，系统中增加了拉紧力测量系统、数据采集装置、测控计算机和相关的测控软件。

在球拍穿线系统中开展试验，首先设置弦线的拉紧力为25 kgf(1 kgf=9.8 N)，将弦线按照图5-9穿过一个网眼，用夹紧机构将弦线夹紧，然后通过力传感器测量弦线的直接拉力；再将弦线分别来回穿过1、2、3、4、5个网眼，并按照同样的方法测量弦线拉紧力，可以发现，虽然拉紧机构施加了同样大小的拉紧力，但是经过网眼之后，末端弦线的拉紧力呈指数级下降，这是由弦线与球拍之间的摩擦力导致的。

此案例中对弦线和球拍之间的摩擦力进行建模和分析。假设：

① 弦线和球拍网眼接触范围的分布角度为 $\alpha = \pi$；

② 弦线和球拍网眼之间的摩擦系数固定为 $f = \tan\varphi$；

③ 忽略弦线的直径和质量。

弦线穿过一个球拍网眼的受力示意图如图5-10所示。

选择一段长度为 $R\mathrm{d}\theta$ 的弦线作为研究对象，这一段弦线的中点为 M，弦线的弧线中心点

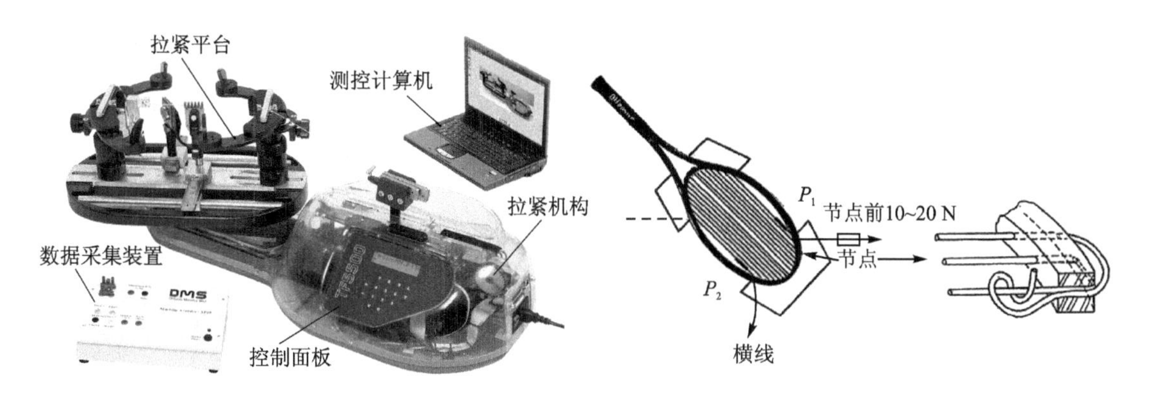

图 5-9　球拍穿线系统及弦线拉紧示意图

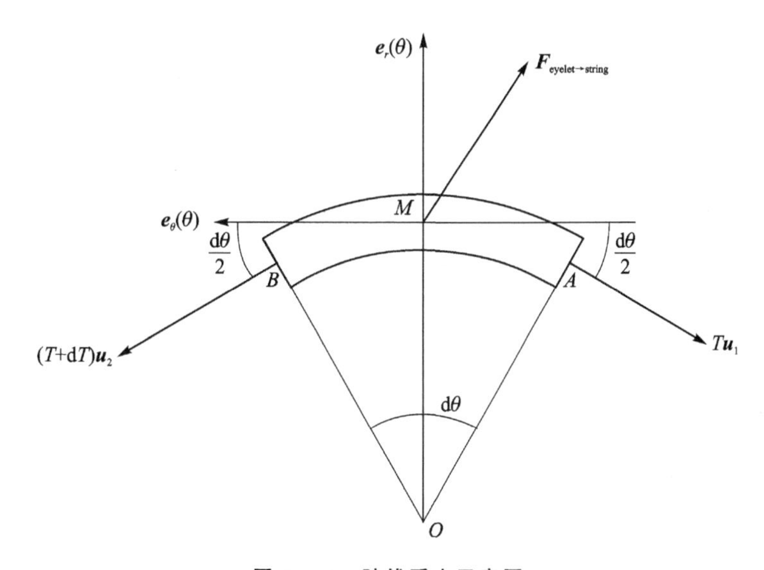

图 5-10　弦线受力示意图

为 O，弦线右侧(出口)处的拉紧力为 $T\boldsymbol{u}_1$，作用点为 A；左侧弦线的拉紧力为 $(T+\mathrm{d}T)\boldsymbol{u}_2$，作用点为 B，$\mathrm{d}T$ 是拉紧力 T 的微元。弦线所受的力可用 M 点的力螺旋描述为 $\{\mathscr{F}(\text{eyelet}\rightarrow \text{string}, M)\}$。

$\boldsymbol{R}(\text{eyelet}\rightarrow\text{string})$ 可以用弦线压紧力 p、弦线长度 $R\mathrm{d}\theta$ 和摩擦系数 f 来表示，在图 5-10 所示的坐标系 $(\boldsymbol{e}_r(\theta), \boldsymbol{e}_\theta(\theta))$ 中可表示为

$$\boldsymbol{R}(\text{eyelet}\rightarrow\text{string}) = pR\,\mathrm{d}\theta\cos\varphi\,\boldsymbol{e}_r(\theta) - pR\,\mathrm{d}\theta\sin\varphi\,\boldsymbol{e}_\theta(\theta) \tag{5-60}$$

其中，摩擦系数为 $f=\tan\varphi$。

下面确定弦线的力螺旋。

在图 5-10 中，从右侧以外部分(right)施加到点 A 弦线(string)的力螺旋为

$$\{\mathscr{F}(\text{right}\rightarrow\text{string}, A)\} = \begin{Bmatrix} \boldsymbol{R}(\text{right}\rightarrow\text{string}) \\ \boldsymbol{M}(A, \text{right}\rightarrow\text{string}) \end{Bmatrix} = \begin{Bmatrix} T\boldsymbol{u}_1 \\ \boldsymbol{0} \end{Bmatrix} \tag{5-61}$$

从左侧以外部分(left)施加到点 B 弦线(string)的力螺旋为

$$\{\mathscr{F}(\text{left}\rightarrow\text{string}), B\} = \begin{Bmatrix} \boldsymbol{R}(\text{left}\rightarrow\text{string}) \\ \boldsymbol{M}(B, \text{left}\rightarrow\text{string}) \end{Bmatrix} = \begin{Bmatrix} (T+\mathrm{d}T)\boldsymbol{u}_2 \\ \boldsymbol{0} \end{Bmatrix} \tag{5-62}$$

网眼(eyelet)施加给弦线(string)的力螺旋(作用点为 M)为

$$\{\mathscr{F}(\text{eyelet}\rightarrow\text{string},M)\}=\begin{Bmatrix}\boldsymbol{R}(\text{eyelet}\rightarrow\text{string})\\ \boldsymbol{M}(M,\text{eyelet}\rightarrow\text{string})\end{Bmatrix}=\begin{Bmatrix}pR\,\mathrm{d}\theta\cos\varphi\boldsymbol{e}_r(\theta)-pR\,\mathrm{d}\theta\sin\varphi\boldsymbol{e}_\theta(\theta)\\ \boldsymbol{0}\end{Bmatrix}\tag{5-63}$$

弦线处于受力平衡状态,弦线受到的以上三个力是平衡的,所以得到

$$\{\mathscr{F}(\text{right}\rightarrow\text{string},A)\}+\{\mathscr{F}(\text{left}\rightarrow\text{string},B)\}+\{\mathscr{F}(\text{eyelet}\rightarrow\text{string},M)\}=\{\boldsymbol{0}\}\tag{5-64}$$

因此有

$$\begin{Bmatrix}\boldsymbol{R}(\text{right}\rightarrow\text{string})\\ \boldsymbol{M}(A,\text{right}\rightarrow\text{string})\end{Bmatrix}+\begin{Bmatrix}\boldsymbol{R}(\text{left}\rightarrow\text{string})\\ \boldsymbol{M}(B,\text{left}\rightarrow\text{string})\end{Bmatrix}+\begin{Bmatrix}\boldsymbol{R}(\text{eyelet}\rightarrow\text{string})\\ \boldsymbol{M}(M,\text{eyelet}\rightarrow\text{string})\end{Bmatrix}=$$

$$\begin{Bmatrix}T\boldsymbol{u}_1\\ \boldsymbol{0}\end{Bmatrix}+\begin{Bmatrix}(T+\mathrm{d}T)\boldsymbol{u}_2\\ \boldsymbol{0}\end{Bmatrix}+\begin{Bmatrix}pR\,\mathrm{d}\theta\cos\varphi\boldsymbol{e}_r(\theta)-pR\,\mathrm{d}\theta\sin\varphi\boldsymbol{e}_\theta(\theta)\\ \boldsymbol{0}\end{Bmatrix}=\begin{Bmatrix}\boldsymbol{0}\\ \boldsymbol{0}\end{Bmatrix}\tag{5-65}$$

根据刚体中两点的矩矢量点变换公式(见公式(5-6))得

$$\{\mathscr{F}(S_1\rightarrow S_2)\}=\begin{Bmatrix}\boldsymbol{R}(S_1\rightarrow S_2)\\ \boldsymbol{M}(B,S_1\rightarrow S_2)\end{Bmatrix}=\begin{Bmatrix}\boldsymbol{R}(S_1\rightarrow S_2)\\ \boldsymbol{M}(A,S_1\rightarrow S_2)+\boldsymbol{R}(S_1\rightarrow S_2)\times\overrightarrow{AB}\end{Bmatrix}$$

将公式(5-65)中的矩矢量转换到同一个参考点 M,可以得到

$$\begin{Bmatrix}T\boldsymbol{u}_1\\ T\boldsymbol{u}_1\times\overrightarrow{AM}\end{Bmatrix}+\begin{Bmatrix}(T+\mathrm{d}T)\boldsymbol{u}_2\\ (T+\mathrm{d}T)\boldsymbol{u}_2\times\overrightarrow{BM}\end{Bmatrix}+\begin{Bmatrix}pR\,\mathrm{d}\theta\cos\varphi\boldsymbol{e}_r(\theta)-pR\,\mathrm{d}\theta\sin\varphi\boldsymbol{e}_\theta(\theta)\\ \boldsymbol{0}\end{Bmatrix}=\begin{Bmatrix}\boldsymbol{0}\\ \boldsymbol{0}\end{Bmatrix}\tag{5-66}$$

根据公式(5-66)可以得到

$$T\boldsymbol{u}_1+(T+\mathrm{d}T)\boldsymbol{u}_2+pR\,\mathrm{d}\theta\cos\varphi\boldsymbol{e}_r(\theta)-pR\,\mathrm{d}\theta\sin\varphi\boldsymbol{e}_\theta(\theta)=\boldsymbol{0}$$

将公式(5-66)分别沿 $\boldsymbol{e}_r(\theta)$ 和 $\boldsymbol{e}_\theta(\theta)$ 方向将上式展开,得到

$$\left.\begin{aligned}pR\,\mathrm{d}\theta\cos\varphi-T\sin\frac{\mathrm{d}\theta}{2}-(T+\mathrm{d}T)\sin\frac{\mathrm{d}\theta}{2}=0\\ -T\cos\frac{\mathrm{d}\theta}{2}+(T+\mathrm{d}T)\cos\frac{\mathrm{d}\theta}{2}-pR\,\mathrm{d}\theta\sin\varphi=0\end{aligned}\right\}\tag{5-67}$$

由于 $\mathrm{d}\theta$ 很小,因此可以假设

$$\cos\frac{\mathrm{d}\theta}{2}\approx1,\quad\sin\frac{\mathrm{d}\theta}{2}\approx\frac{\mathrm{d}\theta}{2}$$

根据公式(5-67)可以得到

$$\begin{cases}pR\,\mathrm{d}\theta\cos\varphi-T\dfrac{\mathrm{d}\theta}{2}-(T+\mathrm{d}T)\dfrac{\mathrm{d}\theta}{2}=0\\ -T+(T+\mathrm{d}T)-pR\,\mathrm{d}\theta\sin\varphi=0\end{cases}$$

$$\Leftrightarrow\begin{cases}pR\,\mathrm{d}\theta\cos\varphi-(2T+\mathrm{d}T)\dfrac{\mathrm{d}\theta}{2}=0\\ \mathrm{d}T-pR\,\mathrm{d}\theta\sin\varphi=0\end{cases}$$

$$\Leftrightarrow\begin{cases}pR\cos\varphi-T=0\\ \mathrm{d}T-pR\,\mathrm{d}\theta\sin\varphi=0\end{cases}$$

$$\Leftrightarrow \frac{\mathrm{d}T}{T}=\frac{pR\mathrm{d}\theta\sin\varphi}{pR\cos\varphi}=\tan\varphi\mathrm{d}\theta=f\mathrm{d}\theta \tag{5-68}$$

假设当 $\theta=0$ 时，弦线拉紧力为 t（拉紧力较小的一侧）；当 $\theta=\alpha$ 时，弦线拉紧力为 $T>t$（靠近拉紧机构的一侧）。

问题：

确定弦线经过网眼前的拉紧力 t 和经过网眼后的拉紧力 T，如果弦线经过多个网眼，则弦线的拉紧力如何变化？

解：对公式（5－68）进行积分，可以得到经过一个网眼后的弦线拉紧力为

$$\int_t^T\frac{\mathrm{d}T}{T}=\int_0^\alpha f\mathrm{d}\theta$$

$$\Leftrightarrow \ln T-\ln t=\ln\frac{T}{t}=f\alpha$$

$$\Leftrightarrow t=T\mathrm{e}^{-f\alpha}$$

经过 n 个网眼之后，弦线的拉紧力变化式为

$$t=T\mathrm{e}^{-nf\alpha}$$

在此案例中，假设弦线与球拍之间的接触分布角度 $\alpha=\pi$，得到弦线的拉紧力变化情况为

$$t=T\mathrm{e}^{-n\pi f}$$

试验：通过试验验证弦线拉紧力与摩擦系数。预期的摩擦系数结果是 $f\approx0.13$。

5.5.4 自动栏杆系统

自动栏杆为停车场、高速公路、车库等提供自动禁行管理，其机械系统由栏杆和驱动机构等组成，机械系统的结构如图5－11所示。自动栏杆靠电机驱动实现升降，扭簧起自动复位作用。扭簧一端与栏杆固连，另一端与装置壳体联结，如图5－12(a)所示。扭簧产生的扭矩 T_r 与栏杆旋转角度 θ 成正比关系，扭簧的初始角度 θ_0 由扭簧位置调节器调节确定，因此可知

$$T_r=-K(\theta-\theta_0)$$

其中 K 是扭簧弹性系数（N·m/(°)）。

当移动滑块位于栏杆上的不同位置，且栏杆在扭簧作用下，从竖直状态向水平状态转动时（可以通过人力转动），在某一个旋转角度 θ 下，移动滑块和栏杆的重力综合作用与扭簧的扭矩作用可以达到平衡。其受力分析步骤如下：

步骤1：绘制移动滑块在位置 y 处与平衡状态下的栏杆旋转角度 θ 的关系图。

在机构中，$y\in\{0.3,0.4,0.45,0.5,0.55,0.6,0.65\}$，单位为m，得到如图5－12(b)所示的关系图。

步骤2：自动栏杆的尺寸参数如图5－13所示。

相关参数包括：l_0 为栏杆长度，l_2 为固定配重质心与中心点 O 的距离，y 为可移动配重质心与中心点 O 的距离，m_0 为栏杆线密度，m_1 为可移动配重质量，m_2 为固定配重质量，y_G 为栏杆的等效质心与中心点 O 的距离。具体参数是

$$m_1=2.8\ \mathrm{kg}$$

$$m_2=2.8\ \mathrm{kg}$$

$$m_0=1\ \mathrm{kg/m}$$

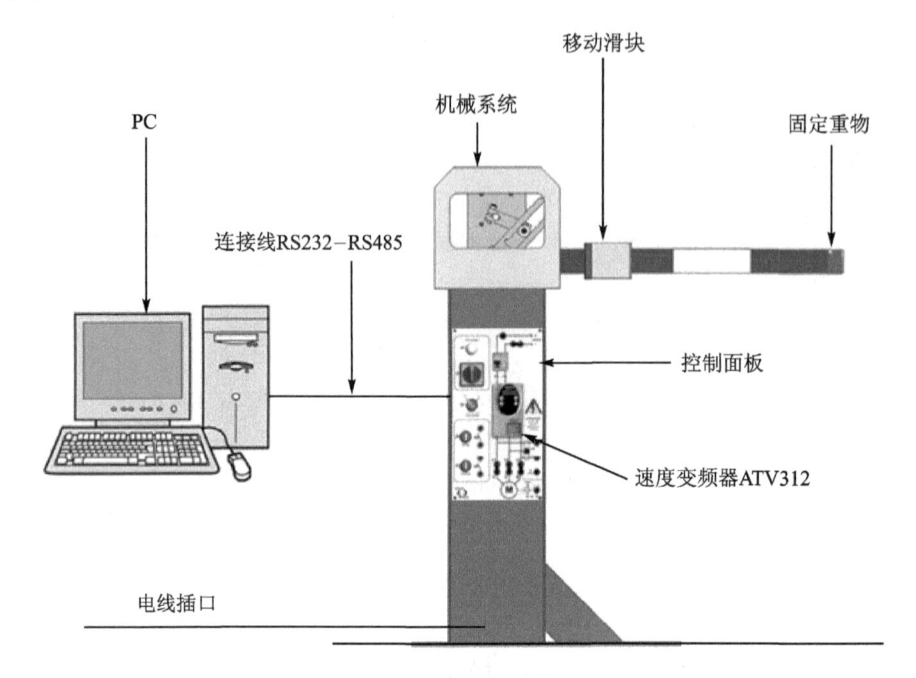

图 5-11 自动栏杆系统的原理结构

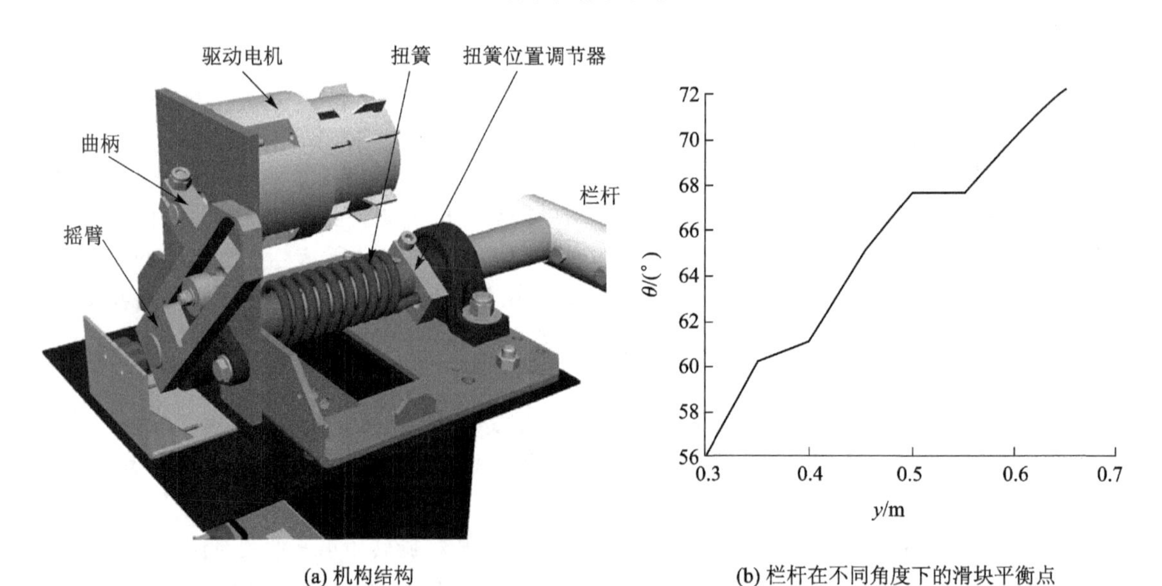

(a) 机构结构 (b) 栏杆在不同角度下的滑块平衡点

图 5-12 自动栏杆扭簧机构

$$l_0 = 0.84\ \text{m}$$

$$l_2 = 0.825\ \text{m}$$

故可得到栏杆的总质量为

$$m = m_1 + m_2 + m_0 \times l_0 = 6.44\ \text{kg}$$

由于

$$m y_G = m_0 l_0 \frac{l_0}{2} + m_1 y + m_2 l_2$$

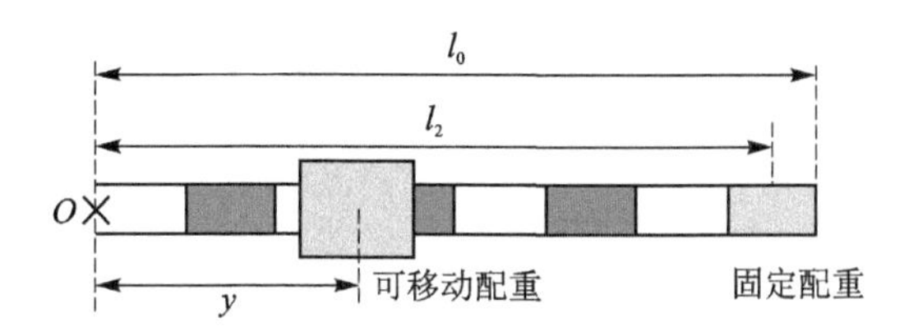

图 5-13　栏杆结构参数

因此将具体参数代入上式，可以得到栏杆的质心位置为

$$y_G \approx 0.41 + 0.43y$$

步骤 3：表述栏杆与栏杆壳体之间的力螺旋。

假设：① 扭簧中心点为 O；② 栏杆中心点为 y_G；③ 栏杆与壳体的中心点为 O，并且栏杆与壳体之间的运动副为旋转副。其受力图如图 5-14 所示。

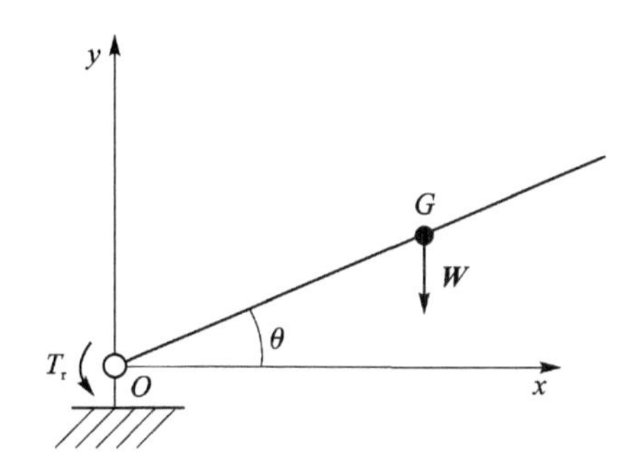

图 5-14　自动栏杆受力图

扭簧与栏杆之间的力螺旋为

$$\{\mathscr{F}(\text{spring} \to \text{barrier}, O)\} = \begin{Bmatrix} \boldsymbol{R}(\text{spring} \to \text{barrier}) \\ \boldsymbol{M}(O, S_1 \to S_2) \end{Bmatrix} = \begin{Bmatrix} \boldsymbol{0} \\ T_r \boldsymbol{z} \end{Bmatrix}$$

栏杆与移动滑块的综合重力作用于栏杆的力螺旋为

$$\{\mathscr{F}(\text{gravitation} \to \text{barrier}, G)\} = \begin{Bmatrix} \boldsymbol{R}(\text{gravitation} \to \text{barrier}) \\ \boldsymbol{M}(G, \text{gravitation} \to \text{barrier}) \end{Bmatrix} = \begin{Bmatrix} \boldsymbol{W} = -mg\boldsymbol{y} \\ \boldsymbol{0} \end{Bmatrix}$$

机构壳体在点 O 与栏杆发生作用，壳体作用于栏杆的力螺旋可以描述为

$$\{\mathscr{F}(\text{frame} \to \text{barrier}, O)\} = \begin{Bmatrix} \boldsymbol{R}(\text{frame} \to \text{barrier}) \\ \boldsymbol{M}(O, \text{frame} \to \text{barrier}) \end{Bmatrix} = \begin{Bmatrix} X\boldsymbol{x} + Y\boldsymbol{y} + Z\boldsymbol{z} \\ L\boldsymbol{x} + m\boldsymbol{y} \end{Bmatrix}$$

因为在点 O 处，壳体绕 z 轴无力矩地作用在栏杆上（不考虑摩擦力）。

步骤 4：栏杆在平衡状态下，受扭簧扭矩 T_r 和总质量 m（中心位置为 y_G）的综合作用，在移动滑块的位置为 y 时达到平衡。下面通过力螺旋来描述 $K, \theta, \theta_0, y, T_r, m$ 之间的关系。

由于栏杆在移动滑块的位置为 y 时平衡，所以有

$$\{\mathscr{F}(\text{spring} \to \text{barrier})\} + \{\mathscr{F}(\text{gravitation} \to \text{barrier})\} + \{\mathscr{F}(\text{frame} \to \text{barrier})\} = \{\boldsymbol{0}\}$$

可以得到

$$\begin{Bmatrix} \boldsymbol{R}(\text{spring} \to \text{barrier}) \\ \boldsymbol{M}(O, S_1 \to S_2) \end{Bmatrix} + \begin{Bmatrix} \boldsymbol{R}(\text{gravitation} \to \text{barrier}) \\ \boldsymbol{M}(G, \text{gravitation} \to \text{barrier}) \end{Bmatrix} + \begin{Bmatrix} \boldsymbol{R}(\text{frame} \to \text{barrier}) \\ \boldsymbol{M}(O, \text{frame} \to \text{barrier}) \end{Bmatrix} = \begin{Bmatrix} \boldsymbol{0} \\ \boldsymbol{0} \end{Bmatrix}$$

$$\Leftrightarrow\begin{Bmatrix}\mathbf{0}\\T_r\mathbf{z}\end{Bmatrix}_O+\begin{Bmatrix}-mg\mathbf{y}\\\mathbf{0}\end{Bmatrix}_G+\begin{Bmatrix}X\mathbf{x}+Y\mathbf{y}+Z\mathbf{z}\\L\mathbf{x}+m\mathbf{y}\end{Bmatrix}_O=\begin{Bmatrix}\mathbf{0}\\\mathbf{0}\end{Bmatrix}$$

$$\Leftrightarrow\begin{Bmatrix}\mathbf{0}\\T_r\mathbf{z}\end{Bmatrix}_O+\begin{Bmatrix}-mg\mathbf{y}\\-mg\mathbf{y}\times\overrightarrow{GO}\end{Bmatrix}_O+\begin{Bmatrix}X\mathbf{x}+Y\mathbf{y}+Z\mathbf{z}\\L\mathbf{x}+m\mathbf{y}\end{Bmatrix}_O=\begin{Bmatrix}\mathbf{0}\\\mathbf{0}\end{Bmatrix}_O$$

$$\Leftrightarrow\begin{Bmatrix}\mathbf{0}\\T_r\mathbf{z}\end{Bmatrix}_O+\begin{Bmatrix}-mg\mathbf{y}\\-mg\mathbf{y}\times y_G(-\cos\theta\mathbf{x}-\sin\theta\mathbf{y})\end{Bmatrix}_O+\begin{Bmatrix}X\mathbf{x}+Y\mathbf{y}+Z\mathbf{z}\\L\mathbf{x}+m\mathbf{y}\end{Bmatrix}_O=\begin{Bmatrix}\mathbf{0}\\\mathbf{0}\end{Bmatrix}_O$$

$$\Leftrightarrow\begin{Bmatrix}\mathbf{0}\\T_r\mathbf{z}\end{Bmatrix}_O+\begin{Bmatrix}-mg\mathbf{y}\\-mgy_G\cos\theta\mathbf{z}\end{Bmatrix}_O+\begin{Bmatrix}X\mathbf{x}+Y\mathbf{y}+Z\mathbf{z}\\L\mathbf{x}+m\mathbf{y}\end{Bmatrix}_O=\begin{Bmatrix}\mathbf{0}\\\mathbf{0}\end{Bmatrix}_O \tag{5-69}$$

由公式(5-69)可以得到

$$T_r\mathbf{z}-mgy_G\cos\theta\mathbf{z}+L\mathbf{x}+m\mathbf{y}=\mathbf{0}$$

沿 z 轴方向可以得到

$$T_r=-mgy_G\cos\theta=mg(0.41+0.43y)\cos\theta$$

根据胡克定律，$T_r=K(\theta-\theta_0)$，故可以得到

$$K(\theta-\theta_0)=mg(0.41+0.43y)\cos\theta$$

步骤 5： 通过试验，求弹性系数 K 和扭簧的初始角度 θ_0。

5.6 小结

本章主要介绍了力螺旋、动量螺旋和惯性力螺旋的概念和相关定理，并通过应用案例对概念和定理的应用场景进行了详细阐述。从本章案例中也可以看出，力螺旋、动量螺旋和惯性力螺旋作为一个逻辑严密的力学分析工具，能够很好地应用于复杂工业系统的机构运动/受力分析中，提高分析问题的便捷性。

第6章　控制系统设计与分析

本章主要介绍工业控制系统的典型结构，伺服控制系统的建模、分析、设计、仿真分析及实验方法，让读者了解工业系统的一般组成，掌握简单伺服控制系统的分析与设计流程，并掌握常用软件工具的使用。

6.1　控制系统的典型结构

一个典型的工业控制系统，通常情况下要由以下几个关键部分组成：

① 控制界面(人机交互界面)。接收控制者(操作者)发出的控制指令。这种界面一般是由电脑系统生成的，但也可以是控制面板、触摸屏幕以及其他各种可以与控制者(操作者)交互的界面类型。

② 控制器。控制器的概念非常广，通常涵盖实现工业控制系统的核心硬件和软件系统。

③ 执行机构(动作机构)。控制系统通常需要某种执行机构(不一定是运动的，也可以是加热、冷却等)将控制器发出的控制指令转换为实际的执行动作。

④ 转换机构。转换机构一般是将执行机构发出的动作，按照控制对象的类别进行转换。控制对象就是控制系统要改变的物理量。

⑤ 控制对象。控制对象是控制系统具体要改变的物理量，可以是位移、温度、速度、力等。

⑥ 传感器。工业控制系统通常还需要传感器，将物理信号转换为电信号或其他控制器可以识别的信号类型。

典型工业控制系统的结构如图6-1所示。

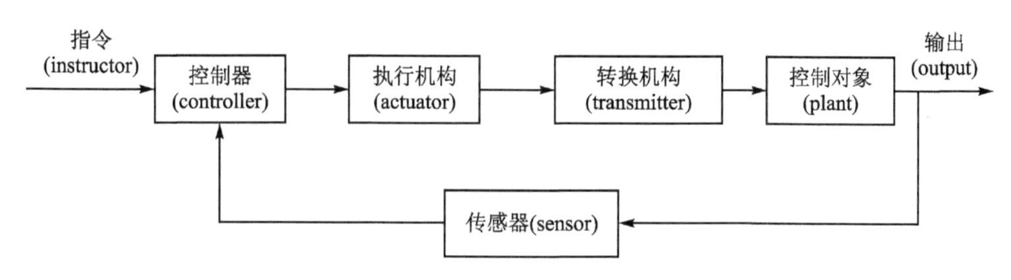

图6-1　工业控制系统典型结构框图

6.2　控制系统的分类

很难用一种统一的标准对工业控制系统进行分类，本节分别从工业系统的控制类型和能源形式等几个方面进行分类。

按照控制方式，工业领域内的自动控制系统通常有以下几种类型：① 时序系统，实现简单的逻辑控制和过程自动控制；② 伺服系统，控制具体的物理量按照指令进行运动；③ 智能系统,具有某种人工智能,是能够按照设定规则实施自我实现的控制系统。

按照系统类型分类,可以将工业控制系统分为开环系统和闭环系统。

在开环控制系统中,控制器的动作与过程变量无关,一个简单的例子是单纯由计时器控制的加热器。其控制的动作是打开或关闭加热器,过程变量是温度。控制器会让加热器运行一段固定的时间,而不让实际温度影响其动作。

在闭环控制系统中,控制器的动作会受到过程变量和目标值的影响。仍然以加热器为例,闭环系统会用自动调温器来监测温度,并且反馈温度信号,以确定过程变量的温度是在目标值的附近。闭环控制系统中有控制回路,目的是让控制器输出信号,使过程变量接近于目标值。因此闭环控制器也称为反馈控制器。

开环控制系统的优点在于结构简单、成本低廉。与之相对应,闭环控制系统的结构较为复杂,成本相对较高。但闭环控制系统对外界干扰有一定的抗性,并且能够承受系统中器件的参数变化。

按照控制器的类型分类,可以将工业控制系统分为反馈控制、逻辑控制、开关控制和伺服控制等系统。

反馈控制系统包括传感器、控制算法和执行机构,将控制变量通过控制保持在设定值。日常的例子是车辆的定速巡航控制,在这种情况下,诸如上下坡之类的外部影响会导致速度变化,汽车控制器中的控制算法通过控制车辆发动机的动力输出,以最佳方式将实际速度恢复到所需速度,并使延迟或超调最小。

逻辑控制系统是使用梯形逻辑(梯形图),通过继电器和计时器来实现的。大多数逻辑控制系统都由微控制器或可编程逻辑控制器(PLC)构成。梯形逻辑的表示法仍被用作 PLC 的编程方法。逻辑控制器通过控制开关和传感器,控制执行机构启动和停止。在许多工业系统中,逻辑控制器用于对机械操作进行排序,示例包括电梯、洗衣机和其他具有相关操作的系统。

开关控制系统使用一个反馈控制器,该控制器在两种状态之间瞬间切换。简单的双金属家用恒温器可以描述为开关控制器。当室内温度低于用户设定值时,加热器打开。另一个示例是空气压缩机上的压力开关。当压力降至设定值以下时,压缩机即被供电。像这样的简单的开关控制系统既便宜又有效。

伺服控制系统通常是一个自动装置,它使用传感器反馈执行机构的动作,计算与期望值之间的误差,控制执行动作。伺服控制系统通常包括一个内置编码器或其他反馈机构,以确保输出与期望保持一致。本章主要针对伺服控制系统进行阐述。

6.3 控制系统的数学建模方法

6.3.1 数学模型分类

数学模型就是用数学方法和工具描述物理系统。建立数学模型的过程称为数学建模。数学模型不仅可用于自然科学(如物理、生物学、地球科学、化学)和工程学科(如计算机科学、电气工程),还可用于社会科学(如经济学、心理学、社会学、政治学)。

数学模型通常由关系和变量组成。关系可用算符描述,例如代数算符、函数、微分算符等。变量是所关注的可量化的系统参数的抽象形式。算符可以与变量相结合发挥作用,也可以不与变量结合。通常情况下，数学模型被分为以下几类。

1. 线性与非线性模型

在数学模型中，如果所有变量表现出线性关系，则由此产生的数学模型为线性模型；否则，就为非线性模型。对线性与非线性的定义取决于具体数据，线性相关模型中也可能含有非线性表达式。例如，在一个线性统计模型中，假定参数之间的关系是线性的，但预测变量可能是非线性的。同理，如果一个微分方程定义为线性微分方程，则它可以写成线性微分算子的形式，但其中仍可能有非线性的表达式。在数学规划模型中，如果目标函数和约束条件都完全可以由线性方程表示，那么模型为线性模型。如果一个或多个目标函数或约束表示为非线性方程，那么模型是一个非线性模型。

即使在相对简单的系统中，非线性也往往与混沌和不可逆性等现象有关。虽然也有例外，但非线性系统和模型往往比线性系统和模型研究起来更加困难。解决非线性问题的一个常见方法是线性化，但在尝试研究对非线性依赖性很强的不可逆性等方面时就会出现问题。

2. 静态与动态模型

动态模型对系统状态随时间变化的情况起作用，而静态（或稳态）模型是在系统保持平稳状态下进行计算的，因而与时间无关。动态模型通常用微分方程描述。

3. 显式与隐式模型

如果整体模型的所有输入参数都已知，且输出参数可以由有限次计算求得（称为线性规划，不要与上面描述的线性模型相混淆），则该模型称作显式模型。但有时输出参数未知，相应的输入必须通过迭代过程求解，如牛顿法（如果是线性模型）或布洛登法（如果是非线性模型）。例如喷气发动机的物理特性如涡轮和喷管喉道面积，可以在给定特定飞行条件和功率设置的热力学循环（空气和燃油的流量、压力、温度）的情况下显式计算出来，但不能用物理性质常量显式计算出其他飞行条件和功率设置下发动机的工作周期。

根据系统上先验信息的可用程度，通常可将数学建模问题分为黑盒模型或白盒模型。黑盒模型（见图 6-2）是一种系统，没有事先可用的信息。白盒模型（也称为玻璃盒或透明盒）是一个提供所有必要信息的系统。实际上，所有系统都介于黑盒模型和白盒模型之间，所以此概念仅在作为决定采用哪种方法的直观指南方面非常有用。

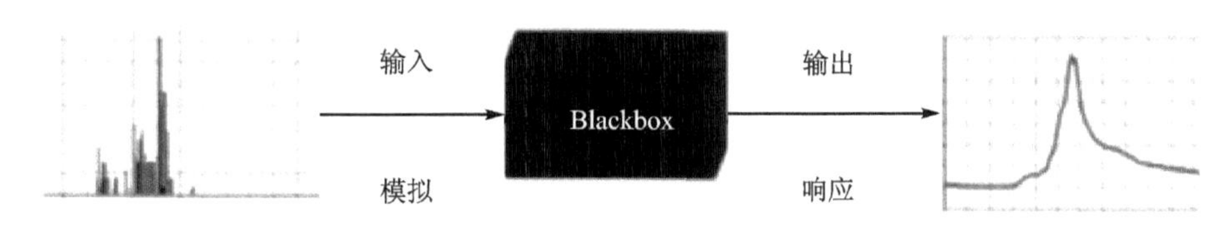

图 6-2　黑盒模型

通常最好使用尽可能多的先验信息，以使模型更加准确。因此，白盒模型通常被认为更容易，因为如果正确使用信息，则模型将正常运行。在黑盒模型中，人们试图估计变量之间的关系的函数形式和这些函数中的数值参数。使用先验信息，例如最终可能使用一组函数，这些函数可能充分描述系统。如果没有先验信息，将尽量使用一般函数来涵盖所有不同的模型。黑盒模型常用的方法是神经网络，它通常不对传入数据做出假设。

4. 离散与连续模型

离散模型将对象视作离散的，例如分子模型中的微粒，又如概率模型中的状态。而连续模型则由连续的对象所描述，例如管道中流体的速度场，固体中的温度和压力，电场中连续作用于整个模型的点电荷等。

5. 确定性与概率性(随机性)模型

确定性模型是所有变量集合的状态都能由模型参数和这些变量的先前状态唯一确定的一种模型，因此，在一组给定的初始条件下，确定性模型总会表现相同。相反，在随机性模型(通常称为"概率性模型")中存在随机性，而且变量状态并不能用唯一值来描述，而用概率分布来描述。

具体到工业控制系统，数学建模主要用来描述工业系统中输入与输出之间的关系。在系统结构和参数已知的情况下，常用的控制系统的建模方法有：①微分方程；②传递函数。这两种建模方法实际上都是以系统为动态、线性、白盒系统为前提的。

本节通过一个简单的质量-弹簧-阻尼系统模型，分别介绍基于微分方程和传递函数建立的工业控制系统对象模型的区别和联系。

6.3.2 基于微分方程的数学模型及解算

举例：质量-弹簧-阻尼系统

如图 6-3 所示的质量-弹簧-阻尼系统，有

$$m\frac{d^2x}{dt^2}+b\frac{dx}{dt}+kx=f \qquad (\text{I})$$

其中，输入为 $f(t)$(N)，输出为 $x(t)$(m)，且

$$m=1\ \text{kg},\quad b=2\ \text{N}/(\text{m}\cdot\text{s}^{-1}),\quad k=1\ \text{N/m}$$

$$f=\begin{cases}0, & t=0\\ 1\ \text{N}, & t>0\end{cases}$$

$$x(0)=0,\quad \frac{dx(0)}{dt}=0$$

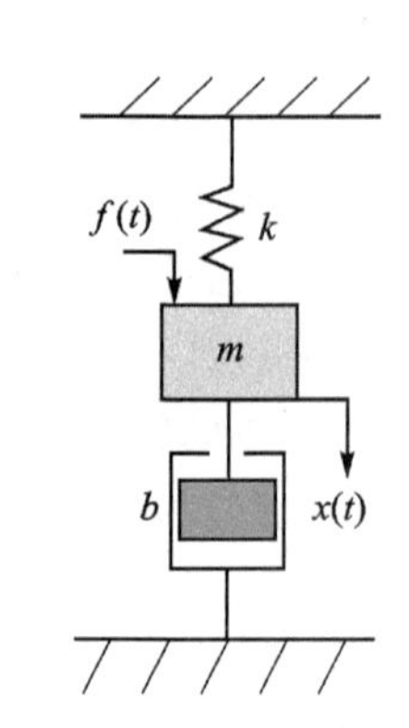

图 6-3 质量-弹簧-阻尼系统

求输出 $x(t)$。

解：方程(Ⅰ)是二阶非齐次线性微分方程。先求与方程(Ⅰ)对应的二阶齐次线性微分方程

$$\frac{d^2x}{dt^2}+2\frac{dx}{dt}+x=0 \qquad (\text{II})$$

的通解。

方程(Ⅱ)的特征方程为

$$\lambda^2+2\lambda+1=0$$

得到方程(Ⅱ)的两个特征根

$$\lambda_1=\lambda_1=-1$$

特征根是特征方程的 2 重实根，得到方程(Ⅱ)的通解

$$x(t)=c_1e^{-t}+c_2te^{-t} \qquad (\text{III})$$

利用常数变易法求非齐次方程(Ⅰ)的一个特解 $x^*(t)$为

$$x^*(t)=c_1(t)\mathrm{e}^{-t}+c_2(t)t\mathrm{e}^{-t} \tag{Ⅳ}$$

其中，$c_1(t)$和 $c_2(t)$由下列方程组决定

$$\begin{cases}\dfrac{\mathrm{d}c_1(t)}{\mathrm{d}t}\mathrm{e}^{-t}+\dfrac{\mathrm{d}c_2(t)}{\mathrm{d}t}t\mathrm{e}^{-t}=0\\ -\dfrac{\mathrm{d}c_1(t)}{\mathrm{d}t}\mathrm{e}^{-t}+\dfrac{\mathrm{d}c_2(t)}{\mathrm{d}t}(\mathrm{e}^{-t}-t\mathrm{e}^{-t})=f(t)=1(t)\end{cases},\quad t>0 \tag{Ⅴ}$$

由方程组(Ⅴ)得到

$$\begin{cases}\dfrac{\mathrm{d}c_1(t)}{\mathrm{d}t}=-t\mathrm{e}^{t}\\ \dfrac{\mathrm{d}c_2(t)}{\mathrm{d}t}=\mathrm{e}^{t}\end{cases} \tag{Ⅵ}$$

进而得到

$$\begin{cases}c_1(t)=k_1+\mathrm{e}^{t}-t\mathrm{e}^{t}\\ c_2(t)=k_2+\mathrm{e}^{t}\end{cases} \tag{Ⅶ}$$

将式(Ⅶ)代入式(Ⅲ)，得到

$$x(t)=(k_1+\mathrm{e}^{t}-t\mathrm{e}^{t})\mathrm{e}^{-t}+(k_2+\mathrm{e}^{t})t\mathrm{e}^{-t}=1+k_1\mathrm{e}^{-t}+k_2t\mathrm{e}^{-t}$$

根据初值 $x(0)=x'(0)=0$，可以得到

$$k_1=k_2=-1$$

从上面的计算流程可以看出，基于微分方程建立的系统模型，解算起来非常复杂。当输入信号类型复杂时，解算得到结果的过程非常烦琐，在多数情况下无法通过解析方法得到准确结果。

6.3.3　基于传递函数的数学模型及解算

拉普拉斯(Laplace)变换把时域中的微分方程变换为复域中的代数方程，从而使微分方程的求解过程大为简化。

时域函数 $f(t)$的拉氏变换为

$$F(s)=L[f(t)]=\int_0^{\infty}f(t)\mathrm{e}^{-st}\mathrm{d}t \tag{6-1}$$

其中，$s=\sigma+\mathrm{j}\omega$ 是复变量。常用函数的拉氏变换见表 6-1。

表 6-1　常用函数的拉氏变换表

序　号	拉氏变换 $E(s)$	时间函数 $e(t)$	序　号	拉氏变换 $E(s)$	时间函数 $e(t)$
1	1	$\delta(t)$	5	$\dfrac{1}{s^3}$	$\dfrac{t^2}{2}$
2	$\dfrac{1}{1-\mathrm{e}^{-Ts}}$	$\delta_{\Sigma}(t)=\sum_{n=0}^{\infty}\delta(t-nT)$	6	$\dfrac{1}{s^{n+1}}$	$\dfrac{t^n}{n!}$
3	$\dfrac{1}{s}$	$1(t)$	7	$\dfrac{1}{s+a}$	e^{-at}
4	$\dfrac{1}{s^2}$	t	8	$\dfrac{1}{(s+a)^2}$	$t\mathrm{e}^{-at}$

续表 6-1

序号	拉氏变换 $E(s)$	时间函数 $e(t)$	序号	拉氏变换 $E(s)$	时间函数 $e(t)$
9	$\frac{a}{s(s+a)}$	$1-e^{-at}$	13	$\frac{\omega}{(s+a)^2+\omega^2}$	$e^{-at}\sin\omega t$
10	$\frac{b-a}{(s+a)(s+b)}$	$e^{-at}-e^{-bt}$	14	$\frac{s+a}{(s+a)^2+\omega^2}$	$e^{-at}\cos\omega t$
11	$\frac{\omega}{s^2+\omega^2}$	$\sin\omega t$	15	$\frac{1}{s-(1/T)\ln a}$	$a^{t/T}$
12	$\frac{s}{s^2+\omega^2}$	$\cos\omega t$			

在将微分方程进行拉氏变换时，方程应具备表 6-2 所列的性质。

表 6-2 拉普拉斯变换的性质

序号	名称	性质
1	线性特性	$af_1(t)+bf_2(t)\leftrightarrow aF_1(s)+bF_2(s)$
2	时移性	$f(t-t_0)u(t-t_0)\leftrightarrow F(s)e^{-st_0}, t_0>0$
3	尺度变换	$f(at)\leftrightarrow \frac{1}{a}F\left(\frac{s}{a}\right), a>0$
4	s 域频移特性	$e^{st_0}f(t)\leftrightarrow F(s-s_0)$
5	时域微分定理	$\frac{df(t)}{dt}\leftrightarrow sF(s)-f(0_-)$
6	时域积分定理	$\int_{-\infty}^{t}f(\tau)d\tau\leftrightarrow \frac{1}{s}F(s)+\frac{1}{s}\int_{-\infty}^{0}f(\tau)d\tau$
7	s 域微分定理	$-tf(t)\leftrightarrow\frac{dF(s)}{ds}, (-t)^n f(t)\leftrightarrow\frac{d^nF(s)}{ds^n}$
8	s 域积分定理	$\frac{f(t)}{t}\leftrightarrow\int_{s}^{\infty}F(\lambda)d\lambda$
9	初值定理	$f(0_+)=\lim_{t\to 0_+}f(t)=\lim_{s\to 0}sF(s)$
10	终值定理	$f(\infty)=\lim_{t\to\infty}f(t)=\lim_{s\to 0}sF(s)$
11	时域卷积定理	$f_1(t)\otimes f_2(t)\leftrightarrow F_1(s)\cdot F_2(s)$

下面基于拉氏变化求解 6.3.2 小节中描述的质量-弹簧-阻尼系统问题。

对微分方程

$$m\frac{d^2x}{dt^2}+b\frac{dx}{dt}+kx=f$$

基于时域微分定理进行拉氏变换后变为

$$[s^2X(s)-sx(0)-x'(0)]+2[sX(s)-x(0)]+X(s)=F(s)$$

考虑初值 $x(0)=x'(0)=0$，得到输出 $X(s)$ 与输入 $F(s)$ 的关系式

$$G(s)=\frac{X(s)}{F(s)}=\frac{1}{s^2+2s+1}$$

$G(s)$ 即为输出 $X(s)$ 与输入 $F(s)$ 的**传递函数**。

利用拉氏变换的性质，很容易求得

$$X(s)=\frac{1}{s^2+2s+1}F(s)=\frac{1}{s^2+2s+1}\cdot\frac{1}{s}=\frac{1}{s}-\frac{1}{s+1}-\frac{1}{(s+1)^2}$$

查拉氏变换表 6－1 得到

$$x(t)=1-\mathrm{e}^{-t}-t\mathrm{e}^{-t}$$

可以看出，基于传递函数建立线性系统模型，并基于拉氏变换对模型进行求解，可以很方便快捷地得到线性模型及其结果。

6.3.4　案例——直流电机的数学模型

直流电机是工业系统中应用最为广泛的执行机构之一，它的功能是将电能转换为旋转机械能。本小节以直流电机为例，介绍建立控制系统数学模型的基本步骤。直流电机电枢等效电路图如图 6－4 所示。

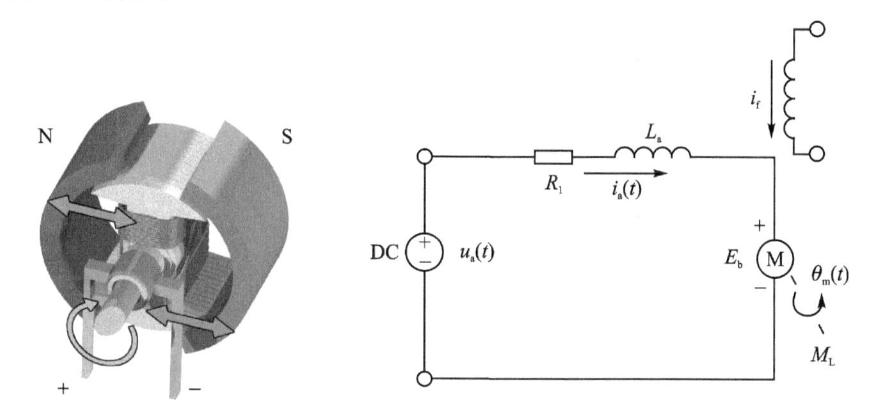

图 6－4　直流电机电枢等效电路图

电枢电路方程为

$$\left.\begin{aligned}u_a(t)&=R_a i_a(t)+L_a\frac{\mathrm{d}i_a(t)}{\mathrm{d}t}+E_b\\E_b&=K_b\frac{\mathrm{d}\theta_m(t)}{\mathrm{d}t}\end{aligned}\right\}\qquad(\mathrm{I})$$

其中，$u_a(t)$为输入电压(V)，R_a 为电枢电阻(Ω)，$i_a(t)$为电枢电流(A)，L_a 为电枢电感(H)，E_b 为电机反电动势(V)，K_b 为反电动势系数[V/(rad・s^{-1})]，$\theta_m(t)$为电机转角(rad)。

电机电磁转矩方程为

$$M_m(t)=C_m\cdot i_a(t)\qquad(\mathrm{II})$$

其中，$M_m(t)$为电磁转矩(N・m)，C_m为电磁转矩系数(N・m/A)。

直流电机转矩平衡方程为

$$M_m(t)=J_m\frac{\mathrm{d}^2\theta_m(t)}{\mathrm{d}t^2}+f_m\frac{\mathrm{d}\theta_m(t)}{\mathrm{d}t}+M_L\qquad(\mathrm{III})$$

其中，J_m 为电机转子的转动惯量(N・m・s^2)，f_m 为电机转轴的摩擦系数[N・m/(rad・s^{-1})]，M_L 为负载力矩(N・m)。

将公式(Ⅰ)、(Ⅱ)、(Ⅲ)进行拉氏变换，就可以绘制出直流电机的动态结构图，如图 6－5 所示。

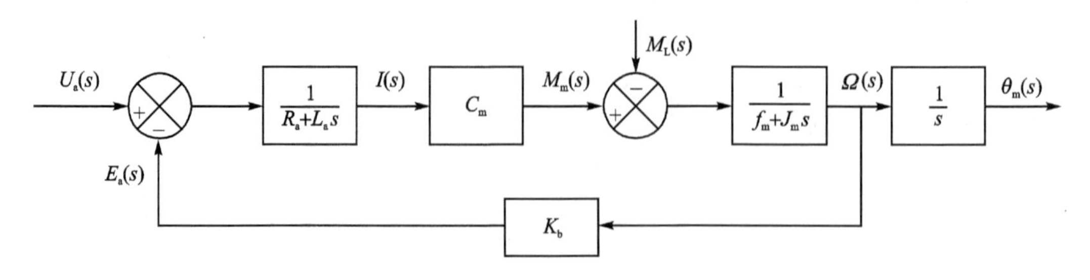

图 6-5　直流电机动态结构图

将公式(Ⅱ)、(Ⅲ)代入公式(Ⅰ),消除中间变量 E_b、$i_a(t)$ 和 $M_m(t)$,可以得到输入 $u_a(t)$ 和输出 $\theta_m(t)$ 之间的传递函数为

$$\frac{L_a J_m}{C_m}\frac{d^3\theta_m(t)}{dt^3}+\left(\frac{R_a J_m}{C_m}+\frac{L_a f_m}{C_m}\right)\frac{d^2\theta_m(t)}{dt^2}+\left(K_b+\frac{R_a f_m}{C_m}\right)\frac{d\theta_m(t)}{dt}+\frac{R_a}{C_m}M_L+\frac{L_a}{C_m}\frac{dM_L}{dt}=u_a \tag{Ⅳ}$$

考虑到当直流电机的电感 L_a 较小,可以忽略不计时,公式(Ⅳ)可以写成

$$\frac{R_a J_m}{C_m}\frac{d^2\theta_m(t)}{dt^2}+\left(K_b+\frac{R_a f_m}{C_m}\right)\frac{d\theta_m(t)}{dt}+\frac{R_a}{C_m}M_L=u_a \tag{Ⅴ}$$

令

$$T_m=\frac{R_a J_m}{K_b C_m+R_a f_m},\quad K_m=\frac{C_m}{K_b C_m+R_a f_m}$$

并假设负载转矩 $M_L=0$ N·m,则公式(Ⅴ)变为

$$T_m\frac{d^2\theta_m(t)}{dt^2}+\frac{d\theta_m(t)}{dt}=K_m u_a$$

其中,T_m 为电机时间常数(s),K_m 为电机传递系数[$(\mathrm{rad}\cdot\mathrm{s}^{-1})/\mathrm{V}$]。

如果将转速 $\omega(t)=\frac{d\theta_m(t)}{dt}$ 作为输出,则

$$T_m\frac{d\omega(t)}{dt}+\omega(t)=K_m u_a \tag{Ⅵ}$$

将公式(Ⅵ)进行拉氏变换,可以得到输出与输入之间的传递函数为

$$G_m(s)=\frac{\Omega(s)}{U_a(s)}=\frac{K_m}{T_m s+1} \tag{Ⅶ}$$

6.4　控制系统的性能评价

一旦建立了合理的、便于分析的控制系统数学模型,就可以运用适当的方法对系统的性能进行全面的分析和计算。控制系统通常用“快速性、稳定性(稳定性、平稳性)、准确性”作为评价性能优劣的判据。“快速性”顾名思义,是指系统动态过程进行的时间长短。过程时间越短,说明系统的快速性越好,如图 6-6 中②所示;过程时间持续越长,说明系统响应迟钝,难以实现快速变化的指令信号,如图 6-6 中①所示。

“稳定性”有两层物理含义：一是表示控制系统是否稳定，二是指系统的平稳性。系统在受到外部干扰后，若控制装置能够操作被控对象，使实际被控量 $c(t)$ 随时间的加长而最终与期望值一致，则称系统是稳定的，如图 6－7 中①所示。如果被控量 $c(t)$ 随时间的加长越来越偏离给定值，则称系统是不稳定的，如图 6－7 中②所示。

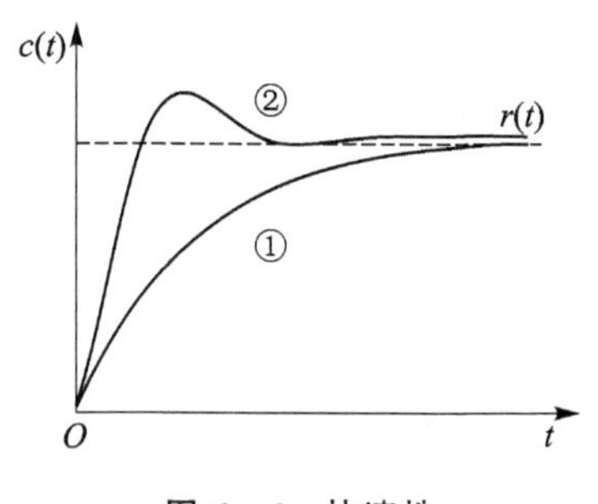

图 6－6　快速性

稳定的系统才能完成控制系统的任务，所以，保证系统稳定是系统正常工作的必要条件。

在平稳系统中，被控量围绕给定值摆动的幅度要小，摆动的次数要少。

准确性（见图 6－8）指系统在动态过程结束后，其被控量（或者反馈量）与给定值的偏差，这一偏差称为稳态误差，它是衡量系统稳态精度的指标，反映了动态过程后期的性能。图 6－8 中①所示的系统响应慢，准确性差；图 6－8 中②所示的系统快速性和准确性都高。

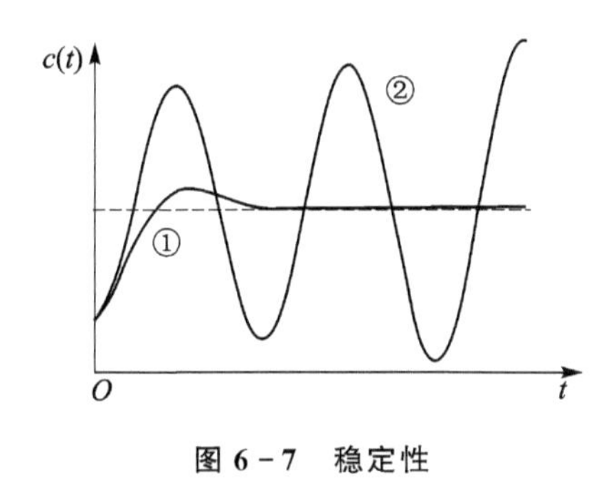

图 6－7　稳定性

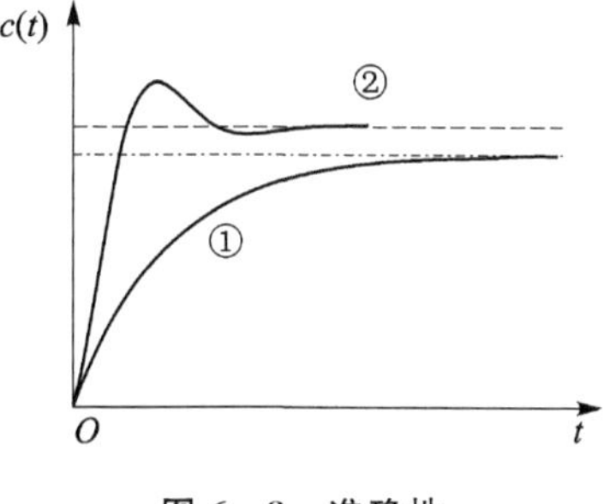

图 6－8　准确性

由于被控对象的具体情况不同，不同工业系统对快速性、稳定性和准确性的要求有所侧重；而且同一个系统，快、稳、准的要求是相互制约的。提高动态系统的快速性，可能会引起系统的强烈振荡。改善系统的平稳性，控制过程又可能很迟缓，甚至会使系统的稳态精度变差。分析和解决这些矛盾，是控制工程师在面对实际工业系统时必须要考虑和解决的问题。

6.4.1　性能评价方法

性能分析与评价常用的方法有时域分析方法和频域分析方法。

时域分析方法是根据系统的微分方程，以拉普拉斯变换作为数学工具，直接解出控制系统的时间响应；然后，依据响应的表达式及其时间响应曲线来分析系统的控制性能，诸如快速性、稳定性、平稳性、准确性等，并找出系统结构、参数与这些性能之间的关系。不同的方法有不同的特点，与根轨迹方法、频域分析方法相比较，时域分析方法是一种直接分析方法，易于为工程师所接受；此外，时域分析方法还是一种比较准确的方法，可以提供系统时间响应的全部信息。

虽然研究控制系统的性能最好是用时域特性进行度量，但是对于高阶系统来说，很难分析得到时域特性，目前还没有直接按照给定的时域指标进行系统设计的通用方法。频率域法（频域法）是一种间接的研究控制系统性能的工程方法。频域法研究系统的频率特性，而频率特性具有明确的物理含义，因此，频域法可以通过实验进行研究，因为它提供了一个用实验确定元部件或系统数学模型的方法，这正是频域法的优点。频域法不仅适用于线性定常系统的分析研究，而且可以推广应用到某些非线性系统。所以，频域法在工程上得到了广泛的应用。

1. 典型输入信号

一个系统的时间响应 $c(t)$ 不仅取决于该系统本身的结构参数，还与系统的初始状态及施加在该系统上的外作用有关。典型的外作用是众多且复杂的实际外作用的一种近似和抽象。常见的典型外作用有如图 6-9 所示的四种。

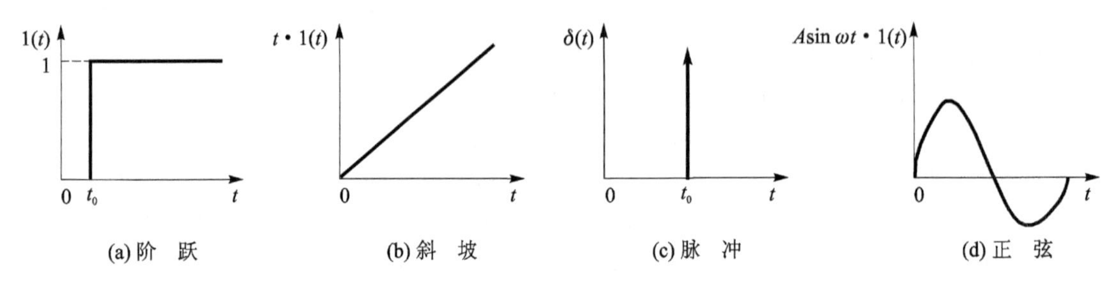

图 6-9 控制系统分析中的典型外作用

(1) 单位阶跃作用 $1(t)$

如图 6-9(a)所示，其数学描述为

$$1(t)=\begin{cases}0, & t<t_0\\1, & t\geqslant t_0\end{cases}$$

其拉氏变换式为

$$L\left[1(t)\right]=\frac{1}{s}$$

在实际工业系统中，指令的突然转换，电源的突然接通，负荷的突变，以及常值干扰的突然出现等，均可视为阶跃作用。阶跃作用是在评价控制系统时应用最多的一种典型外作用。

(2) 单位斜坡作用 $t\cdot 1(t)$

如图 6-9(b)所示，其数学描述为

$$t\cdot 1(t)=\begin{cases}0, & t<0\\t, & t\geqslant 0\end{cases}$$

其拉氏变换式为

$$L\left[t\cdot 1(t)\right]=\frac{1}{s^2}$$

大型船闸匀速升降时主拖动系统发出的位置信号，以及数控机床加工斜面时的进给指令等，均可看成斜坡作用。

(3) 单位脉冲作用 $\delta(t)$

如图 6-9(c)所示，其数学描述为

$$\delta(t)=\begin{cases}\infty, & t=t_0\\0, & t\neq t_0\end{cases},\quad \int_{0^-}^{0^+}\delta(t)\mathrm{d}t=1$$

其拉氏变换式为

$$L[\delta(t)]=1$$

单位脉冲作用在实际系统中是不存在的，它只是某些物理现象经过数学抽象化处理的结果。脉冲电信号、冲击力、阵风或大气湍流等，可近似为脉冲作用。

(4) 正弦作用 $A\sin\omega t\cdot 1(t)$

如图 6-9(d)所示，其数学描述为

$$A\sin\omega t\cdot 1(t)=\begin{cases}0, & t<0\\ A\sin\omega t, & t\geqslant 0\end{cases}$$

其拉氏变换式为

$$L[A\sin\omega t\cdot 1(t)]=\frac{A\omega}{s^2+\omega^2}$$

在实际工业系统中，海浪对船体的扰动力，伺服振动台的输入指令，以及电网交流电源及机械振动的噪声等，均可近似为正弦作用。

2. 典型时间响应

初始状态为零的系统，在典型外作用下的输出，称为典型时间响应。从数学角度来理解，典型时间响应就是描述控制系统的微分方程在典型外作用下的零初始条件解。

如果基于拉普拉斯变换法已经建立起系统的数学模型，就可以用系统输入与输出之间的传递函数 $G(s)$ 来表示系统。

若系统的传递函数为 $G(s)$，则单位阶跃响应 $c(t)$ 的拉氏变换式为

$$C(s)=G(s)R(s)=G(s)\frac{1}{s}$$

所以，输出为

$$c(t)=L^{-1}[C(s)]$$

类似地，可以得到单位斜坡的拉氏变换式

$$C(s)=G(s)\frac{1}{s^2}$$

以及单位脉冲响应的拉氏变换式

$$C(s)=G(s)$$

举例：

针对 6.3.4 小节描述的直流电机模型(一阶系统)，在单位阶跃输入时，有

$$u_a(t)=\begin{cases}0, & t=0\\ 1\ \mathrm{V}, & t>0\end{cases}$$

其传递函数为

$$G_m(s)=\frac{\Omega(s)}{U_a(s)}=\frac{K_m}{T_m s+1}$$

相应的拉氏变换式为

$$\Omega(s)=G_m(s)U_a(s)=\frac{K_m}{T_m s+1}\frac{1}{s}$$

通过拉氏反变换，可以得到

$$\omega(t)=L^{-1}[\Omega(s)]=K_m\left(1-\mathrm{e}^{-\frac{1}{T_m}t}\right)$$

6.4.2 时域分析方法

通常使用阶跃输入响应(阶跃响应)来评价控制系统的性能。对于控制系统的时间响应,从时间顺序上说,可以划分为过渡过程和稳态过程。过渡过程指系统从初始状态到接近最终状态的响应过程;稳态过程指时间 t 趋于无穷时系统输出状态的响应过程。要想研究系统的时间响应,就必须对过渡过程和稳态过程的特点和性能,以及描述这两个过程的有关指标进行探讨。

一般认为,跟踪和复现阶跃作用对系统来说是较为严格的工作条件,故通常以阶跃响应来衡量系统控制性能的优劣和定义时域性能指标。

系统的阶跃响应性能指标如图 6-10 所示。

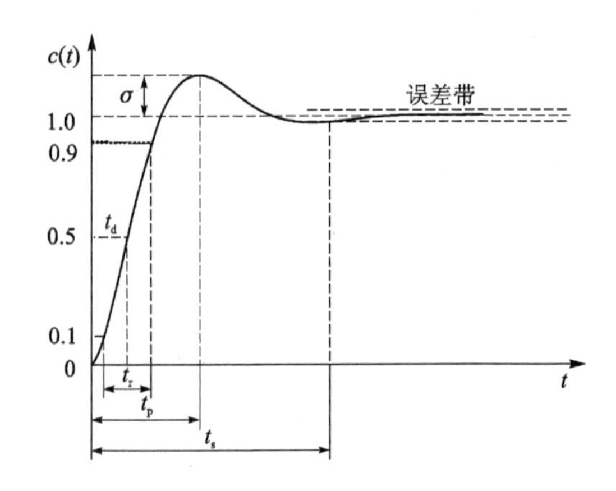

图 6-10 自动控制系统的单位阶跃响应及性能评价指标

1. 快速性指标

快速性指标包括:

- 延迟时间 t_d:单位阶跃响应上升至其稳定值 50%所需要的时间;
- 上升时间 t_r:单位阶跃响应 $c(t)$从稳定值的 10%上升至其稳定值 90%所需要的时间;
- 峰值时间 t_p:单位阶跃响应 $c(t)$超过稳定值到达第一个峰值所需要的时间;
- 调节时间 t_s:在单位阶跃响应 $c(t)$的稳定值附近,取±5%(有时也取±2%)作为误差带,响应曲线达到并不再超出该误差带的最短时间,称为调节时间(或过渡过程时间)。调节时间标志着过渡过程结束,系统的响应进入稳态过程。调节时间是评价快速性的一个重要指标。

2. 稳定性指标

在介绍稳定性概念之前,可以先看一个例子,如图 6-11 所示。图 6-11(a)表示小球在一个光滑凹面内,平衡位置为凹面最低点。当小球受到外力作用后偏离平衡点,当外力取消后,在重力和空气阻尼力作用下,小球经过来回震荡,最终可以回到原来的平衡位置。具有这种特性的系统是稳定的。反之,如图 6-11(c)所示,就是不稳定的。处于稳定和不稳定状态的临界状态,如图 6-11(b)所示,称为临界稳定。

可以将上述小球的稳定概念推广到控制系统。如果系统受到扰动,偏离了原来的平衡状

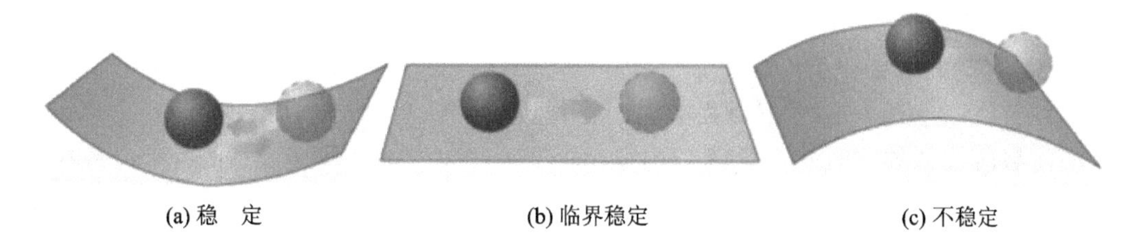

图 6-11　稳定系统和不稳定系统

态，产生偏差，而当扰动消失之后，系统又能逐渐恢复到原来的平衡状态，则称系统是稳定的，或者具有稳定性。若扰动消失后，系统不能恢复到原来的平衡状态，甚至偏差越来越大，则称系统是不稳定的。稳定性是当扰动消失之后，系统自身所具有的一种恢复能力，它是系统的一种固有特性。对于线性定常系统来说，其稳定性只取决于系统的机构参数，而与初始条件和外作用无关。

对于线性时不变系统来说，系统是否稳定，本质上是由描述系统的微分方程是否有收敛的解决定的。同理，基于微分方程得到的描述系统输入与输出关系的传递函数，也可用于判断线性系统是否稳定。如果一个系统是基于传递函数描述的，则判断系统是否稳定，可以归结为判断系统传递函数的特征根实部的符号。

如果系统传递函数的所有特征根均具有负实部，则系统稳定。只要有一个特征根的实部大于零，则系统不稳定；若有实部为零的单根，而其余的特征根都具有负实部，系统处于临界情况，即系统既不发散，也不能恢复到原来的状态，这也属于不稳定情况；如果有实部为零的重根，系统也会发散。

稳定性判据：根据稳定的数学条件判断线性系统的稳定性，必须知道系统所有特征根的符号。若能解出全部特征根，则立刻可以判断系统是否稳定。然而，对于高阶系统，求解特征根的难度很大。因此，通常使用不必解出特征根，而直接可判断出特征根是否有负实部的方法。常用的方法有赫尔维茨（Hurwitz）判据、林纳德-齐帕特（Lienard - Chipard）判据和劳思（Routh）判据。

说明：如果一个线性系统的输出为 $c(t)$，输入为 $r(t)$，输出与输入之间的传递函数为

$$G(s)=\frac{C(s)}{R(s)}=\frac{N(s)}{D(s)}$$

假设系统的特征方程为

$$D(s)=a_0s^n+a_1s^{n-1}+\cdots+a_{n-1}s+a_n$$

则特征方程的特征根可以用以下方程解出

$$D(s)=a_0s^n+a_1s^{n-1}+\cdots+a_{n-1}s+a_n=0$$

(1) 赫尔维茨(Hurwitz)判据

系统稳定的充分必要条件是特征方程的 Hurwitz 行列式 $D_k(k=1,2,3,\cdots,n)$ 全部为正，其中，

$$D_1=a_1,D_2=\begin{vmatrix}a_1 & a_3\\ a_0 & a_2\end{vmatrix}=a_1a_2-a_0a_3,D_3=\begin{vmatrix}a_1 & a_3 & a_5\\ a_0 & a_2 & a_4\\ 0 & a_1 & a_3\end{vmatrix},\cdots,D_k=\begin{vmatrix}a_1 & a_3 & a_5 & \cdots & a_{2n-1}\\ a_0 & a_2 & a_4 & \cdots & a_{2n-2}\\ 0 & a_1 & a_3 & \cdots & a_{2n-3}\\ \vdots & \vdots & \vdots & & \vdots\\ 0 & 0 & 0 & \cdots & a_n\end{vmatrix}$$

(2) 林纳德-齐帕特(Lienard - Chipard)判据

系统稳定的充分必要条件是:

① 系统特征方程 $D(s)$ 的各项系数大于零,即 $a_i>0(i=1,2,\cdots,n)$;

② 奇数阶或偶数阶的赫尔维茨(Hurwitz)行列式大于零,即 $D_i>0(i=2n)$ 或 $D_i>0(i=2n-1)$。

(3) 劳思(Routh)判据

系统特征方程的阶次越高,应用赫尔维茨(Hurwitz)判据或林纳德-齐帕特(Lienard - Chipard)判据时,计算行列式的工作量越大。对于这种情况,还可以采用劳思(Routh)判据来判断系统的稳定性,这时可将特征方程的系数排列成劳思表(见表 6 - 3),然后进行计算。

表 6 - 3 劳思表

s^n	a_0	a_2	a_4	a_6	…
s^{n-1}	a_1	a_3	a_5	a_7	…
s^{n-2}	$c_{13}=\dfrac{a_1a_2-a_0a_3}{a_1}$	$c_{23}=\dfrac{a_1a_4-a_0a_5}{a_1}$	$c_{33}=\dfrac{a_1a_6-a_0a_7}{a_1}$	c_{43}	…
s^{n-3}	$c_{14}=\dfrac{c_{13}a_3-c_{23}a_1}{c_{13}}$	$c_{24}=\dfrac{c_{13}a_5-c_{33}a_1}{c_{13}}$	$c_{34}=\dfrac{c_{13}a_7-c_{43}a_1}{c_{13}}$	c_{44}	…
s^{n-4}	$c_{15}=\dfrac{c_{14}c_{23}-c_{13}c_{24}}{c_{14}}$	$c_{25}=\dfrac{c_{14}c_{33}-c_{13}c_{34}}{c_{14}}$	$c_{35}=\dfrac{c_{14}c_{43}-c_{13}c_{44}}{c_{14}}$	c_{45}	…
⋮	⋮	⋮	⋮	⋮	⋮
s^2	$c_{1,n-1}$	$c_{2,n-1}$	…		…
s^1	$c_{1,n}$	…			…
s^0	$c_{1,n+1}=a_n$	…			…

根据线性系统的特征方程得到劳思表后,判断系统稳定性的充分必要条件是劳思表中第一列所有元素的符号相同(但不为零)。

3. 平稳性指标

超调量 σ:指在响应过程中,超出稳态值的最大偏离量与稳态值之比,即

$$\sigma=\frac{c(t_p)-c(\infty)}{c(\infty)}\times 100\% \tag{6-2}$$

4. 准确性指标

稳态误差 e_{ss}:指当时间 t 趋于无穷时,单位阶跃响应的实际值(稳定值)与期望值(输入值)之差。对于单位阶跃输入来说,稳态误差为

$$e_{ss}=1-h(\infty) \tag{6-3}$$

6.4.3 频域分析方法

1. 基本概念

频域分析方法是基于控制系统在正弦信号作用下的稳定输出,来研究系统的快速性、稳定性和准确性。在用频域法研究系统时,其输入是不同频率的正弦信号,通过分析输出信号的振

幅(幅值)和相位(相角)与输入信号频率之间的关系,来评价控制系统性的能。频域分析方法的输入与输出如图 6-12 所示。

图 6-12　频域分析方法的输入与输出

与时域分析方法分析的对象一致,如果一个线性系统的输出为 $c(t)$,输入为 $r(t)$,则输出与输入之间的传递函数(闭环传递函数)为

$$G(s)=\frac{C(s)}{R(s)}=\frac{N(s)}{D(s)}$$

因此,输入信号为 $r(t)=A_r\sin\omega t$,输出信号为 $c(t)=A_c\sin(\omega t+\varphi)$,其中,输出信号与输入信号的幅值关系为

$$A_c=A_r\left|G(\mathrm{j}\omega)\right|$$

输出信号与输入信号的相位差为

$$\varphi=\angle G(\mathrm{j}\omega)$$

对于线性定常系统 $G(s)$,在正弦信号作用下,输出的稳态分量是与输入同频率的正弦信号,只是稳态输出的振幅和相位与输入不同,其输出振幅是输入振幅的 $|G(\mathrm{j}\omega)|$ 倍,输出相位与输入相位差 $\angle G(\mathrm{j}\omega)$ 度。

举例:以 RLC 振荡电路为例说明频域分析方法

RLC 振荡电路如图 6-13 所示。

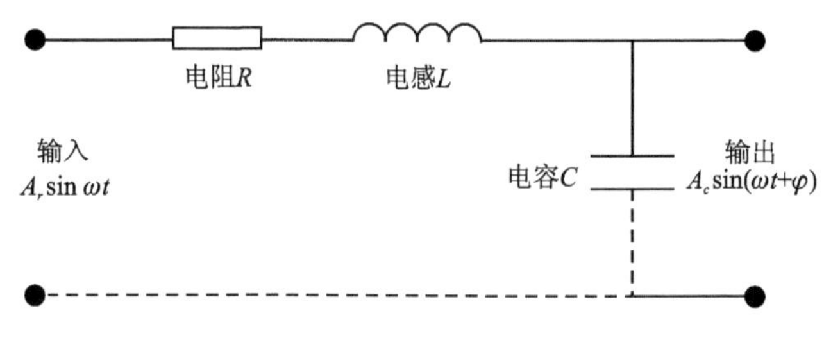

图 6-13　RLC 振荡电路

对于线性时不变系统(LTI),在正弦信号 $A_r\sin\omega t$ 作用下,输出 $A_c\sin(\omega t+\varphi)$ 的稳态分量是与输入同频率的正弦信号,只是稳态输出的幅值与输入不同(有衰减),相位有差异(滞后),如图 6-14 所示。

(1) 频率特性:幅频特性

稳态输出的振幅与输入信号的振幅之比是一个与输入正弦信号频率 ω 有关的函数,称为幅频特性,即

$$A(\omega)=\frac{A_c}{A_r}=\left|G(\mathrm{j}\omega)\right| \tag{6-4}$$

(2) 频率特性:相频特性

稳态输出的相位与输入信号的相位差也是一个与输入正弦信号频率 ω 有关的函数,称为相频特性,即

$$\varphi(\omega)=\angle G(\mathrm{j}\omega) \tag{6-5}$$

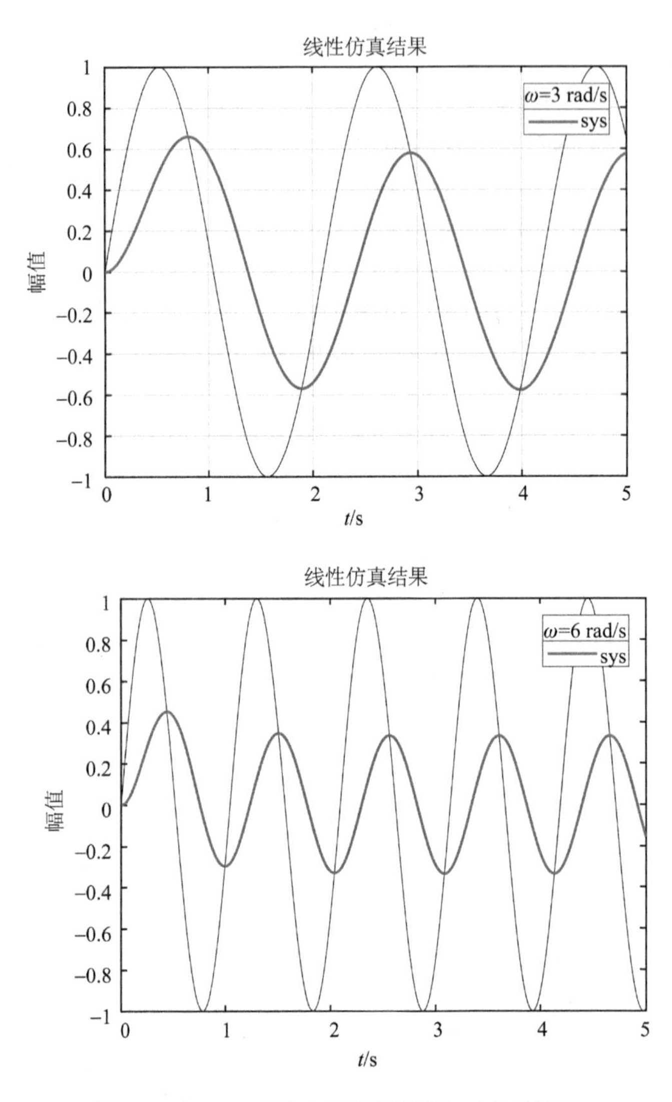

图 6-14　RLC 系统中不同频率输入对应的输出

(3) 对数频率特性(BODE 图)

为了方便地绘制频率特性曲线，经常将幅频与相频特性画在对数坐标系中，称为对数频率特性曲线(BODE 图)。它包括对数幅频和对数相频两条曲线。

1) 对数幅频特性

对数幅频特性曲线的纵坐标是以幅频 $A(\omega)$取对数(以 10 为底)后再乘以 20，即 $20\lg A(\omega)$，用 $L(\omega)$表示，单位为分贝(dB)，则

$$L(\omega)=20\lg A(\omega)$$

对数幅频特性曲线的横坐标以 $\lg\omega$ 为刻度，但仍标注为 $\omega/(\text{rad}\cdot\text{s}^{-1})$。

2) 对数相频特性

对数相频特性曲线的横坐标与对数幅频特性曲线的相同，对数相频特性曲线的纵坐标为 $\varphi(\omega)$，单位为(°)。

举例：

系统

$$G(s)=\frac{C(s)}{R(s)}=\frac{1}{s^2+s+1}$$

的幅频特性曲线(见图 6－15(a))为

$$A(\omega)=|G(\mathrm{j}\omega)|=\left|\frac{1}{1-\omega^2+\mathrm{j}\omega}\right|=\frac{1}{\sqrt{(1-\omega^2)^2+\omega^2}}$$

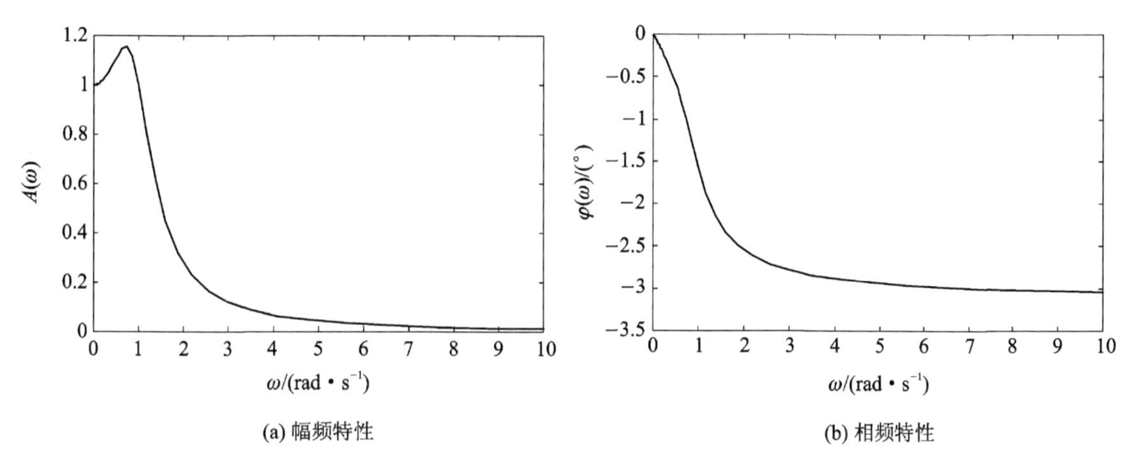

图 6－15　频率特性曲线

相频特性曲线(见图 6－15(b))为

$$\varphi(\omega)=\angle G(\mathrm{j}\omega)=-\arctan\frac{\omega}{1-\omega^2}$$

对数频率特性曲线(BODE 图)如图 6－16 所示。

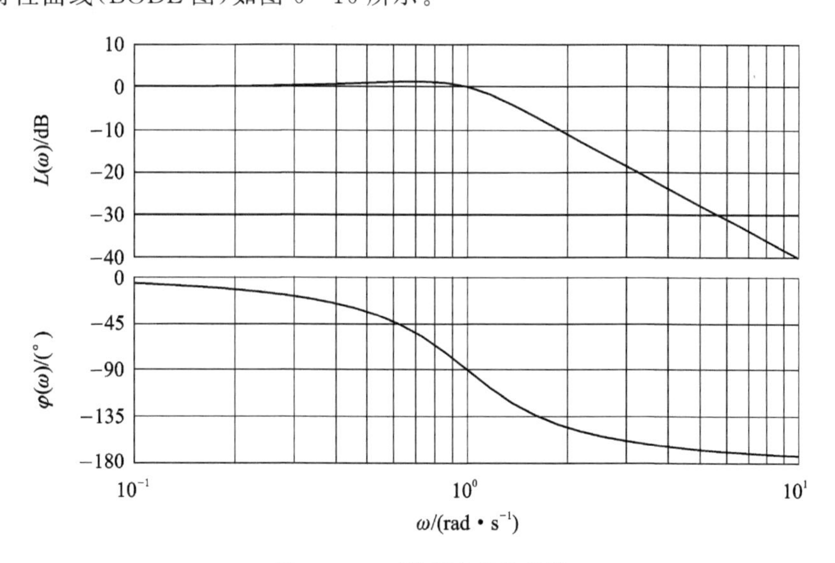

图 6－16　对数频率特性曲线

2. 稳定性分析

在介绍基于频域分析方法的稳定性分析之前，首先需要明确开环系统和闭环系统的内涵及区别。

如图 6－17 所示分别是开环系统和闭环系统。

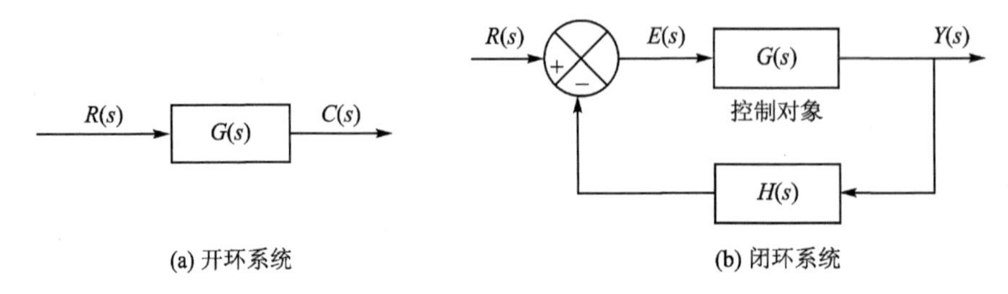

图 6－17　开环系统与闭环系统

对于开环系统图 6－17(a)，系统输出 $C(s)$ 与输入 $R(s)$ 之间的关系为

$$C(s)=R(s)G(s)$$

对于开环系统，传递函数 $G(s)$ 代表系统特性，$G(s)$ 的参数受到环境变换、时效、过程参数的精确值未知以及控制过程的其他自然因素的影响而变化。$G(s)$ 的这些误差和变化都将导致输出 $C(s)$ 的变化和不精确。

相对于开环系统，闭环系统增加了反馈环节 $H(s)$。反馈环节通常由传感器及配套的信号处理系统组成。如果开环系统中的传递函数 $G(s)$ 保持不变，则在增加了负反馈环节 $H(s)$ 后，开环传递函数为 $G(s)H(s)$，增加反馈后形成的新的闭环系统为

$$Y(s)=\frac{G(s)}{1+G(s)H(s)}R(s)$$

频域内的稳定性分析是根据开环频率特性来判断闭环系统的稳定性的。下面介绍基于对数频率特性曲线(BODE 图)的稳定性分析方法。

如图 6－17(b)所示系统的开环传递函数为 $G(s)H(s)$，其对数频率特性曲线如图 6－18 所示。

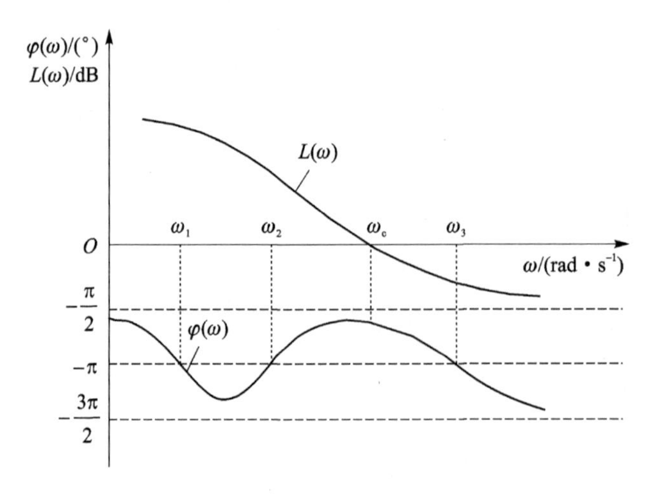

图 6－18　开环系统 $G(s)H(s)$ 对应的对数频率特性曲线

在图6-18中，ω_c 定义为穿越频率。

正穿越数 N_+：开环对数频率特性曲线沿 ω 增加的方向，在幅频 $L(\omega)>0$ dB 范围内，也就是 $\omega<\omega_c$ 频率范围内，相频曲线的去向从下往上穿越 $-\pi$ 线一次，称为一个正穿越。从 $-\pi$ 线开始往上称为半个正穿越。

图6-18所示的正穿越频率点为 ω_2，次数为 $N_+=1$。

负穿越数 N_-：开环对数频率特性曲线沿 ω 增加的方向，在幅频 $L(\omega)>0$ dB 范围内，也就是 $\omega<\omega_c$ 频率范围内，相频曲线的去向从上往下穿越 $-\pi$ 线一次，称为一个负穿越。从 $-\pi$ 线开始往下称为半个负穿越。

图6-18所示的负穿越频率点为 ω_1，次数为 $N_-=1$。

基于对数频率特性曲线的稳定性判据描述如下。

在开环对数幅频 $L(\omega)>0$ dB 范围内，对应的开环对数相频曲线 $\varphi(\omega)$ 对 $-\pi$ 线的正、负穿越次数之差等于系统开环传递函数正极点个数的一半，也就是

$$N=N_+-N_-=\frac{P}{2}$$

其中，P 是开环传递函数 $G(s)H(s)$ 具有正实部特征根的个数。

稳定裕度是评价闭环系统稳定程度的指标。常用的有相稳定裕度(相角裕度)γ 和模稳定裕度(幅值裕度)h。

根据如图6-19所示的对数频率特性曲线，有

相角裕度：

$$\gamma=180^\circ+\angle[G(j\omega_c)H(j\omega_c)]$$

幅值裕度：

$$h(\text{dB})=-20\lg|G(j\omega_1)H(j\omega_1)|$$

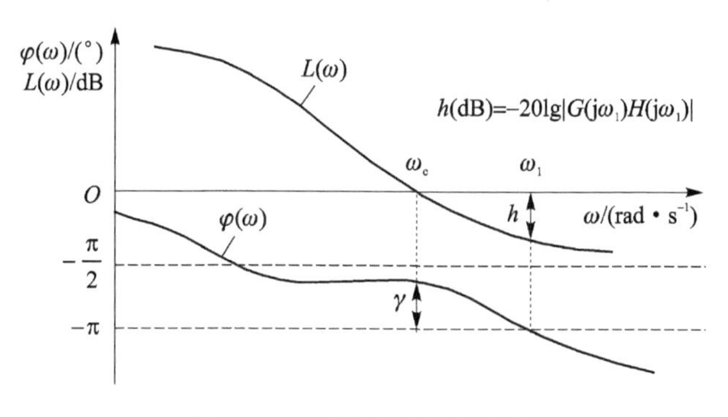

图6-19 对数频率特性曲线

在闭环系统稳定的条件下，系统的相稳定裕度 γ 和模稳定裕度 h 越大，反映系统的稳定程度越高。稳定裕度也间接反映了系统动态过程的平稳性。裕度大意味着超调小、振荡弱、“阻尼”大。

对于一般工业系统，通常要求

$$\gamma\geqslant 40^\circ$$
$$20\lg h\geqslant 6\ \text{dB}$$

3. 利用闭环幅频特性曲线分析和估算系统性能

在时域分析方法中，已经介绍了如何根据系统闭环传递函数分析系统的时域特性。在闭环系统稳定的基础上，利用闭环频率特性也可以进一步对系统动态过程的平稳性、准确性和快速性进行分析和估算，这种方法虽然不够精确和严格，但是避免了直接求解高阶微分方程的困难。

例如，闭环系统的幅频特性曲线如图 6－20 所示。

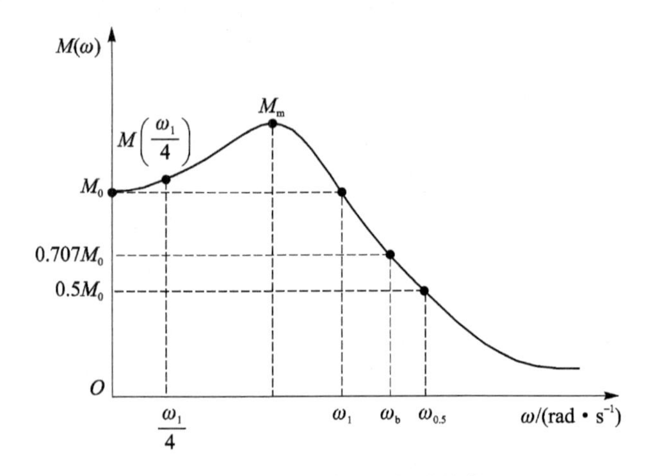

图 6－20　闭环系统的幅频特性曲线

(1) 定性分析

1) 零频幅值 M_0 反映系统在阶跃信号作用下是否存在静差

当 $M_0=1$ 时，说明系统在阶跃信号作用下没有静差（稳态误差），即 $e_{ss}=0$。

当 $M_0\neq1$ 时，说明系统在阶跃信号作用下存在静差（稳态误差），即 $e_{ss}\neq0$。

2) 谐振峰值 M_m 反映系统的平稳性

M_m 大，说明系统阻尼弱，动态过程超调量大，平稳性差。

M_m 小，说明系统平稳性好。

3) 带宽频率 ω_b 反映系统的快速性

带宽频率 ω_b 指幅频特性曲线 $M(\omega)$ 的数值衰减到 $0.707M_0$ 所对应的频率，因此有

$$M(\omega_b)=0.707M_0$$

4) 闭环幅频 $M(\omega)$ 在带宽频率 ω_b 处的斜率反映系统抗高频干扰的能力

ω_b 处的 $M(\omega)$ 斜率越陡，对高频正弦信号的衰减越快，抑制高频干扰的能力越强。

(2) 定量估算

可以由闭环幅频特性曲线 $M(\omega)$（见图 6－20）直接估算出系统阶跃响应的性能指标，包括超调量 σ 和调节时间 t_s，因此有

$$\sigma=\left\{41\times\ln\left[\frac{M_m M\left(\frac{\omega_1}{4}\right)}{M_0^2}\cdot\frac{\omega_b}{\omega_{0.5}}\right]\times17\right\}\%$$

$$t_s=\left(13.57\frac{M_m\omega_b}{M_0\omega_{0.5}}-2.51\right)\frac{1}{\omega_{0.5}}$$

6.5　控制器设计

在系统基本部分已经确定的条件下，为了保证系统满足动态性能指标，往往需要在系统中附加一些具有一定动力学性质的装置，这些附加装置可以是简单的电网络或机械网络，也可以是由计算机软件系统实现的程序，把这些附加装置统称为校正元件或校正装置。工程师在面对实际的工业系统时，通常根据 6.4 节阐述的控制系统性能指标，并根据具体给定的被控对象，单独进行控制器的设计，使得控制器与被控对象组成的系统能够较好地完成自动控制任务。

由于控制器在整个系统中的加入方式不同，因此所起的作用也不尽相同。常见的控制系统校正方式有前置校正、串联校正、反馈校正和复合校正等，如图 6－21 所示。

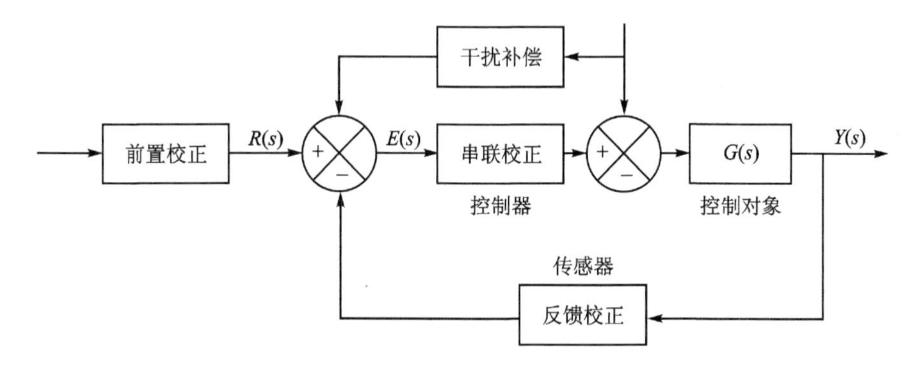

图 6－21　典型的校正方式

6.5.1　串联校正

加入串联校正的系统结构如图 6－22 所示。图中 $C(s)$代表串联校正装置(控制器)，$G(s)$代表系统中不变的部分(控制对象)。在工程实践中常用的有超前校正、滞后校正和滞后-超前校正。本小节不对校正装置的具体设计方法进行阐述，只介绍工业自动化系统中最常用的 PID 控制器结构。

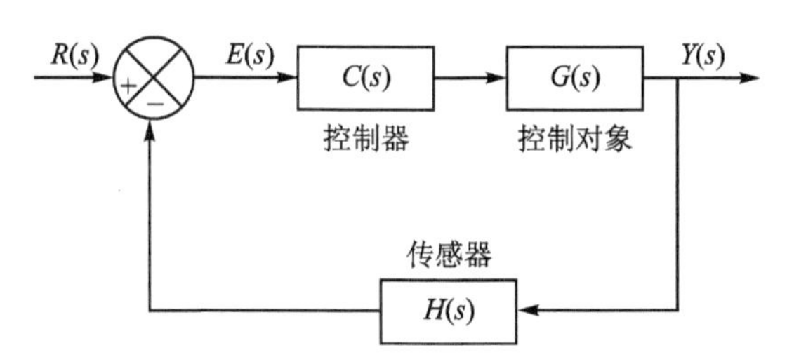

图 6－22　控制系统的串联校正

PID 控制器(比例-积分-微分控制器)的作用类似于滞后-超前校正。由比例单元(P)、积分单元(I)和微分单元(D)组成。通过对 K_p、K_i 和 K_d 三个参数的设定，PID 控制器主要适用于基本上线性，且动态特性不随时间变化的系统。

PID 控制器是一个在工业控制应用中常见的反馈回路部件。该控制器把收集到的数据与一个参考值进行比较，然后把这个差值用于计算新的输入值，这个新的输入值的目的是使系统的数据达到或保持在参考值上。PID 控制器可以根据历史数据和差值的出现率来调整输入值，使系统更加准确且稳定，如图 6－23 所示。

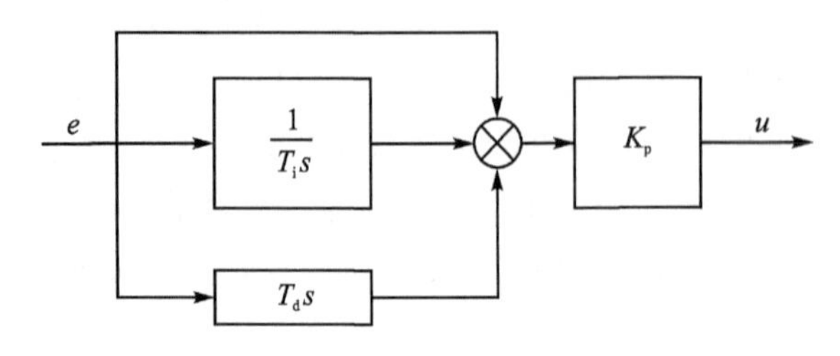

图 6－23　PID 控制器中参数的调整（人工调整）方法与参数的影响

PID 控制器的比例单元（P）、积分单元（I）和微分单元（D）分别对应目前误差、过去累计误差及未来误差。如果不知道受控系统的特性，一般认为 PID 控制器是最适用的控制器。通过调整 PID 控制器的三个参数，可以调整控制系统，以设法满足设计需求。控制器的响应可以用控制器对误差的反应快慢、控制器过冲的程度及系统振荡的程度来表示。PID 控制器的参数增加（单独增加一个参数）与影响见表 6－4。

表 6－4　PID 控制器的参数增加（单独增加一个参数）与影响

参　数	上升时间	超　调	调节时间	稳态误差	稳定性
K_p↑	↓	↑	变化大	↓	↓
K_i↑	↓	↑	↑	消除	↓
K_d↑	变化小	↓	↓	无影响	↑（当 K_d 比较小时）

6.5.2　反馈校正

反馈校正的形式如图 6－24 所示。

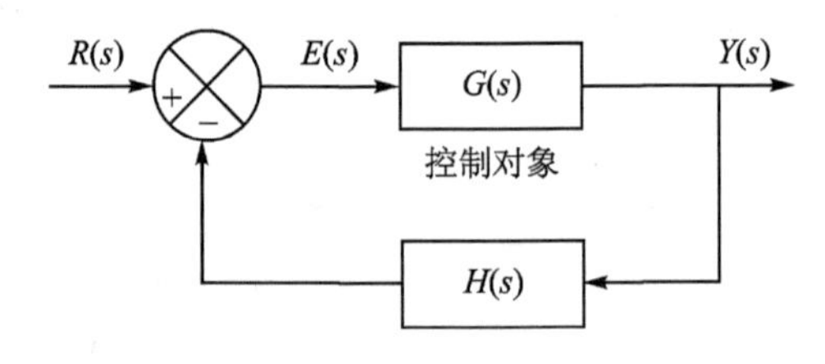

图 6－24　反馈校正

对于如图 6－24 所示的闭环系统，如果 $G(s)H(s) \gg 1$，则输出与输入之间的传递函数为

$$\frac{Y(s)}{R(s)} \approx \frac{1}{H(s)}$$

可以看出，如果增加的反馈校正 $H(s)$滞后，则输出仅受 $H(s)$的影响；如果 $H(s)=1$，则系统将获得理想结果，输出 $Y(s)$等于输入 $R(s)$。当增加 $G(s)H(s)$的幅值时，就减小了系统结构中 $G(s)$对输出的影响。这个事实是一个非常有用的概念：反馈系统的首要优点就是减小了因控制对象 $G(s)$的参数变化而对输出产生的影响。

6.6　控制系统实验

6.6.1　直流电机数学建模

直流电机是工业系统中应用最为广泛的动力元件之一，本小节以 LEGO Mindstorms EV3 机器人用直流电机为例，阐述控制系统的建模和分析方法，并根据具体性能要求设计直流电机控制器，最后通过对比所得到的解析、仿真和实验的结果，分析三者之间的差异以及产生差异的原因。

1. 结构和参数

乐高机器人用直流电机结构如图 6-25 所示，其参数是：

- 电枢电阻：$R_a = 6.69\ \Omega$；
- 转动惯量：$J_m = 1 \times 10^{-5}\ \mathrm{kg \cdot m^2}$；
- 反电动势系数：$K_b = 0.468\ \mathrm{V/(rad \cdot s^{-1})}$；
- 电磁转矩系数：$C_m = 0.317\ \mathrm{N \cdot m/A}$；
- 传感器(编码器)分辨率：1°；
- 转速：160～170 r/min；
- 旋转扭矩：20 N·cm。

图 6-25　乐高机器人用直流电机

2. 建模和理论分析

按照 6.3.4 小节阐述的数学模型，可建立直流电机的理论模型。不考虑非线性环节，直流电机输出与输入之间的传递函数为

$$G_m(s) = \frac{\Omega(s)}{U_a(s)} = \frac{K_m}{T_m s + 1} \tag{6-6}$$

其中

$$T_m = \frac{R_a J_m}{K_b C_m + R_a f_m}, \quad K_m = \frac{C_m}{K_b C_m + R_a f_m}$$

针对公式(6-6)描述的直流电机系统，在单位阶跃输入时，有

$$u_a(t) = \begin{cases} 0, & t = 0 \\ 1\ \mathrm{V}, & t > 0 \end{cases}$$

通过运算可以得到

$$\omega(t) = K_m \left(1 - \mathrm{e}^{-\frac{1}{T_m} t}\right)$$

在公式(6-6)的模型中，由于参数 f_m(电机转轴摩擦系数$[\mathrm{N \cdot m/(rad \cdot s^{-1})}]$)与电机的设计、加工及具体的润滑工况有关，因此很难直接得到。不考虑转轴摩擦的影响，假设 $f_m = 0$，基于 MATLAB 绘制电机阶跃输入-输出曲线，如图 6-26 所示。

注：MATLAB 软件介绍

MATLAB 已经成为国际上最流行的控制系统计算机辅助设计软件。现在的 MATLAB 已经不仅仅是一个"矩阵实验室"了，它已经成为一种具有广泛应用前景的计算机高级编程语言。MATLAB 是一种以复数矩阵作为基本编程单元的程序设计语言，它提供了各种矩阵运

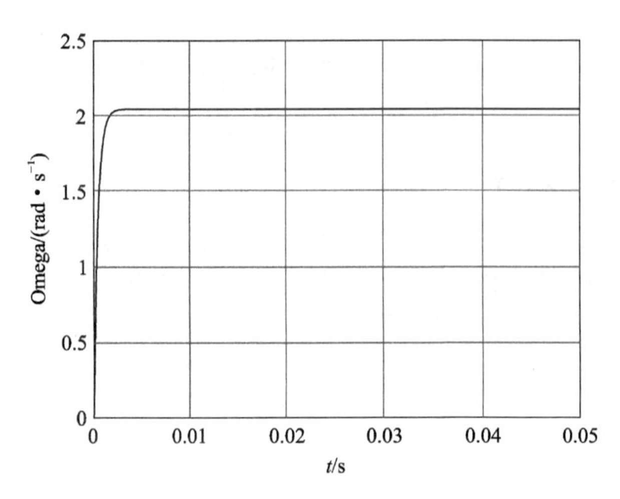

图 6－26　直流电机输入-输出理论曲线

算和操作，并具有较强的绘图功能。因此得以广泛流传。

MATLAB 的基本语句有：

赋值语句："变量名＝表达式"，a＝[1 2][3 4]；

控制语句：for 循环，while 循环；

绘图功能：plot 语句。

绘制图 6－26 的语句列表如下：

```
%%%%%%%%%%LEGO Mindstorms EV3 DC Motor
Ra = 6.69;                               %ohm                 电机电枢电阻
Jm = 1e-5;                               %Kg.m^2              等效转动惯量
Kb = 0.468;                              %V/rad.s^-1          电机反电动势系数
Cm = 0.317;                              %N.m/A               电磁转矩系数
fm = 0.001;                              %Nm/(rad.s^-1)       阻尼系数
Tm = (Ra*Jm)/(Kb*Cm+Ra*fm);              %                    时间常数
Km = Cm/(Kb*Cm+Ra*fm);                   %                    电机增益
Ua = 1;                                  %V                   阶跃输入，电枢电压
t_end = 0.05;                            %s                   仿真时间
Omega = zeros();                         %rad/s               电机输出转速
t_inial = 0;                             %s                   启动时间
t_sample = 0.0001;                       %s                   采样时间
t_end = 0.05;                            %s                   结束时间
t_test = zeros();                        %s                   试验时间
i = 1;                                   %                    下标
for t = t_inial:t_sample:t_end
    Omega(i) = Ua*Km*(1-exp(-t*1/Tm));
    t_test(i) = t;
    i = i+1;
end
plot(t_test,Omega);                      %绘图
```

3. 计算机建模与仿真分析

基于微分方程和传递函数，只能描述线性系统模型并分析理想情况下的结果。然而，实际系统中，几乎所有的物理系统都存在非线性环节。软件工具的快速发展为建立非线性模型提供了方便的工具。以直流电机为例，考虑电机电枢电感、负载和阻尼之后，基于 MATLAB/Simulink 建立系统的动态结构图如图 6－27 所示。

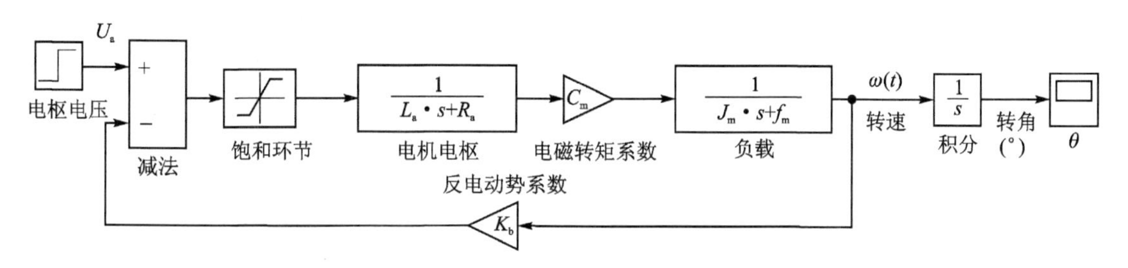

图 6－27　直流电机动态结构图

Simulink 模型考虑到了直流电机电枢的饱和环节（−9～9 V）、负载 0.001 N·m、电枢电感 L_a 和负载阻尼 f_m 等。

与理论分析时的输入信号一致，给定同样的输入电枢电压 U_a=1 V，运行即可得到直流电机在阶跃电压输入下的响应。

通过图 6－28 可以看出，由于考虑了负载和阻尼因素，因此计算机模型与基于微分方程计算的结果有较大差异。

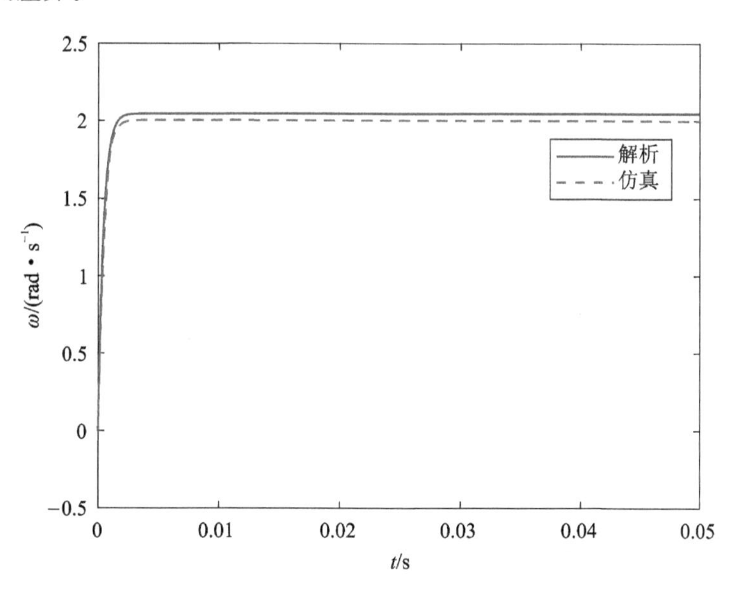

图 6－28　电机阶跃响应的仿真和理想结果对比

4. 阶跃响应试验

LEGO 机器人系统的硬件典型结构图如图 6－29 所示。

(1) EV3 程序块

EV3 程序块是整个机器人的核心部分，承担着系统控制器、电源、人机交互界面、通信模

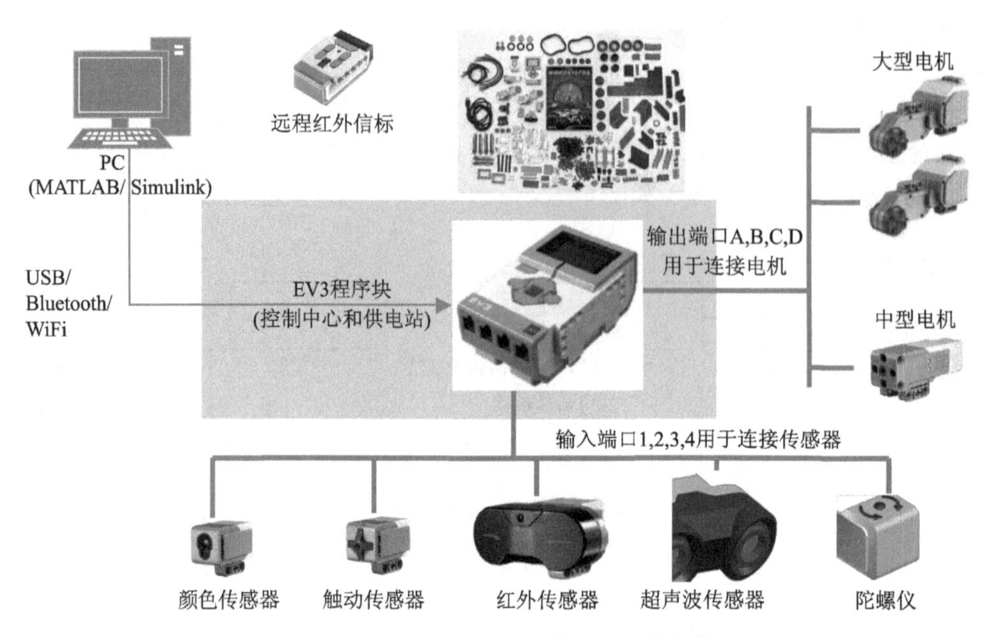

图 6-29　LEGO EV3 机器人硬件系统结构

块等多种功能。可以通过输入端口 1,2,3,4 连接传感器,也有 A,B,C,D 四个输出端口连接大型和中型电机。同时程序块还有自带的操作按钮,可以实现对系统的直接操控。与上位机的连接可以通过 USB、蓝牙、WiFi 等多种方式。程序块可以通过多种方式接收上位机的指令来运行,也可以装载固定程序,实现自主运行。本案例通过 USB 连接 EV3 程序块和计算机,并通过 MATLAB 中的 EV3 Support Package 模块实现对 EV3 机器人的控制。LEGO EV3 机器人控制系统架构如图 6-30 所示。

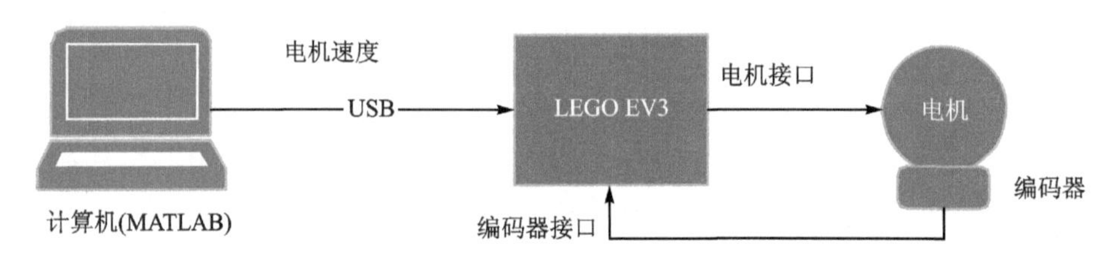

图 6-30　LEGO EV3 机器人控制系统架构

(2) 大型电机

大型电机是一个强大的"智能"电机。它有一个内置转速传感器,分辨率为 1°,可实现精确控制。大型电机经过优化成为机器人的基础驱动力。

大型电机的每分钟转速为 160～170 转,旋转扭矩为 20 N·cm,失速扭矩为 40 N·cm。

基于 EV3 平台,试验直流电机的阶跃响应步骤如下。

1) 电脑安装好 MATLAB,并安装 LEGO Mindstroms EV3 Support Package

第一步:建立连接:myev3=legoev3('USB');

第二步:定义电机:mymotor=motor(myev3,'A');

第三步:设置控制量。

按照直流电机动态结构图中展示的输入和输出，基于 MATLAB，编程采集直流电机在 Speed=100 阶跃输入下的响应(输出为速度(rad/s))。

示例程序如下：

```
clear all;
myev3 = legoev3('USB');          % 建立 EV3 与计算机之间的连接
mymotor = motor(myev3,'A')       % 定义电机变量
s = 100;                         % 输入电枢电压 100 % × 供电电压(最大 9 V)
T = [0];                         % 运行时间
Pos = [0];                       % 输出角度
omega = [0];                     % 计算得到角速度
resetRotation(mymotor);          % 重置编码器
mymotor.Speed = s;               %
t = 0;
tend = 1;                        % 结束时间
tic()
i = 1;
start(mymotor)
while(t<tend)
    t = toc()
    T(end + 1) = t;
    Pos(end + 1) = readRotation(mymotor);
    omega(end + 1) = (Pos(i + 1) - Pos(i))/(T(i + 1) - T(i)); % 计算角速度,单位:度/秒
    i = i + 1
end
stop(mymotor)
plot(T,omega)
```

得到的输出角度曲线如图 6-31 所示。

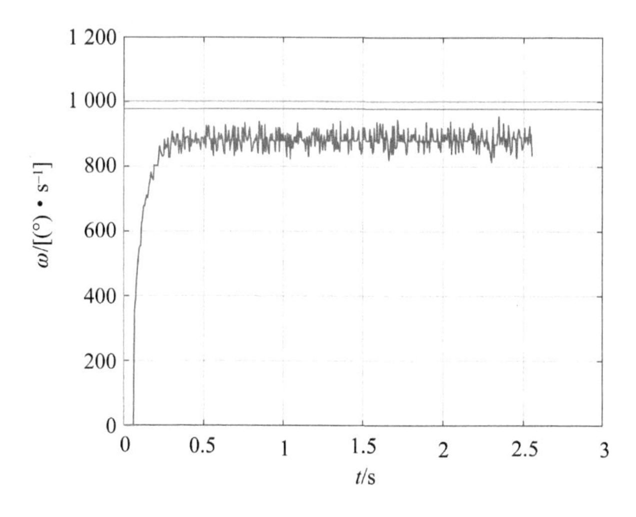

图 6-31　电机阶跃响应速度曲线(试验)

2）时间常数 T_m 的辨识方法

在输入 Speed=100 时，基于 MATLAB 绘制如图 6－32 所示曲线。

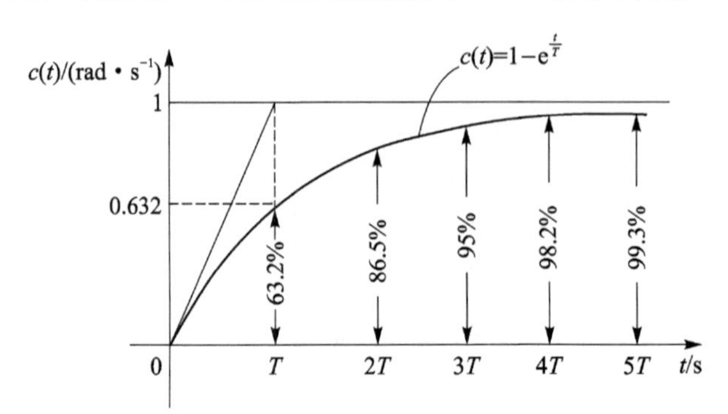

图 6－32　电机阶跃响应

横坐标为时间 t(s)，纵坐标为电机旋转角速度(rad/s)。

对比图 6－31 和图 6－32，观测曲线形状，并估计电机时间常数 T_m 和增益 K_m（见公式(6－6))。

图 6－28 和图 6－31 分别展示了电机阶跃响应的理论值、仿真值和试验值，在实际工程系统中，评价一个模型准确性的重要判据是这三种结果的匹配性，如图 6－33 所示。理论值是根据需求得到的，同时也反映了设计者的理想目标。仿真值是根据设计方案及设计系统中具体系统的结构和参数，建立模型并仿真得到的结果，反映的是设计者的实际方案的理想结果。而试验值则是根据设计方案，在具体实现系统后，通过真实试验得到的结果。理想值、仿真值和试验值之间最理想的情况是保持完全匹配，但是这种情况在实际工程中是不可能实现的。所以，对于一个工程师来说，就是要能够合理分析这三者之间的差异，以及产生差异的具体原因，并在设计和实施具体工程系统中有所侧重，让期望结果与实际结果尽可能保持一致。

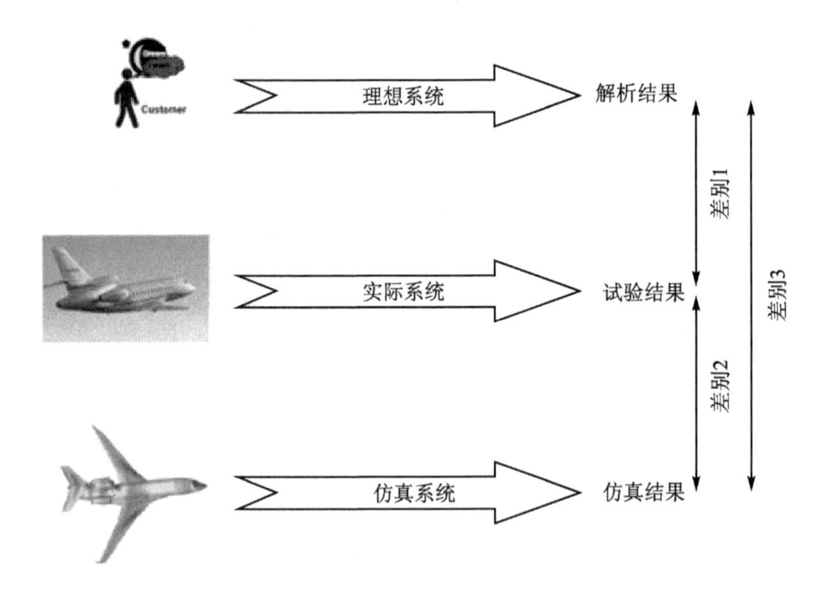

图 6－33　设计结果、仿真结果与实验结果对比

6.6.2　直流电机的控制

工业上应用的 PID 控制器多为“标准形”PID，其结构如图 6－34 所示。

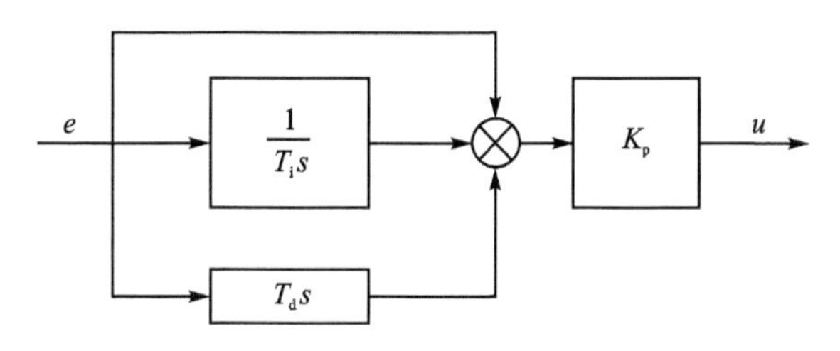

图 6－34　标准形 PID 结构

1. 理想 PID 的输出与输入的关系

通常，工程上调节 PID 控制器的参数流程如下。先将 K_i 和 K_d 设为零，增加 K_p 直至回路输出振荡为止，之后再将 K_p 设定为“1/4 振幅衰减”（使系统的第二次过冲量是第一次的 1/4）增益的一半，然后增加 K_i 直至一定时间后的稳态误差可以被修正为止，不过，可能会造成 K_i 不稳定。最后若有需要，可以增加 K_d，并确认在负载变动后，回路可以足够快地回到其设定值，不过，若 K_d 太大会造成响应太快及过冲。一般而言，快速反应的 PID 应该会有轻微的过冲，只是有些系统不允许过冲，因此需要将系统调整为过阻尼系统。

本小节在 6.6.1 小节建立的数学模型基础上，对增加了 PID 控制器后的仿真和试验结果进行了对比。

下面基于 MATLAB/Simulink 建立乐高机器人用直流伺服电机的试验系统。

LEGO 开发了应用于 Simulink 的全部机器人相关套件，具体如图 6－35 所示。在图中，Button 是遥控器控制模块，Color Sensor 是颜色传感器模块，Encoder 是编码器模块，Gyro Sensor 是陀螺仪传感器模块，Infrared Sensor 是红外传感器模块，Motor 是电机控制模块，Speaker 是扬声器模块，Status Light 是状态显示模块，TCP/IP 是网络控制模块。在此案例中，只需要使用 Motor 模块就可以实现对电机的控制，使用 Encoder 模块可以实现对电机位置信息的采集。

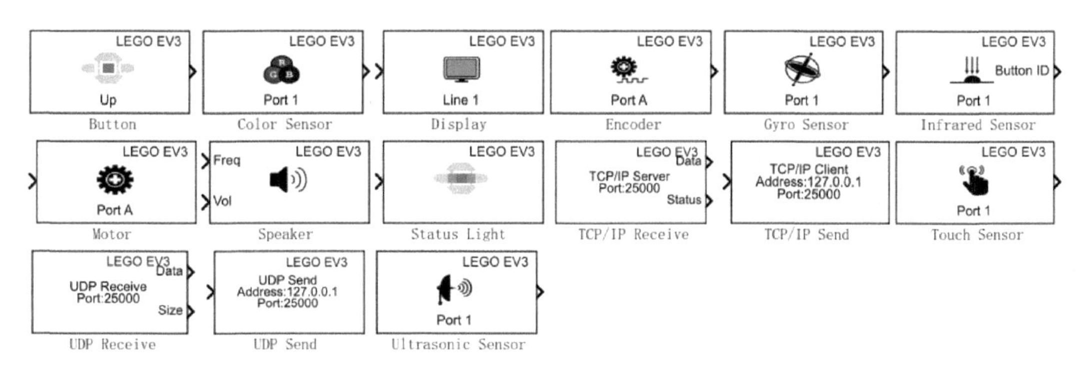

图 6－35　LEGO EV3 机器人的 Simulink 工具包

在 6.6.1 小节建立的电机模型的基础上增加了 PID 控制模块和比较器，如图 6－36 所示。在系统稳定的情况下，可调节 PID 控制器的参数。其中增大 K_p 可以减小响应时间，使得

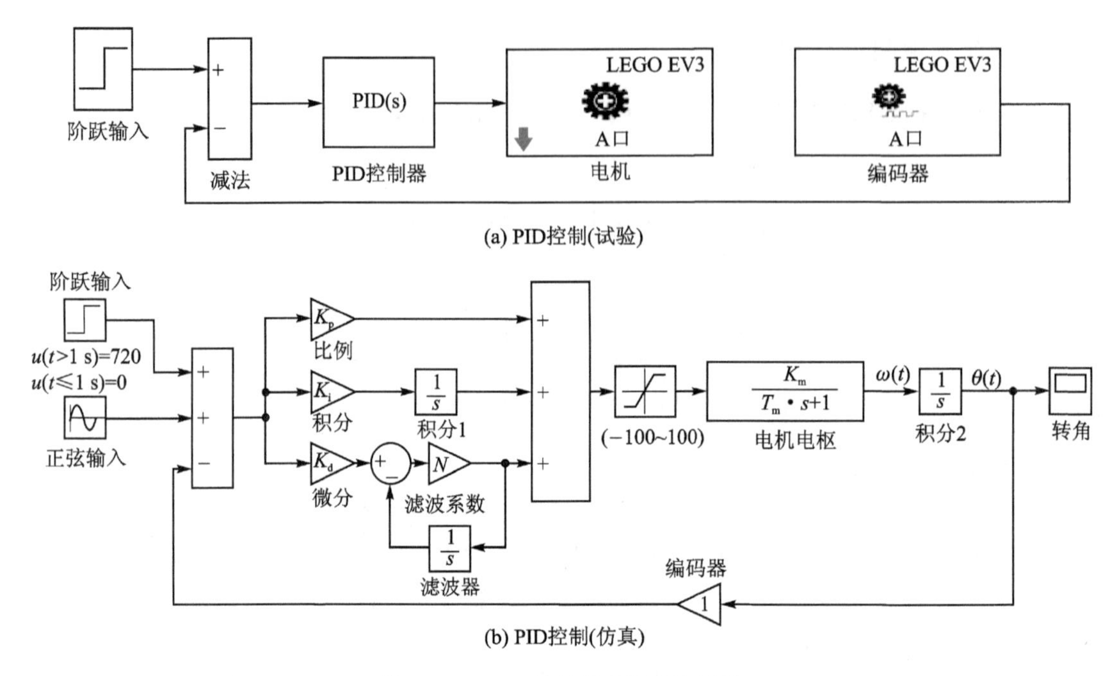

图 6-36　PID 控制器的仿真和试验

输出更加接近于输入值；但是当 K_p 过大时又会使系统过度振荡，出现波浪曲线，很难收敛到输入值。增大 K_i 可以减小波动周期，使系统更加快速地收敛到输入值；但是当 K_i 过大时又会使系统振荡过大，回到稳定输入值的时间过长。减小 K_d 可以减小振荡幅度，使输出值接近于输入值；但当 K_d 过小时振荡周期会过大，不利于快速收敛到输入值。

2. 仿真系统与实际系统的区别

在 $K_p=1, K_i=0, K_d=0.1$ 时，系统实际响应和仿真中的模型响应对比如图 6-37 所示。

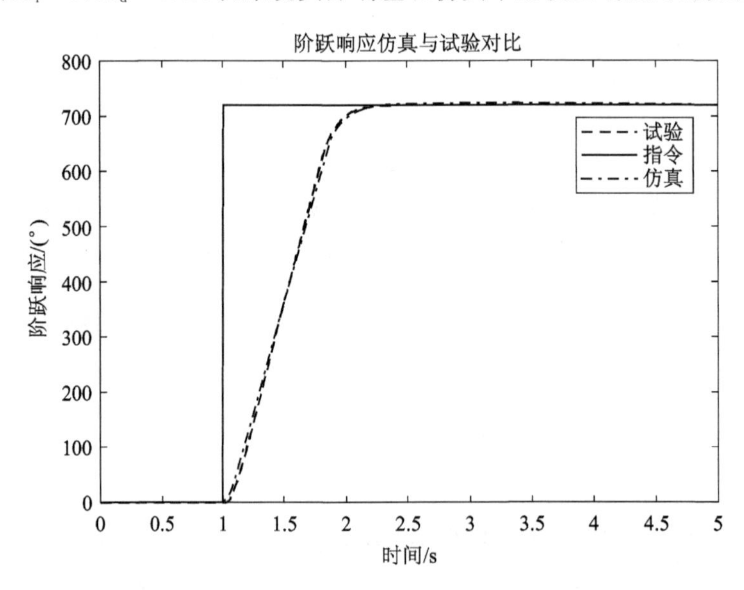

图 6-37　PID 控制的仿真与试验结果对比

从图 6－37 可以看出，两条曲线趋势一致，偏差也很小，随着时间的增加，两条曲线基本重合。但是在最初时仿真模型的响应更快一些，误差的来源应该是在建立电机模型时没有考虑电机的负载和摩擦等阻力，以及将实际的二阶电机系统简化为一阶系统而带来的微小误差。

6.6.3　自动控制综合性能实验平台控制系统设计与实现

1. 控制系统设计

自动控制综合性能实验平台是基于施耐德电气的三轴机器人（机械手）Leximu Max R（见图 6－38）设计的，该机器人具有三个自由度，三个自由度的驱动机构和传动机构能够保证机器人在 X，Y，Z 三个方向上做直线运动。

机械手能够承受最大负载 50 kg，X 方向行程为 0～5 500 mm，Y 方向行程为 0～1 500 mm，Z 方向行程为 0～1 200 mm，在行程范围内可以精确移动，实现对物品的抓取和放置。

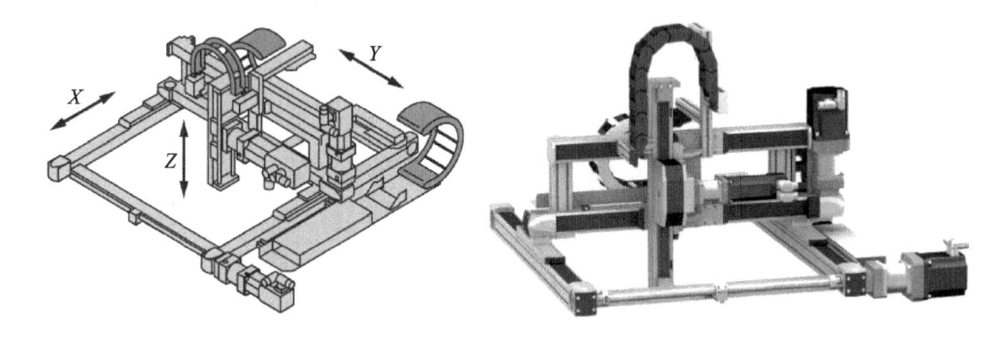

图 6－38　Mar R 机器人结构（施耐德电气）

Mar R 机器人的具体性能指标见表 6－5。

表 6－5　Mar R 机器人性能指标

判　据	值
系统稳定	—
幅值裕度 相角裕度 超调量	$h>10$ dB $\gamma>45°$ $\sigma<25\%$
穿越频率 调节时间	$\omega_c>15$ rad/s $T_{5\%}<500$ ms
稳态误差	$e_{ss}<0.5$ mm

自动控制综合性能实验平台模拟工业系统中常用的“抓取和放置”操作，在这些应用场景中，机械臂必须快速准确地定位到另一个位置。在这种使用环境中，平台的外部负载为零，电动机仅用于克服机械装置内部的惯性阻力和被动阻力。

自动控制综合性能实验平台的结构如图 6－39 所示。

三轴机械手的使用者往往不关心内部构造，他们只关心产品的性能是否能够满足要求（速度、精度等参数）。然而，作为工程师，在根据使用者的需求进行设计与分析时，需要关注系统的所有技术细节。为了对三轴机械手的位置进行准确测量和控制，在此系统中安装了系列传

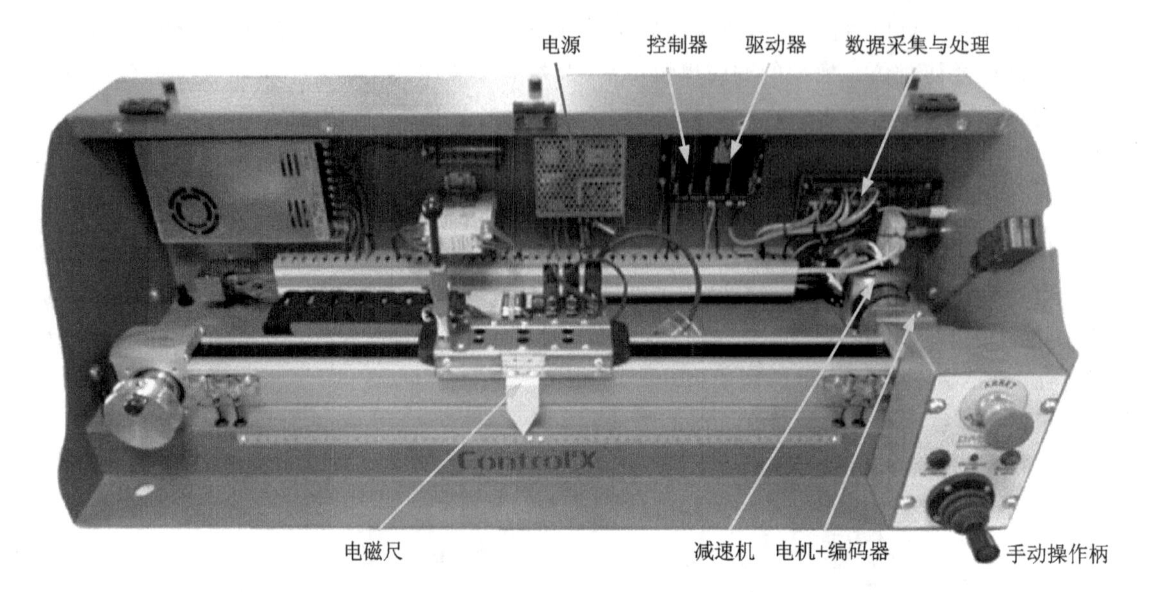

图 6-39　自动控制综合性能实验平台结构

感器，包括：① 电机电压传感器；② 电机电流传感器；③ 安装在电动机轴末端的测速发电机；④ 移动单元上的力传感器；⑤ 电磁尺；⑥ 编码器、加速度计、红外距离传感器。

自动控制综合性能实验平台的核心是一个位置伺服系统，该系统主要由：① 带有上位监控软件的计算机；② 驱动器(控制器)；③ 电源；④ 传动机构(电动机、减速机构、移动小车、编码器)及上述传感器组成。

图 6-40 介绍了实施位置伺服所需的各种组件的结构和功能组织。

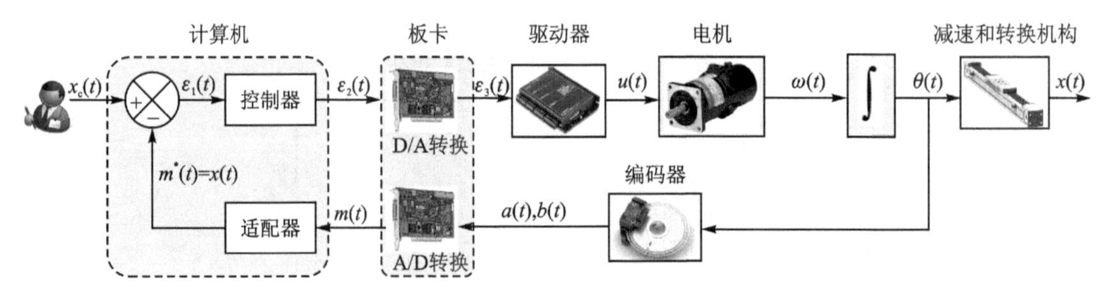

图 6-40　自动控制综合性能实验平台位置伺服控制功能框图

(1) 计算机功能

在图 6-40 中，计算机接收控制信号 $x_c(t)$(mm)和反馈信号 $m(t)$，并将 $m(t)$转换为与控制信号相同单位的数字信号 $m^*(t)$(mm)；运算得到控制信号与反馈信号之间的差值 $\varepsilon_1(t)=x_c(t)-x(t)$；计算机实现控制器，并基于输入 $\varepsilon_1(t)$得到控制器输出信号 $\varepsilon_2(t)$。

(2) 板卡功能

信号采集(A/D 转换)过程是：① 采集增量编码器信号 $a(t)$和 $b(t)$；② 对 $a(t)$和 $b(t)$进行处理，得到与位置信号 $x(t)$呈比例关系的信号 $m(t)$；③ 将信号 $m(t)$输出到计算机。

信号生成(D/A 转换)过程是：① 从计算机接收信号 $\varepsilon_2(t)$；② 将数字信号 $\varepsilon_2(t)$转换为模拟信号 $\varepsilon_3(t)$。

注意：板卡只履行计算机与机械系统之间的接口和信息传递功能，而不承担位移控制器的功能。

(3) 驱动器功能

驱动器接收信号 $\varepsilon_3(t)$，并将其放大后转换为电机的驱动电压信号 $u(t)$，其中 $u(t)=b\varepsilon_3(t)$。驱动器还可以实现电流环和速度环控制功能。

(4) 编码器功能

量式编码器是将位移转换为周期性的电信号，再将这个电信号转换为计数脉冲，用脉冲的个数表示位移的大小。编码器将电机的转动角度(速度)信号转换为电信号，输入到数据采集卡，如图6-41所示。

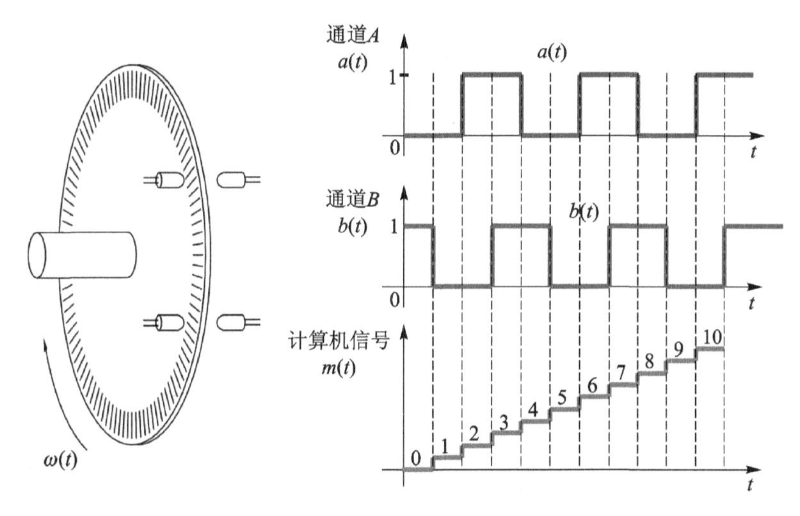

图6-41　编码器各通道信号形式

设备使用的编码器为77脉冲/毫米，对应到直线位移，分辨精度为12.9 μm。

图6-40中各个信号的单位见表6-6。

表6-6　系统中各个信号的符号和单位

信　号	单　位
$m(t)$	数字增量
$\varepsilon_3(t)$, $u(t)$	V
$\omega(t)$	rad/s
$\theta(t)$	rad
$x(t)$	mm(实际值)
$x_c(t)$, $m^*(t)$, $\varepsilon_1(t)$, $\varepsilon_2(t)$	mm(计算机采集值)

2. 控制系统实现

实验的基本工作流程如图6-42所示。

(1) 前期准备

前期准备的步骤是：

① 打开自动控制系统综合实验平台(见图6-43)的电源开关，将开关置于“1”位置。

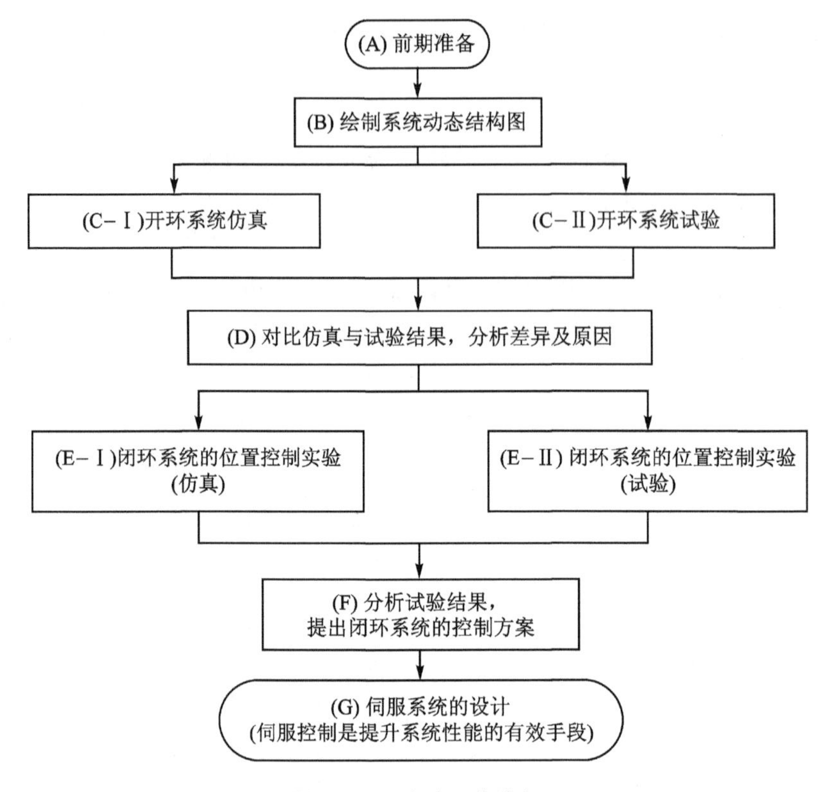

图 6-42　实验工作流程

(a) “1”位置

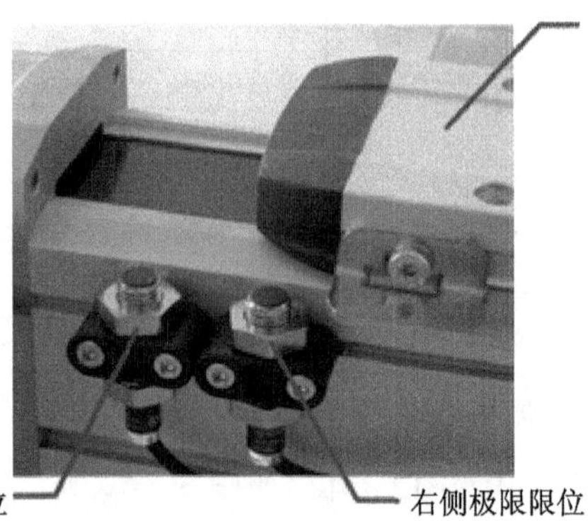

(b) 限位开关

图 6-43　自动控制系统综合实验平台

② 检查两侧限位开关,确保移动块不在左右两侧极限位置,如果在极限位置,则手动调整位置。

③ 合上外罩,确保运行时的安全。

④ 解锁急停按钮,按下“Armer System(启动系统)”按钮,绿色指示灯亮表明系统就绪。

⑤ 启动自动控制综合性能实验平台控制软件,开始对系统进行试验和仿真分析。

在开环模式下,可以通过控制系统的输入电压 $x_c(t)$或者手柄,来实现对滑块的控制。

如果需要尝试将滑块移动到 300 mm 处,可以发现,在开环模式下,很难用操作杆将其移动到 300±1 mm 处。

(2) 绘制系统动态结构图

在建立系统模型之前,首先需要详细掌握系统中各个元部件的组成和参数。下面分别介绍自动控制综合性能实验平台各个元部件的结构及性能相关参数。

电机是将电能转换为机械能的关键部件。本案例中电机的特性参数见表 6-7。

表 6-7　电机参数

参　数	符　号	单　位	值	
额定功率	P_n	W	110	
额定电压	U_n	V	75	
额定转矩	C_n	N·m	0.34	
额定电流	I_n	A	2.0	
额定转速	ω_n	r/min	3 000	
最大转矩	C_c	N·m	0.42	
最大堵转转矩	C_m	N·m	3.4	
最大电流	I_c	A	2.2	
最大瞬时电流	I_m	A	18	
最大转速	n_m	r/min	5 000	
摩擦力矩	C_f	N·m	0.022	
最大加速度	a_m	rad/s^2	91.9×10^3	
阻尼系数	f_m	N·m/min	0.013×10^{-3}	
力矩常数	k_c	N·m/A	0.21	
反电动势常数	k_e	V/min	21.8×10^{-3}	
转动惯量	J_m	kg·m^2	0.037×10^{-3}	
电枢电阻	R	Ω	5.1	
电枢电感	L	mH	3.2	
机械时间常数	τ_m	ms	4.3	
电气时间常数	τ_e	ms	0.63	

减速机构的特性参数见表 6-8。

表 6-8　减速机构参数

参　数	符　号	单　位	值	
级数	—	—	1	
减速比	$1/i$	—	1/3	
质量	M_g	kg	0.9	
转动惯量	J_m	kg·cm^2	0.135	

驱动轮的特性参数见表 6－9。

表 6－9　驱动轮参数

参　数	符　号	单　位	值
半径	R	mm	25
齿距	p^*	mm	5
齿数	Z	—	31
转动惯量	J_m	kg・m²	4.2×10^{-5}

同步带的特性参数见表 6－10。

表 6－10　同步带参数

参　数	符　号	单　位	值
长度	L	mm	25
齿距	p^*	mm	5
皮带初始长度	l_C	mm	1 670
单位长度质量	λ_C	kg/m	0.096
质量	m_C	kg	0.16
刚度	r_S	N	0.572×10^6
额定传输力	F_r	N	570～710

机械臂的特性参数见表 6－11。

表 6－11　机械臂参数

参　数	符　号	单　位	值
导轨质量	M	kg	0.9
额定载荷	m_r	kg	12
最大速度	V_{max}	m/s	8
最大加速度	a_{max}	m/s²	20
传动装置所受最大力矩	M_{max}	N・m	20
传动装置所受最大力	F_{max}	N	800
X 方向所受最大力	F_{Xmax}	N	660
Y 方向所受最大力	F_{Ymax}	N	430
X 方向所受最大力矩	M_{Xmax}	N・m	9
Y 方向所受最大力矩	M_{Ymax}	N・m	18
Z 方向所受最大力矩	M_{Zmax}	N・m	28
有效行程	L_r	mm	450

驱动器的特性参数见表 6－12。

表 6-12 驱动器参数

参 数	符 号	单 位	值
额定输出电压	V_{CC}	V	10～50
最大输出电压	V_{max}	V	$0.98V_{CC}$
最大持续输出电流	I_{cmax}	A	5
最大瞬时输出电流	I_{pmax}	A	15
增益	G	B	4
脉冲宽度调制频率	f_{pwm}	kHz	53.6
输入电压	V_{in}	V	−10～10

摇臂的特性参数见表 6-13。

表 6-13 摇臂参数

参 数	符 号	单 位	值
最大偏角	θ_{max}	(°)	36°
供给电压	V_s	V	5±0.5
增益	G	V	$\pm 40\% \times V_s = \pm 2$
偏转为零时的电压	V_0	V	$2.5 \pm 5\% \times G$ 2.5 ± 0.1

直流电源的特性参数见表 6-14。

表 6-14 直流电源参数

参 数	符 号	单 位	值
交流输入电压	V_{in}	V AC	124～370
直流输出电压	V_{out}	V DC	48
额定电流	I_r	A	6.7
额定功率	P_r	W	321.6
最大噪声	V_{nmax}	V	240 mV
效率	η	—	90%

建立系统模型是对控制系统进行设计、分析、仿真、校正的基础与前提。通常，建模工作需要一个小组的同学协同完成。

基于图 6-40 的系统功能框图，并假设系统是线性无扰动的，电机的电气特性参数和机械特性参数恒定。整个系统的闭环动态结构如图 6-44 所示。

如果不考虑传感器的动态特性，则传感器的参数 D 和 C 不会影响系统的动态性能，只有参数 i 和 R 会影响系统的动态特性。

简化模型如图 6-45 所示，其中，$1/i$ 为减速比，B 为放大倍数，R 为驱动轮半径。

如果将电机简化为一阶系统，则整个系统可以简化为如图 6-46 所示的模型。

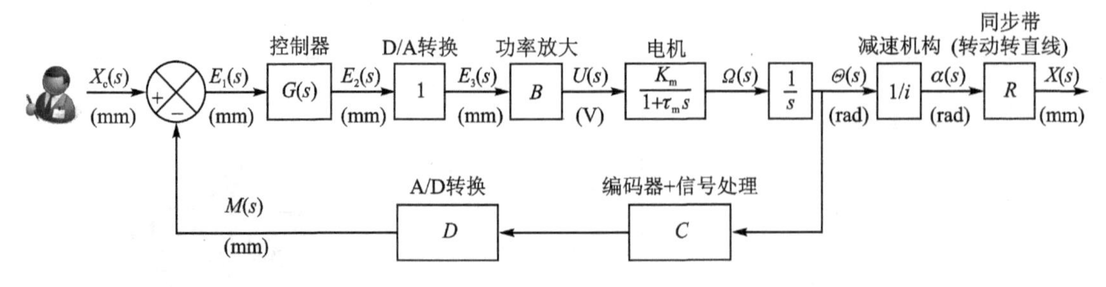

图 6-44 系统闭环动态结构图

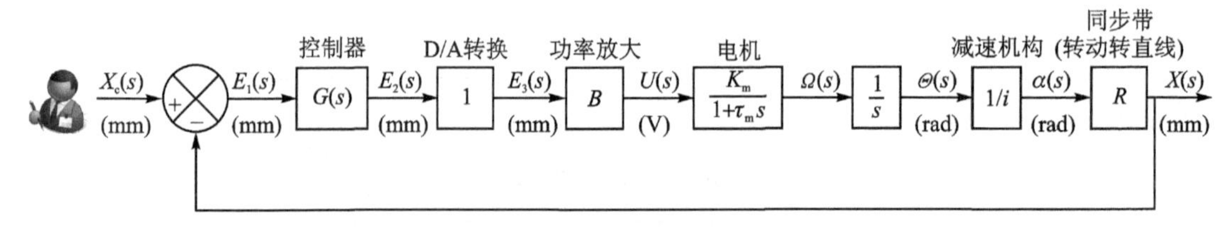

图 6-45 简化动态结构图 1

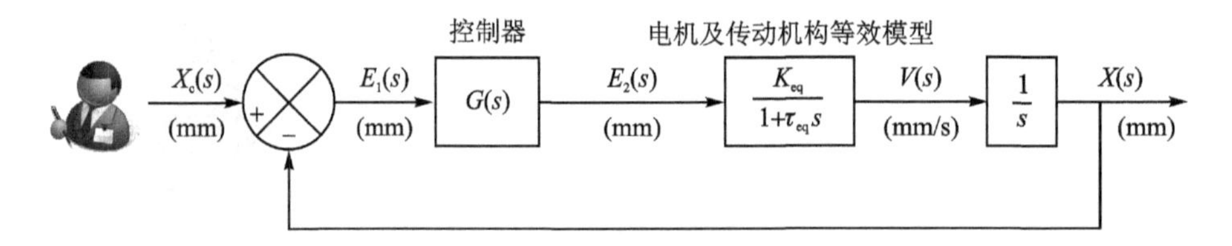

图 6-46 简化动态结构图 2

如果控制器为简单的比例控制，即 $G(s)=G$，则系统的开环传递函数为

$$\left.\begin{aligned} H_{OL}(s) &= \frac{X(s)}{E_1(s)} = \frac{GK_{eq}}{(1+\tau_{eq}s)s} \\ K_{eq} &= \frac{BK_m R}{i}, \quad \tau_{eq}=\tau_m \end{aligned}\right\} \tag{6-7}$$

系统的闭环传递函数为

$$H_{CL}(s)=\frac{X(s)}{X_c(s)}=\frac{1}{1+\dfrac{1}{GK_{eq}}s+\dfrac{\tau_{eq}}{GK_{eq}}\dfrac{s^2}{\omega_n^2}}=\frac{K_{CL}}{1+\dfrac{2\zeta}{\omega_n}s+\dfrac{s^2}{\omega_n^2}} \tag{6-8}$$

其中，

$$K_{CL}=1, \quad \zeta=\frac{1}{2\sqrt{GK_{eq}\tau_m}}, \quad \omega_n=\sqrt{\frac{GK_{eq}}{\tau_m}}$$

在建模过程中，输出 $x(t)$ 的单位为 mm。输出 $x(t)$ 的单位的选择会对开环增益产生重大影响。

图 6-45 模型中的参数为

$$B=4, \quad \tau_m=22\ \text{ms}, \quad R=24.67\ \text{mm}, \quad i=3, \quad K_m=4\ (\text{rad}\cdot\text{s}^{-1})/\text{V}$$

将以上参数代入公式(6-7)，可以得到

$$K_{eq}=132\ (\text{mm}\cdot \text{s}^{-1})/\text{V}$$

$$\tau_{eq}=0.022\ \text{s}$$

当增益 $G=1$ 时，可以得到

$$\zeta=0.3,\quad \omega_n=77\ \text{rad/s}$$

从而得到整个系统的开环传递函数为

$$H_{OL}(s)=\frac{132}{(1+0.022s)s} \tag{6-9}$$

(3) 开环系统仿真与实验

通过摇臂实施开环控制。在不实施自动控制的情况下，在开环状态下，仅仅通过手动控制摇臂很难快速准确地控制滑块到达 300±1 mm 位置处。

根据自动控制综合性能实验平台系统结构图，定义开环系统如图 6－47 所示。

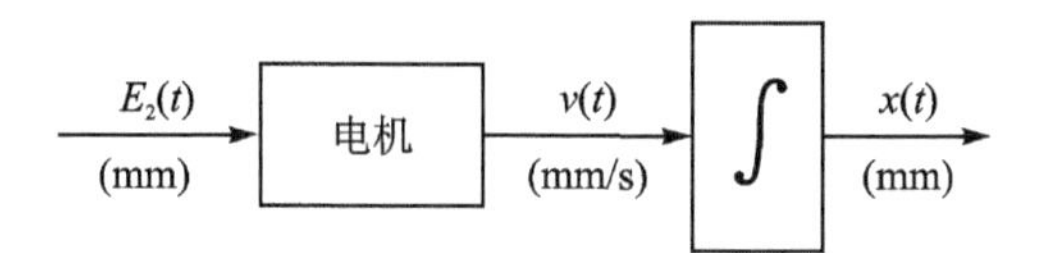

图 6－47　开环系统

对应开环系统中的电机，输入 $E_2(t)$ 与输出 $v(t)$ 之间的函数曲线如图 6－48 所示。

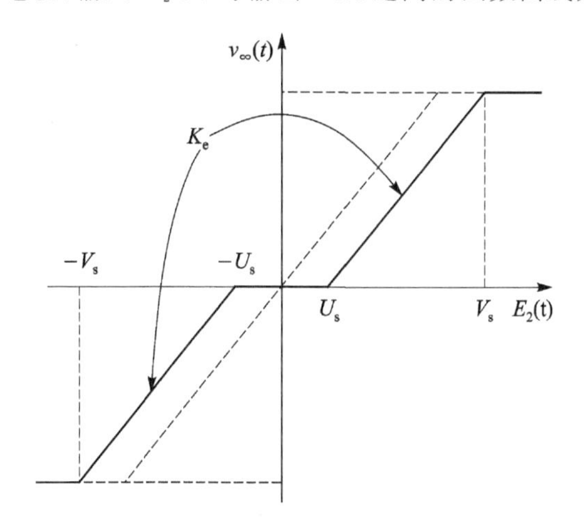

图 6－48　电机的输入与输出

根据 6.6.1 小节描述的直流电机模型，可以得知开环系统的输入 $E_2(t)$ 与输出 $x(t)$ 之间的关系为

$$\tau_{eq}\frac{\mathrm{d}v(t)}{\mathrm{d}t}+v(t)=K_{eq}E_2(t)$$

$$x(t)=K_{eq}\int_{\lambda=0}^{\lambda=t}[E_2(\lambda)-U_s]\,\mathrm{d}\lambda,\quad E_2(t)\in[-V_s,V_s]$$

在阶跃输入下，仿真和试验系统的性能如图 6－49 所示。

从图 6－49 也可以看出，在开环情况下，若想得到准确的 300 mm 位置处的控制结果也是非常困难的，这与实验的结论一致。

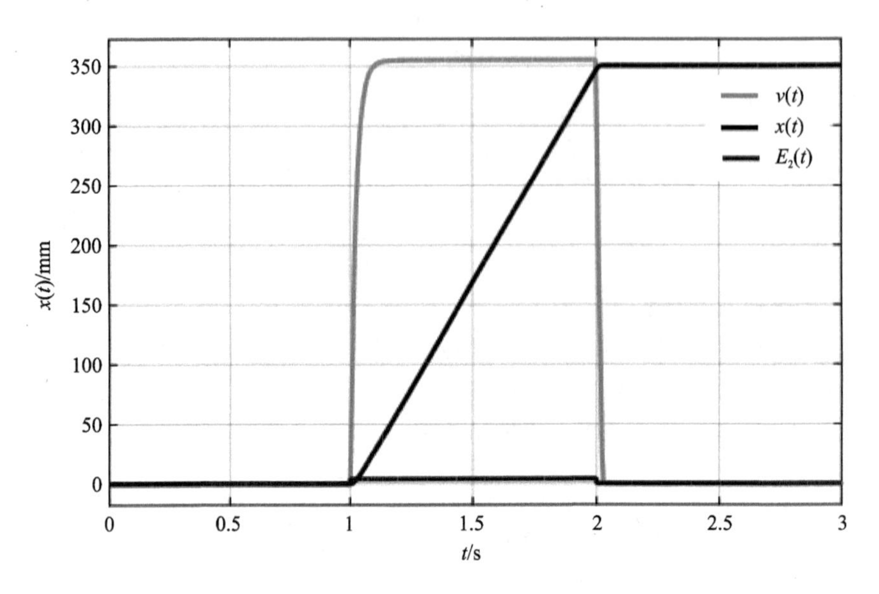

图 6-49　开环系统响应

(4) 闭环系统仿真与实验

在进行闭环系统建模时,需要考虑板卡及驱动器的饱和,以及静摩擦力和库伦摩擦力影响之后的非线性因素。根据以上的饱和因素,可以得到考虑了非线性因素之后的闭环系统模型,如图 6-50 所示。

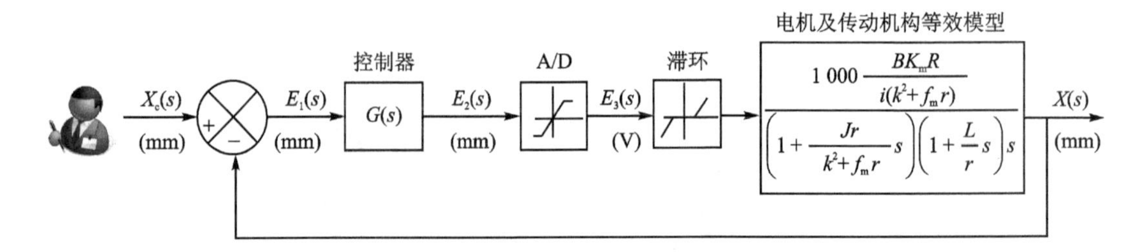

图 6-50　考虑了非线性因素后的闭环系统模型

在图 6-50 中,

$$\frac{1\,000\dfrac{BK_{\mathrm{m}}R}{i(k^2+f_{\mathrm{m}}r)}}{\left(1+\dfrac{Jr}{k^2+f_{\mathrm{m}}r}s\right)\left(1+\dfrac{L}{r}s\right)s}=\frac{136}{(1+0.022s)(1+6.27\times10^{-4}s)s}$$

$$V_{\mathrm{s}}=\pm10\ \mathrm{V}$$

$$U_{\mathrm{s}}\approx1.5\ \mathrm{V}$$

闭环试验结果对比如图 6-51 所示。

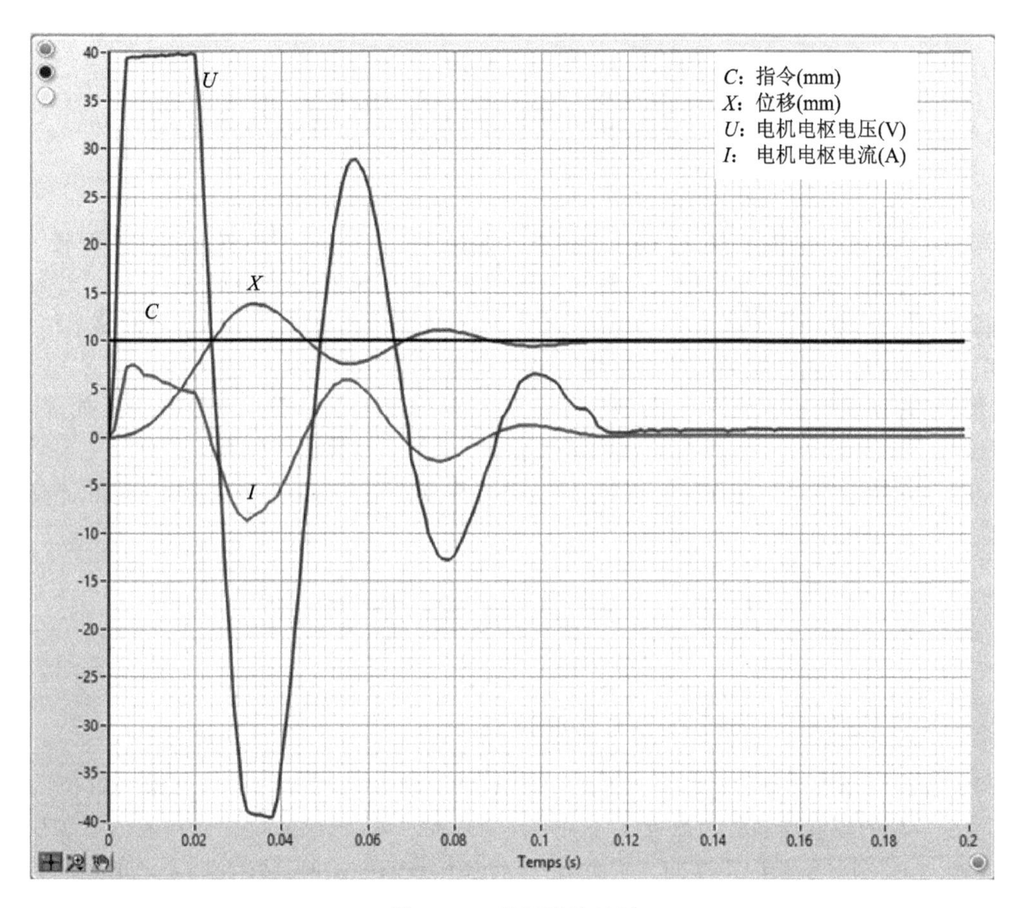

图6-51 闭环试验结果

6.7 小 结

本章主要介绍了控制系统的常用建模及设计与分析方法。虽然控制器的设计方法多种多样，但是无论使用何种控制方法，其设计分析的流程和基本逻辑是类似的。本章内容旨在让读者掌握基本的自动控制系统设计分析流程和基本的建模技巧，如果读者需要更先进的控制器设计算法，则可以参考专门介绍控制器设计的书籍。由于直流电机在工业领域中也有广泛的应用，因此本章选用的案例均使用了直流电机，这具有典型性。

第 7 章　控制系统的计算机实现

数字计算机不仅在科学计算、数据处理等方面获得了广泛的应用，而且在自动控制领域也得到了广泛应用。数字计算机在自动控制中的基本应用就是直接参与控制，承担了控制系统中控制器的任务，从而形成了计算机控制系统。本章主要介绍计算机控制系统的基本结构、组成和信号特征，并着重介绍不同控制器的计算机控制实现方法。

计算机控制系统在工业中的典型应用大致可以分为以下几类：① 数据采集处理系统；② 直接数字控制系统；③ 计算机监督控制系统；④ 分散式计算机控制系统。本章主要针对直接数字控制系统的计算机实现方法进行介绍，但只重点介绍其实现方法，对相关理论不做重点介绍。

7.1　计算机控制基础

7.1.1　计算机控制系统的典型结构及特点

与连续控制系统相比，在计算机控制系统中，计算机及其相应的信号变换装置（A/D，D/A）取代了常规的模拟控制器。在设计计算机控制系统时，首先需要掌握其对应的连续控制系统的控制器、控制对象和传感器的结构组成（或传递函数），然后将连续控制系统的控制器离散化，变为数字算法，最后用计算机编程实现。即使是设计新的计算机控制系统，由于人们在离散域直接设计数字控制器的经验相对不足（相比于在连续域内比较成熟的时域、频域和复域分析方法），因此也愿意先在连续域中设计出控制率，然后将它离散化，再编排在计算机上实现。这就是连续域-离散化设计。

连续控制系统与计算机控制系统对比如图 7－1 所示。

本章主要介绍如何基于连续域控制系统控制器，实现在离散域内的计算机控制算法的设计与实现。具体控制器的设计方法本章不做阐述。

综上，设计计算机控制系统的步骤如下：

① 根据被控对象和系统性能的要求，以及第 6 章阐述的设计和性能分析方法，设计完成连续域控制器 $D(s)$。

② 根据系统性能要求，确定计算机控制系统的采样周期 T。

③ 考虑到计算机控制系统中的 A/D、D/A、ZOH（Zero Order Hold，零阶保持器）的采样和相位滞后，根据连续控制系统的传递函数，得到计算机控制系统的等效传递函数 $D_e(s)$。

④ 选择好合适的离散化方法，将 $D_e(s)$ 离散化，得到离散化之后的控制器脉冲传递函数 $D(z)$，使 $D_e(s)$ 和 $D(z)$ 性能尽量等效。

⑤ 通过理论或仿真方法检验计算机控制系统的闭环性能，如果性能不能满足要求，可以通过改善离散化方法、提高采样频率、修正连续域的控制器等方法，提高计算机控制系统的性能。

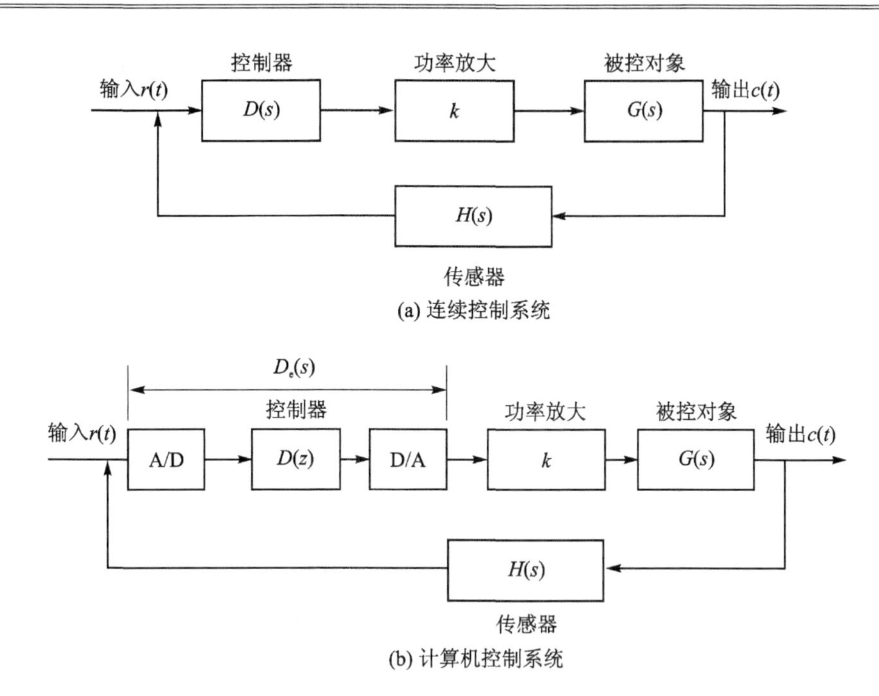

图 7-1　连续控制系统与计算机控制系统

⑥ 将 $D(z)$变为数字算法，在计算机上编程实现。

针对步骤①中的连续域设计方法，本章不再阐述。本章主要针对步骤②中采样周期 T 的确定方法，步骤③中零阶保持器的相关知识，步骤④中的离散化方法，步骤⑤中的性能仿真方法，步骤⑥中的计算机控制算法的实现来介绍相关的知识，最后通过案例介绍具体控制器的实现方法。

7.1.2　采样定理

在第 3 章中已经阐述，对于典型的计算机控制系统，其中信号通常包括：① 连续型模拟量；② 离散型模拟量；③ 离散型离散量，离散型模拟量和离散型离散量之间的转换主要由量化单位（数据格式）决定；④ 离散型数字量，离散量和数字量之间的转换主要由编码规则决定；⑤ 连续阶梯型模拟量；⑥ 连续型数字量。

在计算机控制系统中，A/D 变换将模拟信号变换为计算机可以处理的数字信号。D/A 变换将计算机处理后的数字信号转换为执行机构可以接受的模拟信号。A/D 转换的过程就是采样的过程。计算机控制系统的性能与采样频率密切相关。

具体到控制系统，所需要的采样频率和采样定理可以表述如下：若连续信号是有限带宽的，且它所包含的频率分量的最大值为 ω_m，当采样频率 $\omega_s \geqslant \omega_m$ 时，则原连续信号完全可以用其采样信号来表征，或者说采样信号可以不失真地代表原连续信号，如图 7-2 所示。

信号的采样与恢复（零阶保持器）：实际信号的恢复一般采用最简单的办法，即将采样间隔内的信号保持不变。输出的离散信号经 D/A 解码后即按这种办法把模拟信号恢复为阶梯形的连续信号，这样就减缓了脉冲信号对连续被控对象的冲击，从而使控制过程较为平稳。计算机控制系统中的采样与恢复如图 7-3 所示。

零阶保持器的波形如图 7-4 所示。

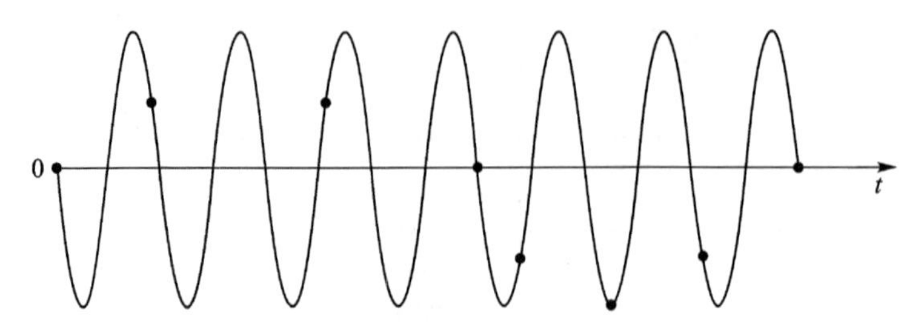

(a) 连续信号(7/8 Hz)，采样频率 f_s=1 Hz

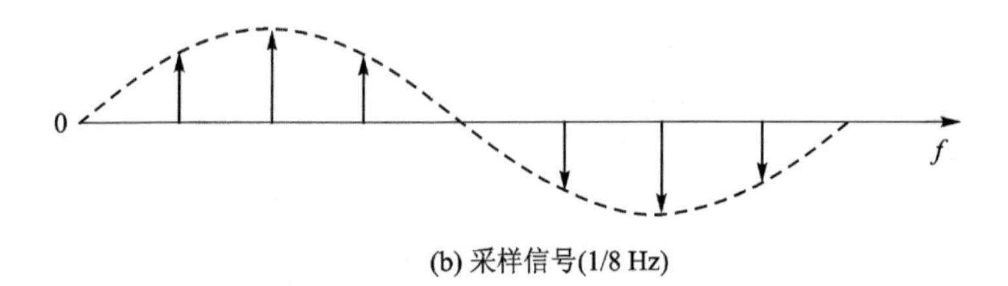

(b) 采样信号(1/8 Hz)

图 7－2　采样频率与原始信号之间的关系

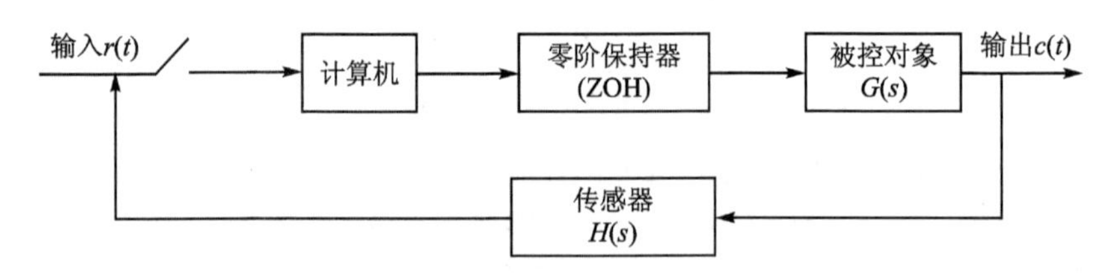

图 7－3　计算机控制系统中的采样与恢复

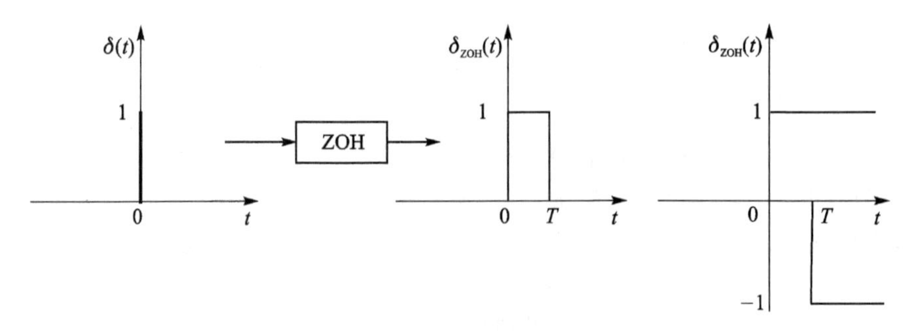

图 7－4　ZOH 的脉冲过渡函数

如果零阶保持器的输入为单位脉冲 $\delta(t)$，则其输出的数学表达式为

$$g_{\text{ZOH}}(t)=u_s(t)-u_s(t-T)$$

从图 7－4 可以看出，零阶保持器的传递函数为

$$G_{\text{ZOH}}(s)=\frac{1-\mathrm{e}^{-sT}}{s} \tag{7-1}$$

7.1.3　Z 变换与差分方程

1. Z 变换

连续信号 $f(t)$的拉氏变换 $F(s)$是复变量 s 的有理分式函数。微分方程通过拉氏变换可

化为 s 的代数方程，从而大大简化了微分方程的求解过程。对计算机控制系统中的采样信号 $f^*(t)$ 也可以进行拉氏变换，从而试图找到简化运算的方法，这种方法的需求就引出了 Z 变换。

连续信号 $f(t)$ 通过采样周期为 T 的理想采样开关后，其采样信号 $f^*(t)$ 是一组加权理想脉冲序列，其表达式为

$$f^*(t)=\sum_{k=0}^{\infty}f(kT)\delta(t-kT)=f(0)\delta(t)+f(T)\delta(t-T)+f(2T)\delta(t-2T)+\cdots \tag{7-2}$$

对公式(7-2)作拉氏变换，得到

$$F^*(s)=f(0)+f(T)\mathrm{e}^{-sT}+f(2T)\mathrm{e}^{-2sT}+f(3T)\mathrm{e}^{-3sT}+\cdots=\sum_{k=0}^{\infty}f(kT)\mathrm{e}^{-ksT} \tag{7-3}$$

引入复变量 z，且令

$$z=\mathrm{e}^{sT}$$

将 z 的表达式代入公式(7-3)，可以得到

$$F(z)=f(0)+f(T)z^{-1}+f(2T)z^{-2}+f(3T)z^{-3}+\cdots=\sum_{k=0}^{\infty}f(kT)z^{-k} \tag{7-4}$$

从公式(7-4)可知，Z 变换实际上是拉氏变换的特殊形式，也是对采样信号作拉氏变换并作 $z=\mathrm{e}^{sT}$ 变量置换以后得到的结果。

在实际应用中，采样信号 $f^*(t)$ 的 Z 变换在收敛域内都对应有闭合形式，其表达式是 z 的有理分式，即

$$F(z)=\frac{k(z^m+d_{m-1}z^{m-1}+\cdots+d_1z+d_0)}{z^n+c_{n-1}z^{n-1}+\cdots+c_1z+c_0},\quad m\leqslant n \tag{7-5}$$

公式(7-2)～公式(7-4)分别为采样信号在时域、S 域和 Z 域的表达式。

可以看出，通过控制器 $D_e(s)$ 经过 Z 变换之后的控制表达式 $D_e(z)$，可以方便地进行控制器信号在离散域的计算与分析。

表7-1列出了离散域 Z 变换的基本特性。

表7-1　拉氏变换与 Z 变换特性

特　性	拉氏变换	Z 变换
线性	$L[f_1(t)\pm f_2(t)]=F_1(s)\pm F_2(s)$ $L^{-1}[F_1(s)\pm F_2(s)]=f_1(t)\pm f_2(t)$ $L[af(t)]=aF(s)$ $L[aF(s)]=af(t)$	$Z[f_1(t)\pm f_2(t)]=F_1(z)\pm F_2(z)$ $Z^{-1}[F_1(z)\pm F_2(z)]=f_1^*(t)\pm f_2^*(t)$ $Z[af(t)]=aF(z)$ $Z[aF(z)]=af^*(t)$
实微分 （实超前位移）	$L\left[\frac{\mathrm{d}^k}{\mathrm{d}t^k}f(t)\right]=s^kF(s)-\sum_{j=1}^{k}s^{k-j}f^{(j-1)}(0)$	$Z[(f(t+lT)]=z^lF(z)-\sum_{j=0}^{l-1}z^{l-j}f(j)s$
实积分	$L\left[\int_0^t f(\tau)\mathrm{d}\tau\right]=\frac{F(s)}{s}$	—

续表 7-1

特性	拉氏变换	Z 变换
复微分	$L[t\cdot f(t)]=-\frac{d}{ds}F(s)$	$Z[t\cdot f(t)]=-Tz\frac{dF(z)}{dz}$
复积分	$L\left[\frac{f(t)}{t}\right]=\int_s^{\infty}F(p)dp$	$Z\left[\frac{f(t)}{t}\right]=\int_0^{\infty}\frac{F(\omega)}{T\omega}d\omega+\lim_{k\to 0}\frac{f(kT)}{kT}$
实延迟位移	$L[f(t-T_0)\cdot 1(t-T_0)]=e^{-sT_0}F(s)$	$Z[f(t-lT)\cdot 1(t-lT)]=z^{-l}F(z)$
复位移	$L[e^{\mp at}f(t)]=F(s\pm a)$	$Z[e^{\mp at}f(t)]=Z[F(s\pm a)]=F(ze^{\pm at})$
初值	$\lim_{t\to 0}f(t)=\lim_{s\to\infty}sF(s)$	$\lim_{k\to 0}f(kT)=\lim_{s\to\infty}F(z)$
终值	$\lim_{t\to\infty}f(t)=\lim_{s\to 0}sF(s)$	$\lim_{k\to\infty}f(kT)=\lim_{s\to 1}(1-z^{-1})F(z)$
实卷积	$L[f_1(t)\otimes f_2(t)]=F_1(s)\cdot F_2(s)$	$Z[f_1(n)\otimes f_2(n)]=F_1(z)\cdot F_2(z)$
求和	—	$Z\left[\sum_{i=0}^{n}f(i)\right]=\frac{1}{1-z^{-1}}F(z)$

表 7-2 列出了拉氏变换和 Z 变换表。

表 7-2 拉氏变换和 Z 变换表

$F(s)$	$f(t)$	$F(z)$	$F(z,m)$
e^{-kTs}	$\delta(t-kT)$	z^{-k}	z^{m-1-k}
1	$\delta(t)$	1 或 z^{-0}	0
$\frac{1}{s}$	$1(t)$	$\frac{z}{z-1}$	$\frac{1}{z-1}$
$\frac{1}{s^2}$	t	$\frac{Tz}{(z-1)^2}$	$\frac{mT}{z-1}+\frac{T}{(z-1)^2}$
$\frac{1}{s^3}$	$\frac{1}{2!}t^2$	$\frac{T^2z(z+1)}{2(z-1)^3}$	$\frac{T^2}{2}\left[\frac{m^2}{z-1}+\frac{2m+1}{(z-1)^2}+\frac{2}{(z-1)^3}\right]$
$\frac{1}{s^4}$	$\frac{1}{3!}t^3$	$\frac{T^3(z^2+4z+1)}{6(z-1)^4}$	$\frac{T^3}{6}\left[\frac{m^3}{z-1}+\frac{3m^2+3m+1}{(z-1)^2}+\frac{6m+6}{(z-1)^3}+\frac{6}{(z-1)^4}\right]$
$\frac{1}{s^{k+1}}$	$\frac{1}{k!}t^k$	$\lim_{a\to 0}\frac{(-1)^k}{k!}\frac{\partial^k}{\partial a^k}\left(\frac{z}{z-e^{-aT}}\right)$	$\lim_{a\to 0}\frac{(-1)^k}{k!}\frac{\partial^k}{\partial a^k}\left(\frac{e^{-amT}}{z-e^{-aT}}\right)$
$\frac{1}{s-(1/T)\ln a}$	$a^{t/T}$	$\frac{z}{z-a}$	$\frac{a^m}{z-a}$
$\frac{1}{s+a}$	e^{-at}	$\frac{z}{z-e^{-aT}}$	$\frac{e^{-amT}}{z-e^{-aT}}$
$\frac{1}{(s+a)^2}$	te^{-at}	$\frac{Tze^{-aT}}{(z-e^{-aT})^2}$	$\frac{Te^{-amT}[e^{-aT}+m(z-e^{-aT})]}{(z-e^{-aT})^2}$

续表 7-2

$F(s)$	$f(t)$	$F(z)$	$F(z,m)$
$\frac{1}{(s+a)^3}$	$\frac{t^2}{2}e^{-at}$	$\frac{T^2ze^{-aT}}{2(z-e^{-aT})^2}+\frac{T^2ze^{-2aT}}{(z-e^{-aT})^3}$	$\frac{T^2e^{-amT}}{2}\left[\frac{m^2}{z-e^{-aT}}+\frac{(2m+1)e^{-aT}}{(z-e^{-aT})^2}+\frac{2e^{-2aT}}{(z-e^{-aT})^3}\right]$
$\frac{1}{(s+a)^{k+1}}$	$\frac{t^k}{k!}e^{-at}$	$\frac{(-1)^k}{k!}\frac{\partial^k}{\partial a^k}\left(\frac{z}{z-e^{-aT}}\right)$	$\frac{(-1)^k}{k!}\frac{\partial^k}{\partial a^k}\left(\frac{e^{-amT}}{z-e^{-aT}}\right)$
$\frac{a}{s(s+a)}$	$1-e^{-at}$	$\frac{z(1-e^{-aT})}{(z-1)(z-e^{-aT})}$	$\frac{1}{z-1}-\frac{e^{-amT}}{z-e^{-aT}}$

2. 差分方程

连续系统的动态过程用微分方程(拉氏变换式)来表述,离散系统的动态过程则用差分方程(Z 变换式)来表述。

设连续信号 $c(t)$,采样后为 $c^*(t)$,采样时刻的幅值为 $c(kT)$,在差分方程描述中,为了简便起见,将任意数值的采样周期 T 均看作一个单位,则 $c(kT)$ 可简写为 $c(k)$。

设 $r(k)(k=0,1,2,\cdots)$ 是计算机控制系统的输入数值序列,$c(k)(k=0,1,2,\cdots)$ 是系统的输出数值序列。一般来说,输出 $c(k)$ 不仅取决于当时的输入 $r(k)$,还取决于过去的输入 $r(k-1),r(k-2),\cdots$ 以及过去的输出 $c(k-1),c(k-2),\cdots$

当取后向差分时,常系数线性差分方程的一般形式为

$$c(k)+a_1c(k-1)+\cdots+a_nc(k-n)=b_0r(k)+b_1r(k-1)+\cdots+b_mr(k-m) \tag{7-6}$$

当取前向差分时,其一般形式为

$$c(k+n)+a_1c(k+n-1)+\cdots+a_nc(k)=b_0r(k+m)+b_1r(k+m-1)+\cdots+b_mr(k)$$

对于计算机控制系统来说,如何基于系统的传递函数求解输入与输出之间的差分方程的解,是计算机控制系统实现的关键。

差分方程的解法有两种:

① 迭代法,即根据差分方程的初始条件或边界条件,逐步求出后面的未知项。迭代法原理简单,此处不再详细阐述。

② Z 变换法。与用拉氏变换求解线性常系数微分方程类似,利用 Z 变换可将线性常系数差分方程变为以 z 为变量的代数方程,这就简化了差分方程的求解过程。

举例:

用 Z 变换法求解差分方程

$$c(k+2)+3c(k+1)+2c(k)=0$$

初始状态为 $c(0)=0,c(1)=1$。

解:对上述差分方程两端作 Z 变换,得

$$(z^2+3z+2)c(z)=(z^2+3z)c(0)+zc(1)$$

代入初始状态,得

$$(z^2+3z+2)c(z)=z$$

整理后有

$$c(z)=\frac{z}{z^2+3z+2}$$

令

$$\Delta(z)=z^2+3z+2=0$$

是该差分方程的特征方程，则其根为特征根。

将 $c(z)/z$ 分解为部分分式之和，得

$$\frac{c(z)}{z}=\frac{A_1}{z+1}+\frac{A_2}{z+2}=\frac{1}{z+1}-\frac{1}{z+2}$$

$$c(z)=\frac{z}{z+1}-\frac{z}{z+2}$$

查 Z 变换表 7－2 得

$$c(k)=(-1)^k-(-2)^k,\quad k=0,1,2,\cdots$$

7.2 连续系统传递函数的离散化方法

在对图 7－1 所示的计算机控制系统实施计算机控制之前，需要将连续系统中设计的控制器 $D(s)$进行离散化。

经过 A/D 和 D/A 环节的离散化之后的控制器的等效传递函数为

$$D_{\mathrm{E}}(s)=D(s)G_{\mathrm{ZOH}}(s)=\frac{1-\mathrm{e}^{-sT}}{s}D(s)$$

在介绍控制器的离散化方法之前，读者需要简单了解 Z 变换及其内涵。

离散化方法是实现计算机控制系统的关键环节。掌握了 Z 变换过程之后，对于熟悉连续域控制器设计的工程师来说，将其所设计的连续域控制器应用于离散域中的关键，就是如何将连续域中的控制系统经过离散化之后在离散系统中实现。

离散化方法有多种，其中最简单的是采用直接 Z 变换法。

1. 脉冲响应不变法(Z 变换法)

脉冲响应不变法要求离散环节的脉冲响应应与连续环节的脉冲响应的采样值保持一致。脉冲响应不变法直接对连续系统进行 Z 变换，得到

$$D_{\mathrm{E}}(z)=Z\left[D_{\mathrm{e}}(s)\right] \tag{7-7}$$

Z 变换法在工程上的实用意义不大。

2. 阶跃响应不变法

阶跃响应不变法要求离散环节和连续环节的阶跃响应采样值保持不变。将连续系统传递函数作带零阶保持器的 Z 变换，即

$$D_{\mathrm{E}}(z)=Z\left[\frac{1-\mathrm{e}^{-sT}}{s}D_{\mathrm{e}}(s)\right] \tag{7-8}$$

就能保证 $D_{\mathrm{e}}(s)$和 $D_{\mathrm{E}}(z)$的阶跃响应在采样时刻保持不变。

3. 向前差分法

向前差分法指用一节向前差分近似代替微分而得到的连续域与离散域传递函数之间的变换，即

$$D_E(z) \overset{\text{def}}{=} D_e(s)\Big|_{s=\frac{z-1}{T}} \tag{7-9}$$

向前差分法具有如下特点：

① 置换式简单，为串联型，应用方便，即 $Z[D_1(s)\cdot D_2(s)\cdot \cdots] = Z[D_1(s)]\cdot Z[D_2(s)]\cdot \cdots$；

② 当采样周期 T 较大时，等效精度较差；

③ 稳态增益不变，即 $D_E(z)\big|_{z=1} = D_e(s)\big|_{s=0}$；

④ 不能保持稳定性，也就是 $D_e(s)$ 稳定，但是 $D_E(z)$ 不一定稳定。

4. 向后差分法

与向前差分法类似，向后差分法指用一节向后差分近似代替微分而得到的连续域与离散域传递函数之间的变换，即

$$D_E(z) \overset{\text{def}}{=} D_e(s)\Big|_{s=\frac{z-1}{Tz}} \tag{7-10}$$

向后差分法的主要特点与向前差分法相同，只是映射关系不同。另外，$D_e(s)$ 稳定，而且 $D_E(z)$ 也保持稳定。

5. Tustin 变换法

Tustin 变换是为纪念英国工程师 Tustin 对双线性变换研究的贡献，将连续域与离散域之间的这种双线性变换以他的名字命名。

Tustin 变换式为

$$D_E(z) \overset{\text{def}}{=} D_e(s)\Big|_{s=\frac{2}{T}\frac{z-1}{z+1}}$$

6. 各种离散化方法比较

在对各种离散化方法进行对比分析时，主要是评估离散化后的脉冲传递函数 $D_E(z)$ 对其原函数 $D_e(s)$ 的保真度，具体来说就是其变换前后的稳定性、稳态增益、频率特性和时域响应等。在连续系统离散化过程中，等效性能的改善与采样周期密切相关。采样周期越短，等效性能越好。反之则等效性能明显下降。这说明对于计算机控制系统，为了保证控制系统的性能，必须采用较高的采样频率，这对计算机的运算速度要求较高。随着采样频率的提高，也会大幅增加硬件成本。

对各种离散化方法的具体比较如下：

① 一阶差分变换法（向前差分法和向后差分法）的置换式简单，工程应用方便，虽然等效精度不高，但在工业过程控制等应用场合仍在使用。需要注意的是，向前差分法有可能使本来稳定的系统 $D_e(s)$ 变成不稳定的 $D_E(z)$，因此向后差分法应用更为广泛。

② Tustin 变换法的精度较高，能维持稳定性和稳态增益不变。

举例：

针对系统 $D_e(s)=\frac{s}{(s+1)^2}$，使用不同方法进行离散化，采样周期 $T=1$ s。

解：

① 采用阶跃响应不变法，有

$$D_E(z)=Z\left[\frac{1-e^{-sT}}{s}D_e(s)\right]=Z\left[\frac{1-e^{-sT}}{s}\frac{s}{(s+1)^2}\right]=$$

$$Z\left[\frac{1-e^{-Ts}}{(s+1)^2}\right]=Z\left[\frac{1}{(s+1)^2}\right]-Z\left[\frac{1}{(s+1)^2}\right]\cdot Z(e^{-Ts})=$$

$$\frac{Tze^{-T}}{(z-e^{-T})^2}-\frac{Tze^{-T}}{(z-e^{-T})^2}\frac{1}{z}=$$

$$\frac{Te^{-T}(z-1)}{(z-e^{-T})^2}$$

把 $T=1$ s 代入上式，得到

$$D_E(z)=\frac{0.368z-0.368}{z^2-0.736z+0.368^2}$$

② 采用向前差分法，有

$$D_E(z)=D_e(s)\Big|_{s=\frac{z-1}{T}}=\frac{s}{(s+1)^2}\Bigg|_{s=\frac{z-1}{T}}=\frac{Tz-T}{z^2+2(T-1)z+(T-1)^2}$$

把 $T=1$ s 代入上式，得到

$$D_E(z)=\frac{z-1}{z^2}$$

③ 采用向后差分法，有

$$D_E(z)=D_e(s)\Big|_{s=\frac{z-1}{Tz}}=\frac{s}{(s+1)^2}\Bigg|_{s=\frac{z-1}{Tz}}=$$

$$\frac{Tz^2-Tz}{(T+1)^2z^2-2(T+1)z+1}$$

把 $T=1$ s 代入上式，得到

$$D_E(z)=\frac{z^2-z}{4z^2-4z+1}$$

④ 采用 Tustin 变换法，有

$$D_E(z)=D_e(s)\Big|_{s=\frac{2}{T}\frac{z-1}{z+1}}=\frac{s}{(s+1)^2}\Bigg|_{s=\frac{2}{T}\frac{z-1}{z+1}}=$$

$$\frac{2Tz^2-2T}{(T+2)^2z^2+2(T^2-4)z+(T-2)^2}$$

把 $T=1$ s 代入上式，得到

$$D_E(z)=\frac{2z^2-2}{9z^2-6z+1}$$

基于 MATLAB/Simulink 建立用不同变换方法得到的系统模型，如图 7－5 所示。对比不同的离散化方法的响应如图 7－6 所示。

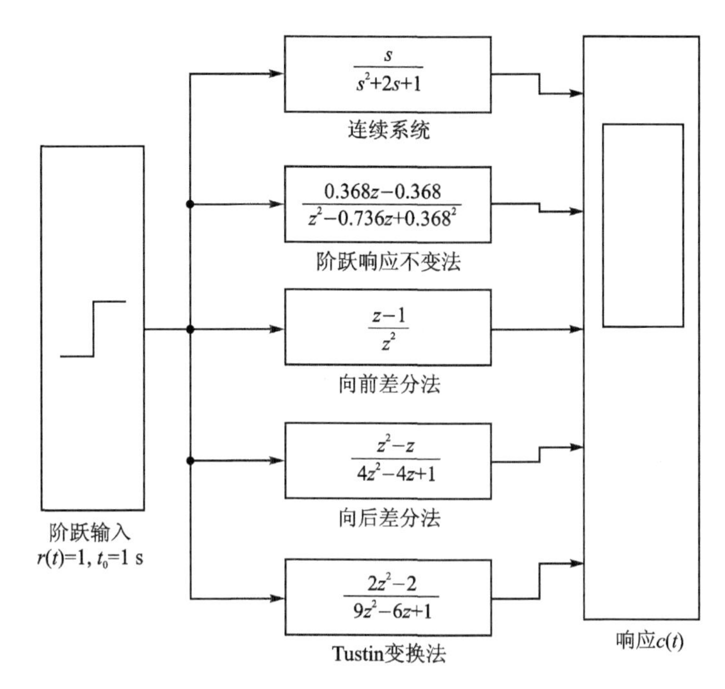

图 7-5　不同变换法得到的离散系统传递函数

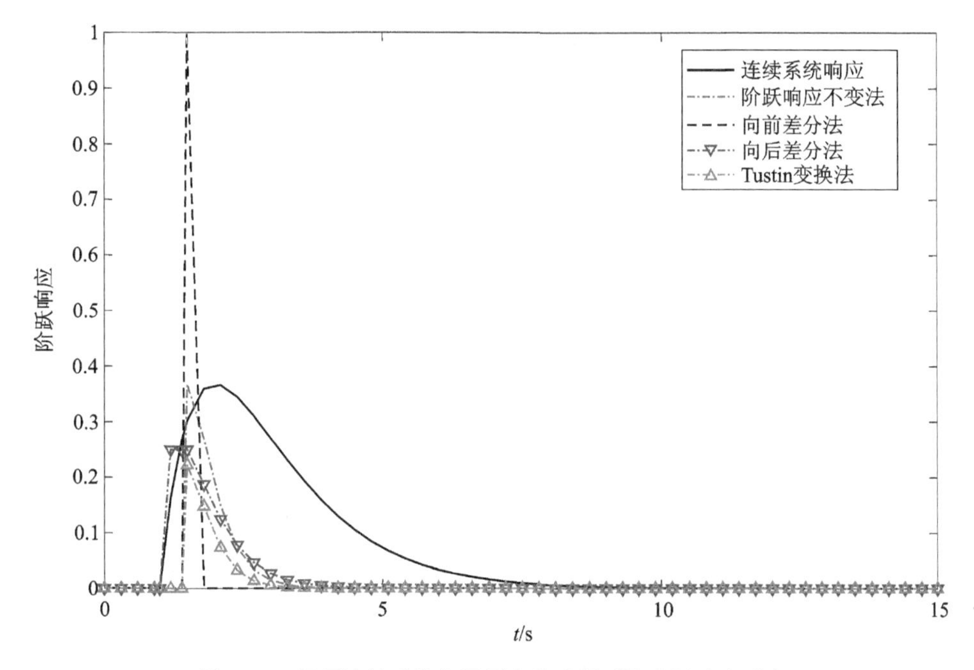

图 7-6　相同连续系统经不同变换法得到的阶跃响应对比

为了对比不同采样周期对响应的影响，在把采样周期缩短，调整为 $T=0.1$ s 时，得到的响应对比如图 7-7 所示。

从图 7-7 也可以看出，在采样周期从 $T=1$ s 提高到 $T=0.1$ s 后，计算机控制系统的性能有了大幅提高，虽然有一些滞后，但总体上离散系统的响应能够与原始连续系统保持一致。

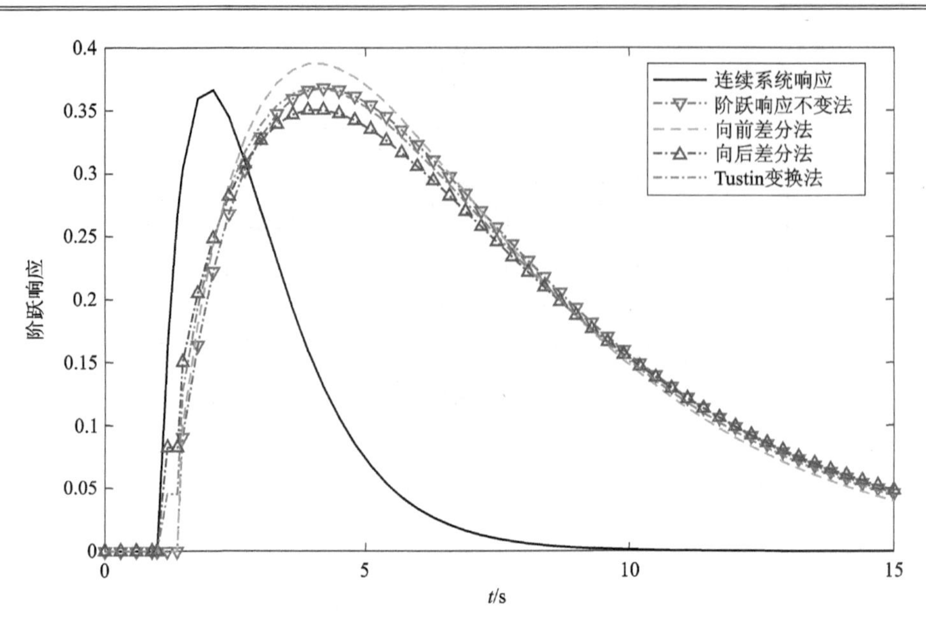

图 7-7 提高采样频率后的离散系统响应

7. 连续域-离散化设计举例

举例：

设计一个如图 7-8 所示的位置随动系统，其中被控对象电机的传递函数为 $G(s)=\frac{4}{s(s+2)}$。请用连续域-离散化方法设计一个计算机控制系统，其品质指标为：

① 稳态速度误差系数 $K_v \geqslant 10$。

② 调节时间 $t_s \leqslant 1.5$ s(±5%内)，峰值时间 $t_p \leqslant 1.2$ s，超调量 $\sigma < 10\%$。

解：

第一步：分析原系统。

原系统的闭环传递函数为

$$\Phi(s)=\frac{G(s)}{1+G(s)}=\frac{4}{s^2+2s+4}$$

这是一个典型的二阶系统，阻尼比 $\xi=0.5$，自然频率 $\omega_n=2$。

峰值时间为

$$t_p=\frac{\pi}{\omega_n\sqrt{1-\xi^2}}=1.8(\text{s})$$

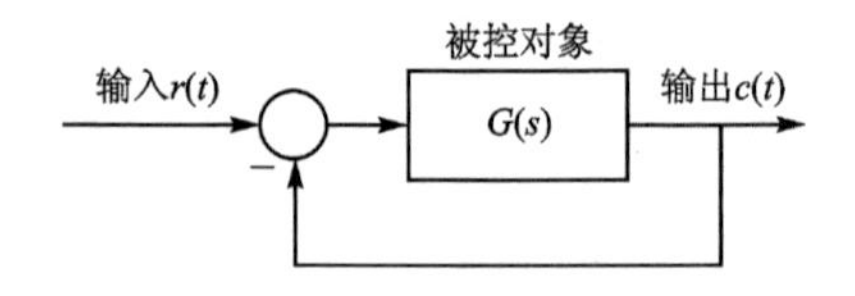

图 7-8 位置随动系统

超调量为

$$\sigma=100\mathrm{e}^{-\pi/\sqrt{1-\xi^2}}=16.3\%$$

调节时间为

$$t_s\approx\frac{3.5}{\xi\omega_n}=3.5(\text{s})$$

稳态速度误差系数为

$$K_v=\lim_{s\to 0} sG(s)=2$$

从以上计算可知，上述系统如果不加控制器，则系统的性能指标不能满足要求。

第二步：选择采样频率。

原闭环系统的频带宽度大约是

$$\omega_b = 2.26\ \text{rad/s}$$

现选择采样周期 $T=0.1$ s，则采样频率为

$$\omega_s = 2\pi/T = 62.8\ \text{rad/s}$$

可见其远大于系统频带宽度，可以满足采样频率的要求。

第三步：在连续域内进行等效设计。

如图7-9所示，采样器和零阶保持器(ZOH)的近似传递函数为

$$\text{ZOH}(s) = \frac{1}{1+\dfrac{T}{2}s} = \frac{1}{1+0.05s}$$ （注：在进行连续域设计时，将零阶保持器简化）

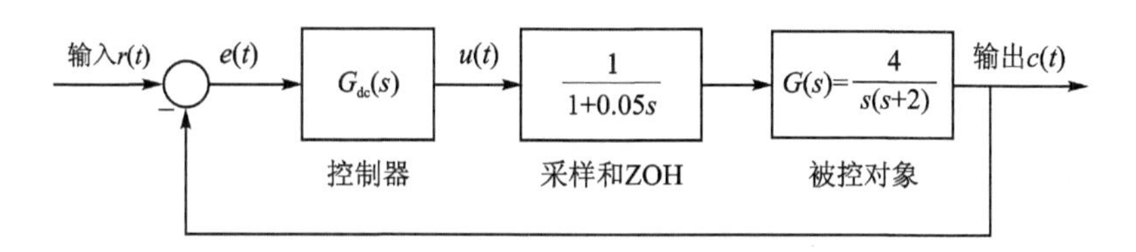

图7-9 连续域内设计等效数字控制器

数字控制器的等效传递函数为 $G_{dc}(s)$。于是，问题就归结为将控制对象

$$\text{ZOH}(s)\cdot G(s) = \frac{1}{1+0.05s}\cdot\frac{4}{s(s+2)}$$

合起来看作广义控制对象，并根据给定的性能指标来设计控制器 $G_{dc}(s)$。

使用滞后-超前校正方法(参考控制器的设计与校正方法)，得到控制器

$$G_{dc}(s) = 5.3\frac{(s+0.28)(s+1.3)}{(s+0.04)(s+6)}$$

说明：控制器的设计方案不是唯一的。

基于MATLAB建立系统模型，并仿真验证所设计的连续域的系统性能能够满足要求。

建立连续域模型，并基于模型仿真得到阶跃响应，如图7-10所示。

第四步：离散化。

采用基于Tustin变换的离散化，得到控制器

$$G_{dc}(s) = 5.3\frac{(s+0.28)(s+1.3)}{(s+0.04)(s+6)}$$

对应的离散化形式为

$$s = \frac{2}{T}\cdot\frac{z-1}{z+1}$$

从而得到

$$G_{dc}(z) = 4.394\frac{(1-0.972z^{-1})(1-0.8779z^{-1})}{(1-0.996z^{-1})(1-0.538z^{-1})} \approx 4.4\frac{z^2-1.85z+0.85}{z^2-1.5z+0.53}$$

对比离散系统和连续系统，可以得到对比结果如图7-11所示。

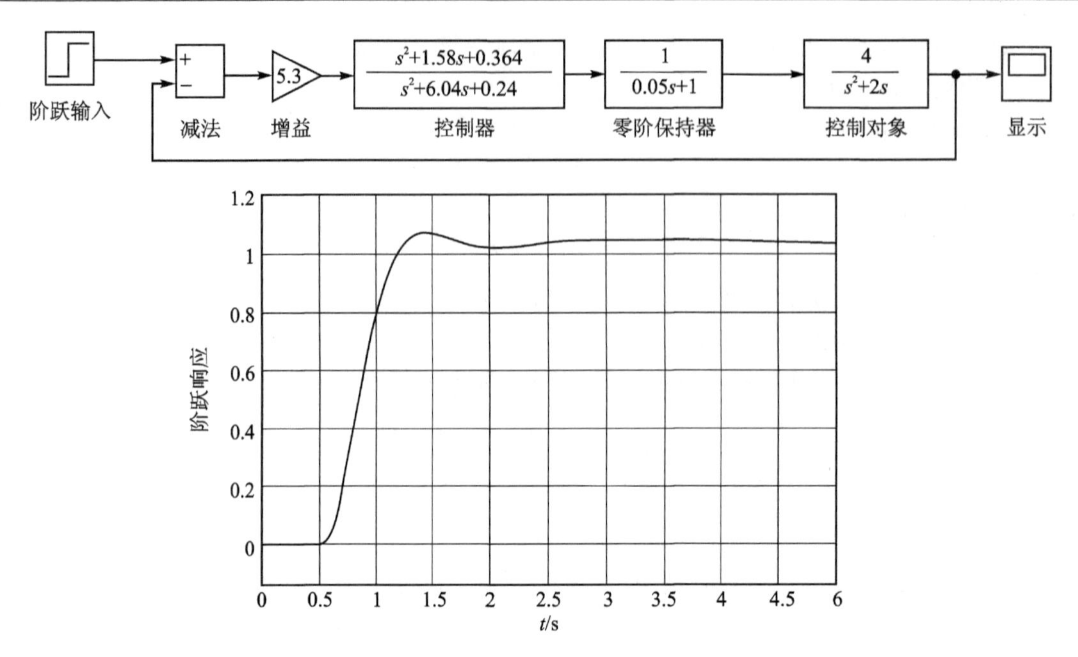

图 7-10　建立的连续域模型(含控制器)及阶跃响应

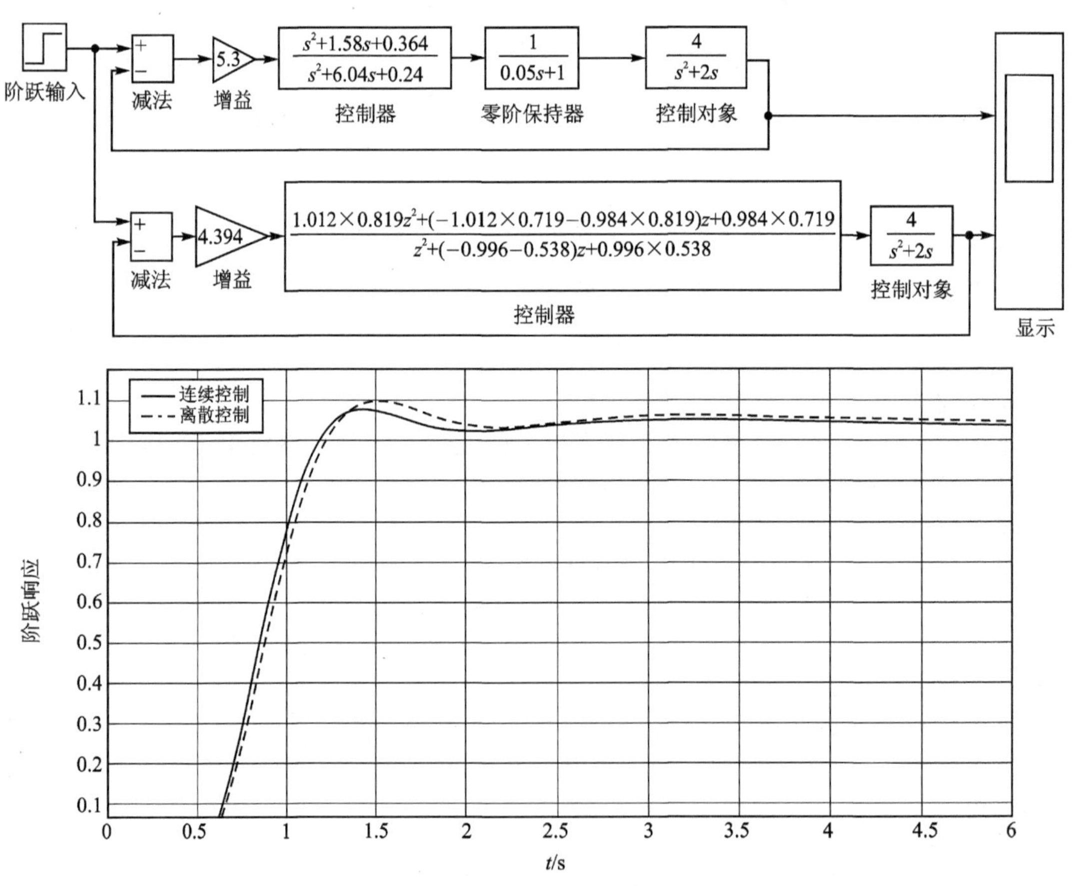

图 7-11　离散和连续系统的仿真模型及结果对比

第五步:编程实现。

基于第四步得到的离散系统控制器,有

$$G_{dc}(z)=\frac{u(z)}{e(z)}=4.4-4.4\frac{0.35z-0.42}{z^2-1.5z+0.53}$$

可以得到

$$G_{dc}(z)=\frac{u(z)}{e(z)}=4.4\frac{z^2-1.85z+0.85}{z^2-1.5z+0.53}$$

$$\Rightarrow(z^2-1.5z+0.53)u(z)=4.4(z^2-1.85z+0.85)e(z)$$

$$\Rightarrow u(k+2)-1.5u(k+1)+0.53u(k)=4.4[e(k+2)-1.85e(k+1)+0.85e(k)]$$

这就是控制器的计算机程序。

7.3 控制器的设计与实现

7.3.1 PID控制器的程序实现

1. PID控制器的基本概念和设计

在第6.5.1小节中已经对PID控制器的基本构造进行了阐述,下面介绍PID控制器的实现方法。

理想PID控制器的结构及数字实现形式如图7-12所示。

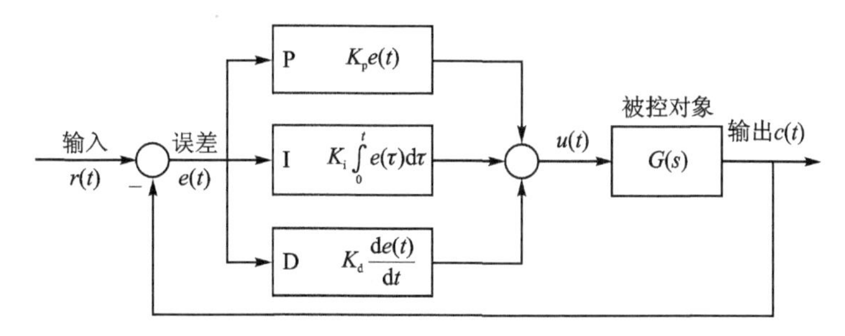

图7-12 理想PID控制器的结构及数字实现

理想PID控制器的输出与输入的关系可以表示为

$$u(t)=K_pe(t)+K_i\int_0^t e(\tau)d\tau+K_d\frac{d}{dt}e(t) \tag{7-11}$$

其中,K_p,K_i,K_d分别是理想PID控制器的比例、积分和微分系数;$e(t)$是目标值与反馈值之间的差值,t为当前时间。

2. PID控制器的数字实现

根据理想PID控制器结构图7-12,得到PID控制器的传递函数为

$$D(s)=\frac{U(s)}{E(s)}=K_p\left(1+\frac{1}{T_is}+T_ds\right) \tag{7-12}$$

其中,PID控制器的输入$E(s)$是系统输入指令与反馈(输出)之间的差值(误差),PID控制器的输出$U(s)$是控制器给控制对象的输出指令。

采用向前差分法对PID控制器的传递函数进行离散化。

向前差分法的 s 与 z 之间变换的置换式为

$$s=\frac{z-1}{T}\quad (T\ \text{为离散系统的采样周期})$$

得到PID控制器的脉冲传递函数为

$$D(z)=\frac{U(z)}{E(z)}=K_p\left[1+\frac{T}{T_i(z-1)}+T_d\frac{z-1}{T}\right] \tag{7-13}$$

进而得到

$$U(z)(z-1)=E(z)\left[K_p(z-1)+K_p\frac{T}{T_i}+\frac{K_pT_d}{T}(z^2-2z+1)\right]$$

将上式写为差分方程的形式，可得

$$u(k+1)-u(k)=K_p[e(k+1)-e(k)]+K_p\frac{T}{T_i}e(k)+\frac{K_pT_d}{T}[e(k+2)-2e(k+1)+e(k)] \tag{7-14}$$

基于公式(7-14)可以很方便地实现PID控制器。

7.3.2 状态空间设计

在经典控制理论中，用传递函数来描述系统的单一输入-输出之间的关系也是一种行之有效的方法。但是，传递函数只能反映出系统输出变量与输入变量之间的外部关系，而不能了解系统内部的变化情况，在设计多变量系统时会有一定的困难。在现代控制理论中，用一阶矩阵-向量微分方程来描述系统，采用矩阵表示法可以使系统的数学表达式简洁明了，并且易于用计算机求解，同时也为时变和多变量系统的分析研究提供了有力工具。

关于用状态空间描述线性系统的具体概念和内涵，本书不再具体介绍，请读者参考其他相关书籍。

1. 状态反馈控制

对于一个有 p 个输入、q 个输出的 n 阶线性系统，其状态方程和输出方程为

$$\left.\begin{aligned}\dot{\boldsymbol{x}}(t)&=\boldsymbol{Ax}(t)+\boldsymbol{Bu}(t)\\ \boldsymbol{y}(t)&=\boldsymbol{Cx}(t)+\boldsymbol{Du}(t)\end{aligned}\right\} \tag{7-15}$$

其中，系统矩阵 $\boldsymbol{A}\in\mathbf{R}^{n\times n}$，$\boldsymbol{B}\in\mathbf{R}^{n\times p}$，$\boldsymbol{C}\in\mathbf{R}^{q\times n}$，$\boldsymbol{D}\in\mathbf{R}^{q\times p}$。

矩阵 $\boldsymbol{A}(t)$，$\boldsymbol{B}(t)$，$\boldsymbol{C}(t)$，$\boldsymbol{D}(t)$ 完整地描述了系统的动态特性，因此把状态方程和输出方程称为系统的动态方程，有时也可以直接把系统称为($\boldsymbol{A}$，$\boldsymbol{B}$，$\boldsymbol{C}$，$\boldsymbol{D}$)，图7-13所示为系统的结构图。

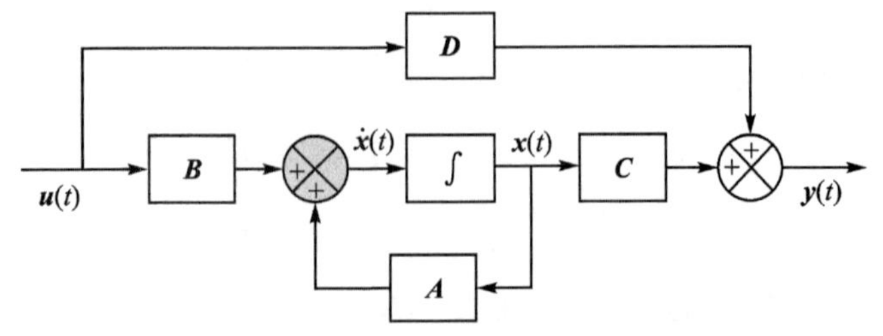

图7-13 连续系统结构方框图

如果矩阵 $\boldsymbol{A}(t)$，$\boldsymbol{B}(t)$，$\boldsymbol{C}(t)$，$\boldsymbol{D}(t)$是与时间无关的常数，则系统为线性定常系统（或简称为线性时不变系统，LTI）。

状态空间和传递函数在描述系统时是等效的（只是传递函数只能描述初始状态为 0 的线性系统）。如果系统（$\boldsymbol{A}$，$\boldsymbol{B}$，$\boldsymbol{C}$，$\boldsymbol{D}$）的初始状态为零，则可以由状态空间得到系统输出 $\boldsymbol{y}$ 与输入 $\boldsymbol{u}$ 之间的传递函数矩阵为

$$\boldsymbol{G}(s)=\frac{\boldsymbol{y}(s)}{\boldsymbol{u}(s)}=\boldsymbol{C}(s\boldsymbol{I}-\boldsymbol{A})^{-1}\boldsymbol{B}+\boldsymbol{D} \tag{7-16}$$

传递函数矩阵 $\boldsymbol{G}(s)$是一个 $q\times p$ 阶矩阵，用来描述系统输出与输入之间的关系。

无论在经典还是现代控制理论中，反馈都是系统控制的主要手段。本节主要介绍状态反馈这种控制方式的计算机实现方法。

状态反馈系统用状态变量作为反馈的这种控制方式，其结构框架如图 7-14 所示。

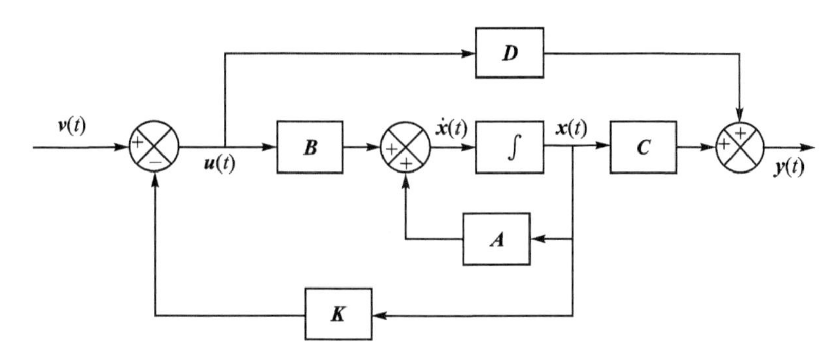

图 7-14　状态反馈控制系统

状态反馈系统设计的关键是设计状态反馈增益矩阵 $\boldsymbol{K}$，使得系统输出 $\boldsymbol{y}$ 与参考输入 $\boldsymbol{v}$ 保持一致。

增加状态反馈后，系统的状态方程和输出方程变为

$$\left.\begin{aligned}\dot{\boldsymbol{x}}(t)&=(\boldsymbol{A}-\boldsymbol{BK})\boldsymbol{x}(t)+\boldsymbol{B}\boldsymbol{v}(t)\\ \boldsymbol{y}(t)&=\boldsymbol{C}\boldsymbol{x}(t)\end{aligned}\right\} \tag{7-17}$$

增加状态反馈后的闭环系统矩阵由 $\boldsymbol{A}$ 变为了 $\boldsymbol{A}-\boldsymbol{BK}$。闭环系统矩阵 $\boldsymbol{A}-\boldsymbol{BK}$ 的特征值一般称为闭环极点，它决定了系统的性能。状态反馈系统的设计，就是设计合适的反馈矩阵 $\boldsymbol{K}$，以使闭环系统矩阵的特征值满足性能指标要求。

2. 状态观测器

为了实现状态反馈，需要对系统的所有状态变量进行测量。但是在实际系统中，并不是所有状态变量都能够直接测量。因此，为了实现状态反馈控制，就要设法利用已知的信息（输出 $\boldsymbol{y}$，输入 $\boldsymbol{u}$），并基于对系统的了解而建立的数学模型对系统状态变量进行估计。一个明显的方法是，用计算机构建一个与实际系统（$\boldsymbol{A}$，$\boldsymbol{B}$，$\boldsymbol{C}$）具有同样动态方程的模拟系统，再将模拟系统的状态向量 $\tilde{\boldsymbol{x}}(t)$作为系统状态向量 $\boldsymbol{x}(t)$的观测值，状态观测器如图 7-15 所示。

观测器的描述方程为

$$\dot{\tilde{\boldsymbol{x}}}=\boldsymbol{A}\tilde{\boldsymbol{x}}+\boldsymbol{B}\boldsymbol{u}+\boldsymbol{L}(\boldsymbol{y}-\tilde{\boldsymbol{y}})$$
$$\tilde{\boldsymbol{y}}=\boldsymbol{C}\tilde{\boldsymbol{x}}$$

也就是

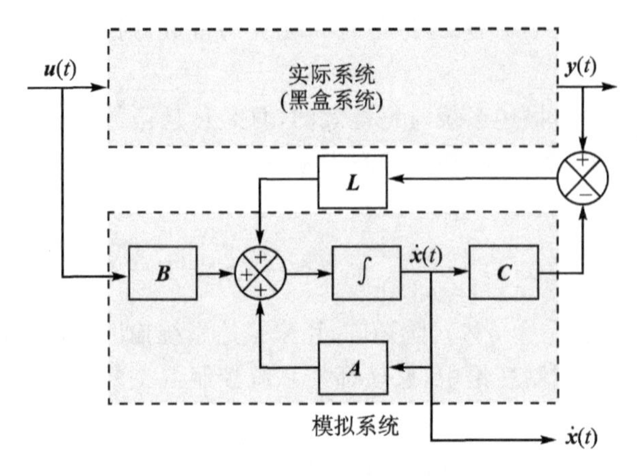

图 7-15　状态观测器

$$\dot{\tilde{x}} = A\tilde{x} + Bu + L(Cx - C\tilde{x}) = (A - LC)\tilde{x} + Bu + Ly$$

定义 $e = x - \tilde{x}$，可以得到

$$\dot{e} = \dot{x} - \dot{\tilde{x}} = (A - LC)\tilde{x}$$

矩阵 $(A - LC)$ 的特征根就决定了观测器的性质。

在实际系统中，需要用观测量 $\tilde{x}$ 代替 x 来设计状态反馈，所以

$$u = v - K\tilde{x}$$

这样，状态观测方程就变为

$$\dot{\tilde{x}} = (A - LC)\tilde{x} + B(v - K\tilde{x}) + Ly = (A - BK)\tilde{x} + L(y - \tilde{y}) + Bv$$

通常，为了取得较好的控制效果，设计观测器的速度是状态反馈控制器的 10 倍左右。从图 7-16 可以看出，状态观测器设计性能的优劣与实际系统的模型准确度 (A, B, C, D) 密切相关。所以，无论是基于经典控制理论还是现代控制理论，准确建立系统的模型都是控制器设计的第一步。

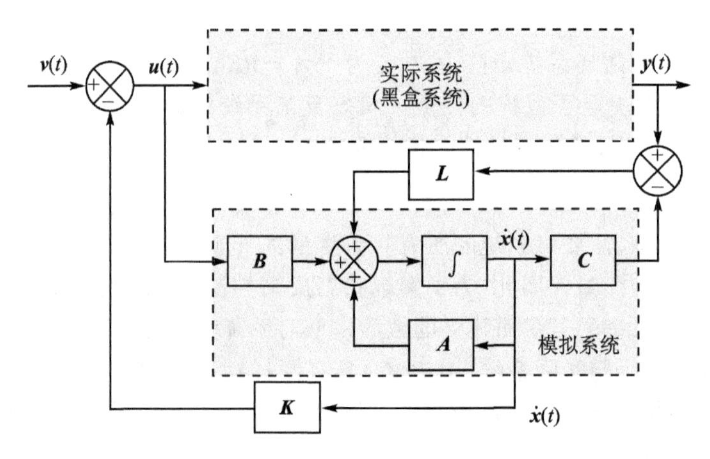

图 7-16　状态反馈与状态观测器

3. 状态反馈和状态观测器的数字实现

对于纯数字计算机控制系统，可以直接定义状态变量，由传递函数写出状态方程。对于控

制对象为连续系统的计算机控制系统,其离散系统是由采样形成的,离散状态方程与采样和保持器的形式有关。本节以控制对象为连续系统为例,介绍状态反馈和状态观测器的数字实现。

对于($\boldsymbol{A},\boldsymbol{B},\boldsymbol{C},\boldsymbol{D}$)连续系统,其状态方程为

$$\left.\begin{aligned}\dot{\boldsymbol{x}}(t)&=\boldsymbol{A}\boldsymbol{x}(t)+\boldsymbol{B}\boldsymbol{u}(t)\\ \boldsymbol{y}(t)&=\boldsymbol{C}\boldsymbol{x}(t)+\boldsymbol{D}\boldsymbol{u}(t)\end{aligned}\right\}\tag{7-18}$$

其中,系统矩阵 $\boldsymbol{A}\in\mathbf{R}^{n\times n}$,$\boldsymbol{B}\in\mathbf{R}^{n\times p}$,$\boldsymbol{C}\in\mathbf{R}^{q\times n}$,$\boldsymbol{D}\in\mathbf{R}^{q\times p}$。

对应离散系统的状态方程为

$$\left.\begin{aligned}\boldsymbol{x}(k+1)&=\boldsymbol{F}\boldsymbol{x}(k)+\boldsymbol{G}\boldsymbol{u}(k)\\ \boldsymbol{y}(k)&=\boldsymbol{C}\boldsymbol{x}(k)+\boldsymbol{D}\boldsymbol{u}(k)\end{aligned}\right\}\tag{7-19}$$

其中,$\boldsymbol{x}\in\mathbf{R}^{n\times 1}$ 为 n 维状态向量,$\boldsymbol{u}\in\mathbf{R}^{p\times 1}$ 为 p 维控制向量,$\boldsymbol{y}\in\mathbf{R}^{1\times q}$ 为 q 维输出向量,$\boldsymbol{F}\in\mathbf{R}^{n\times n}$,$\boldsymbol{G}\in\mathbf{R}^{n\times p}$,$\boldsymbol{C}\in\mathbf{R}^{q\times n}$,$\boldsymbol{D}\in\mathbf{R}^{q\times p}$。

对应的离散系统状态结构图如图 7-17 所示。

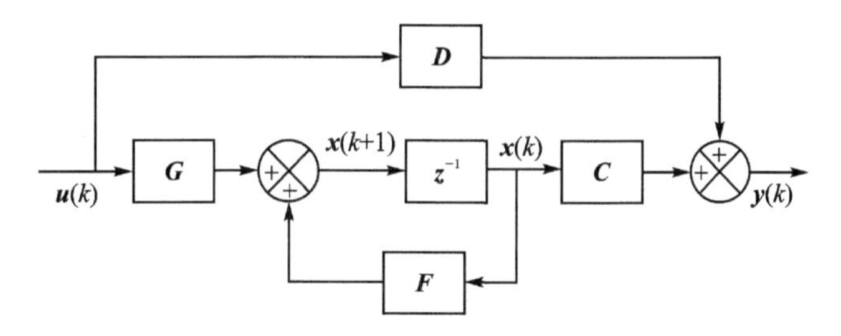

图 7-17 离散系统状态结构图

离散系统状态方程变量与连续系统状态方程变量之间的关系为

$$\boldsymbol{F}(T)=\mathrm{e}^{\boldsymbol{A}T}=\boldsymbol{I}+\boldsymbol{A}T+\boldsymbol{A}^2T^2/2!+\cdots\tag{7-20}$$

$$\begin{aligned}\boldsymbol{G}(T)&=\int_0^T\mathrm{e}^{\boldsymbol{A}T}\boldsymbol{B}\,\mathrm{d}t=(\mathrm{e}^{\boldsymbol{A}T}-\boldsymbol{I})\boldsymbol{A}^{-1}\boldsymbol{B}\\ &=T\left(\boldsymbol{I}+\frac{\boldsymbol{A}T}{2}\boldsymbol{I}+\cdots\right)\boldsymbol{B}\end{aligned}\tag{7-21}$$

其中 T 为离散系统采样周期。

根据状态观测器的状态空间,得到状态观测器的离散形式为

$$\left.\begin{aligned}\hat{\boldsymbol{x}}(k+1)&=\boldsymbol{F}\hat{\boldsymbol{x}}(k)+\boldsymbol{L}[\boldsymbol{y}(k)-\hat{\boldsymbol{y}}(k)]+\boldsymbol{G}\boldsymbol{u}(k)\\ \hat{\boldsymbol{y}}(k)&=\boldsymbol{C}\hat{\boldsymbol{x}}(k)+\boldsymbol{D}\boldsymbol{u}(k)\end{aligned}\right\}\tag{7-22}$$

状态反馈为

$$\boldsymbol{u}(k)=\boldsymbol{v}(k)-\boldsymbol{K}\hat{\boldsymbol{x}}(k)$$

状态观测器(控制器)为

$$\left.\begin{aligned}\hat{\boldsymbol{x}}(k+1)&=\boldsymbol{F}\hat{\boldsymbol{x}}(k)+\boldsymbol{L}[\boldsymbol{y}(k)-\hat{\boldsymbol{y}}(k)]+\boldsymbol{G}[\boldsymbol{v}(k)-\boldsymbol{K}\hat{\boldsymbol{x}}(k)]\\ \hat{\boldsymbol{y}}(k)&=\boldsymbol{C}\hat{\boldsymbol{x}}(k)+\boldsymbol{D}[\boldsymbol{v}(k)-\boldsymbol{K}\hat{\boldsymbol{x}}(k)]\end{aligned}\right\}\tag{7-23}$$

7.4 计算机控制实验

本节以 LEGO 机器人用直流电机为例,阐述从建模、仿真到不同算法的计算机实现过程。

7.4.1 直流电机的PID控制器设计与实现

1. 直流电机模型

对于LEGO机器人用电机(见图7-18),可以用MATLAB指令直接控制,其模型架构如图7-19所示。

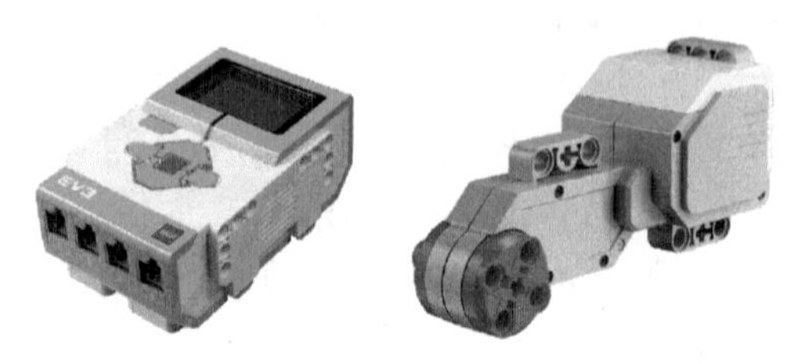

图7-18 LEGO机器人驱动器及直流电机

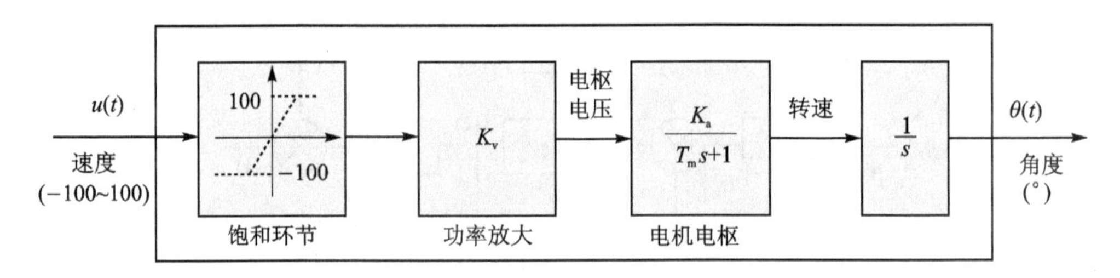

图7-19 LEGO电机及驱动器

LEGO机器人电机及驱动器的输入$u(t)$位于$-100\sim100$的数值范围内,代表电机的正向最大速度和反向最大速度。根据第6章的电机参数,不考虑非线性因素,可将LEGO的电机及驱动器部分简化为一个二阶系统,即

$$G_m(s)=\frac{\Theta(s)}{U(s)}=\frac{K_m}{s(T_m s+1)} \tag{7-24}$$

因为直流电机自带位置编码器(单位为(°)),所以系统输出$\theta(t)$的单位也为(°)。

根据直流电机参数,拟合得到直流电机及驱动系统的参数为$T_m\approx0.05\ \mathrm{s}$,$K_m\approx8$。

在MATLAB/Simulink中建立简化的直流电机模型,如图7-20所示。

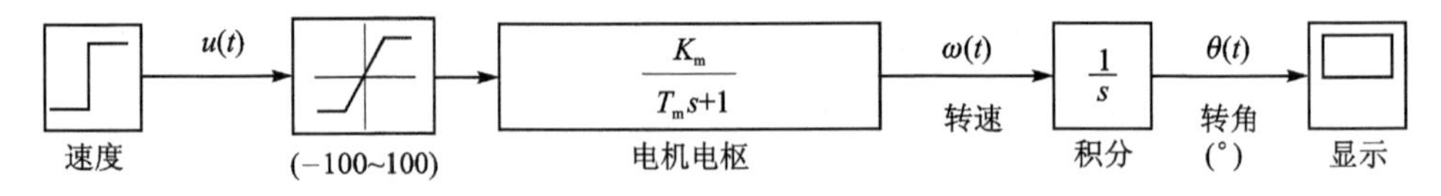

图7-20 基于Simulink建立的直流电机模型

为了验证模型的准确性,模型的仿真结果与试验结果对比如图7-21所示。对比速度响应,仿真结果和试验结果具有一定的一致性,说明模型的准确性较高。

2. PID控制器实现

这里不具体介绍PID控制器的设计方法,只重点介绍PID控制器的计算机实现。根据第6章介绍的PID控制器参数的调节方法,设计电机位置控制系统为

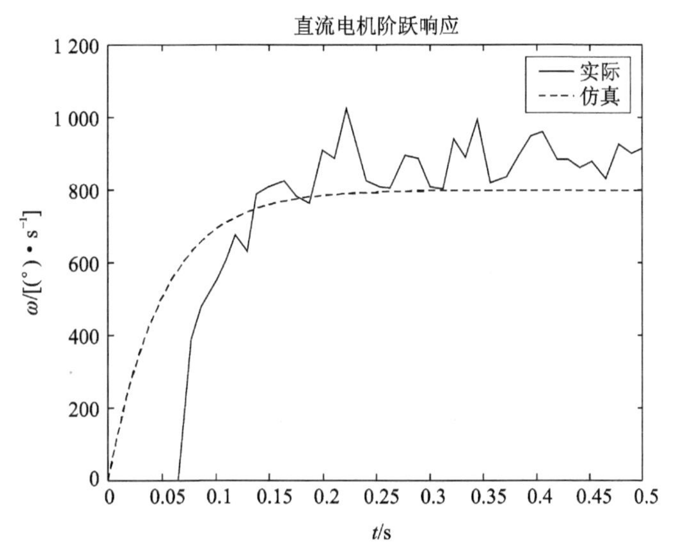

图 7-21　仿真与试验结果对比(阶跃响应)，$u(t)=100$，$t_0>0$ s

$$G_{dc}(s)=K_p+K_i\cdot\frac{1}{s}+K_d\frac{Ns}{s+N}\tag{7-25}$$

注:因为工程上直接实现微分环节比较困难，所以通常用$\frac{Ns}{s+N}$代替微分环节，N 为滤波系数(通常取一个较大的数)。

举例:

设计一个参数为 $K_p=2$，$K_i=0.01$，$K_d=0.18$，$N=100\ 000$ 的 PID 控制器。

解:

① 按照图 6-36 的结构形式设计 PID 控制器，并建立仿真模型。

② PID 控制器的实现。

采用向前差分法对 PID 控制器进行离散化，得到

$$s=\frac{z-1}{T}\quad (T\text{ 为离散系统的采样周期})$$

将上式代入公式(7-25)得到离散化的控制器传递函数为

$$G_{dc}(s)=K_p+K_i\cdot\frac{T}{z-1}+K_d\cdot\frac{N\frac{z-1}{T}}{\frac{z-1}{T}+N}=$$

$$K_p+K_i\cdot\frac{T}{z-1}+K_dN\cdot\frac{z-1}{z+TN-1}\tag{7-26}$$

离散系统的仿真分析如图 7-22 所示。

③ 不同采样周期下的 PID 控制效果对比。

根据离散方程得到控制器的输入与输出的关系为

$$u(k+1)-u(k)=K_p[e(k+1)-e(k)]+K_iTe(k)+$$

$$\frac{K_d}{T}[e(k+2)-2e(k+1)+e(k)]\tag{7-27}$$

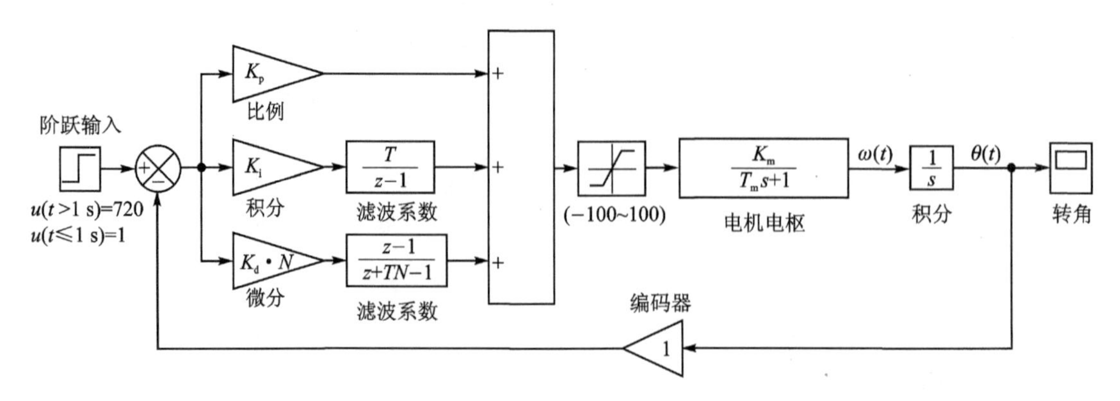

图 7－22　离散系统的仿真分析

根据公式(7－27)的算法，设计算法流程如图 7－23 所示。

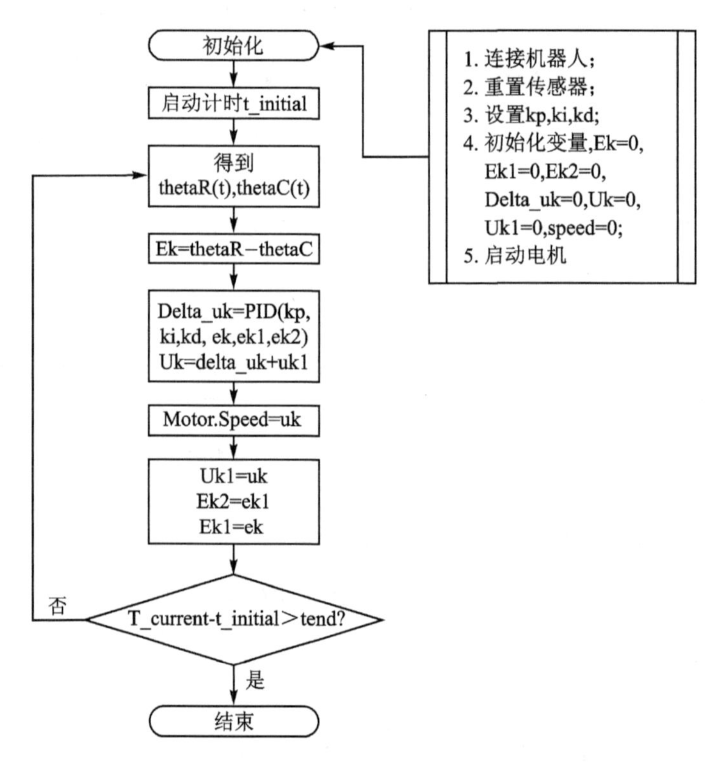

图 7－23　基于 MATLAB 的乐高机器人电机 PID 控制器算法流程

根据离散方程并基于 MATLAB，编写 PID 控制程序如下。

```
Km = 8;              % 电机开环增益
Tm = 0.05;           % 电机时间常数

% % % % % % % PID 控制器设计
Kp = 2;              % 比例系数
Ki = 0.01;           % 积分系数
Kd = 0.18;           % 微分系数
N = 100000;          % 滤波系数
```

```
T = 0.01;          % s, 控制系统的采样周期,需测试得到

% % % % % % % % % % % % LEGO EV3 初始化
myev3 = legoev3('usb');                    % 建立连接
MotorA = motor(myev3,'A');                 % 定义电机
resetRotation(MotorA);                     % 重置编码器
MotorA.Speed = 0;                          % 设置电机 A 的初始速度
ek = 0; k1 = 0; ek2 = 0; delta_uk = 0;     % 程序变量初始化
uk = 0; uk1 = 0;

start(MotorA);                             % 启动电机 A
t_end = 5;                                 % 设置仿真时间
AMP = 360;                                 % 设置输入信号幅值
omega = 2 * pi * 1;                        % f = 1 Hz
PositionR = zeros();
PositionC = zeros();
tic;   % 开始计时
t = 0;
run_time = zeros();
i = 1;
while(t<t_end)
    t = toc;   % 当前运行时间
    run_time(i) = toc;
    % % % % % % % % % % % % % 阶跃响应 t = 1 s
    if (t<1)
        PositionR(i) = 0;
    else
        PositionR(i) = 720;   % 设置阶跃输入值
    end
        PositionC(i) = readRotation(MotorA);
        ek = PositionR(i) - PositionC(i);
        delta_uk = Kp * (ek - ek1) + Ki * T * ek + Kd/T * (ek - 2 * ek1 + ek2);
        uk = uk1 + delta_uk;
        MotorA.Speed = uk;
        ek2 = ek1;
        ek1 = ek;
        uk1 = uk;
        i = i + 1;
end
stop(MotorA);
plot(run_time,PositionC,run_time,PositionR);    % 绘制响应曲线
```

程序运行之后,在不同指令(阶跃,正弦)下的响应如图 7 - 24 所示。

从图 7 - 25 可以看出,直流电机的仿真结果与试验结果匹配一致,这说明:① 仿真模型具有较高的准确性;② PID 控制器的计算机实现方法合理有效;③ 控制程序中设定的采样周期

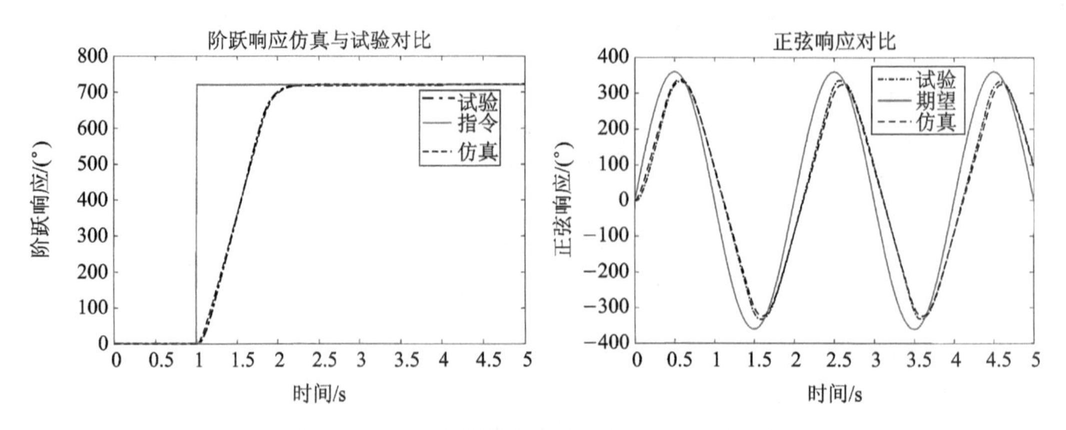

图 7-24　PID 控制器的阶跃响应和正弦响应对比

与实际物理系统的采样周期一致。在实际物理系统中，只有这三个因素都具备，才能通过仿真模型来验证实际系统的性能。

对于实际系统，采样周期与控制系统的性能密切相关。对比不同采样周期的控制器效果如图 7-25 所示，从图中可以看出，采样周期对系统的性能影响显著，提高采样频率，在同样的控制器下，控制效果有明显差异。

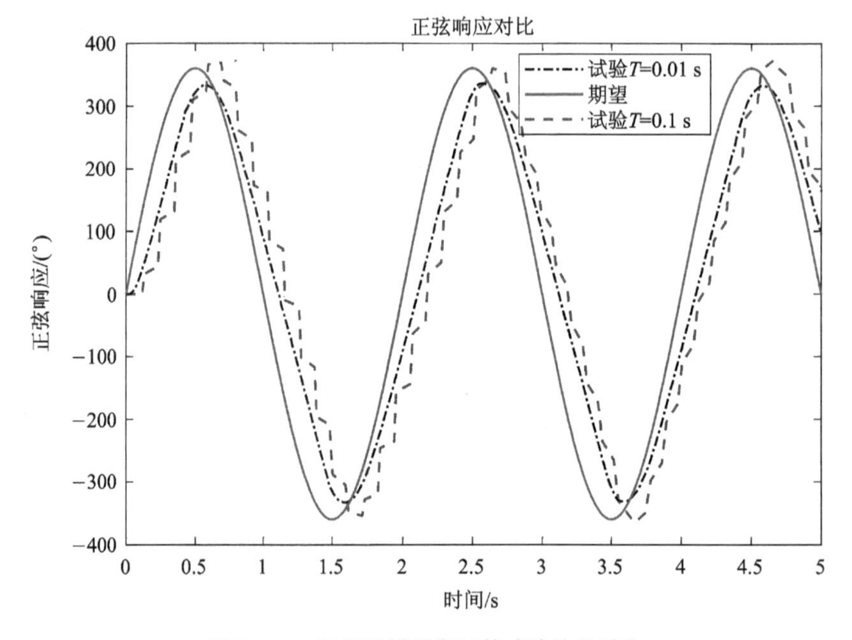

图 7-25　不同采样周期下的试验结果对比

7.4.2　直流电机的状态反馈设计与实现

1. 状态反馈控制器设计

根据直流电机的传递函数，并根据传递函数与状态方程之间的转换式，有

$$
\left.\begin{aligned}
&x_1=\theta\\
&x_2=\omega=\dot{\theta}\\
&\dot{\boldsymbol{x}}(t)=\begin{pmatrix}\dot{x}_1\\ \dot{x}_2\end{pmatrix}=\begin{pmatrix}0 & 1\\ 0 & -1/T_m\end{pmatrix}\begin{pmatrix}x_1\\ x_2\end{pmatrix}+\begin{pmatrix}0\\ K_m/T_m\end{pmatrix}u\\
&y=\theta=x_1=(1\quad 0)\begin{pmatrix}x_1\\ x_2\end{pmatrix}
\end{aligned}\right\}\tag{7-28}
$$

将直流电机用状态空间进行描述，如图 7－26 所示。

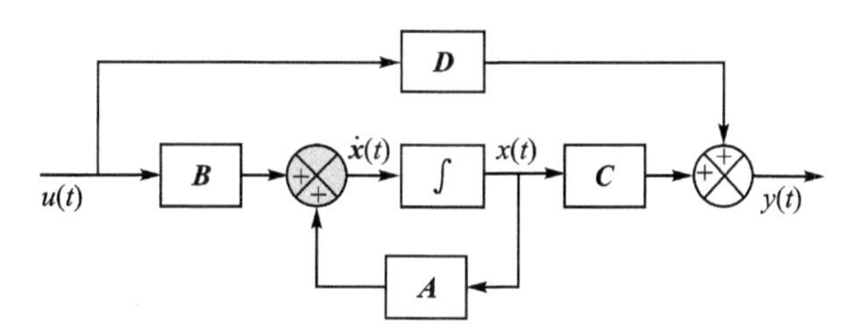

图 7－26　连续系统状态方框图

在图 7－26 中，

$$
\boldsymbol{A}=\begin{pmatrix}0 & 1\\ 0 & -1/T_m\end{pmatrix},\quad \boldsymbol{B}=\begin{pmatrix}0\\ K_m/T_m\end{pmatrix}
$$

$$
\boldsymbol{C}=(1\quad 0),\quad \boldsymbol{D}=\boldsymbol{0}
$$

根据系统性能要求，设计状态反馈后的系统目标极点为 $\boldsymbol{P}_s=[-5\quad -30]$。

由于系统性能要求矩阵 $\boldsymbol{A}-\boldsymbol{BK}$ 的特征极点为 $\boldsymbol{P}_s=[-5\quad -30]$，因此通过解算可得

$$
\boldsymbol{K}=[0.94\quad 0.094]
$$

建立状态反馈系统的模型如图 7－27 所示。状态反馈仿真结果如图 7－28 所示。

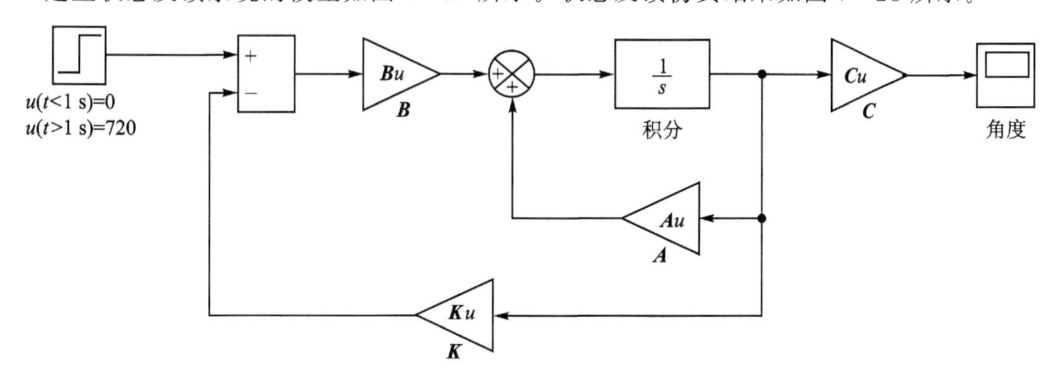

图 7－27　状态反馈仿真模型

在 MATLAB 环境下设计直流电机系统的状态反馈程序如下。

```
%%%%%%%%%%设置参数
Km = 8;                              %电机增益
Tm = 0.05;                           %电机时间常数
%%%%%%%%%%%%%%%%%%%%%%%%%%%%%%%%%%%%%%
A = [0 1;0 -1/Tm];
```

```
B=[0;Km/Tm];
C=[1 0];
D=0;
Ps=[-5;-30];                      %设置目标极点
K=acker(A,B,Ps);                  %得到反馈矩阵
Eig(A-B*K);                       %检验特征矩阵的极点配置是否符合要求
Sys_motor_SF=ss(A-B*K,B,C,D);     %状态反馈控制之后的系统
Step(sys_motor_SF,5);             %观察状态反馈控制效果,注意闭环增益
```

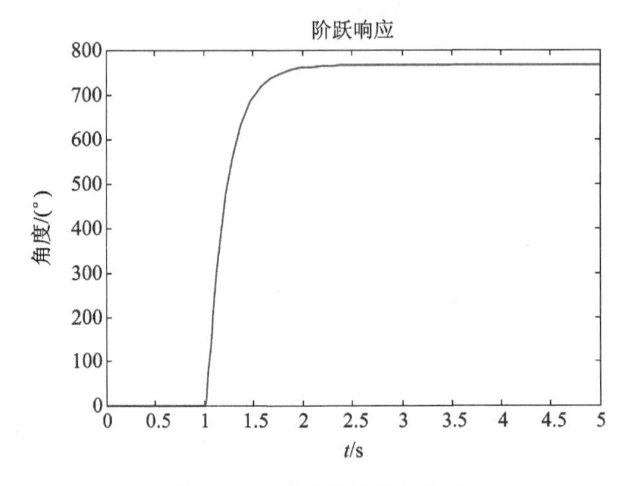

图 7-28 状态反馈仿真结果

2. 状态观测器设计

直流电机状态观测器的结构如图 7-29 所示。

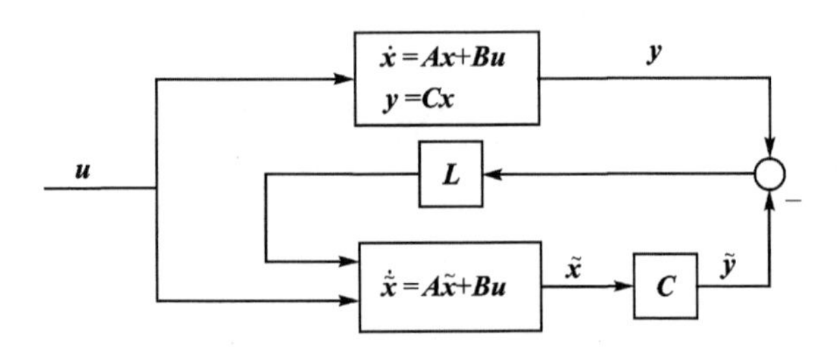

图 7-29 直流电机状态观测器结构

观测器的描述方程为

$$\dot{\tilde{x}}=A\tilde{x}+Bu+L(y-\tilde{y})$$
$$\tilde{y}=C\tilde{x}$$

也就是

$$\dot{\tilde{x}}=A\tilde{x}+Bu+L(Cx-C\tilde{x})=(A-LC)\tilde{x}+Bu+Ly$$

定义 $e=x-\tilde{x}$,可以得到

$$\dot{e}=\dot{x}-\dot{\tilde{x}}=(A-LC)\tilde{x}$$

矩阵$(A-LC)$的特征根为[-1.666 7　-16.000 0],这就决定了观测器的性质。

设定观测器的特征根为 $P_{s1}=[-0.5\quad -10]$，根据观测器特征根的求解方法，可以得到

$$L=[-16.5\quad 331.5]$$

建立观测器的仿真模型如图7-30所示。

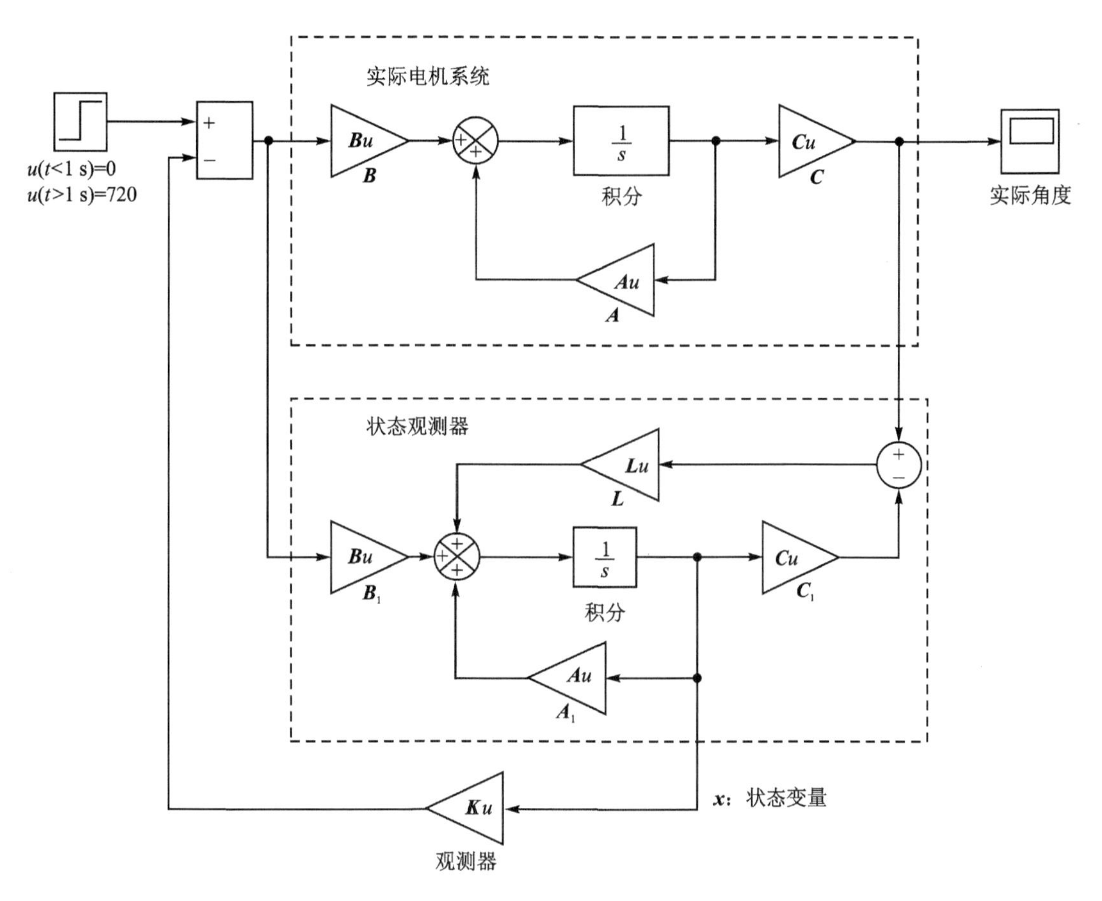

图7-30 状态观测器的仿真模型

利用MATLAB设计状态观测器，用来观测变量，具体程序如下。

```
%%%%%%%%%%设置参数
Km = 8;                              %电机增益
Tm = 0.05;                           %电机时间常数
%%%%%%%%%%%%%%%%%%%%%%%%%%%%%%%%%%%%%%%%%%%%%%%%%
A = [0 1;0 -1/Tm];
B = [0;Km/Tm];
C = [1 0];
D = 0;
sys_motor = ss(A,B,C,D);
V = [-0.5,-10];                      %配置的观测器极点
L = (acker(A',C',V))';               %求观测器矩阵L
```

通过以下程序可以实现对状态变量 x 的观测，得到观测量，具体程序如下。

```
clear
Tm = 0.05;                              %时间常数
Km = 8;                                 %增益
A = [0 1;0  - 1/Tm];                    %状态空间矩阵
B = [0;Km/Tm];
C = [1 0];
D = 0;
 % % State feedback
Ps = [ - 6; - 36];                      %状态反馈目标极点
K = [1 0.1];                            %状态反馈矩阵
sys_motor = ss(A - B * K,B,C,D);        %电机系统传递函数
V = [ - 0.5, - 10];                     %状态观测器目标极点
L = [1;10];                             %状态观测器矩阵
t = zeros();                            %试验时间矩阵
t_end = 3;                              %s,试验结束时间
myev3 = legoev3('USB');                 %定义机器人变量
mymotor = motor(myev3,'A');             %定义机器人电机接口
start(mymotor);                         %启动电机
resetRotation(mymotor);                 %重置电机编码器
f = 0.5;                                %Hz,正弦指令频率
AMP = 360;                              %度,正弦指令幅值
PositionV = [];                         %度,阶跃输入指令
PositionU = [];                         %度,电机输入指令
PositionC = [];                         %度,电机输出角度
PositionCV = [];                        %度,电机观测器输出
XV(:,1) = [0;0];                        %状态向量矩阵

T = 0.01;                               %s,系统采样周期,测试得到
F = eye(2) + A * T + A * A * T * T/2 + A * A * A * T * T * T/6;          %离散系统状态空间矩阵
G = T * (eye(2) + eye(2) * A * T/2) * B;
%%%%%%%%%%%%%%%%%%%%%%%%%%%%%初始化结果矩阵
i = 1;
t(1) = 0;
PositionC(1) = 0;
PositionV(1) = 0;
PositionCV(1) = 0;
PositionU(1) = 0;

tic;                                    %开始计时
while t(i)<t_end
    %%%%%%%%%%%%设置采样周期
    if (i == 1)
        pause(T);
    else
        pause(T - (t(i) - t(i - 1)));
    end
    %%%%%%%%%设置阶跃输入, t0 = 0.5s
    %%%%%%%%%%函数输入
    PositionV(i) = AMP * sin(2 * pi * f * t(i));       %设置阶跃输入值

    PositionU(i) = PositionV(i) - K * XV(:,i);         %度,电机输入指令
```

```
    mymotor.Speed = PositionU(i);                    % 给电机赋值控制速度
    PositionC(i) = readRotation(mymotor);            % 实际输出角度
    PositionCV(i) = C * XV(:,i);                     % 观测器输出角度位置
    XV(:,i+1) = F * XV(:,i) + L * [PositionC(i) - PositionCV(i)] + G * [PositionV(i) - K * XV(:,i)];
                                                     % 观测器数字实现
    i = i + 1;
    t(i) = toc;
end
PositionC(i) = readRotation(mymotor);
PositionCV(i) = C * XV(:,i);
PositionV(i) = PositionV(i - 1);

% % % % % % % % % % % % % % % % % % % % % Plot
plot(t,PositionCV);
hold on;
plot(t,PositionC);
plot(t,PositionV);
stop(mymotor)
```

试验结果如图 7 - 31 所示。

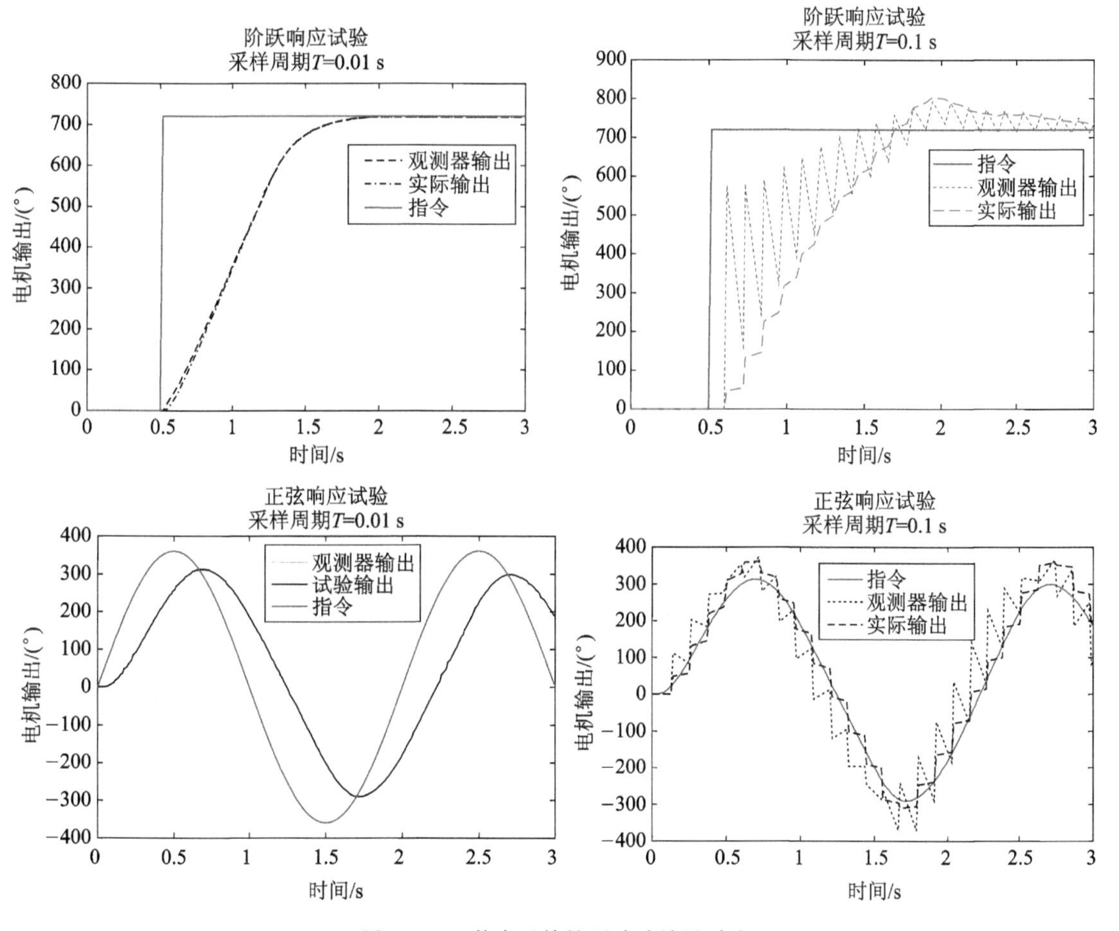

图 7 - 31　状态反馈控制试验结果对比

7.5　小　结

本章在第6章基础上,介绍了常用控制器的计算机实现方法,以及PID控制器和状态空间方法的计算机实现流程,并通过案例对比了不同计算机实现方法之间的区别,以及采样周期对计算机控制系统性能的影响。控制系统的计算机实现是工业控制系统设计的最后一个环节,控制工程师需要深刻理解计算机控制的内涵,以及理论控制算法与实际计算机控制程序之间的区别与联系。理论与实践的紧密结合,是工程师的必备技能,也是本章所阐述内容的主旨。

第8章　工业智能机器人

机器人作为工业系统中的重要组成部分，涉及工业领域内几乎所有的专业领域。本章以工业智能机器人为对象，介绍与机器人的运动要素、感知要素和思考要素相关的知识，并综合本书前部分章节阐述的运动学、动力学、控制与实现等相关知识，结合具体案例阐述机器人的设计与分析方法。

8.1　智能机器人概述

智能机器人作为一种包含相当多学科知识的技术，几乎是伴随着人工智能产生的。而智能机器人在当今社会变得愈发重要，越来越多的领域和岗位都需要智能机器人参与，这使得智能机器人的研究也逐渐成为研究者关注的重点领域。在不久的将来，随着智能机器人技术的不断发展和成熟，以及众多科研人员的不懈努力，智能机器人会逐渐走进千家万户，更好地服务人们的生活。

8.1.1　智能机器人的组成和特点

机器人可以分为一般机器人(自控机器人)和智能机器人。一般机器人指不具有智能，只具有一般编程能力和操作功能的机器人。在世界范围内还没有一个统一的智能机器人定义。大多数专家认为智能机器人至少要具备以下三个要素：一是感觉要素，用来认识周围环境状态；二是运动要素，可对外界做出反应性动作；三是思考要素，根据感觉要素所得到的信息，思考出采用什么样的动作。

感觉要素包括能感知视觉、接近、距离等的非接触型传感器和能感知力、压觉、触觉等的接触型传感器。这些要素实质上相当于人的眼、鼻、耳等五官，它们的功能可以利用诸如摄像机、图像传感器、超声波传感器、激光器、导电橡胶、压电元件、气动元件、行程开关等机电元器件来实现。

对于运动要素来说，智能机器人需要有一个无轨道型的移动机构，以适应诸如平地、台阶、墙壁、楼梯、坡道等不同的地理环境。它们的功能可以借助轮子、履带、支脚、吸盘、气垫等移动机构来完成。在运动过程中要对移动机构进行实时控制，这种控制不仅要有位置控制，而且还要有力度控制、位置与力度混合控制、伸缩率控制等。

思考要素是智能机器人三个要素中的关键，也是人们要赋予机器人必备的要素。思考要素包括判断、逻辑分析、理解等方面的智力活动。这些智力活动实质上是一个信息处理过程，而计算机则是完成这个处理过程的主要手段。

8.1.2　智能程度的分类

1. 工业机器人

工业机器人(见图8-1)只能死板地按照人给它规定的程序工作，不管外界条件有何变

图 8-1 工业机器人

化，自己都不能对程序即所做的工作进行相应的调整。如果要改变机器人所做的工作，就必须由人对程序做相应的改变，因此它是毫无智能的。

2. 初级智能机器人

初级智能机器人与工业机器人不同，它具有像人那样的感觉、识别、推理和判断能力。它可以根据外界条件的变化，在一定范围内自行修改程序，也就是说，它能适应外界条件的变化而对自己应该怎样做来进行相应调整。不过，修改程序的原则由人预先予以规定。这种初级智能机器人已拥有一定的智能，虽然还没有自动规划能力，但这种初级智能机器人已开始走向成熟，达到实用水平。初级智能机器人的具体实例如图 8-2 所示。

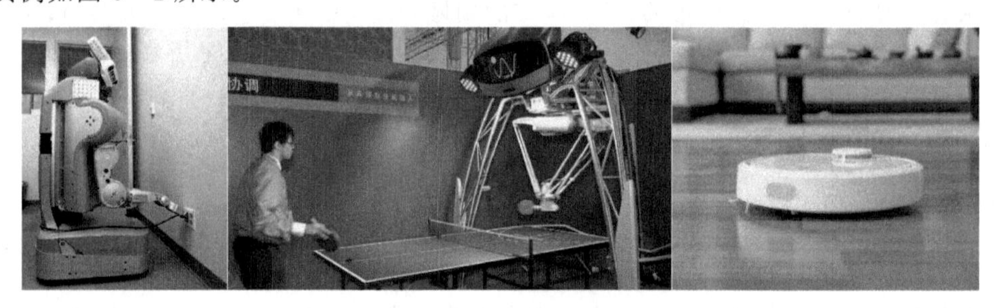

图 8-2 自主充电机器人、乒乓球机器人、扫地机器人

3. 高级智能机器人

图 8-3 未来战争机器人

高级智能机器人与初级智能机器人一样，具有感觉、识别、推理和判断能力，同样，它可以根据外界条件的变化，在一定范围内自行修改程序。所不同的是，修改程序的原则不是由人规定的，而是机器人自己通过学习和总结经验来获得的，所以它的智能高出初级智能机器人。这种机器人已拥有一定的自动规划能力，能够自己安排自己的工作；它还不需要人的照料，可以完全独立地工作，故将其称为高级自律机器人。这种机器人也开始走向实用，如图 8-3 所示的未来战争机器人。

8.1.3 关键技术

1. 多传感器信息融合

多传感器信息融合技术是近年来十分热门的研究课题，它与控制理论、信号处理、人工智能、概率和统计相结合，为机器人在各种复杂、动态、不确定和未知的环境中执行任务提供了技术解决途径。

机器人所用的传感器有很多种，根据不同的用途分为内部测量传感器和外部测量传感器两大类。内部测量传感器用来检测机器人组成部件的内部状态，包括位置/角度传感器、速度/角速度传感器、加速度传感器、倾斜角传感器、方位角传感器等。外部传感器包括视觉（测量、认识传感器）、触觉（接触、压觉、滑动觉传感器）、力觉（力、力矩传感器）、接近觉（接近觉、距离传感器）以及角度传感器（倾斜、方向、姿态传感器）。

多传感器信息融合就是综合来自多个传感器的感知数据，以产生更可靠、更准确或更全面的信息。经过融合的多传感器系统能够更加完善、精确地反映检测对象的特性，消除信息的不确定性，提高信息的可靠性。

多传感器信息融合技术是一个十分活跃的研究领域，主要研究方向有：

① 多层次传感器融合。由于单个传感器具有不确定性，存在易出现观测失误和不完整性的弱点，因此单层数据融合限制了系统的能力和鲁棒性。对于要求高鲁棒性和灵活性的先进系统，可以采用多层次传感器融合的方法。低层次融合方法可以融合多传感器数据；中层次融合方法可以融合数据和特征，得到融合的特征或决策；高层次融合方法可以融合特征和决策，得到最终的决策。

② 微传感器和智能传感器。传感器的性能、价格和可靠性是衡量传感器优劣与否的重要标志，然而许多性能优良的传感器由于体积大而限制了其应用。微电子技术的迅速发展使小型和微型传感器的制造成为可能。智能传感器将主处理、硬件和软件集成在一起，如Par Scientific公司研制的1000系列数字式石英智能传感器，日本日立研究所研制的可以识别4种气体的嗅觉传感器，美国Honeywell公司研制的DSTJ23000智能压差压力传感器等，都具备了一定的智能。

③ 自适应多传感器融合。在现实世界中，很难得到环境的精确信息，也无法确保传感器始终能够正常工作。因此，对于各种不确定情况，鲁棒融合算法十分必要。现已研究出一些自适应多传感器融合算法来处理由于传感器的不完善带来的不确定性。

2. 导航与定位

在机器人系统中，自主导航是一项核心技术，是机器人研究领域的重点和难点问题。导航的基本任务有3项：

① 基于环境理解的全局定位。通过对环境中景物的理解，来识别人为路标或具体的实物，以完成对机器人的定位，为路径规划提供素材。

② 目标识别和障碍物检测。实时对障碍物或特定目标进行检测和识别，以提高控制系统的稳定性。

③ 安全保护。能够对机器人工作环境中出现的障碍和移动物体做出分析，并避免对机器人造成损伤。

机器人有多种导航方式，根据环境信息的完整程度、导航指示信号类型等因素的不同，可以分为基于地图的导航、基于创建地图的导航和无地图的导航3类。根据导航采用的硬件的不同，可将导航系统分为视觉导航和非视觉传感器组合导航。视觉导航是利用摄像头进行环境探测和辨识，以获取场景中的绝大部分信息。目前，视觉导航信息处理的内容主要包括视觉信息的压缩和滤波、路面检测和障碍物检测、环境特定标志的识别、三维信息感知与处理。非视觉传感器组合导航指采用多种传感器共同工作，如探针式传感器、电容式传感器、电感式传感器、力学传感器、雷达传感器、光电传感器等，用来探测环境，对机器人的位置、姿态、速度和系统内部状态等进行监控，感知机器人所处工作环境的静态和动态信息，使机器人相应的工作顺序和操作内容能够自然地适应工作环境的变化，有效地获取内、外部信息。

在自主移动机器人导航中，无论是局部实时避障，还是全局规划，都需要精确知道机器人或障碍物的当前状态及位置，以完成导航、避障及路径规划等任务，这就是机器人的定位问题。比较成熟的定位系统可分为被动式传感器系统和主动式传感器系统。被动式传感器系统通过码盘、加速度传感器、陀螺仪、多普勒速度传感器等感知机器人自身的运动状态，经过累积计算得到定位信息。主动式传感器系统通过包括超声波传感器、红外传感器、激光测距仪以及视频摄像机等主动式传感器来感知机器人的外部环境或人为设置的路标，并与系统预先设定的模型进行匹配，从而得到当前机器人与环境或路标的相对位置，获得定位信息。

3. 路径规划

路径规划技术是机器人研究领域的一个重要分支。最优路径规划就是依据某个或某些优化准则(如工作代价最小、行走路线最短、行走时间最短等)，在机器人工作空间中找到一条从起始状态到目标状态可以避开障碍物的最优路径。

路径规划方法大致可以分为传统方法和智能方法两种。传统路径规划方法主要有以下几种：自由空间法、图搜索法、栅格解耦法、人工势场法。大部分机器人路径规划中的全局规划都是基于上述几种方法进行的，但这些方法在路径搜索效率及路径优化方面有待于进一步改善。人工势场法是传统算法中较成熟且高效的规划方法，它通过环境势场模型进行路径规划，但是没有考察路径是否最优。

智能路径规划方法是将遗传算法、模糊逻辑以及神经网络等人工智能方法应用到路径规划中，来提高机器人路径规划的避障精度，加快规划速度，满足实际应用的需要。其中，应用较多的算法主要有模糊方法、神经网络、遗传算法、Q 学习及混合算法等，这些方法在障碍物环境已知或未知的情况下均已取得一定的研究成果。

4. 机器人视觉

视觉系统是自主机器人的重要组成部分，一般由摄像机、图像采集卡和计算机组成。机器人视觉系统的工作包括图像的获取、图像的处理和分析、输出和显示，核心任务是特征提取、图像分割和图像辨识，而如何精确高效地处理视觉信息是视觉系统的关键问题。目前视觉信息处理逐步细化，包括视觉信息的压缩和滤波、环境和障碍物的检测、特定环境标志的识别、三维信息的感知与处理等。其中环境和障碍物的检测是视觉信息处理中最重要，也是最困难的过程。边沿抽取是视觉信息处理中常用的一种方法。对于一般的图像边沿抽取，如采用局部数据的梯度法和二阶微分法等，对于需要在运动中处理图像的移动机器人而言，难以满足实时性的要求。还有人提出将遗传算法与模糊逻辑相结合。

机器人视觉是其智能化最重要的标志之一，对机器人的智能及控制都具有非常重要的意义。目前国内外都在大力研究，并且已经有一些系统投入了使用。

5. 智能控制

随着机器人技术的发展，对于无法精确解析建模的物理对象以及信息不足的病态过程，传统控制理论暴露出缺点，近年来许多学者提出了各种不同的机器人智能控制系统。机器人的智能控制方法有模糊控制、神经网络控制、智能控制技术的融合(模糊控制和变结构控制的融合,神经网络控制和变结构控制的融合,模糊控制和神经网络控制的融合;智能融合技术还包括基于遗传算法的模糊控制方法)等。

近几年,机器人智能控制在理论和应用方面都有较大的进展。模糊控制在机器人的建模、控制、对柔性臂的控制、模糊补偿控制以及移动机器人路径规划等各个领域都得到了广泛的应用。在机器人神经网络控制方面,CMCA(Cere-bella Model Controller Articulation)是应用较早的一种控制方法,其最大特点是实时性强,尤其适用于对多自由度操作臂的控制。

智能控制方法提高了机器人的反应速度及精度,但是也有其自身的局限性,例如,如果机器人模糊控制中的规则库很庞大,则推理过程的时间会过长;如果规则库很简单,则控制的精确性又会受到限制;无论是模糊控制还是变结构控制,抖振现象都会存在,这将给控制带来严重的影响;神经网络的隐层数量和隐层内神经元数的合理确定,仍是目前神经网络在控制方面遇到的问题;神经网络还存在易陷于局部极小值等问题。以上这些都是智能控制设计中要解决的问题。

6. 人机接口技术

智能机器人的研究目标并不是完全取代人,复杂的智能机器人系统仅仅依靠计算机来控制目前仍有一定困难的,即使可以做到,也由于缺乏对环境的适应能力而并不实用。智能机器人系统还不能完全排斥人的作用,而需要借助人机协调来实现系统控制。因此,设计良好的人机接口就成为智能机器人研究的重点问题之一。

人机接口技术是研究如何使人方便自然地与计算机交流。为了实现这一目标,除了最基本的要求机器人具有友好的、灵活方便的人机界面之外,还要求计算机能够看懂文字、听懂语言、说话表达,甚至能够进行不同语言之间的翻译,而这些功能的实现又依赖于对知识表示方法的研究。因此,研究人机接口技术既有巨大的应用价值,又有基础理论意义。目前,人机接口技术已经取得了显著成果,文字识别、语音合成与识别、图像识别与处理、机器翻译等技术已经开始实用化。另外,人机接口装置和交互技术、监控技术、远程操作技术、通信技术等也是人机接口技术的重要组成部分,其中远程操作技术是一个重要的研究方向。

8.2 智能机器人运动系统设计

机器人的移动取决于其运动系统。高性能的运动系统是实现机器人各种复杂行为的重要保障。机器人运动的稳定性、灵活性、准确性、可操作性直接影响移动机器人的整体性能。通常,运动系统由移动机构和驱动机构组成,它们在控制系统的控制下,完成各种运动。因此,合理选择和设计运动系统是移动机器人设计中一项基本而重要的工作。

8.2.1 移动机构

为了适应不同的环境和场合,移动机构主要有轮式、履带式、足式、步进式、蠕动式、蛇形式和混合式等不同类型。轮式移动机构的效率最高,但其适应能力和通行能力相对较差。履带式机器人对于崎岖地形的适应能力好,越障能力强。

机器人在平面上移动时,存在前后、左右和转动三个自由度的运动。根据移动的特征可以将机器人分为非全向和全向两种。若具有的自由度少于三个,则称为非全向移动机器人。汽车便是非全向移动的典型应用。

若具有完全的三个自由度，则称为全向移动机器人。全向移动机器人非常适合于空间有限，且对机器人的机动性要求高的场合。全向移动机器人具有独轮、两轮、三轮、四轮等形式。

1. 两轮差动式移动机构

图 8－4 是基于乐高 EV3 组建的自动平衡机器人，该机器人系统的运动约束条件是一个非完整约束，相关参数包括 x，y 为机器人的中心位置；v 为机器人在 OXY 坐标系中的速度；v_L，v_R 为左轮和右轮的速度；ω 为机器人的转动速度；ω_L，ω_R 为左轮和右轮的转动速度；θ 为机器人的转动角度；R 为机器人的车轮半径；C 为机器人的质心；$2L$ 为车身宽度。

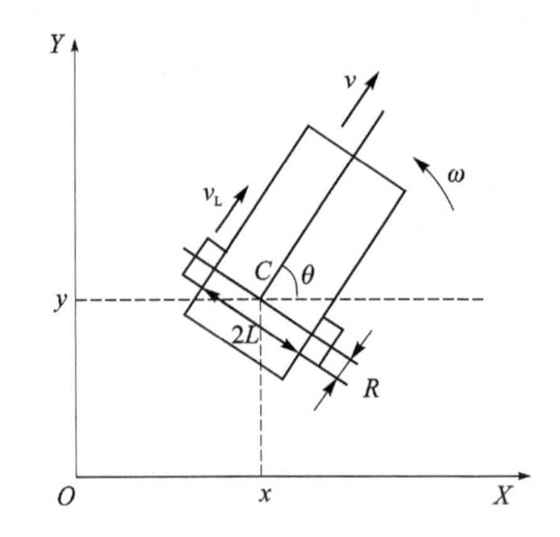

图 8－4　两轮差动式移动机器人运动学模型

建立机器人的质心运动方程为

$$\dot{x}=v\cos\theta,\quad \dot{y}=v\sin\theta,\quad \dot{\theta}=\omega$$

即

$$\begin{bmatrix}\dot{x}\\ \dot{y}\\ \dot{\theta}\end{bmatrix}=\begin{bmatrix}\cos\theta & 0\\ \sin\theta & 0\\ 0 & 1\end{bmatrix}\begin{bmatrix}v\\ \omega\end{bmatrix}\tag{8-1}$$

根据刚体运动规律，可得运动方程

$$\left.\begin{aligned}&v_L=\omega_L R,\quad v_R=\omega_R R\\ &\omega=\frac{\omega_R-\omega_L}{2},\quad v=\frac{v_R+v_L}{2}\end{aligned}\right\}\tag{8-2}$$

由分析可知，若 $v_L=v_R$，质心的角速度为 0，则机器人将沿直线运动；若 $v_L=-v_R$，质心的线速度为 0，则机器人将原地转身，即机器人以零半径转弯。在其他情况下，机器人将围绕圆心以零到无穷大的转弯半径做圆周运动。

将左、右轮的速度与角速度的关系代入机器人质心运动方程，得

$$\begin{bmatrix}\dot{x}\\ \dot{y}\\ \dot{\theta}\end{bmatrix}=\begin{bmatrix}\frac{R}{2}\cos\theta & \frac{R}{2}\cos\theta\\ \frac{R}{2}\sin\theta & \frac{R}{2}\sin\theta\\ -\frac{R}{2L} & \frac{R}{2L}\end{bmatrix}\begin{bmatrix}\omega_L\\ \omega_R\end{bmatrix}$$

由公式(8－2)可以看出，如果知道 ω_L 和 ω_R 即可确定机器人的位姿。

机器人的左、右路驱动电机的角速度与转速之间的关系可表示为

$$\omega = \frac{2\pi n}{60}$$

2. 全向移动机构

常用的全向移动机器人(见图 8－5)通常使用全向轮或 Mecanum(麦克纳姆)轮实现。

乐高四轮机器人

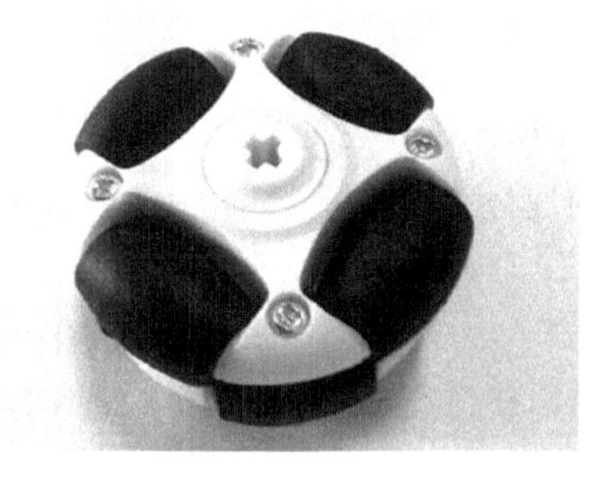

麦克纳姆全向轮

三轮全向机器人

图 8－5　全向移动机器人

常用的 Mecanum 三轮全向移动平台模型如图 8－6 所示，它具有在二维平面内全向移动的特性。同样，作为三轮全向移动平台，它可以更加灵活地进行二维平面的全向移动。

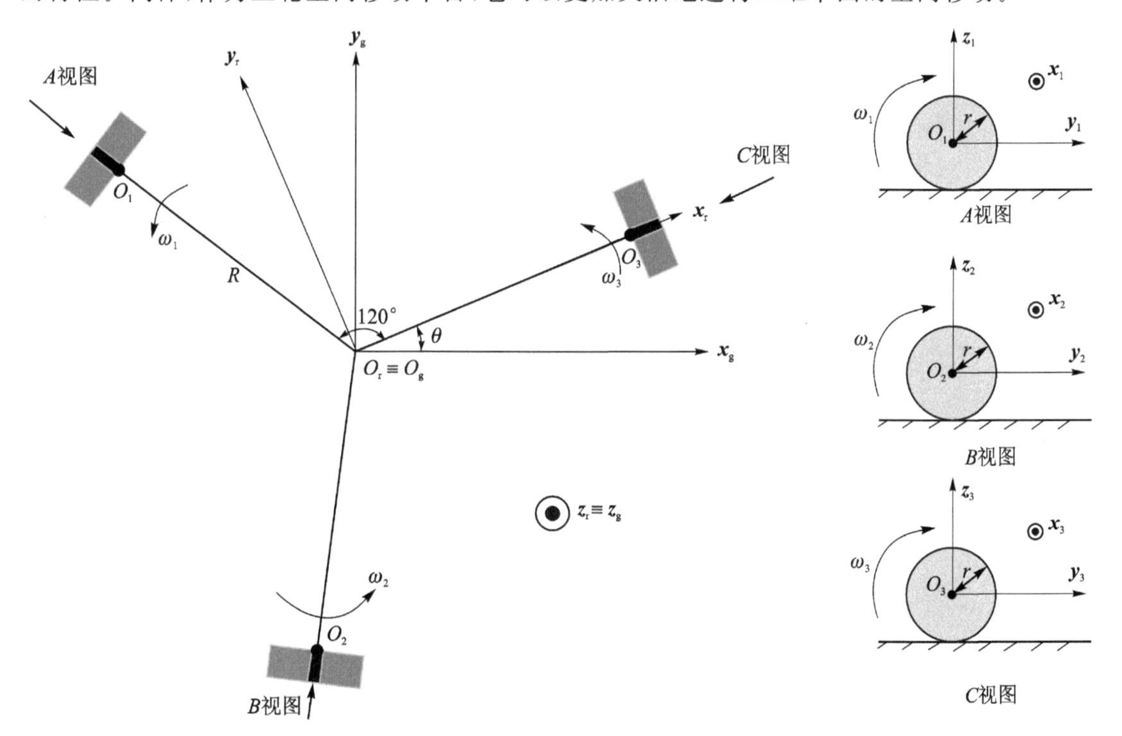

图 8－6　Mecanum 三轮全向移动平台模型

对于一个实用的 Mecanum 轮运动系统，为了使制造经济合理，一般系统中所有 Mecanum 轮的结构都相同，图 8－6 中 Mecanum 三轮全向移动平台中所有的 Mecanum 轮结构都完全

相同，几何、运动参数、安装方式也完全相同，通过轮子速度与旋向的配合，实现其在二维平面内的全向移动。本节中的 Mecanum 轮均采用 3 个常规的 45°轮，分析图 8－6 可得其运动模型（逆时针为正向）为

$$\begin{bmatrix}\omega_1\\ \omega_2\\ \omega_3\end{bmatrix}=\frac{1}{r}\begin{bmatrix}1 & -1 & R\\ -\dfrac{\sqrt{3}+1}{2} & \dfrac{-\sqrt{3}+1}{2} & R\\ \dfrac{\sqrt{3}-1}{2} & \dfrac{\sqrt{3}+1}{2} & R\end{bmatrix}\begin{bmatrix}V_x\\ V_y\\ \omega\end{bmatrix} \tag{8-3}$$

其中，ω_1、ω_2、ω_3 分别为 3 个 Mecanum 轮的驱动电机的转速，r 为轮子半径，R 为 3 个轮子到中心的距离，V 为平台移动的速度，V_x 为平台前行移动的速度，V_y 为平台横向移动的速度，ω 为平台自转的速度。

根据公式（8－3）可以得到 Mecanum 三轮全向移动平台运动时各种速度之间的关系为：

① 移动平台绕自身中心旋转（$V_x=V_y=0,\omega\neq 0$）时，有

$$\omega_1=\omega_2=\omega_3=\frac{R}{r}\omega \tag{8-4}$$

② 移动平台沿直线运动（$V^2=V_x^2+V_y^2$）时，分两种情况：

ⓐ 移动平台自身不旋转（$\omega=0,V^2=V_x^2+V_y^2$），有

$$\left.\begin{aligned}\omega_1&=\frac{V}{r}(\sin\theta-\cos\theta)\\ \omega_2&=\frac{V}{r}\left(-\frac{\sqrt{3}+1}{2}\sin\theta+\frac{1-\sqrt{3}}{2}\cos\theta\right)\\ \omega_3&=\frac{V}{r}\left(\frac{\sqrt{3}+1}{2}\sin\theta+\frac{\sqrt{3}+1}{2}\cos\theta\right)\end{aligned}\right\} \tag{8-5}$$

其中，$V_x=V\sin\theta,V_y=V\cos\theta$，$\theta$ 为平台移动速度的方向与坐标系 x 轴的夹角，因此可以得到

$$\left.\begin{aligned}\omega_1&=\frac{V_x-V_y}{r}\\ \omega_2&=\frac{1}{r}\left(-\frac{\sqrt{3}+1}{2}V_x+\frac{1-\sqrt{3}}{2}V_y\right)\\ \omega_3&=\frac{1}{r}\left(\frac{\sqrt{3}+1}{2}V_x+\frac{\sqrt{3}+1}{2}V_y\right)\end{aligned}\right\} \tag{8-6}$$

ⓑ 移动平台绕自身中心旋转（旋转速度 $\omega\neq 0$），整体以直线形式运动（$V^2=V_x^2+V_y^2$），有

$$\left.\begin{aligned}\omega_1&=\frac{R}{r}\omega+\frac{V_x-V_y}{r}\\ \omega_2&=\frac{R}{r}\omega+\frac{1}{r}\left(-\frac{\sqrt{3}+1}{2}V_x+\frac{1-\sqrt{3}}{2}V_y\right)\\ \omega_3&=\frac{R}{r}\omega+\frac{1}{r}\left(\frac{\sqrt{3}+1}{2}V_x+\frac{\sqrt{3}+1}{2}V_y\right)\end{aligned}\right\} \tag{8-7}$$

这种运动状态就是将移动平台绕自身中心旋转运动时的电机速度叠加到移动平台自身不旋转时的直线运动上。

③ 移动平台绕空间一点旋转分两种情况：

ⓐ 移动平台自身不旋转，有

$$\omega=0,\quad V^2=V_x^2+V_y^2,\quad V_x=V\sin\theta,\quad V_y=V\cos\theta,\quad V=L\Omega,\quad \theta=\Omega t$$

其中，ω 为移动平台自转的速度，L 是绕平台转动的半径，Ω 是绕某个点转动的速度。

控制移动的公式为

$$\begin{bmatrix}\omega_1\\ \omega_2\\ \omega_3\end{bmatrix}=\frac{1}{r}\begin{bmatrix}1 & -1 & R\\ -\dfrac{\sqrt{3}+1}{2} & \dfrac{1-\sqrt{3}}{2} & R\\ \dfrac{\sqrt{3}-1}{2} & \dfrac{\sqrt{3}+1}{2} & R\end{bmatrix}\begin{bmatrix}V_x\\ V_y\\ \omega\end{bmatrix}\tag{8-8}$$

ⓑ 移动平台自身旋转。将移动平台绕自身中心旋转时的各个电机的速度叠加，有

$$\left.\begin{aligned}\omega_1&=\frac{R}{r}\omega+\frac{V_x-V_y}{r}\\ \omega_2&=\frac{R}{r}\omega+\frac{1}{r}\left(-\frac{\sqrt{3}+1}{2}V_x+\frac{1-\sqrt{3}}{2}V_y\right)\\ \omega_3&=\frac{R}{r}\omega+\frac{1}{r}\left(\frac{\sqrt{3}+1}{2}V_x+\frac{\sqrt{3}+1}{2}V_y\right)\end{aligned}\right\}\tag{8-9}$$

同样，可按照公式(8－9)来控制移动。

3. 四轮(麦克纳姆轮)移动机构

如图 8－7 所示是源自 RoboMaster 机甲大师机器人比赛的消费级机器人，它具备准工业级硬件，拥有性能充足的中央处理器、31 个传感器、可模拟皮肤触觉的感应装甲、抖动控制精度在±0.02°的云台、全向移动的底盘。这些配置让 RoboMaster S1 的大脑、感官和机体性能远超同类的教育机器人产品，同时也是一款可玩性相当高、足够酷炫的竞技型机器人。

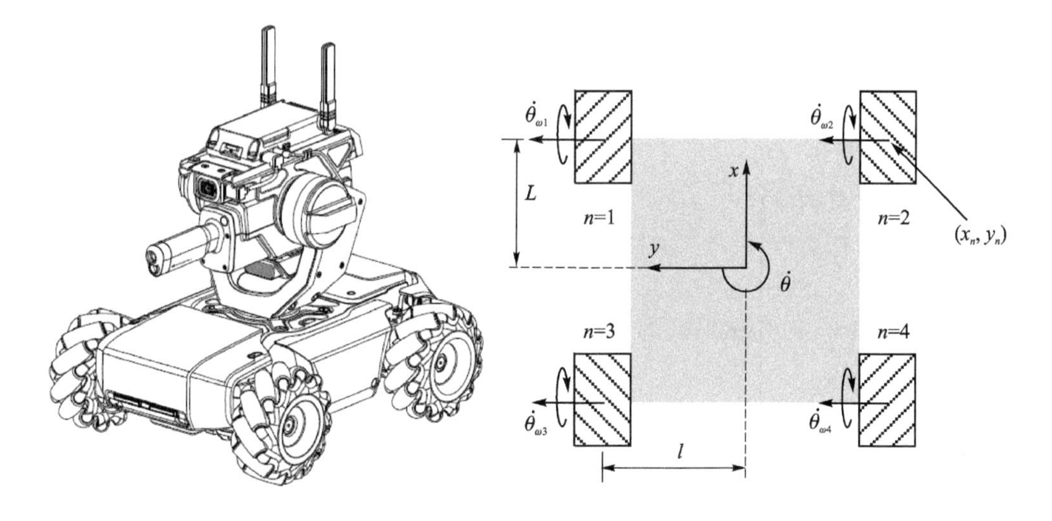

图 8－7　Mecanum 四轮全方位移动平台结构示意图

基于 Mecanum 轮全方位移动平台，采用四轮矩形布局的形式如图 8－7 所示。

四轮均平行于 x 轴，定义 $(\dot{x},\dot{y},\dot{\theta})^{T}$ 表示全方位移动平台的广义速度（平动和转动），$(\dot{\theta}_{\omega1},\dot{\theta}_{\omega2},\dot{\theta}_{\omega3},\dot{\theta}_{\omega4})^{T}$ 分别表示轮子的转速，平台长度与宽度的一半分别用 L 和 l 表示。

Mecanum 四轮全方位移动平台的正向运动学方程为

$$\begin{pmatrix}\dot{x}\\ \dot{y}\\ \dot{\theta}\end{pmatrix}=\frac{r}{4}\begin{bmatrix}1 & 1 & 1 & 1\\ -1 & 1 & 1 & -1\\ -\dfrac{1}{L+l} & \dfrac{1}{L+l} & -\dfrac{1}{L+l} & \dfrac{1}{L+l}\end{bmatrix}\begin{bmatrix}\dot{\theta}_{\omega1}\\ \dot{\theta}_{\omega2}\\ \dot{\theta}_{\omega3}\\ \dot{\theta}_{\omega4}\end{bmatrix} \tag{8-10}$$

Mecanum 四轮全方位移动平台的逆向运动学方程为

$$\begin{bmatrix}\dot{\theta}_{\omega1}\\ \dot{\theta}_{\omega2}\\ \dot{\theta}_{\omega3}\\ \dot{\theta}_{\omega4}\end{bmatrix}=\frac{1}{r}\begin{bmatrix}1 & -1 & -L-l\\ 1 & 1 & L+l\\ 1 & 1 & -L-l\\ 1 & -1 & L+l\end{bmatrix}\begin{pmatrix}\dot{x}\\ \dot{y}\\ \dot{\theta}\end{pmatrix} \tag{8-11}$$

对公式(8－11)分析可知，通过轮子不同转速的配合，可以实现系统向任意方向的运动，特别是：

- 当 $\dot{\theta}_{\omega1}=\dot{\theta}_{\omega2}=\dot{\theta}_{\omega3}=\dot{\theta}_{\omega4}$ 时，Mecanum 四轮全方位移动平台的速度响应为 $\dot{x}=r\dot{\theta}_{\omega1}$，$\dot{y}=0$，$\dot{\theta}=0$，平台沿 x 方向前后移动。
- 当 $\dot{\theta}_{\omega1}=-\dot{\theta}_{\omega2}=-\dot{\theta}_{\omega3}=\dot{\theta}_{\omega4}$ 时，Mecanum 四轮全方位移动平台的速度响应为 $\dot{x}=0$，$\dot{y}=-r\dot{\theta}_{\omega1}$，$\dot{\theta}=0$，平台沿 y 方向左、右移动。
- 当 $\dot{\theta}_{\omega1}=-\dot{\theta}_{\omega2}=\dot{\theta}_{\omega3}=-\dot{\theta}_{\omega4}$ 时，Mecanum 四轮全方位移动平台的速度响应为 $\dot{x}=0$，$\dot{y}=0$，$\dot{\theta}=\dfrac{-r\dot{\theta}_{\omega1}}{L+l}$，平台在原地旋转。

8.2.2 驱动机构

机器人的驱动机构通常包括执行机构的驱动系统和机器人本体的驱动系统。执行机构的驱动系统相当于人的肌肉，机器人本体的驱动系统通常采用电动机（伺服电机、直接驱动电机、直线电机、步进电机）、液压驱动（液压缸、液压马达）、气动驱动器、形状记忆金属驱动器、磁性伸缩驱动器等。其中，电动驱动器尤其是伺服电机是最常用的机器人驱动器。下面介绍常用的电动机。

1. 直流伺服电机

直流电机具有功率密度大、尺寸小、控制简单等优点，被大量应用于在移动机器人等场合。其优点表现在：①具有较大的转矩，以克服传动装置的摩擦转矩和负载转矩；②调速范围宽，运行速度平稳；③具有快速响应能力，可以适应复杂的速度变化；④电机刚度好，有较大的过载能力。

直流电机的转速与电枢电压成正比，输出转矩与电流成正比。在相同的电压下，速度越低，转矩越大；在相同的转矩下，电压越高，速度越大；在相同的速度下，电压越高，转矩越大。

直流电机的控制方法可以分为调节励磁磁通的励磁控制方法和调节电枢电压的电枢控制方法。在实际工业应用中，大都采用电枢控制方法。在对电枢的控制和驱动中，又可以分为线性方法驱动和开关驱动两种方式。

2. 交流伺服电机

交流伺服电机本质上是一种两相异步电机。其控制方法主要有三种：幅值控制、相位控制和幅值相位控制。交流伺服电机的优点是结构简单、成本低、无电刷和换向器。缺点是易产生自转现象、非线性特性，且刚度低、效率低。

在要求调速性能较高的场合，一直占据主导地位的是应用直流电机的调速系统。但直流电机都存在一些固有的缺点，如电刷和换向器易磨损，需要经常维护；换向器换向时会产生火花，使电机的最高速度受到限制，也使应用环境受到限制；而且直流电机结构复杂，制造困难，所用钢铁材料消耗大，制造成本高。而交流电机，特别是鼠笼式感应电机没有上述缺点，且转动惯量较直流电机小，使得动态响应更好。在同样体积下，交流电机输出功率可比直流电机提高 10%～70%，此外，交流电机的容量可比直流电机的容量造得大，可达到更高的电压和转速。现代数控机床都倾向采用交流伺服驱动，目前，交流伺服驱动已有取代直流伺服驱动之势；但是，小型机器人的设计和应用领域很少有机会使用到交流伺服电机。

3. 无刷直流电机

无刷直流电机（BLDCM）是在有刷直流电机的基础上发展而来的，但是它的驱动电流是不折不扣的交流。无刷直流电机又可分为无刷速率电机和无刷力矩电机。一般地，无刷电机的驱动电流有两种，一种是梯形波（一般是“方波”），另一种是正弦波。有时把前一种叫做直流无刷电机，把后一种叫做交流伺服电机，确切地讲，它是交流伺服电机的一种。

为了减小转动惯量，无刷直流电机通常采用“细长”的结构。无刷直流电机在重量和体积上要比有刷直流电机小得多，相应的转动惯量可以减小 40%～50%。由于永磁材料的加工问题，致使无刷直流电机的容量一般都在 100 kW 以下。这种电机的机械特性和调节特性的线性度好、调速范围广、寿命长、维护方便、噪声小，不存在因电刷引起的一系列问题，所以这种电机在控制系统中具有很大的应用潜力。

无刷直流电机是同步电机的一种，也就是说，电机转子的转速受电机定子旋转磁场的频率 f 及转子极数 p 的影响，即 $n=60f/p$。在转子极数固定的情况下，改变定子旋转磁场的频率就可以改变转子的转速。无刷直流电机即是将同步电机加上电子式控制（驱动器），控制定子旋转磁场的频率，并将电机转子的转速回传至控制中心反复校正，以期达到接近直流电机特性的传动装置。也就是说，无刷直流电机能够在额定负载范围内，当负载变化时仍可以控制电机转子维持一定的转速。

无刷直流电机驱动器包括电源部和控制部，如图 8－8 所示。电源部提供三相电源给电机，控制部则依需求转换输入电源频率。电源部可以直接以直流电输入（一般为 24 V）或以交流电输入（110 V/220 V），如果输入是交流电就要先经转换器（converter）转为直流。不论是直流电输入还是交流电输入，在将其输入电机线圈之前，须先将直流电压由换流器（inverter）转换为三相电压，再来驱动电机。换流器一般由 6 个功率晶体管（q1～q6）分为上臂（q1、q3、 q5)和下臂(q2、q4、q6)与电机连接,作为控制流经电机线圈的开关。控制部则提供PWM(脉冲宽度调制)以决定功率晶体管开关的频度及换流器换相的时机。无刷直流电机一般希望使用于当负载变动时速度可以稳定于设定值而不会变动太大的速度控制中,所以电机内部装有能感应磁场的霍尔传感器(Hall-sensor),作为速度之闭回路控制,同时也作为相序控制的依据。但这只用来作为速度控制,并不能用来作为定位控制。

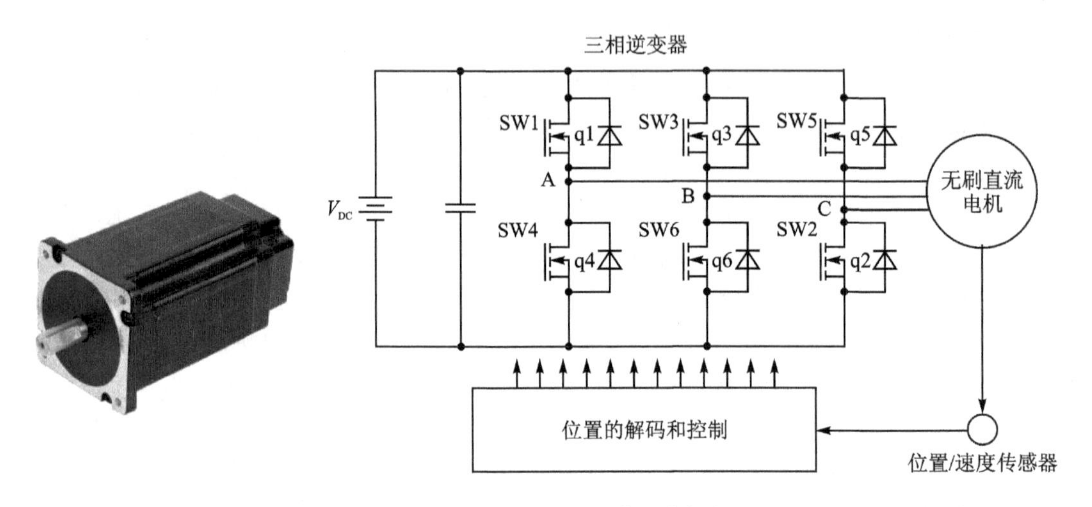

图 8-8 无刷直流电机及其驱动部分

4. 直线电机

直线电机是一种将电能直接转换为直线运动的机械能,而不需要任何中间转换机构的传动装置。可以将它看成是一台旋转电机沿径向剖开,并展成平面而成的装置,如图 8-9 所示。直线电机也称线性电机、线性马达、直线马达、推杆马达。最常用的直线电机类型是平板式、U形槽式和管式。线圈的典型组成是三相,由霍尔元件实现无刷换相。

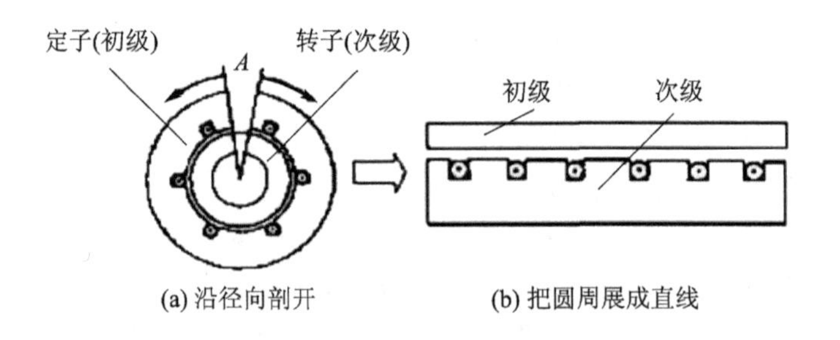

图 8-9 直线电机结构

直线电机与旋转电机相比,主要有如下几个特点:

① 结构简单。由于直线电机不需要把旋转运动变为直线运动的附加装置,因而使得系统本身的结构大为简化,重量和体积大大降低。

② 定位精度高。在需要直线运动的地方,直线电机可以实现直接传动,因而可以消除中间环节所带来的各种定位误差,故定位精度高,若采用微机控制,则还可以大大提高整个系统的定位精度。

③ 反应速度快,灵敏度高,随动性好。直线电机容易做到其转子用磁悬浮支撑,因而使得

转子与定子之间始终保持一定的气隙而不接触，这就消除了定、转子间的接触摩擦阻力，从而大大提高了系统的灵敏度、快速性和随动性。

④ 工作安全可靠，寿命长。直线电机可以实现无接触传递力，机械摩擦损耗几乎为零，所以故障少，免维修，因而工作安全可靠、寿命长。

5. 步进电机

步进电机(见图 8-10)是将电脉冲信号转变为角位移或线位移的开环控制电机，是现代数字程序控制系统中的主要执行元件，应用极为广泛。在非超载情况下，电机的转速和停止的位置只取决于脉冲信号的频率和脉冲数，而不受负载变化的影响，当步进驱动器接收到一个脉冲信号时，它就驱动步进电机按设定的方向转动一个固定的角度，称为“步距角”，它的旋转是以固定的角度一步一步运行的。可以通过控制脉冲的个数来控制角位移量，从而达到准确定位的目的；同时可以通过控制脉冲的频率来控制电机转动的速度和加速度，从而达到调速的目的。

图 8-10　步进电机

8.2.3　运动控制

在二维平面上运动的移动机器人主要有三种运动控制任务，即姿态稳定控制、路径跟踪控制和轨迹跟踪控制。

1. 姿态稳定控制

姿态稳定控制指从任意初始位置 $\boldsymbol{\xi}_0=(x_0,y_0,\theta_0)^{\mathrm{T}}$ 自由运动到末姿态 $\boldsymbol{\xi}_f=(x_f,y_f,\theta_f)^{\mathrm{T}}$，其在运动过程中没有预定轨迹限制，同时也不考虑障碍的存在。

2. 路径跟踪控制

路径跟踪控制(见图 8-11)是控制机器人以恒定或变化的速度跟踪给定的集合路径，并且不存在时间约束条件。路径跟踪忽略了对运动时间的要求而偏重对跟踪精度的要求。通过对路径跟踪的研究可以验证机器人的运动控制算法，因而具有较好的理论研究价值。但是因为没有时间约束而不易预测机器人在某一时刻的位置，所以相对于轨迹跟踪控制，路径跟踪控制使用较少。

图 8-11　机器人的路径跟踪控制

3. 轨迹跟踪控制

相对于路径跟踪控制，轨迹跟踪控制要求在跟踪给定集合路径的公式中加入时间约束。用一个以时间为变量的参数方程来表示跟踪的轨迹是普遍的做法。对于三轮全向移动机器人来说，可以用公式

$$\zeta(t)=[x_{d}(t)\quad y_{d}(t)\quad \theta_{d}(t)],\quad t\in[0,T] \tag{8-12}$$

来描述轨迹。

机器人在运动时需要及时躲避可能的障碍物。对此，要求机器人可以事先规划出一条运动轨迹，从当前位置出发，让机器人跟踪这条轨迹以躲避障碍物。因此，轨迹控制对于移动机器人的运动控制来说是一项重要任务。

无论移动机器人采用何种移动机构、执行何种控制任务，其底层控制通常可以分为速度控制、位置控制及航向控制等几种基本模式，而运动控制的实现最终都将转化为电动机的控制问题。

4. 速度控制

为了简化问题的复杂性，通常不对机器人直接进行转矩控制，而将机器人近似看成恒转矩负载，这样，就可以将对机器人的速度控制转换为对带负载的直流电机的转速控制，如图 8-12 所示。

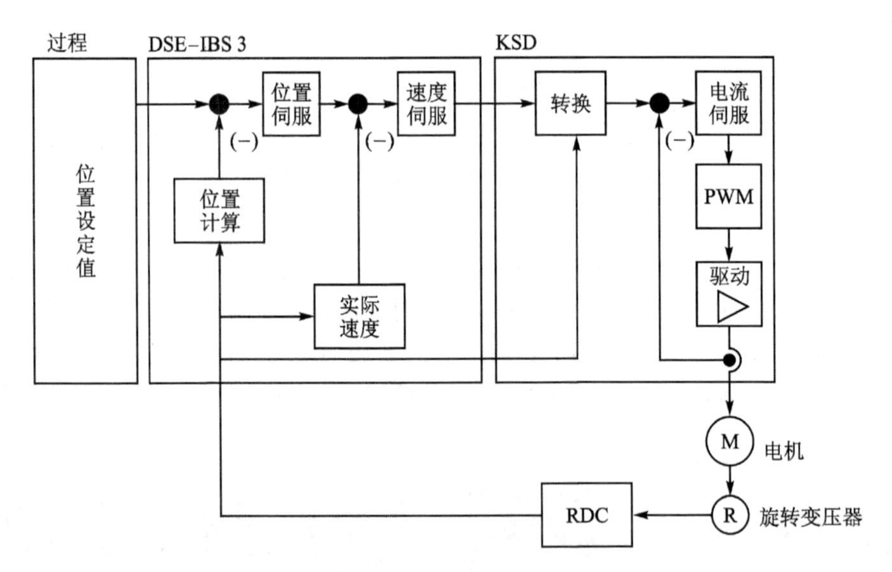

图 8-12 速度控制

5. 位置控制

机器人的位置控制是基于速度控制完成的。期望位置和感知位置之间的位置偏差通过位置控制器和一个位置前馈环节转换为速度给定信号；然后借助于速度控制系统，将问题转化为用电机的速度来控制位置，进而实现对机器人的位置控制。基于位置的双目视觉伺服系统结构框图如图 8-13 所示。

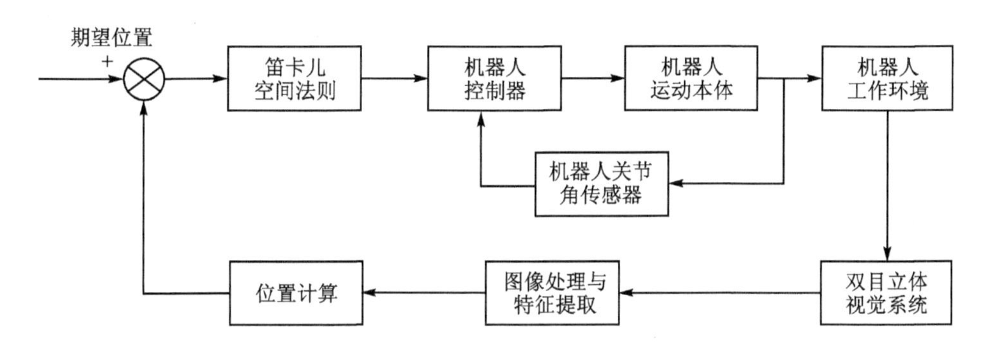

图 8-13　基于位置的双目视觉伺服系统结构框图

8.2.4　控制策略

智能机器人在进行定位导航或运动时,为了避免因外界影响而带来的偏差,使其按照正确的路径运动,往往需要设计出合适的控制器使机器人达到所要求的性能。机器人模型虽然描述的是非线性系统,但其有良好的线性结构,因此,可以通过不同的控制方法来解决不同的问题。

1. PID 控制

在第 6、7 章中已经阐述,PID 控制器(比例-积分-微分控制器)是一个在工业控制应用中常见的反馈回路部件,由比例单元 P、积分单元 I 和微分单元 D 组成。PID 控制的基础是比例控制;积分控制可消除稳态误差,但可能增加超调;微分控制可加快大惯性系统的响应速度以及减弱超调趋势。PID 控制策略在机器人控制中同样也得到了广泛应用。

2. 自适应控制

自适应控制系统具有自行组织的特性,它包括三个基本动作:识别对象的动态特性,在识别对象的基础上采取决策,根据决策指令改变系统动作。目前,把凡是能自动调整控制系统中控制器参数或控制规律的系统均称为自适应控制系统。

严格地说,实际过程中的控制对象自身及其所处的环境都是十分复杂的,其参数会由于种种外部和内部原因而发生变化。如,化学反应过程中的参数随环境温度和湿度的变化而变化(外部原因),化学反应速度随催化剂活性的衰减而变慢(内部原因),等等。如果实际控制对象客观存在着较强的不确定性,那么,前面所述的一些基于确定性模型参数设计控制系统的方法就是不适用的。

所谓自适应控制就是对系统无法预知的变化,能自动地不断使系统保持所希望的状态。因此,一个自适应控制系统应能在其运行过程中,通过不断测取系统的输入、状态、输出或性能参数,逐渐了解和掌握对象,然后根据所获得的过程信息,按照一定的设计方法,做出控制决策去修正控制器的结构、参数或控制作用,以便在某种意义下,使控制效果达到最优或近似于更优。目前,比较成熟的自适应控制可以分为两大类:模型参考自适应控制(model reference adaptive control)和自校正控制(self-turning)。

自适应控制系统由两个环路组成:控制器和受控对象组成内环,这一部分称为可调系统;参考模型和自适应机构组成外环,如图 8-14 所示。实际上,该系统是在常规的反馈控制回路上附加一个参考模型及控制器参数自动调节回路而形成的。

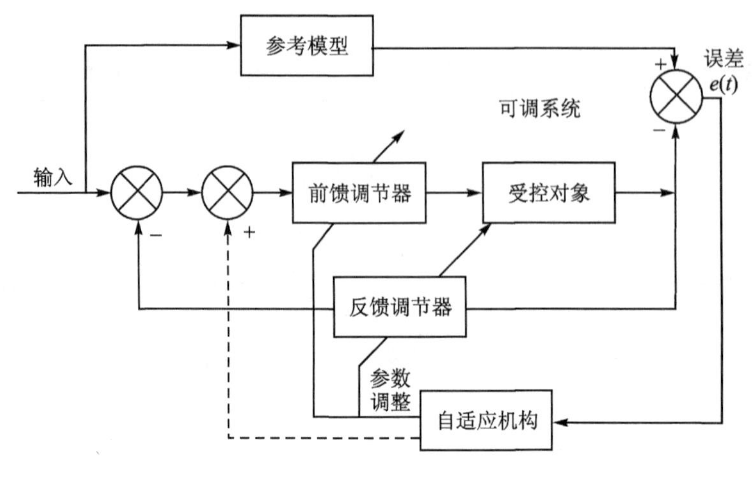

图 8-14 自适应控制系统

3. 自校正控制

自校正控制技术特别适用于结构已知而参数未知但恒定或缓慢变化的随机系统。由于大多数工业对象正好具有这种特征，因此，自校正控制技术在工业控制过程中得到了广泛的应用。

与参考模型自适应控制系统一样，自校正控制系统也由两个环路组成，典型结构如图 8-15 所示。内环与常规反馈系统类似，由受控对象和控制器组成。外环由参数估计器和控制器参数设计计算机构组成。参数估计器的功用是根据受控对象的输入及输出信息，连续不断地估计受控对象的参数；而控制器则根据参数估计器不断送来的参数估计值，通过一定的控制算法，按照某一性能指标，不断形成最优控制作用。由于存在着多种参数估计和控制器设计算法，所以自校正控制的设计方法很多，其中，以用最小二乘法进行参数估计，按最小方差来形成控制作用的最小方差自校正控制器最为简单，并获得较多应用。

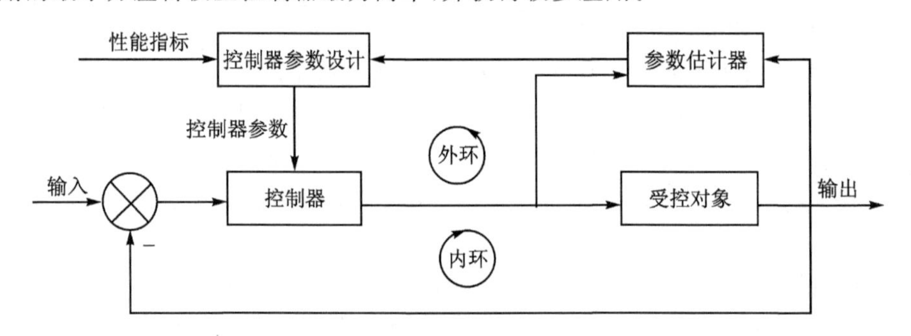

图 8-15 自校正控制系统

4. 变结构控制

变结构控制（Variable Structure Control，VSC）本质上是一类特殊的非线性控制，其非线性表现为控制的不连续性。这种控制策略与其他控制的不同之处在于系统的“结构”并不固定，而是可以在动态过程中，根据系统当时的状态（如偏差和各阶导数等），以跃变的方式，有目的地不断变化，迫使系统按照预定的“滑动模态”的状态轨迹运动。这种控制方法在非线性控制领域得到了广泛应用。

变结构控制的主要控制模式是滑动模式控制(Sliding Mode Control,SMC),简称滑膜控制。滑膜控制有对受控体参数不确定性的敏感度低、大幅缩减受控体动态建模的阶数、在有限时间内会收敛(因为非连续控制律的效果)等优点;但也有在实际系统上存在高频的切跳和过度注重不确定量的影响等缺点。在智能机器人的控制策略中,应用此方法可以使控制过程更加精简而全面,增强机器人系统的鲁棒性,提高系统的响应速度。

5. 神经网络控制

神经网络控制利用神经网络进行模拟建模。因为神经网络本身所具有的特性,可以充分地逼近非线性函数,所以对于复杂的非线性系统,可以更好地建立相符的模型;并且神经网络可以储存和快速处理大量的信息,这样可以提高现阶段对复杂模型控制精度的要求,并使系统具有较强的鲁棒性和容错性。神经网络控制可以看作是一种工具,能够较好地与其他控制方法结合起来,这样对于系统的辨识、信息反馈,以及优化设计都有很大帮助。

6. 混合控制

针对智能机器人这样一种存在多重非线性因素的系统,在设计控制器时,由于一些单一算法存在局限性,因此往往会导致系统不能达到期望的性能。混合控制算法可以结合两个或多个算法,取长补短,弥补每个算法的缺陷。通过混合算法求解出的控制器能够使系统达到满意的特性。

自适应滑模控制算法,针对滑模控制中的抖动问题,可以通过自适应控制来估计控制器中与滑模控制相关的未知参数,求解未知参数的自适应律,以达到削弱抖动的目的。

自适应神经滑模控制算法,可通过神经网络来估计模型中的未知参数或直接估计等效控制律,再结合自适应控制估计出网络权值,这样,所求得的控制器可以消除滑模控制中的抖动。

8.3 智能机器人的感知系统

智能机器人的感知系统相当于人的五官和神经系统,是机器人获取外部环境信息及进行内部反馈控制的重要组成部分。人类有5种感觉,包括视觉、嗅觉、味觉、听觉和触觉。智能机器人也有类似人一样的感知系统。NAO-25型智能机器人的传感器分布如图8-16所示。机器人通过传感器得到这些感觉信息,并按照不同的方式处理。机器人的感知系统可以分为视觉、听觉、触觉等几个大类。

1. 视　觉

视觉是获取信息最直观的方式,人类75%以上的信息都来自视觉。同样,视觉系统也是机器人感知系统的重要组成部分之一。视觉一般包括三个过程:图像获取、图像处理和图像理解。

视觉测量在机器人领域中的应用也很广泛。如图8-17所示,机器人用视觉传感器可以分为被动传感器和主动传感器。被动传感器用摄像机等对目标物体进行摄影,获得图像信号;主动传感器借助于发射装置向目标物体投射光图像,再接收返回信号和测量距离等。

NAO拥有两个摄像头,可以跟踪、学习和识别不同的图像及面部。两个摄像头的有效像素高达920万,每秒30帧。其中一个摄像头位于机器人前额,拍摄其前方的水平画面;另一个

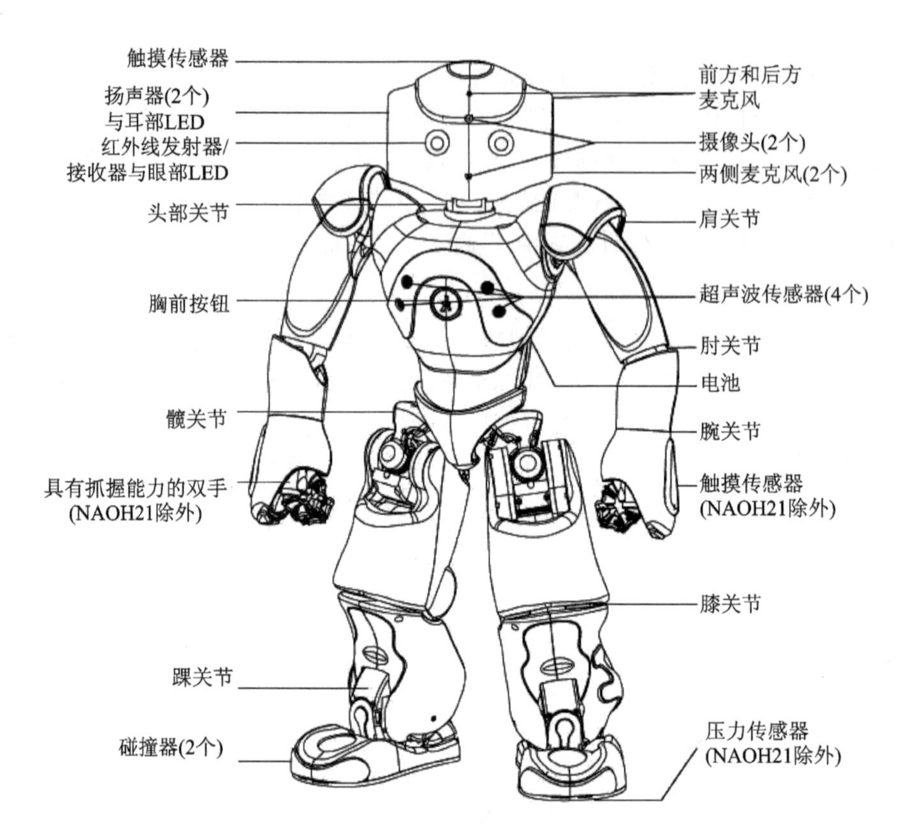

图 8-16　NAO-25 型智能机器人的传感器与运动机构

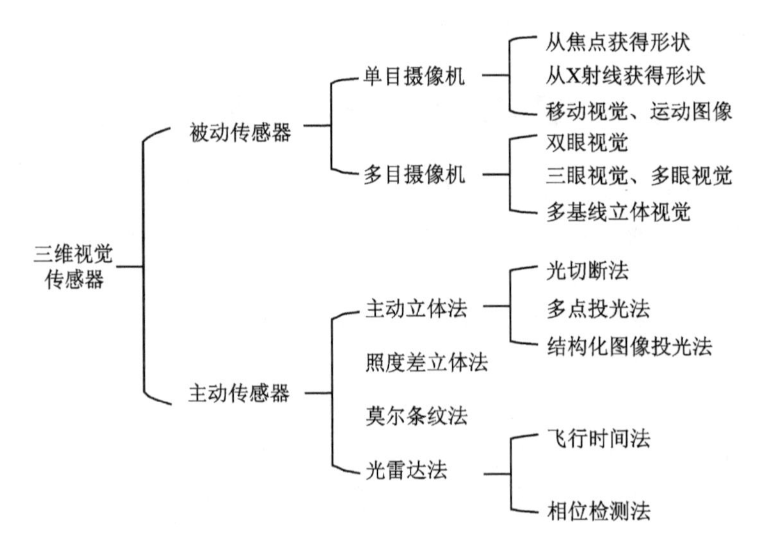

图 8-17　三维视觉传感器分类

位于嘴部，用于扫描周围环境。

通过视觉软件，可再现 NAO 看到的图片及视频流。NAO 身上包含了一系列算法，用于探测和识别不同的面部和物体形状。这样，机器人就可以认出与它说话的人、找到一个皮球或者更为复杂的物体。这些算法均为 NAO 专门开发。

视觉传感器也具有识别色彩(颜色传感器)的功能,摄像机采集颜色,并通过数字信号处理器的运算来获得颜色信息。同时,也可以基于普通光电开关来开发颜色传感器。反射式光电开关的有效感应距离与反射面的反射率有关。只要在光电开关的光敏元件处加装一个特定颜色的滤色镜,相当于选择性地降低了其他颜色光的反射率,即可在特定距离下实现对颜色的检测。

2. 听 觉

听觉是仅次于视觉的重要感觉通道,在人的生活中起着重要的作用。人耳能够感受的声波频率范围是 16～2 000 Hz,以 1 000～3 000 Hz 最为敏感。机器人拥有听觉,使得机器人能够与人进行自然的人机对话,能够听从人的指挥。达到这一目标的决定性技术是语音技术,它包括语音识别和合成技术两个方面。机器人听觉传感器可以分为语音传感器和声音传感器两种。

语音属于 20 Hz～20 kHz 的疏密波。语音传感器是机器人与操作人员之间重要的接口,它可以使机器人按照“语言”执行命令并进行操作。在应用语音感觉之前必须经过语音合成和语音识别。

机器人最常用的语音传感器就是麦克风。常见的麦克风包括动圈式麦克风、MEMS 麦克风和驻极体电容麦克风。其中,驻极体电容麦克风尺寸小、功耗低、性价比高,是手机、电话、机器人等常用的语音传感器。

NAO－25 型机器人拥有 4 个麦克风,可跟踪声源,还可对 7 种语言进行语音识别和声音合成。通过这 4 个麦克风,机器人可以进行声源定位,NAO 基于“到达时间差”法(time difference of arrival)实现声源定位功能。换言之,当 NAO 附近的某个声源发出声音时,NAO 身上的 4 个麦克风在接收声波的时间上会略有差异。例如,当有人在 NAO 左侧说话时,相应的信号会首先到达机器人左侧的麦克风,几毫秒之后到达位于前额与脑后的麦克风,最后到达右侧的麦克风。这种时间差名为“双耳时间差”(Interaural Time Differences,ITD)。在这些时间差的基础上,通过数学运算可获得声源的当前位置。这样,每当听到一个声音时,机器人就可借助 4 个麦克风测量到的 ITD 值,通过运算检索到声源的方向(方位角和仰角)。

声源定位可行的实际应用包括:探测、跟踪并识别某个人,探测、跟踪并识别某个可发声物体,对某一特定方向的语音识别,对某一特定方向的说话者识别,以及远程安全监控和娱乐等。

3. 触 觉

机器人的触觉传感系统不可能实现人体全部的触觉功能。对机器人触觉的研究集中在扩展机器人能力所必需的触觉功能上。一般地,把检测感知和外部直接接触而产生的接触、压力和滑动的传感器,称为机器人触觉传感器。触觉传感器包括接触觉、压觉、滑动觉和力觉四种。

(1) 接触觉传感器

接触觉传感器(touch sensor)是用来判断机器人是否接触物体的测量传感器,它可以感知机器人与周围障碍物的接近程度。接近觉传感器可以使机器人在运动中接触到障碍物时向控制器发出信号。通常,接近觉传感器也可以作为接触觉传感器的一种。从接近觉传感器实现的原理来划分,可以分为激光式、超声波式和红外线式等几种。目前,国内外对接近觉传感器的研究,主要有气压式、超导式、磁感式、电容式和光电式 5 种工作类型。由于接触觉是机器人接近目标物的感觉,而并没有具体的量化指标,因此与一般的测距装置相比,其精确度并不高。

(2) 压觉传感器

压觉传感器(pressure sensor)是可以安装于机器人手指上、用于感知被接触物体压力值大小的传感器。压觉传感器又称为压力觉传感器,可分为单一输出值压觉传感器和多输出值分布式压觉传感器。目前普遍关注的是利用材料物性原理去开发传感器,常见的碳素纤维便是其中的一种。当受到某一压力作用时,纤维片阻抗发生变化,从而达到测量压力的目的。这种纤维片具有质量轻、丝细、机械强度高等特点。另一种典型材料是导电硅橡胶,利用其受压后的阻抗随压力的变化而变化来达到测量的目的。导电硅橡胶具有柔性好、有利于机械手抓握等优点;但灵敏度低,机械滞后性大。

(3) 滑动觉传感器

滑动觉传感器主要是感受物体的滑动方向、滑动速度和滑动距离,以解决夹持物体的可靠性。为了在抓握物体时确定一个适当的握力值,需要实时检测接触表面的相对滑动,然后判断握力,在不损伤物体的情况下逐渐增加力量。滑觉检测功能是实现机器人柔性抓握的必备条件。通过滑动觉传感器可实现识别功能,并对被抓物体进行表面粗糙度和硬度的判断。按被测物体的滑动方向可以将滑动觉传感器分为三类:无方向性传感器、单方向性传感器和全方向性传感器。其中,无方向性传感器只能检测是否产生滑动,而无法判别方向;单方向性传感器只能检测单一方向上的滑移;全方向性传感器可检测各方向上的滑动情况。一般将这种传感器制成球形以满足需要。

(4) 力觉传感器

力觉传感器根据力的检测方式不同,可以分为:应变片式(检测应变或应力)、压电元件式(利用压电效应及差动变压器)、电容位移计式(用位移计测量负载产生的位移)。其中,应变片式力觉传感器最普遍,商品化的力觉传感器大多是这一种。

所谓力觉是指机器人在作业过程中对来自外部的力的感知。它与压觉不同,力觉是对垂直于力的接触表面的力和力矩的感知。

机器人力觉传感器是模仿人类四肢关节功能的机器人获得实际操作时的大部分力信息的装置,它在机器人主动柔顺控制中是必不可少的,直接影响着机器人的力控制性能。分辨率、灵敏度和线性度高,可靠性好,抗干扰能力强是对机器人力觉传感器的主要性能要求。

就传感器安装部位而言,可以将机器人的力觉传感器分为三类:

① 装在关节驱动器上的力传感器,称为关节力传感器,用于控制中的力反馈;

② 装在末端执行器和机器人最后一个关节之间的力传感器,称为腕力传感器;

③ 装在机器人手抓指关节(或手指上)的力传感器,称为指力传感器。

NAO 配备了电容式传感器,分别位于头顶与手部。每处的传感器分为三部分。

由此,人们就可以通过触摸向 NAO 发出讯息,例如,按下一次触觉传感器(见图 8-18),告诉机器人自行关闭,或者使用该传感器来触发某一相关动作。

该系统与 LED 灯配套使用,可指示触摸类型。它还可用来编辑复杂序列。

4. 嗅觉(气体)传感器

人类对嗅觉的研究从最早的化学分析方法发展到仪器分析方法,经历了近百年的时间,仿生嗅觉技术的物质识别能力越来越强,识别率也越来越高。

机器嗅觉是一种模拟生物嗅觉工作原理的新型仿生检测技术,机器嗅觉系统通常由交叉敏感的化学传感器阵列和适当的计算机模式识别算法组成,可用于检测、分析和鉴别各种

图 8-18　触摸传感器

气味。

气体传感器是机器人嗅觉的核心部分，按照检测原理的不同，气体传感器可以分为以下几类：

① 半导体气体传感器；

② 电化学气体传感器；

③ 催化燃烧式气体传感器；

④ 热导式气体传感器。

5. 味觉传感器

根据不同的原理，电子舌(味觉传感器)的类型主要有膜电位分析味觉传感器、伏安分析味觉传感器、光电方法的味觉传感器、生物味觉传感器、多通道电极味觉传感器、基于表面等离子共振(SPR)原理制成的味觉传感器、凝胶高聚物与单壁纳米碳管复合体薄膜的化学味觉传感器、硅芯片味觉传感器以及 SH-SAW(Shear Horizontal Surface Acoustic Wave)味觉传感器等。

膜电位分析味觉传感器的基本原理是在无电流通过的情况下测量膜两端电极的电势，通过分析此电势差来研究样品的特性。这种传感器的主要特点是：操作简便、快速，能在有色或混浊试液中进行分析，适用于酒类检测系统。因为膜电极直接给出的是电位信号，所以较易实现连续测定和自动检测。其最大的优点是选择性强；缺点是检测的范围受到限制，如某些膜电极只能对特定的离子和成分有响应。另外，这种传感器对电子元件的噪声很敏感，因此，对电子设备和检测仪器有较高的要求。

生物味觉传感器由敏感元件和信号处理装置组成。敏感元件又分为分子识别元件和换能器两部分。分子识别元件一般由生物活性材料，如酶、微生物及 DNA 等构成。

多通道电极味觉传感器是用类脂膜构成多通道电极制成的。多通道电极通过多通道放大器与多通道扫描器连接，从传感器得到的电子信号通过数字电压表转换为数字信号，送入计算机进行处理。

基于凝胶高聚物与单壁纳米碳管复合体薄膜的化学味觉传感器，采用阻抗法测量传感器在不同液体中的频率响应，最后用主成分分析法对数据进行模式识别，较好地区别酸、甜、苦、咸等味道，如图 8－19 所示。

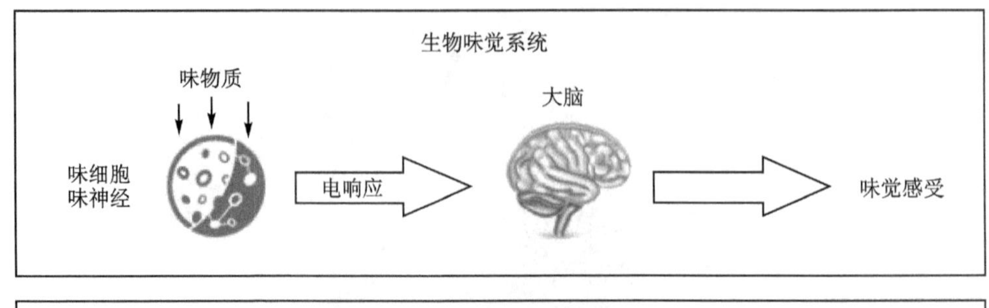

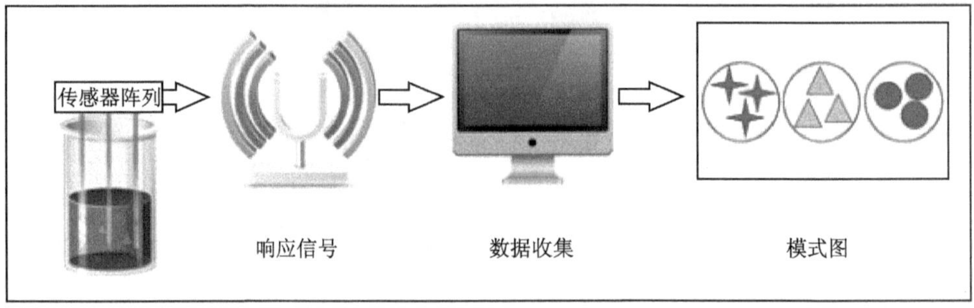

图 8－19 味觉传感器

6. 距离/位置测量传感器

机器人的距离/位置测量主要实现如下功能：

① 实时检测自身所处的空间位置，进行自定位；

② 实时检测障碍物的距离和方向，为行动提供决策和依据；

③ 检测目标姿态及进行简单的形体识别，以用于导航和目标跟踪。

常用的测距方式有声呐测距、红外测距和激光扫描测距。

(1) 声呐测距

由于测距声呐的信息处理简单、速度快和价格低，因此被广泛用作移动机器人的测距传感器，以实现避障、定位、环境建模和导航等功能。声呐测距传感器如图 8－20 所示。

图 8－20 声呐测距传感器

（2）红外测距

红外辐射俗称红外线，是一种不可见光，其波长范围大致在 0.76～1 000 μm 之间，工程上把红外线所占据的波段分为四部分，即近红外、中红外、远红外和极远红外。红外测距系统（红外传感器，见图 8－21）一般采用反射光强法进行测量。

图 8－21　红外传感器

（3）激光扫描测距

声呐测距的问题在于：距离有限，对于空间较大的环境无法探测到四周；多次反射带来的串扰，严重影响测量的精度。而红外测距传感器所能测量的有效距离又非常有限。激光扫描测距传感器（激光雷达）的测量范围广、精度高，而且扫描频率高，是非常理想的测距传感器。激光雷达的典型结构如图 8－22 所示。

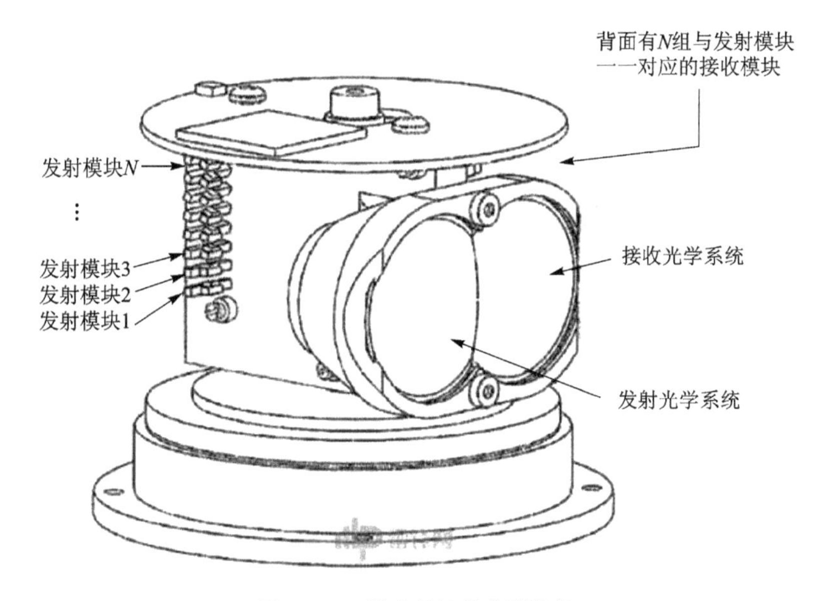

图 8－22　激光雷达的典型结构

7. 姿态测量传感器

移动机器人在行进时可能会遇到各种各样的地形障碍，这时，即使机器人的驱动装置采用闭环控制，也会由于轮子打滑等原因造成机器人偏离设定的运动轨迹，并且这种偏移是旋转编码器无法测量到的。这时，就必须依靠电子罗盘或者角速度陀螺仪来测量这些偏移，并做出必要的修正，以保证机器人的行走方向不至偏离。

（1）磁罗盘

磁罗盘是一种基于磁场理论的绝对方位感知传感器。借助于磁罗盘，机器人可以确定出自己相对于地球磁场的偏转角度。常用的磁罗盘包括机械式磁罗盘、磁通门罗盘、霍尔效应罗盘、磁阻式罗盘和电子罗盘。

（2）陀螺仪

商用的电子罗盘传感器精度通常低于 0.5°，而如果机器人的运动距离较长，0.5°的航向偏差可能导致机器人运动的线位移偏离值不可接受。而陀螺仪可以提供极高精度的角速度信息，通过积分运算可以在一定程度上弥补电子罗盘的误差。根据陀螺仪工作原理的不同，它有机械式、光纤式等不同样式。

(3) 加速度计

为了抑制振动，有时在机器人的各个构件上安装加速度传感器以测量振动加速度，并将它反馈到构件底部的驱动器上。有时把加速度传感器安装在机器人的手爪部位，将测得的加速度进行数值编码，然后加到反馈环节中，以改善机器人的性能。加速度计实物如图 8-23 所示。

(4) 姿态/航向测量单元

姿态/航向测量单元(简称 AHRS)是一种集成了多轴加速度计、多轴陀螺仪和电子磁罗盘等传感器的智能传感单元。AHRS 依靠这些传感器的数据，通过捷联航姿系统计算，可以以 50～200 Hz 的频率输出实时测量的 X、Y、Z 三轴的加速度、角速度，以及航向角、滚转角和偏航角，这对机器人的运动控制和时空认知具有很大的意义。AHRS 500GA 加速度计如图 8-24 所示。

图 8-23　加速度计

图 8-24　AHRS 500GA 加速度计

8. 定位、导航传感器

导航的最初含义指对航海的船舶抵达目的地进行的导引过程。这一术语与自主性相结合，已成为智能机器人研究的核心和热点。

移动机器人的导航有三个问题：

① Where am I? ——环境认知与机器人定位问题；

② Where am I going? ——目标识别问题；

③ How do I get there? ——路径规划问题。

为了完成导航，机器人需要依靠自身传感系统对内部姿态和外部环境信息进行感知，通过对环境空间信息的存储、识别、搜索等操作，寻找最优或近似最优的无碰撞路径，并实现安全运动。

对于不同的室内和室外环境、结构化与非结构化环境，机器人在完成准确的自身定位后，常用的导航方式有磁导航、惯性导航、视觉导航和卫星导航。

(1) 磁导航

磁导航因具有维护方便、不受光线变化及天气条件影响等优点，被广泛应用于机器人自主导航系统中。目前，磁导航主要基于磁力线、磁带或磁钉介质来实现。

(2) 惯性导航

惯性导航是利用陀螺仪和加速度计等传感器，测量移动机器人的方位角和加速度，从而推知机器人的当前位置和下一步的目的地。由于车轮与地面存在打滑现象，随着机器人航程的增加，任何小的误差经过累计都会无限增大，从而定位的精度也会下降。

(3) 视觉导航

视觉导航具有信号探测范围广、获取信息完整等优点，近年来广泛应用于机器人自主导航。移动机器人利用装配的摄像机来拍摄周围环境的局部图像，再通过图像处理技术（如特征识别、距离估计等）将外部环境信息输入到移动机器人内，用于机器人自身定位和规划下一步的动作，从而使机器人能自主地规划行进路线。在视觉导航系统中，视觉传感器可以是摄像头、激光雷达等环境感知传感器，主要完成对运行环境中的障碍和特征进行检测及辨识的功能。

根据环境空间的描述方式，可将移动机器人的视觉导航方式划分为三类：① 基于地图的导航；② 基于创建地图的导航；③无地图导航。

(4) 卫星导航

移动机器人通过接收全球定位系统的四颗（最少）卫星信号，测量出自身所处的位置，无论是在室内还是在室外。但是，由于卫星导航系统存在定位精度低（相对于机器人的应用需求来说）、信号障碍、多径干扰等缺点，因此，在实际机器人系统中通常结合其他导航技术一起工作。

智能机器人的导航系统是一个自助式智能系统，其主要任务是把感知、规划、决策和行动等模块有机地结合起来。图 8-25 所示是一种智能机器人自主导航系统的典型控制结构。

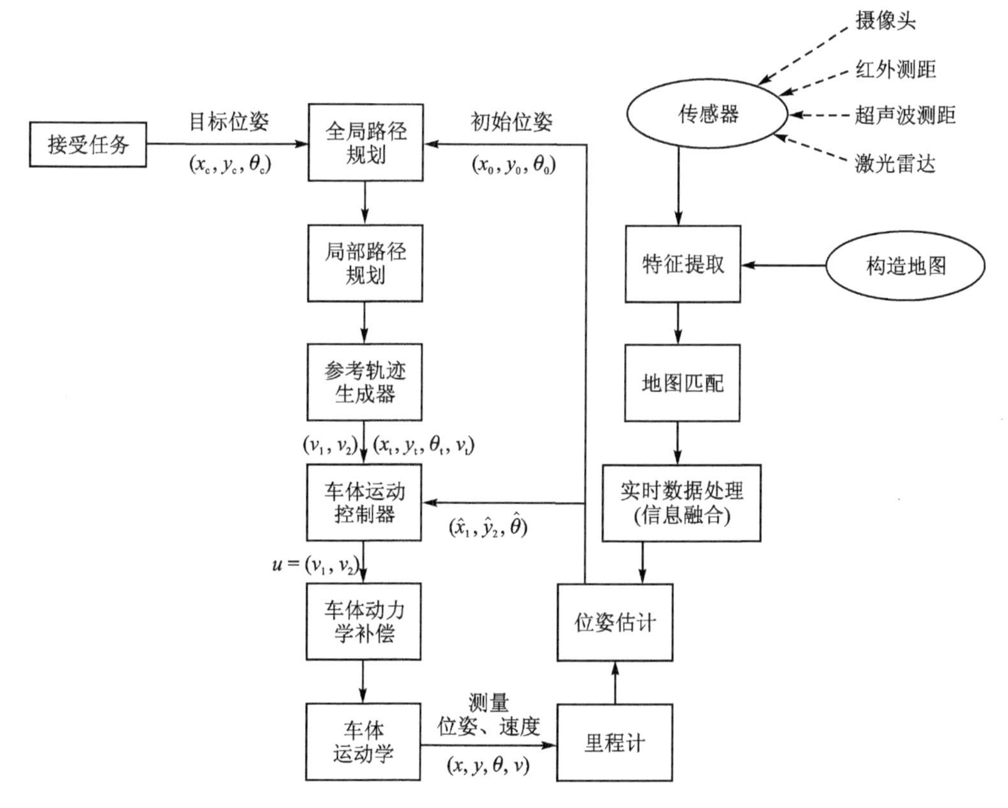

图 8-25 自主导航系统的典型控制结构

8.4 案 例

8.4.1 自动巡线倒立摆机器人——乐高 EV3 机器人

1. 乐高机器人组成

乐高系统硬件典型结构图如图 8-26 所示。

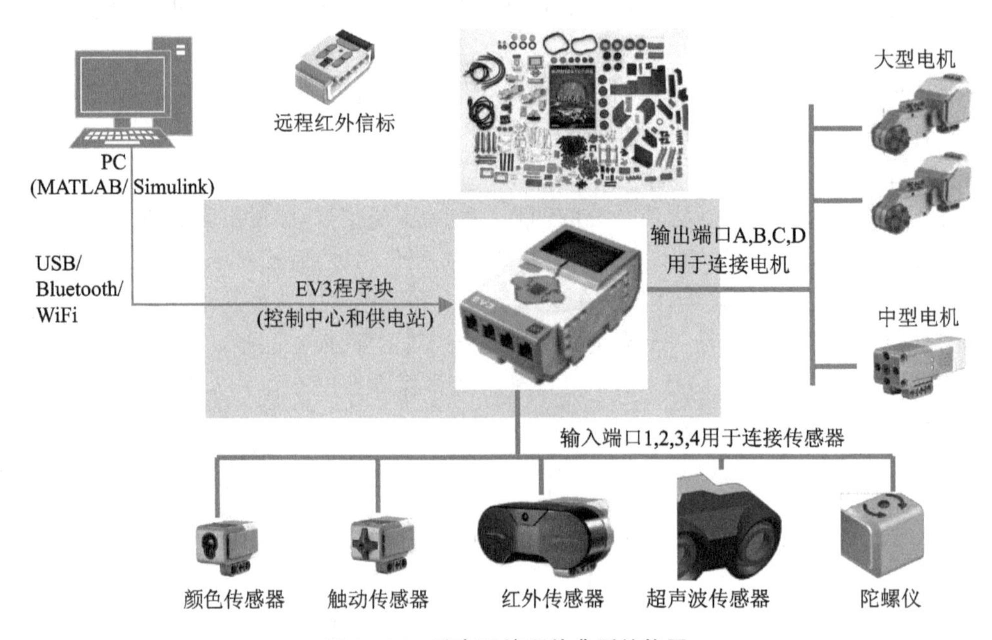

图 8-26 乐高系统硬件典型结构图

(1) EV3 程序块

EV3 程序块是整个机器人的核心部分,承担着系统控制器、电源、人机交互界面、通信模块等多种功能。可以通过输入端口 1,2,3,4 连接传感器,也有 A,B,C,D 四个输出端口连接大型和中型电机。同时,程序块还有自带的操作按钮,可以实现对系统的直接操控。与上位机的连接可以通过 USB、蓝牙(Bluetooth)、WiFi 等多种方式实现。程序块可以通过多种方式接收上位机的指令去运行,也可以装载固定程序,实现自主运行。

(2) 大型电机

大型电机是一个强大的“智能”电机,它有一个内置转速传感器,分辨率为 1°,可实现精确控制。大型电机经过优化成为机器人的基础驱动力。

大型电机的转速为 160~170 r/min,旋转扭矩为 20 N·cm,失速扭矩为 40 N·cm。

(3) 中型电机

中型电机也包含一个内置转速传感器(分辨率为 1°),但是它比大型电机更小、更轻,这意味着它比大型电机反应更迅速。中型电机的转速为 240~250 r/min,旋转扭矩为 8 N·cm,失速扭矩为 12 N·cm。

（4）旋转编码器

旋转编码器（rotary encoder）也称为轴编码器，是将旋转位置或旋转量转换为模拟或数字信号的机电设备，一般装设在旋转物体中垂直于旋转轴的一面。旋转编码器用在许多需要精确的旋转位置及速度的场合，如工业控制、机器人技术、专用镜头、计算机输入设备（如鼠标及轨迹球）等。4 位旋转编码器如图 8-27 所示。

旋转编码器可分为绝对型（absolute）编码器和增量型（incremental）编码器两种。增量型编码器也称为相对型编码器（relative encoder），它利用检测脉冲的方式来计算转速及位置，可输出有关旋转轴运动的信息，一般会由其他设备或电路进一步转换为速度、距离、每分钟转速或位置的信息。绝对型编码器会输出旋转轴的位置，因此可视其为一种角度传感器。

与操作旋转编码器相关的指令是：

```
readRotation(mymotor)          % 读取电机位置
resetRotation(mymotor)         % 重置电机位置
```

（5）触动传感器

触动传感器（见图 8-28）是一种模拟传感器，它可以检测传感器的红色按钮何时被按压以及何时被松开，这意味着可以对触动传感器编程，使其对以下三种情况做出反应——按压、松开或碰撞（按压再松开）。

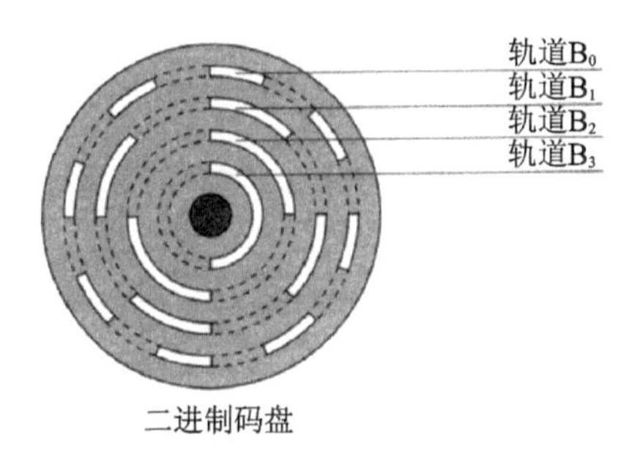

图 8-27　4 位旋转编码器

图 8-28　触动传感器

可以使用来自触动传感器输入的信息，对机器人进行编程，使其像个盲人那样观察世界——当伸出一只手触到（按压）物体时做出反应；可以通过将触动传感器紧贴在表面下方来控制机器人，对机器人进行编程，使得当它要离开桌子边缘时（传感器被松开）做出反应（停止！）。

触动传感器可以检测是否按下了传感器正面的按钮。例如，可以使用触动传感器检测机器人在运动时与某个物体碰撞的情况。还可以使用手指按压触动传感器以触发某个动作。

触动传感器可以感知是否被按下，但它不能测量按下按钮的程度或力度。触动传感器提供逻辑数据（“真”或“伪”）。将触动传感器按钮的位置称为“状态”，按下时为“真”，未按下（松开）时为“伪”。

触动传感器可以提供的数据见表 8-1。

与操作触动传感器相关的指令是：

```
mytouchsensor = touchSensor(myev3)          % 建立连接
pressed = readTouch(mytouchsensor)          % 读取状态：松开 0，按下 1
```

表 8-1 触动传感器提供的数据

数　据	类　型	备　注
状态	逻辑	如果按下了按钮，则为“真”，否则为“伪”
按压	逻辑	如果按压，则为“真”，否则为“伪”（与状态相同）
松开	逻辑	如果按压，则为“伪”，否则为“真”（与状态相反）
碰撞	逻辑	如果松开了过去按压的按钮，则为“真”。若想要下一次碰撞发生，则需要新的按压和松开

（6）颜色传感器

颜色传感器是一种数字传感器，它可以检测到进入传感器表面小窗口的颜色或光强度。该传感器可用于三种模式：颜色模式、反射光强度模式和环境光强度模式。

在**颜色模式**中，颜色传感器可以检测附近物体的颜色或传感器附近表面的颜色。例如，可以使用颜色模式检测接近传感器的 LEGO 部件的颜色，或者一张纸上不同标记的颜色。

当颜色传感器处于颜色模式时，传感器正面的红色、绿色和蓝色 LED 指示灯会开启。传感器可以检测七种不同颜色：黑色、蓝色、绿色、黄色、红色、白色和棕色。不是这些颜色之一的物体可能会检测为“无颜色”，或者可能检测为相似颜色。例如，橙色物体可能检测为红色或黄色（具体取决于橙色所含红色的程度），如果橙色非常深或者距离传感器太远，则可能检测为棕色或黑色。传感器区别不同颜色的能力意味着可以通过对机器人编程来对彩色球或模块进行分类，说出各种检测到的颜色，或者见到红色即停止动作。

在**反射光强度模式**中，颜色传感器测量从红灯（即发光灯）反射回来的光强度。该传感器的测量范围为 0（极暗）～100（极亮），这意味着可以对机器人编程，使其在一个白色表面上来回移动，直至检测到一条黑线或者颜色编码识别卡。

在**环境光强度模式**中，该颜色传感器测量从周围环境进入到窗口的光强度，如太阳光或手电筒的光束。该传感器的测量范围为 0（极暗）～100（极亮），这意味着可以对机器人编程来设定早间闹钟，或者在灯灭时停止动作。

图 8-29　颜色传感器

颜色传感器的采样速率为 1 kHz。当处于“颜色模式”或“反射光强度模式”时，为了保证最精确，传感器必须角度正确，靠近但不接触到正在检测的物体表面，如图 8-29 所示。

与操作颜色传感器相关的指令是：

```
mycolorsensor = colorSensor(myev3)                    % 建立连接
readColor(mycolorsensor)                              % 在颜色模式下读取颜色
intensity = readLightIntensity(mycolorsensor)         % 读取环境光强度 0～100(由暗至亮)
readLightIntensity(mycolorsensor,'reflected')         % 读取反射光强度 0～100
```

（7）红外传感器和远程红外信标

红外传感器是一种数字传感器，可以检测从固体物体反射回来的红外光。它也可以检测到从远程红外信标发送来的红外光信号。

红外传感器可用于三种模式：近程模式、信标模式和远程模式。

1) 近程模式

在近程模式下，红外传感器利用物体表面反射回来的光波来估计该物体与传感器之间的距离。它使用0(很近)～100(很远)之间的数值来报告距离，而不是具体的厘米或英寸数。传感器可以检测出远至70 cm的物体，这取决于物体的尺寸和形状，如图8-30所示。

与近程模式相关的指令是：

```
myirsensor = irSensor(myev3,inputport)          % 建立红外传感器与机器人之间的连接
proximity = readProximity(myirsensor)           % 读取红外传感器距离障碍物的距离(cm)
```

2) 信标模式

从红色频道选择器中的远程红外信标的四个频道里选择一个频道，红外传感器会检测与程序里指定的频道相匹配的信标信号，在其面对的方向上，最远检测距离可达约200 cm。一旦检测到，传感器就可以估计大致方向(标头)及与信标的距离(近程)。据此，可以对机器人编程来玩捉迷藏游戏，使用远程红外信标作为搜索目标。标头值在-25～25之间，0表示信标在红外传感器正前方。近程值在0～100之间，如图8-31所示。

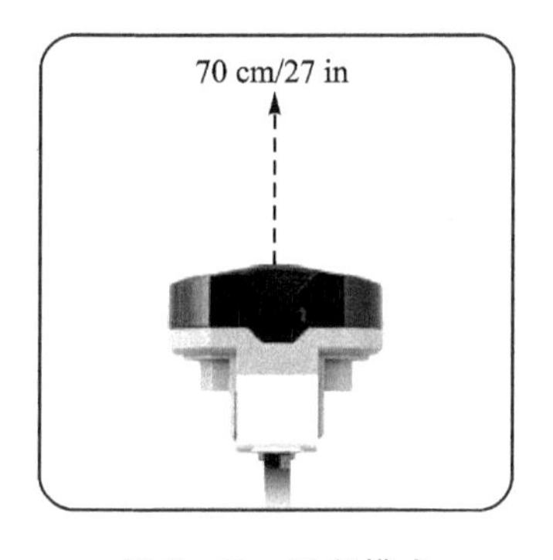

图8-30 近程模式

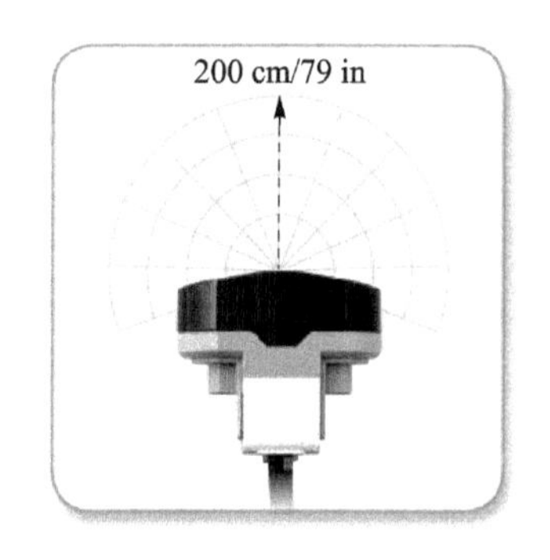

图8-31 信标模式

远程红外信标是一个独立的设备，可以手持或拼砌到另一个LEGO模型里。需要两节AAA碱性电池。要想开启远程红外信标，需要按压设备顶部的“信标模式”大按钮。绿色LED指示灯会打开，指示设备在运行，并进行连续传输。再按一下“信标模式”按钮，信标将会关闭。(静止1 h后，信标会自动关闭。)

在信标模式中，IR信标连续发射特殊信标信号，红外传感器可以检测传感器前方信标的近似位置。

与信标模式相关的指令是：

```
[proximity,heading] = readBeaconProximity(myirsensor,channel)
```

该指令测量红外传感器与信标之间的相对距离，proximity=0～100代表从最近到最远距离，最远距离约为200 cm；返回的heading=-25～25代表信标位于红外传感器的从左到右的位置；channel代表信标信道，通过远程信标上的红色按钮选定。

3) 远程模式

在远程模式下，可以使用远程红外信标来远程控制机器人。例如，红外传感器可以检测出

按压了哪个信标按钮(或哪几组信标按钮)。除了无按钮按下外,总共有11种可能的按钮组合(见图8-32):

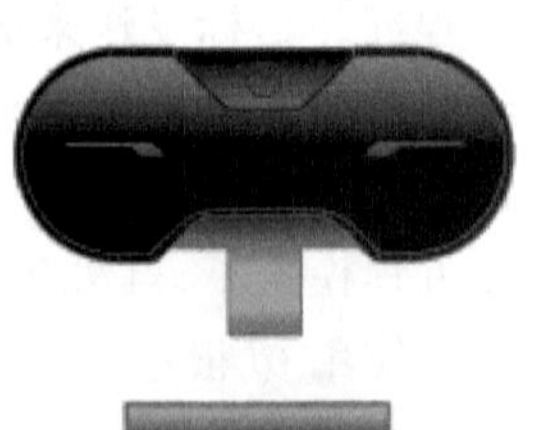

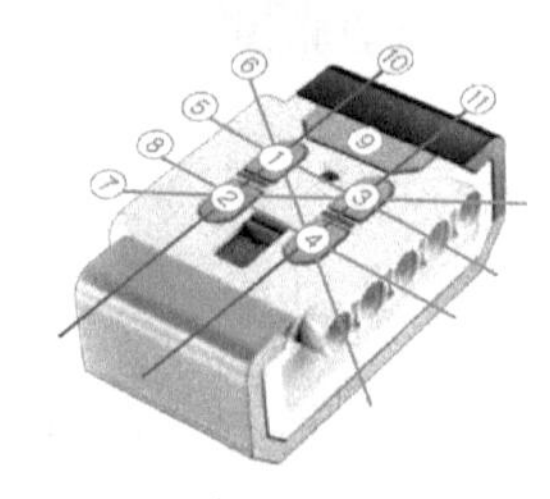

图8-32　远程模式

- 0=无按钮(且信标模式关闭);
- 1=按钮1;
- 2=按钮2;
- 3=按钮3;
- 4=按钮4;
- 5=按钮1+按钮3;
- 6=按钮1+按钮4;
- 7=按钮2+按钮3;
- 8=按钮2+按钮4;
- 9=信标模式开启;
- 10=按钮1+按钮2;
- 11=按钮3+按钮4。

红外传感器可以检测从远程红外信标(IR信标)发送的红外光信号。红外传感器也可以发送自己的红外光信号,并检测其他物体对此光线的反射。

与远程模式相关的指令是:

```
button = readBeaconButton(myirsensor,channel)
```

提示和技巧:红外光就是大多数电视机遥控器所使用的信号类型。您无法看到红外光,但是与可见光一样,如果物体处于传播方向上,则会阻挡它。IR信标必须有指向红外传感器的“视线”才能被看到。日光也可能干扰红外信号,虽然通常房间的灯光不应该影响它。

(8) *超声波传感器*

超声波传感器(见图8-33)可以测量与前方物体之间的距离。实现方式是发送出声波并测量声音反射回传感器所需的时间长度。超声波的声音频率太高,您无法听见(“超声波”)。

图8-33　超声波传感器

可以以英寸或厘米为单位测量与对象之间的距离。例如,可以使用此传感器使机器人在距离墙壁的特定距离处停止。还可以使用超声波传感器检测附近的其他超声波传感器是否正在运行。例如,可以使用此传感器检测附近是否存在正使用超声波传感器的其他机器人。在此“仅侦听”模式中,传感器会侦听声音信号,但是不发送这些信号。

提示和技巧:超声波传感器最适用于检测可良好反射声音的硬表面的物体。软物体(如布)可能会吸收声波,而不会被检测到。表面是圆形或带有棱角的物体也较难被检测到。

该传感器无法检测非常接近传感器(大约3 cm或1.5 in以内)的物体。

该传感器具有较宽的“视野”,可以检测靠近侧面的较近物体,而不是直线前方的较远物体。

与操作超声波传感器相关的指令是:

```
mysonicsensor = sonicSensor(myev3)          % 建立连接
distance = readDistance(mysonicsensor)      % 读取距离
```

(9) 陀螺仪

陀螺仪传感器(见图8-34)检测旋转运动。如果按传感器外壳上的箭头方向旋转陀螺仪传感器,则传感器可以检测旋转速率(以(°)/s为单位)。例如,可以使用旋转速率检测机器人的一部分进行转动的时间,或者机器人倒下的时间。

此外,陀螺仪传感器会跟踪总旋转角度(以(°)为单位)。例如,可以使用此旋转角度检测机器人的转动距离。

陀螺仪传感器可以提供的数据见表8-2。

图8-34　陀螺仪

表8-2　陀螺仪传感器提供的数据

数　据	类　型	备　注
角度	数字	旋转角度(以(°)为单位)。 相对于上次重置进行测量。使用陀螺仪传感器模块的"重置"模式进行重置
速率	数字	旋转速率(以(°)/s为单位)

提示和技巧:陀螺仪传感器只能检测围绕单个旋转轴进行的运动,此方向通过传感器外壳上的箭头进行指示,确保按正确方向将传感器附加到机器人上,以便按所需的方向测量旋转。测量旋转时的注意事项是:

① 角度和速率可以为正数或负数。顺时针旋转为正数,逆时针为负数。

② 在将陀螺仪传感器连接到EV3程序块上时,必须使其保持完全静止以使"偏移"最小。

③ 角度可能随时间而"偏移",越来越不准确。为了获得最佳结果,请在要测量其角度的每次运动之前,使用陀螺仪传感器模块的"重置"模式重置角度。

与操作陀螺仪相关的指令是:

```
mygyrosensor = gyroSensor(myev3)        % 建立连接
readRotationAngle(mygyrosensor)         % 读取姿态角度
resetRotationAngle(mygyrosensor)        % 重置姿态角度
readRotationRate(mygyrosensor)          % 读取旋转速度
```

2. 平衡机器人结构组成

图8-35所示的平衡机器人由1个程序块、2个大型电机、1个小型电机、1个陀螺仪、一个声呐、一个触碰传感器和1一个颜色传感器组成。

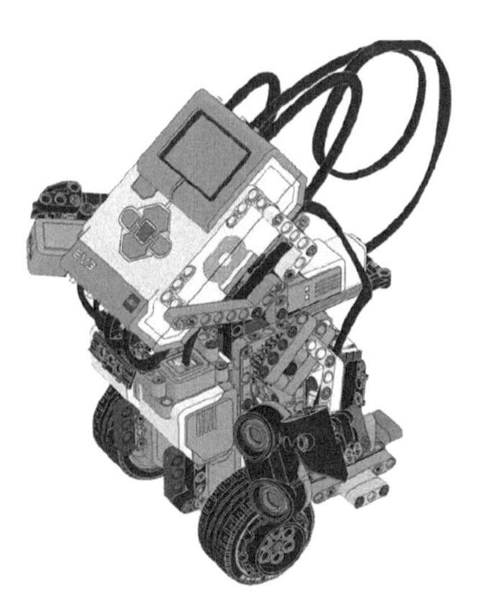

图8-35　平衡机器人

3. 设计与分析

机器人的基于模型的设计(Model Based Design, MBD)是基于模型和仿真工具开展的。对于控制系统,设计人员建立控制对象和控制器模型,并通过模型在电脑或实时仿真工具上测试控制器及算法的性能。通过快速成型方法(RTW-EC)及工具,能够基于系统模型生成代码来实时验证算法。此外,RTW-EC 等自动代码生成产品使得能够从控制器型号生成嵌入式控制器(微处理器、DSP 等)的C/C++代码。图 8-36 显示了基于 MATLAB 产品系列的控制系统的 MBD 概念。

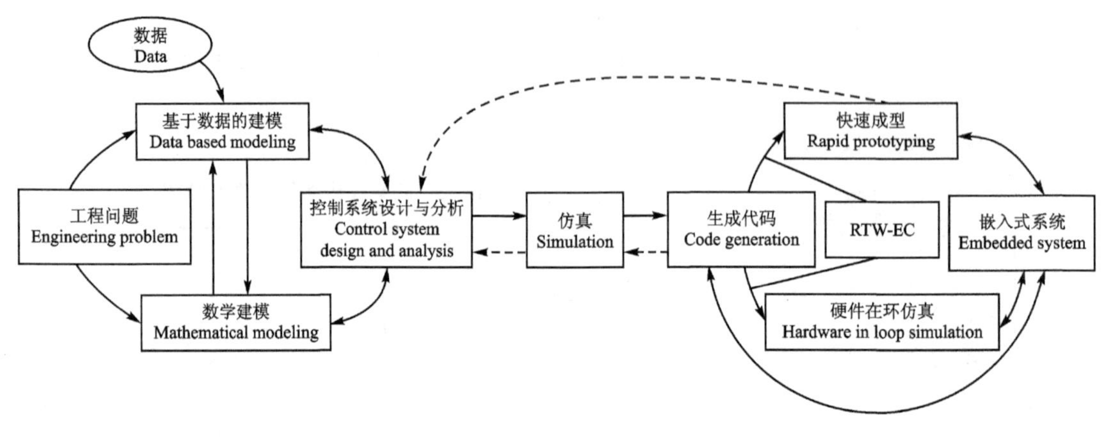

图 8-36　基于模型的控制系统设计

整个系统设计遵循如图 8-36 所示的工作流程。按照基于模型的设计,在基本数据获取、数学建模、控制器设计和系统实施四个阶段,分别使用不同的软件工具,实施整个系统的设计与实现。

在图 8-36 中,MATLAB/Real-Time Workshop Embedded Coder(MATLAB/RTW-EC)将 Simulink 控制模型生成 C 代码。

在机器人系统拼接完成之后,按照如下步骤设计控制器,并实现控制。

步骤 1:建立系统模型。

基于 LEGO Mindstrom EV3 搭建的两轮倒立摆系统,其基本结构如图 8-37 所示。

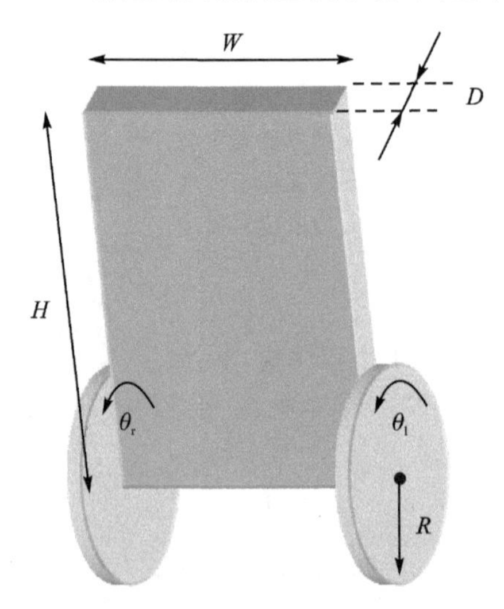

图 8-37　两轮倒立摆系统基本结构示意图

在建立数学模型之前,定义模型中的变量示意图如图 8-38 所示。

图 8-38 中变量的含义见表 8-3。

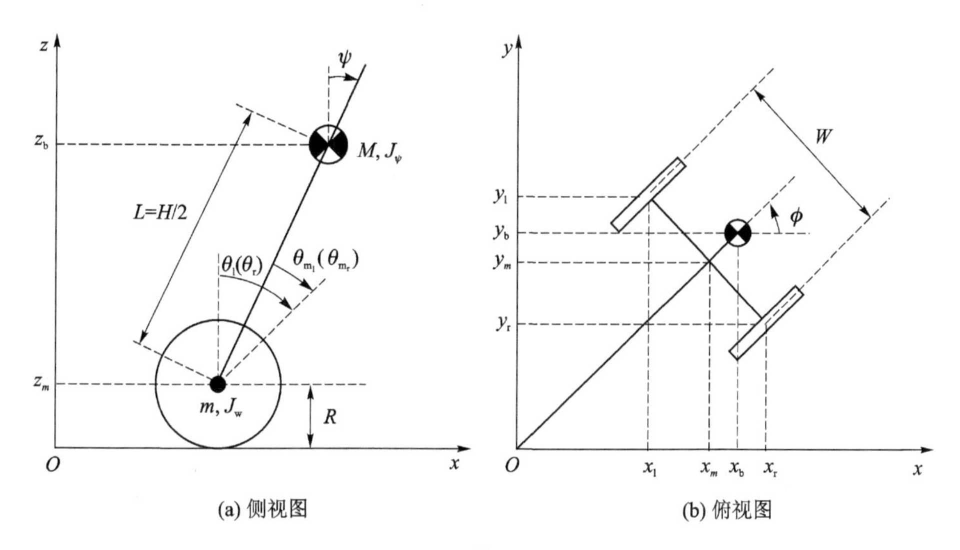

图 8-38 模型中的变量

表 8-3 图 8-38 中变量的含义

变 量	含 义
ψ	倒立摆俯仰角(控制目标为 0°)
$\theta_l,\theta_r(\theta_{l,r})$	两轮旋转角度(l,r 分别代表左轮和右轮)
$\theta=\dfrac{\theta_l+\theta_r}{2}$	两轮旋转角度均值
$\theta_{m_l},\theta_{m_r}$	左、右轮驱动电机旋转角度
ϕ	倒立摆偏航角度
(x_m,y_m,z_m)	倒立摆底盘(两轮中心连线的中点)位置
(x_b,y_b,z_b)	倒立摆结构体(活动部分)质心
(x_l,y_l,z_l)	左轮中心点位置
(x_r,y_r,z_r)	右轮中心点位置

倒立摆系统中部分结构参数的含义见表 8-4。

表 8-4 倒立摆系统中部分结构参数含义

参数值	单 位	含 义
$g=9.81$	m/s^2	重力加速度
$m=0.03$	kg	轮的质量
$R=0.04$	m	轮的半径
$J_w=mR^2/2$	$kg\cdot m^2$	轮的转动惯量
$M=0.6$	kg	机身质量
$W=0.14$	m	机身长
$D=0.04$	m	机身宽

续表 8-4

参数值	单　位	含　义
$H=0.144$	m	机身高
$L=H/2$	m	轮轴到质心的距离
$J_{\psi}=ML^2/3$	$kg\cdot m^2$	机身俯仰转动惯量
$J_{\phi}=M(W^2+D^2)/12$	$kg\cdot m^2$	机身偏航转动惯量
$J_m=1\times10^{-5}$	$kg\cdot m^2$	直流伺服电机转动惯量
$R_m=6.69$	Ω	直流伺服电机电阻
$K_b=0.468$	V·s/rad	直流伺服电机反电动势常数
$K_t=0.317$	N·m/A	直流伺服电机转矩常数
$n=1$	—	传动比
$f_m=0.002\,2$	—	机身与直流伺服电机间的摩擦系数
$f_w=0$	—	轮与地面间的摩擦系数

基于倒立摆系统的运动方程(拉格朗日方程),可以得到

$$\left.\begin{aligned}
&(\theta,\phi)=\left(\frac{1}{2}(\theta_l+\theta_r),\frac{R}{W}(\theta_r-\theta_l)\right)\\
&(x_m,y_m,z_m)=\left(\int\dot{x}_m\mathrm{d}t,\int\dot{y}_m\mathrm{d}t,R\right),\quad(\dot{x}_m,\dot{y}_m)=(R\dot{\theta}\cos\phi,R\dot{\theta}\sin\phi)\\
&(x_l,y_l,z_l)=\left(x_m-\frac{W}{2}\sin\phi,y_m+\frac{W}{2}\cos\phi,z_m\right)\\
&(x_r,y_r,z_r)=\left(x_m+\frac{W}{2}\sin\phi,y_m-\frac{W}{2}\cos\phi,z_m\right)\\
&(x_b,y_b,z_b)=(x_m+L\sin\psi\cos\phi,y_m+L\sin\psi\sin\phi,z_m+L\cos\psi)
\end{aligned}\right\}\tag{8-13}$$

同样,得到倒立摆的直线运动动能 T_1、旋转动能 T_2 和势能 U 分别为

$$\left.\begin{aligned}
&T_1=\frac{1}{2}m(\dot{x}^2+\dot{y}_l^2+\dot{z}_l^2)+\frac{1}{2}m(\dot{x}_r^2+\dot{y}_r^2+\dot{z}_r^2)+\frac{1}{2}m(\dot{x}_b^2+\dot{y}_b^2+\dot{z}_b^2)\\
&T_2=\frac{1}{2}J_w\dot{\theta}_l^2+\frac{1}{2}J_w\dot{\theta}_r^2+\frac{1}{2}J_{\psi}\dot{\psi}^2+\frac{1}{2}J_{\phi}\dot{\phi}^2+\frac{1}{2}n^2J_m(\dot{\theta}_l-\dot{\psi})^2+\frac{1}{2}n^2J_m(\dot{\theta}_r-\dot{\psi})^2\\
&U=mgz_l+mgz_r+mgz_b
\end{aligned}\right\}\tag{8-14}$$

公式(8-14)中 T_2 的右边第5、6项表示电机的旋转动能。

定义拉格朗日量为

$$L=T_1+T_2-U$$

同时,定义如下参数:

- θ:左、右轮平均转角;
- ψ:机身俯仰角;
- ϕ:机身偏航角。

根据拉格朗日方程,得到

$$\left.\begin{aligned}\frac{\mathrm{d}}{\mathrm{d}t}\left(\frac{\partial L}{\partial \dot{\theta}}\right)-\frac{\partial L}{\partial \theta}=F_{\theta}\\\frac{\mathrm{d}}{\mathrm{d}t}\left(\frac{\partial L}{\partial \dot{\psi}}\right)-\frac{\partial L}{\partial \psi}=F_{\psi}\\\frac{\mathrm{d}}{\mathrm{d}t}\left(\frac{\partial L}{\partial \dot{\phi}}\right)-\frac{\partial L}{\partial \phi}=F_{\phi}\end{aligned}\right\}\tag{8-15}$$

根据公式(8-15),可以推导得到

$$\left.\begin{aligned}&[(2m+M)R^2+2J_{\mathrm{w}}+2n^2J_{\mathrm{m}}]\ddot{\theta}+(MLR\cos\psi-2n^2J_{\mathrm{m}})\ddot{\psi}-MLR\dot{\psi}^2\sin\psi=F_{\theta}\\&(MLR\cos\psi-2n^2J_{\mathrm{m}})\ddot{\theta}+(ML^2+J_{\psi}+2n^2J_{\mathrm{m}})\ddot{\psi}-MLR\sin\psi-ML^2\dot{\phi}^2\sin\psi\cos\psi=F_{\psi}\\&\left[\frac{1}{2}mW^2+J_{\phi}+\frac{W^2}{2R^2}(J_{\mathrm{w}}+n^2J_{\mathrm{m}})+ML^2\sin^2\psi\right]\ddot{\phi}+2ML^2\dot{\psi}\dot{\phi}^2\sin\psi\cos\psi=F_{\phi}\end{aligned}\right\}\tag{8-16}$$

考虑到直流电机的输出转矩和黏性摩擦,可以得到直流电机的输出力的一般表达式为

$$\left.\begin{aligned}&(F_{\theta},F_{\psi},F_{\varphi})=\left(F_{\mathrm{l}}+F_{\mathrm{r}},F_{\psi},\frac{W}{2R}(F_{\mathrm{r}}-F_{\mathrm{l}})\right)\\&F_{\mathrm{l}}=nK_ti_{\mathrm{l}}+f_{\mathrm{m}}(\dot{\psi}-\dot{\theta}_{\mathrm{l}})-f_{\mathrm{w}}\dot{\theta}_{\mathrm{l}}\\&F_{\mathrm{r}}=nK_ti_{\mathrm{r}}+f_{\mathrm{m}}(\dot{\psi}-\dot{\theta}_{\mathrm{r}})-f_{\mathrm{w}}\dot{\theta}_{\mathrm{r}}\\&F_{\psi}=-nK_ti_{\mathrm{l}}-nK_ti_{\mathrm{r}}-f_{\mathrm{m}}(\dot{\psi}-\dot{\theta}_{\mathrm{l}})-f_{\mathrm{m}}(\dot{\psi}-\dot{\theta}_{\mathrm{r}})\end{aligned}\right\}\tag{8-17}$$

在公式(8-17)中,i_{l},i_{r} 表示左、右轮驱动直流电机的电流,也可用 $i_{\mathrm{l,r}}$ 表示。

由于直流电机的电枢电流不能直接控制,因此,需要通过推导直流电机的电流 $i_{\mathrm{l,r}}$ 与电枢电压 $v_{\mathrm{l,r}}$ 之间的关系来得到电流。忽略电机的摩擦力,直流电机的电流与力矩之间关系的方程为

$$L_{\mathrm{m}}\dot{i}_{\mathrm{l,r}}=v_{\mathrm{l,r}}+K_{\mathrm{b}}(\dot{\psi}-\dot{\theta}_{\mathrm{l,r}})-R_{\mathrm{m}}i_{\mathrm{l,r}}\tag{8-18}$$

忽略电机电感 L_{m},可以得到电机电流为

$$i_{\mathrm{l,r}}=\frac{v_{\mathrm{l,r}}+K_{\mathrm{b}}(\dot{\psi}-\dot{\theta}_{\mathrm{l,r}})}{R_{\mathrm{m}}}\tag{8-19}$$

基于公式(8-19),可以得到电机电压与驱动力之间关系的一般方程为

$$\left.\begin{aligned}&F_{\theta}=\alpha(v_{\mathrm{l}}+v_{\mathrm{r}})-2(\beta+f_{\mathrm{w}})\dot{\theta}-2\beta\dot{\theta}\\&F_{\psi}=-\alpha(v_{\mathrm{l}}+v_{\mathrm{r}})+2\beta\dot{\theta}-2\beta\dot{\psi}\\&F_{\phi}=\frac{W}{2R}\alpha(v_{\mathrm{l}}-v_{\mathrm{r}})-\frac{W^2}{2R^2}(\beta+f_{\mathrm{w}})\dot{\phi}\\&\alpha=\frac{nK_t}{R_{\mathrm{m}}},\quad \beta=\frac{nK_tK_{\mathrm{b}}}{R_{\mathrm{m}}}+f_{\mathrm{m}}\end{aligned}\right\}\tag{8-20}$$

倒立摆系统状态方程的推导过程如下。

在平衡(或接近平衡)状态下,倒立摆系统的俯仰角很小(接近0),也就是 $\psi\to 0$($\sin\psi\to 0$,$\cos\psi\to 1$),忽略二阶导数的影响($\dot{\psi}^2=0$),公式(8-20)可以描述为

$$\left.\begin{aligned}&[(2m+M)R^2+2J_w+2n^2J_m]\ddot{\theta}+(MLR-2n^2J_m)\ddot{\psi}=F_\theta\\&(MLR-2n^2J_m)\ddot{\theta}+(ML^2+J_\psi+2n^2J_m)\ddot{\psi}-MgL\psi=F_\psi\\&\left[\frac{1}{2}mW^2+J_\phi+\frac{W^2}{2R^2}(J_w+n^2J_m)\right]\ddot{\phi}=F_\phi\end{aligned}\right\}\quad(8-21)$$

公式(8－21)中有参数 θ(左、右轮旋转角度平均值)、参数 ψ(俯仰角)、偏航角 ϕ。将公式(8－21)简化得到

$$\boldsymbol{E}\begin{bmatrix}\ddot{\theta}\\\ddot{\psi}\end{bmatrix}+\boldsymbol{F}\begin{bmatrix}\dot{\theta}\\\dot{\psi}\end{bmatrix}+\boldsymbol{G}\begin{bmatrix}\theta\\\psi\end{bmatrix}=\boldsymbol{H}\begin{bmatrix}v_l\\v_r\end{bmatrix}$$

其中，

$$\left.\begin{aligned}&\boldsymbol{E}=\begin{bmatrix}(2m+M)R^2+2J_w+2n^2J_m & MLR-2n^2J_m\\MLR-2n^2J_m & ML^2+J_\psi+2n^2J_m\end{bmatrix}\\&\boldsymbol{F}=2\begin{bmatrix}\beta+f_w & -\beta\\-\beta & \beta\end{bmatrix}\\&\boldsymbol{G}=\begin{bmatrix}0 & 0\\0 & -MgL\end{bmatrix}\\&\boldsymbol{H}=\begin{bmatrix}\alpha & \alpha\\-\alpha & -\alpha\end{bmatrix}\end{aligned}\right\}\quad(8-22)$$

$$\left.\begin{aligned}&I\ddot{\phi}+J\dot{\phi}=K(v_r-v_l)\\&I=\frac{1}{2}mW^2+J_\phi+\frac{W^2}{2R^2}(J_w+n^2J_m)\\&J=\frac{W^2}{2R^2}(\beta+f_w)\\&K=\frac{W}{2R}\alpha\end{aligned}\right\}\quad(8-23)$$

定义倒立摆系统状态向量 $\boldsymbol{x}_1$、$\boldsymbol{x}_2$ 和输入向量 $\boldsymbol{u}$ 分别为

$$\boldsymbol{x}_1=[\theta\quad\psi\quad\dot{\theta}\quad\dot{\psi}],\quad \boldsymbol{x}_2=[\phi\quad\dot{\phi}]^{\mathrm{T}},\quad \boldsymbol{u}=[v_l\quad v_r]^{\mathrm{T}}\quad(8-24)$$

将机器人系统基于状态空间方程进行描述，得到

$$\dot{\boldsymbol{x}}_1=\boldsymbol{A}_1\boldsymbol{x}_1+\boldsymbol{B}_1\boldsymbol{u}$$
$$\dot{\boldsymbol{x}}_2=\boldsymbol{A}_2\boldsymbol{x}_2+\boldsymbol{B}_2\boldsymbol{u}$$

其中，

$$\left.\begin{aligned}&\boldsymbol{A}_1=\begin{bmatrix}0&0&1&0\\0&0&0&1\\0&\boldsymbol{A}_1(3,2)&\boldsymbol{A}_1(3,3)&\boldsymbol{A}_1(3,4)\\0&\boldsymbol{A}_1(4,2)&\boldsymbol{A}_1(4,3)&\boldsymbol{A}_1(4,4)\end{bmatrix},\quad \boldsymbol{B}_1=\begin{bmatrix}0&0\\0&0\\\boldsymbol{B}_1(3)&\boldsymbol{B}_1(3)\\\boldsymbol{B}_1(4)&\boldsymbol{B}_1(4)\end{bmatrix}\\&\boldsymbol{A}_2=\begin{bmatrix}0&1\\0&-J/I\end{bmatrix},\quad \boldsymbol{B}_2=\begin{bmatrix}0&0\\-K/I&K/I\end{bmatrix}\end{aligned}\right\}\quad(8-25)$$

并且，

$$\boldsymbol{A}_1(3,2)=-gML\boldsymbol{E}(1,2)/\det(\boldsymbol{E})$$
$$\boldsymbol{A}_1(4,2)=-gML\boldsymbol{E}(1,1)/\det(\boldsymbol{E})$$
$$\boldsymbol{A}_1(3,3)=-2[(\beta+f_w)\boldsymbol{E}(2,2)+\beta\boldsymbol{E}(1,2)]/\det(\boldsymbol{E})$$
$$\boldsymbol{A}_1(4,3)=2[(\beta+f_w)\boldsymbol{E}(1,2)+\beta\boldsymbol{E}(1,1)]/\det(\boldsymbol{E})$$
$$\boldsymbol{A}_1(3,4)=2\beta[\boldsymbol{E}(2,2)+E(1,2)]/\det(\boldsymbol{E})$$
$$\boldsymbol{A}_1(4,4)=-2\beta[\boldsymbol{E}(1,1)+\boldsymbol{E}(1,2)]/\det(\boldsymbol{E})$$
$$\boldsymbol{B}_1(3)=\alpha[\boldsymbol{E}(2,2)+\boldsymbol{E}(1,2)]/\det(\boldsymbol{E})$$
$$\boldsymbol{B}_1(4)=-\alpha[\boldsymbol{E}(1,1)+E(1,2)]/\det(\boldsymbol{E})$$
$$\det(\boldsymbol{E})=\boldsymbol{E}(1,1)\boldsymbol{E}(2,2)-\boldsymbol{E}(1,2)^2$$

至此，就完成了倒立摆系统的建模过程。

步骤 2：设计控制器（LQR）。

基于线性二次型理论，针对倒立摆系统设计控制系统框架结构，如图 8-39 所示。图中的输入是 **x_ref**，这是一个向量，具体是

$$\boldsymbol{x}_{\text{ref}}=\left(\phi,\dot{\phi},\int\theta\,\mathrm{d}t,\theta,\dot{\theta},\psi,\dot{\psi}\right)$$

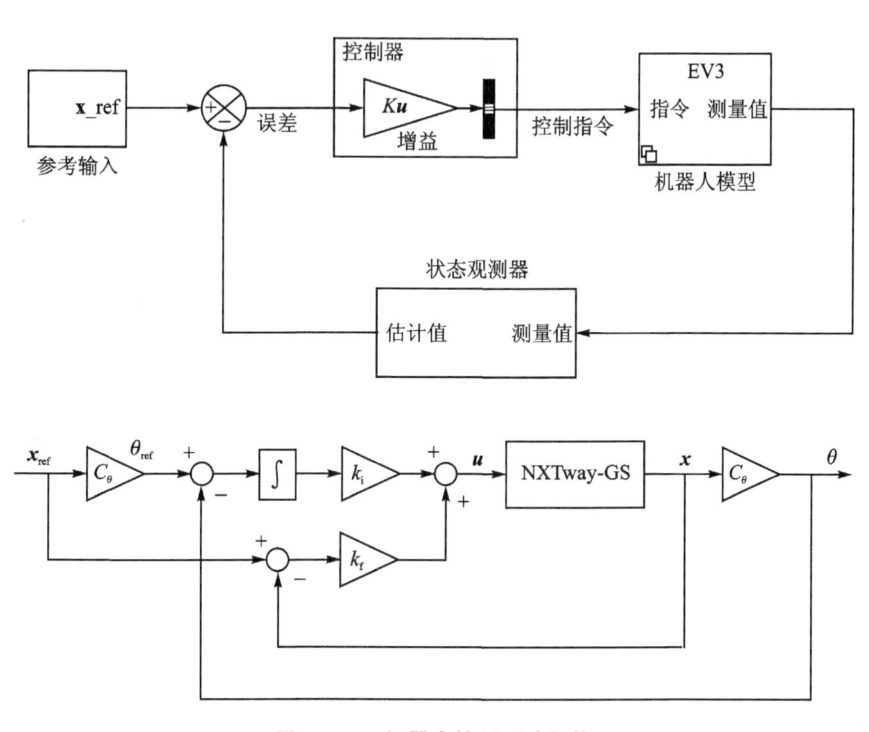

图 8-39　机器人控制系统架构

其中，俯仰角 ψ 有两种方式可以得到：① 根据陀螺仪（角度传感器）速度积分得到；② 设计状态观测器观测得到，在本案例中使用陀螺仪传感器数据。图中的 K 是控制器，也是需要重点设计的部分，在此案例中使用线性二次型方法（Linear Quadratic Regulator method，LQR），选择权值矩阵 $\boldsymbol{Q}$ 和 $\boldsymbol{R}$ 分别为

$$Q=\begin{bmatrix}1 & 0 & 0 & 0 & 0\\0 & 6\times10^5 & 0 & 0 & 0\\0 & 0 & 1 & 0 & 0\\0 & 0 & 0 & 1 & 0\\0 & 0 & 0 & 0 & 4\times10^2\end{bmatrix},\quad R=\begin{bmatrix}1\times10^3 & 0\\0 & 1\times10^3\end{bmatrix} \tag{8-26}$$

实现控制器的程序如下：

```
alpha = n * Kt/Rm;
beta = n * Kt * Kb/Rm + fm;
E = [(2 * m + M) * R^2  +  2 * Jw  +  2 * n^2 * Jm    M * L * R  -  2 * n^2 * Jm;
     M * L * R  -  2 * n^2 * Jm                       M * L^2  +  Jpsi  +  2 * n^2 * Jm];
F = 2 * [beta + fw    - beta;
         - beta        beta];
G = [0   0;
     0   - M * g * L];
H = [alpha     alpha;
     - alpha   - alpha];
I = m * W^2/2 + Jphi + (Jw + n^2 * Jm) * W^2/(2 * R^2);
J = W^2/(2 * R^2) * (beta + fw);
K = W/(2 * R) * alpha; % !!
 % % State space matrices
A1 = [0 0      1 0;
      0 0      0 1;
      - E\G    - E\F];
B1 = [0 0;
      0 0;
      E\H];
C1 = eye(4);
D1 = zeros(4, 2);
A2 = [0    1
      0    - J/I];
B2 = [0         0
      - K/I   K/I];
C2 = eye(2);
D2 = zeros(2);
 % % State space models
s1 = ss(A1, B1, C1, D1);
s2 = ss(A2, B2, C2, D2);
 % % Add a fifth state -  integral of theta
s0 = ss(1/tf('s'));
s3 = append(s0, s1);
s3.A(1, 2) = 1;
s3(:, 1) = [];
 % % Add phi and phi_dot states (from s2 system)
s4 = append(s3, s2);
```

```
s4.B(end, [1 2]) = s4.B(end, [3 4]);
s4(:, [3 4]) = [];
QQ = eye(7);
RR = eye(2);
QQ(4,4) = 0.2;
K = lqrd(s4.A, s4.B, QQ, RR, Ts);
```

程序运行后得到的控制器为

```
K = [ -0.6552   -1.2817   -51.4337   -1.4405   -6.5400   -0.6765   -0.2384
      -0.6552   -1.2817   -51.4337   -1.4405   -6.5400    0.6765    0.2384]
```

控制器的展开部分如图 8-40 所示。

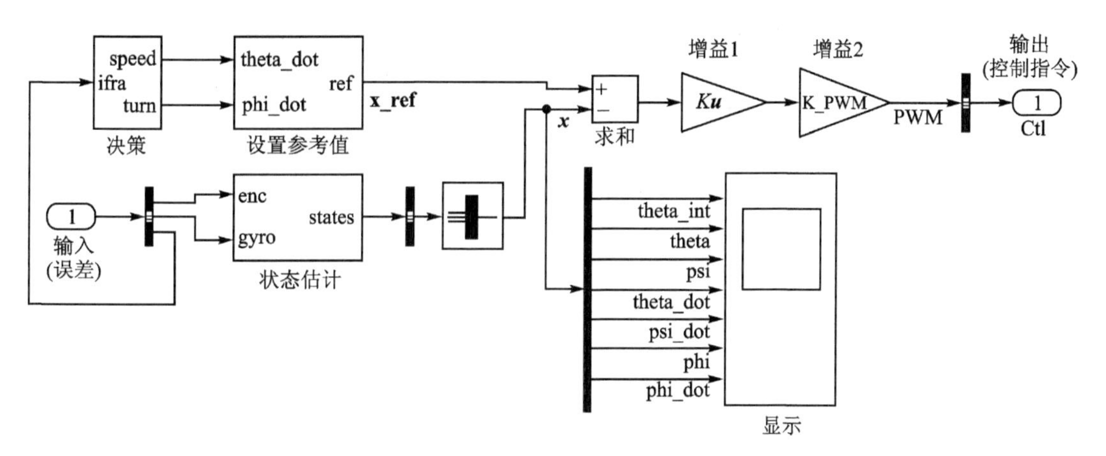

图 8-40　控制器

步骤 3:建立仿真模型。

在 Simulink 中建立整个系统的仿真模型,以分析控制器的效果。

步骤 4:仿真分析控制器的效果。

步骤 5:基于 LEGO EV3 控制模块,建立实际系统的控制模型。

步骤 6:生成控制代码,并下载到系统中。

将控制对象变换为 EV3 的实际模型,如图 8-41 所示。

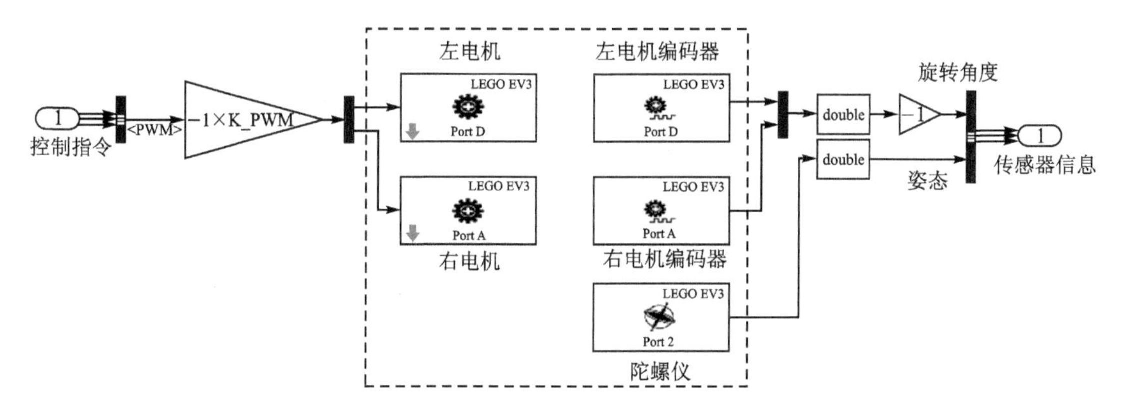

图 8-41　基于 Simulink 的控制程序

基于 Simulink 平台生成嵌入式程序，下载到 EV3 中即可实现机器人的离线运行。

8.4.2 自动平衡自行车

本案例的目的是创建一个控制系统，设计并实现基于乐高模块搭建的自行车控制系统，并应用于实际过程中进行验证。

本案例中使用的 EV3 自行车如图 8-42 所示。EV3 程序块占了自行车总重量的近三分之一，是机器人的智能单元。程序块配有一台小型电脑，以及 LED 显示屏和可充电锂电池。EV3 程序块的存在，加上其他因素，如程序块的副作用，对灵活性和塑性弹性的要求，以及需要保持的相对于垂直平面的最佳对称，都高度影响着自行车的结构。最终设计得到的自行车综合了力学效率和要求结构简单等因素。自行车包括以下电气组件：三个电机，用于运动驱动、转向和支架；一个陀螺仪传感器，用于测量倾斜角速度；一个超声波传感器，用于检测障碍物。

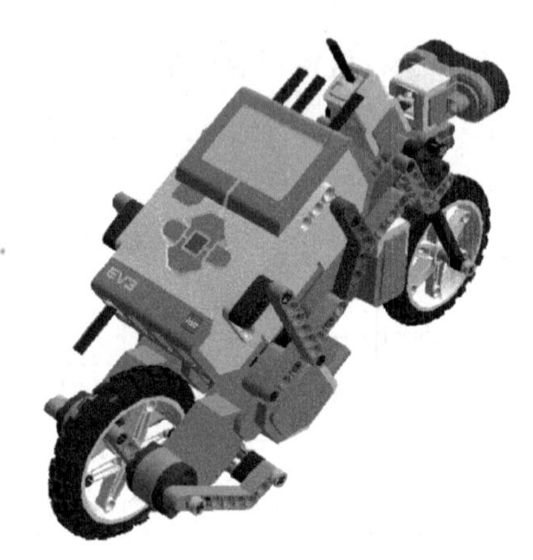

图 8-42 自动平衡自行车

自行车配有支架，其电机安装在运动驱动马达的对面，基本上被用来平衡质量。不仅如此，它还有能力保持自行车站立在垂直位置，允许陀螺仪传感器进行初始校准，重置其偏移，以及减小漂移对自行车倾斜角度计算的影响。在校准过程中，自行车必须静止不动，以便隔离噪声测量。

电机的用途包括：① 大电机用作驱动和站立。② 小电机用作转向。电机内部的编码器用于测量旋转角度（最小分辨率为 1°）。③ 陀螺仪测量倾斜角速度（单位为(°)/s，精度为±3°）。④ 超声波传感器（声呐）用来测距、探测和避障，能够最远测量 250 cm 的距离（精度为±1 cm），在本案例中用来避障。

Simulink 环境提供了一种可视化的编程方法，使用图符（见图 8-43）来代表具体部件，通过连线建立部件之间的数据连接关系。

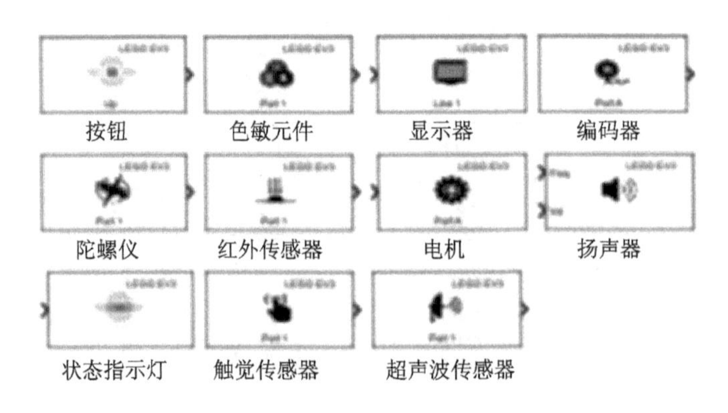

图 8-43 Simulink 中的 EV3 库

通过使用外部 WiFi 适配器，可以将控制程序下载到 EV3 程序块中。该程序可以在“独立模式(stand-alone mode)”或“外部模式(external mode)”中运行，EV3 程序块与 Simulink 模型之间提供运行时的通信，以获取实验数据，并通过 WiFi 连接，以便在运行时修改系统参数。

使用四阶模型描述 EV3 建立的自行车系统。自动行驶自行车的刚体系统分为四个部分：① 后支架(rear frame，rf)；② 前支架(front frame，ff)；③ 前轮(front wheel，fw)；④ 后轮(rear wheel，rw)。

在建立系统数学模型之前，假设：

① 自动自行车由四个刚体结构组成；

② 车轮与大地之间的摩擦力足够大，在车轮与大地之间没有打滑；

③ 扰动较小；

④ 自行车在直立状态下，沿纵向平面(图 8－44 中的 xz 平面)对称；

⑤ 自行车行驶速度恒定。

定义坐标系如图 8－44 所示，图中变量的定义如下：

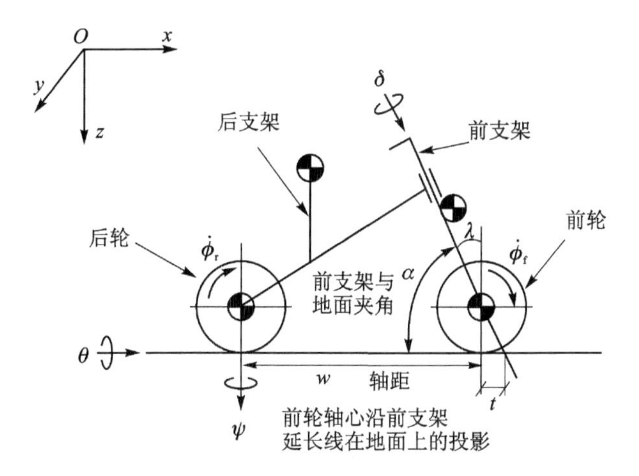

图 8－44　自动平衡自行车坐标系

- ψ 为自行车偏航角；
- θ 为自行车相对立轴(z 轴)的倾覆角；
- δ 为前轮转动角；
- ϕ_f，ϕ_r 分别代表前轮和后轮的转动角；
- λ 为支架倾斜角。

假设自行车的前行速度为 V，则自行车绕纵轴的动力学描述为

$$\boldsymbol{M}\begin{bmatrix}\ddot{\theta}\\ \ddot{\delta}\end{bmatrix}+\boldsymbol{C}\begin{bmatrix}\dot{\theta}\\ \dot{\delta}\end{bmatrix}+\boldsymbol{K}\begin{bmatrix}\theta\\ \delta\end{bmatrix}=\begin{bmatrix}T_\theta\\ T_\delta\end{bmatrix} \tag{8-27}$$

其中，T_θ，T_δ 是外部力矩(分别为干扰和电机施加的转动力矩)，惯性 $\boldsymbol{M}$ 是

$$\boldsymbol{M}=\begin{bmatrix}T_{xx} & F_{\lambda x}+\frac{c_f}{w}T_{xz}\\ F_{\lambda x}+\frac{c_f}{w}T_{xz} & F_{\lambda\lambda}+2\frac{c_f}{w}F_{\lambda z}+\frac{c_f^2}{w^2}T_{zz}\end{bmatrix} \tag{8-28}$$

阻尼 $\boldsymbol{C}$ 是

$$C=\begin{bmatrix}0 & H_{\mathrm{f}}\cos\lambda+\dfrac{c_{\mathrm{f}}}{w}H_{\mathrm{t}}+V\left(T_{xz}\dfrac{\cos\lambda}{w}-\dfrac{c_{\mathrm{f}}}{w}m_{\mathrm{t}}h_{\mathrm{t}}\right)\\ -\left(H_{\mathrm{f}}\cos\lambda+\dfrac{c_{\mathrm{f}}}{w}H_{\mathrm{t}}\right) & V\left[\dfrac{\cos\lambda}{w}\left(F_{\lambda z}+\dfrac{c_{\mathrm{f}}}{w}T_{zz}\right)-\dfrac{c_{\mathrm{f}}}{w}\upsilon\right]\end{bmatrix} \tag{8-29}$$

弹性项 $\boldsymbol{K}$ 是

$$\boldsymbol{K}=\begin{bmatrix}gm_{\mathrm{t}}h_{\mathrm{t}} & -g\upsilon+H_{\mathrm{t}}\dfrac{\cos\lambda}{w}-V^2\dfrac{\cos\lambda}{w}m_{\mathrm{t}}h_{\mathrm{t}}\\ -g\upsilon & -g\upsilon\sin\lambda+V\left(H_{\mathrm{f}}\sin\lambda\dfrac{\cos\lambda}{w}+V^2\dfrac{\cos\lambda}{w}\upsilon\right)\end{bmatrix} \tag{8-30}$$

以上矩阵中变量的定义如下：

- $c_{\mathrm{f}}=t\cos\lambda$；
- H_{f} 为由于车轮旋转产生的动量矩；
- H_{t} 为自行车运动的总动量矩；
- F 为前轮和前支架的惯性张量(根据转向轴计算)；
- T 为自行车保持竖直姿态下的总惯性张量；
- $\upsilon=m_{\mathrm{f}}u+\dfrac{c_{\mathrm{f}}m_{\mathrm{t}}l_{\mathrm{t}}}{w}$ 为传感器噪声，其中 $u=kx$，m_{f} 为车架质量，m_{t} 为自行车总质量，l_{t} 为自行车总长度；
- $g=9.81\ \mathrm{m/s^2}$ 为重力加速度；
- h_t 为自行车质心在 x 轴方向上的位置。

外部干扰力矩 T_θ 是影响自行车平衡特性的噪声量，不受系统控制。T_δ 由转舵电机提供，是平衡自行车系统的关键变量。

最终，确定系统状态量为

$$\boldsymbol{x}=\begin{bmatrix}\theta & \delta & \dot{\theta} & \dot{\delta}\end{bmatrix}^{\mathrm{T}}$$

将绕前支架轴和 x 轴的干扰转矩 ξ_θ，ξ_δ 作为系统干扰量，得

$$\boldsymbol{\xi}=\begin{bmatrix}\xi_\theta\\ \xi_\delta\end{bmatrix}$$

将传感器噪声 υ 考虑进系统，可将公式(8-27)描述的系统转换为线性时不变系统

$$\begin{cases}\dot{\boldsymbol{x}}=\boldsymbol{A}\boldsymbol{x}+\boldsymbol{B}\boldsymbol{u}+\boldsymbol{G}\boldsymbol{\xi}\\ \boldsymbol{y}=\boldsymbol{C}\boldsymbol{x}+\boldsymbol{H}\boldsymbol{\upsilon}\end{cases}$$

其中，

$$\boldsymbol{A}=\begin{bmatrix}\boldsymbol{0}_{2\times2} & \boldsymbol{I}_{2\times2}\\ -\boldsymbol{M}^{-1}\boldsymbol{K} & -\boldsymbol{M}^{-1}(\boldsymbol{C}+\beta\boldsymbol{e}_2\boldsymbol{e}_2')\end{bmatrix}$$

$$\boldsymbol{B}=k\begin{bmatrix}\boldsymbol{0}_{2\times1}\\ \boldsymbol{M}^{-1}\boldsymbol{e}_2\end{bmatrix}$$

$$\boldsymbol{G}=\begin{bmatrix}\boldsymbol{0}_{2\times2}\\ \boldsymbol{M}^{-1}\end{bmatrix}$$

$$C = \begin{bmatrix} 0 & 0 & 1 & 0 \\ 0 & 1 & 0 & 0 \end{bmatrix}$$

$$H = I_{2\times 2}$$

$$e_2 = \begin{bmatrix} 0 \\ 1 \end{bmatrix}$$

$$e_2' = [0 \quad 1]'$$

直流电机模型描述为

$$V_a = R_a i + L_a \frac{di}{dt} + k_e \omega \tag{8-31}$$

其中，$\omega = \dot{\delta}$，$V_a = DV_{max}$ 为占空比与电压的关系，V_{max} 为电池的最大电压，L_a 可忽略。

$T = k_t i$ 为电流与力矩的关系，因此，可将公式(8-31)简化为

$$T = \frac{k_t}{R_a}(DV_{max} - k_e \dot{\delta}) \tag{8-32}$$

并通过实验辨识电机模型参数。

控制器设计基于 LQR 方法。设计控制器

$$u = -Kx$$

其中，u 是控制量，x 是状态变量。

得到控制器 K 之后的仿真模型如图 8-45 所示。

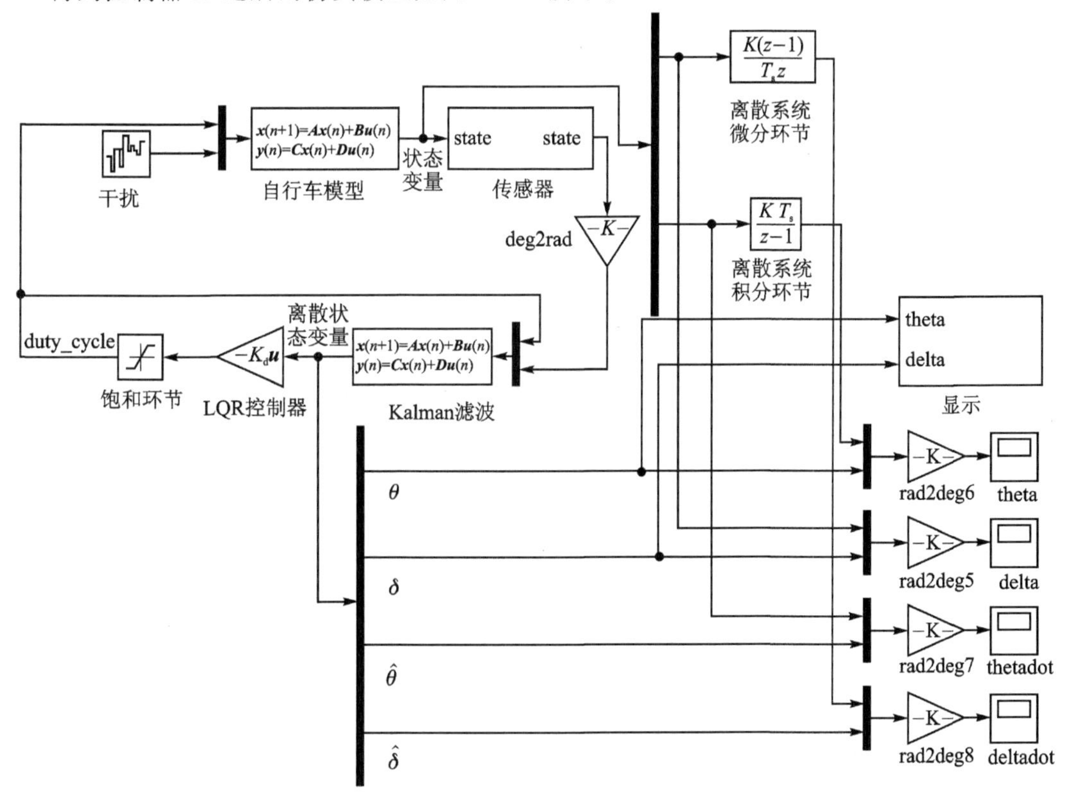

图 8-45　自主平衡自行车控制系统模型

基于 LEGO 模型库，可以得到如图 8-46 所示的实际控制程序。

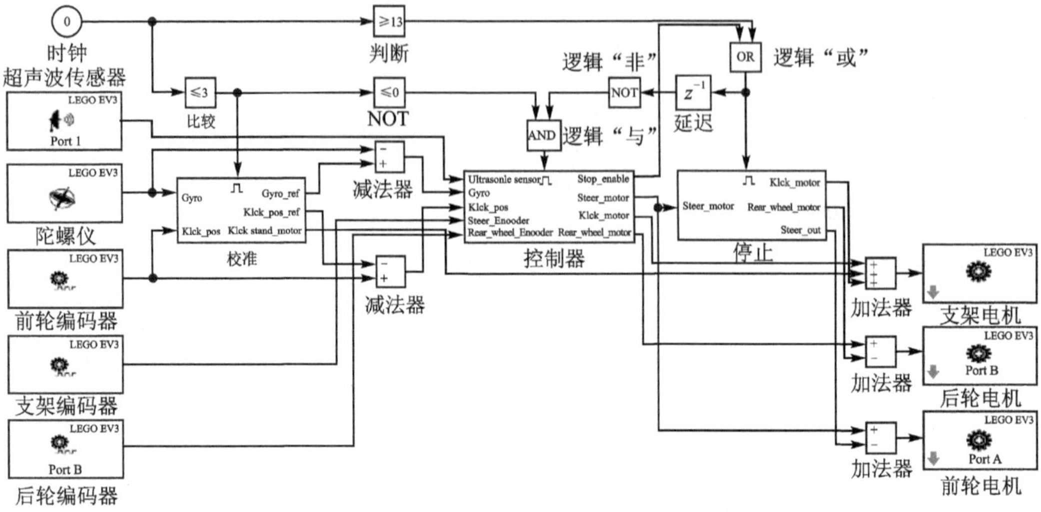

图 8-46　自主平衡自行车控制系统程序(Simulink)

基于 MATLAB/Simulink 的 RTW-EC 工具，可以快速生成控制程序，以实现对自主平衡自行车的控制。

8.4.3　多旋翼无人机飞行控制

在本小节内，主要介绍多旋翼无人机的基本组成和飞行控制系统的设计方法。根据多旋翼无人机的系统模型，通过小扰动线性化方法和 PID 控制方法来设计多旋翼无人机的位置控制器和姿态控制器，以实现对多旋翼无人机的悬停控制。最后通过 MATLAB 仿真平台，实现对多旋翼无人机的飞行控制。

1. 基本组成

四旋翼无人机主要由机械系统、动力系统与控制系统组成。

(1) 机械系统

无人机的机械系统主要由机架(机臂、连接件等)和起落架组成。

机架主要用于承载无人机的设备，包括飞行控制器、电调、接收机、电池、电源、云台等硬件设备。机架的主要设计依据有材料、布局和轴距。

在机架材料方面，主要选用塑料和碳纤维。塑料的密度较小、质量较轻，但强度和刚度不大，制作较容易，随着 3D 打印技术的成熟，也可使用 3D 打印机将机架打印制作出来，这样即节省了连接件的质量，又避免了安装导致的松动。碳纤维的密度低、强度高、刚度高，非常适合作为无人机的机架材料。但碳纤维的成本较高，加工较困难，需要对整个碳纤维板做切割加工。相比之下，碳纤维机架的强度和刚度都较大，所以在飞行过程中会有减振效果，使得无人机飞行更加稳定。塑料机架和碳纤维机架如图 8-47 所示。

在机架布局方面，常见的多旋翼布局有三旋翼、四旋翼、六旋翼和八旋翼。在本小节中，主要采用的是四旋翼机架。四旋翼机架布局通常有两类，叉形布局和十字形布局，如图 8-48 所示。

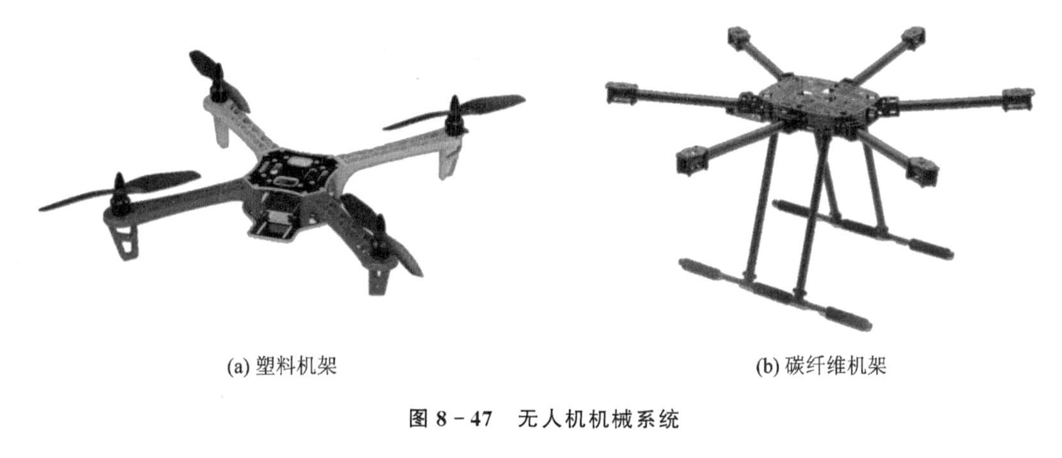

(a) 塑料机架　　(b) 碳纤维机架

图 8-47　无人机机械系统

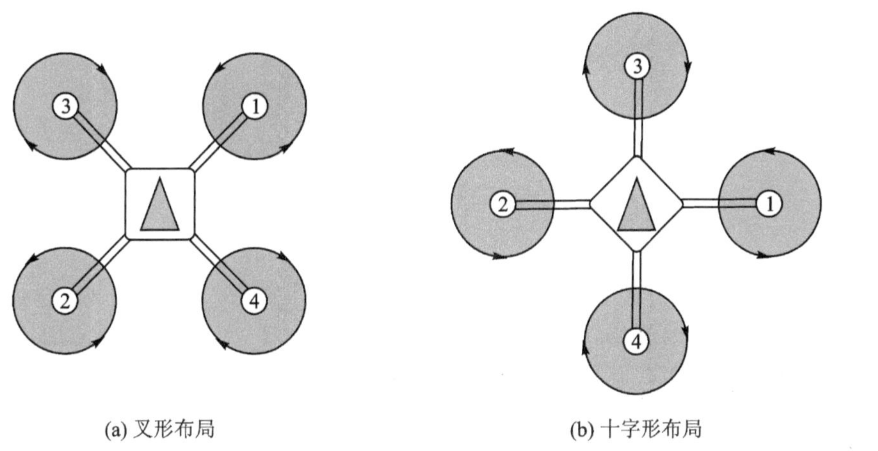

(a) 叉形布局　　(b) 十字形布局

图 8-48　无人机旋翼布局

轴距是多旋翼无人机中非常重要的一个参数，通常被定义为电机外圈组成圆周的直径，单位是毫米。一般多旋翼无人机的轴距即为对角线上两个电机轴心的距离，轴距的大小确定了螺旋桨的尺寸上限，从而决定了螺旋桨能产生的最大拉力，最终直接影响到多旋翼无人机的载重能力。轴距 450 mm 的四旋翼无人机如图 8-49 所示。

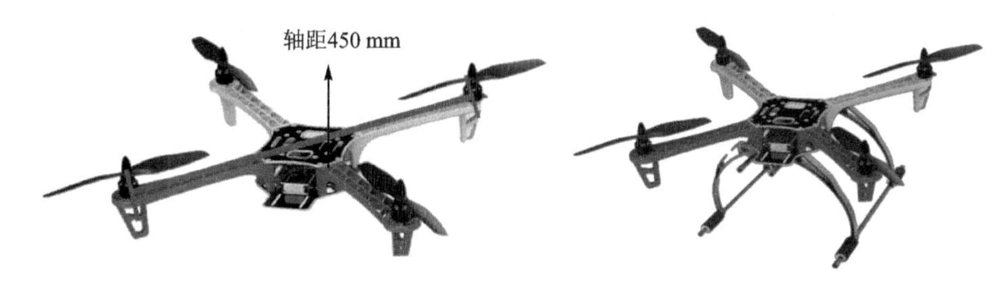

图 8-49　轴距 450 mm 的四旋翼无人机

起落架的作用是使机身与地面之间有一个安全距离，以避免飞机在起飞或降落时由于不稳定因素而造成机身倾斜，使螺旋桨与地面发生碰撞。另外，起落架使得螺旋桨与地面之间有足够的空间，从而在飞机起飞和降落时，可以有效减小气流与地面产生的气流干扰。同时，起落架下方可以放置云台等负载设备。

（2）动力系统

多旋翼无人机的动力系统主要包含电机、电子调速器（电调）、螺旋桨和电池。动力系统决定了多旋翼无人机的主要性能，直接影响到整机效率和稳定性。同时，螺旋桨、电机、电调之间的选择是相互配合的关键。

多旋翼无人机一般采用有刷电机或无刷电机（见图 8－50）。有刷电机是内含电刷装置的、将电能转换为机械能或将机械能转换为电能的旋转电机。有刷电机是所有电机的基础，它具有启动快、制动及时、可在大范围内平滑地调速、控制电路相对简单等优点，一般微型四旋翼无人机会采用空心杯有刷电机。无刷电机是采用半导体开关器件来实现电子换向，具有可靠性高、无换向火花、机械噪声低等优点，目前的多旋翼无人机大多以无刷电机为主。

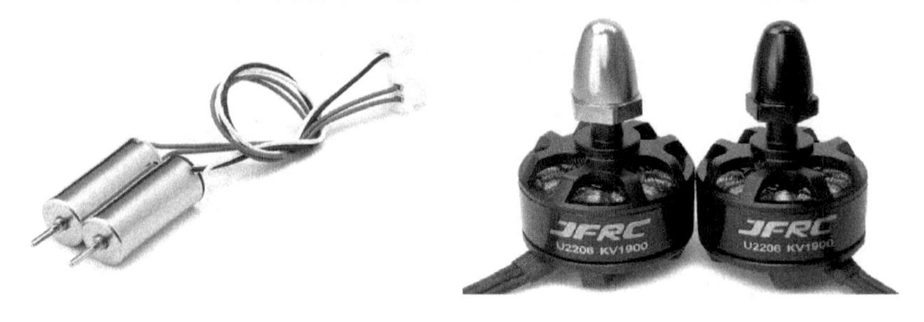

(a) 有刷电机　　(b) 无刷电机

图 8－50　无人机用电机

单独的无刷电机并不能独立工作，需要配合电子调速器（见图 8－51）使用。电子调速器主要用于控制无刷电机的转速。电子调速器接收并分析来自飞行控制器的 PWM 信号，然后通过将直流电转换为特定脉冲交流电的方式来控制无刷电机的转速。

螺旋桨是多旋翼无人机产生动力的主要部件，它由电机带动其高速旋转后产生拉力。螺旋桨分为正桨与反桨，当电机驱动螺旋桨转动时，本身会产生一个反转力矩，而导致机架反向旋转。由于多旋翼无人机采用的是对称结构，因此电机驱动正桨逆时针旋转，带动反桨顺时针旋转，同时抵消因旋转产生的扭矩。双叶螺旋桨如图 8－52 所示。

图 8－51　电子调速器　　**图 8－52　双叶螺旋桨**

电池用于给多旋翼无人机提供动力能量。多旋翼无人机的电池主要以锂聚合物电池为主，其特点是能量密度大、质量轻、耐电流数值较高等，如图 8－53 所示。

（3）控制系统

飞行控制器是多旋翼无人机的核心组成部分。通常一个典型的飞行控制系统需要有飞行控制计算机作为“大脑”，来完成包括传感器信息采集与分析、控制计算、通信和数据记录等任务。飞行控制系统集成了高精度的传感器元件，主要由陀螺仪、加速计、磁罗盘、气压计和电源模块等器件组成。通过传感器融合算法，能够精准地感应并计算出飞行器的飞行姿态等数据，再通过控制器实现多旋翼无人机的空中悬停和自主飞行。开源飞行控制器如图 8－54 所示。

图 8－53　锂电池

图 8－54　开源飞行控制器

2. 系统原理

（1）动力学模型

下面以四旋翼无人机为例。十字形四旋翼无人机是一种由固联在刚性十字形结构上的 4 个独立电机驱动系统组成的飞行器。安装在电机轴上的 4 个旋翼为飞行器提供升力；4 个旋翼的结构和半径都相同，并处于同一高度平面。4 个旋翼有正、反桨之分，可分为 2 组，处于同一对角线上的旋翼为一组，其旋转方向一致。电机 M_2，M_4 上的旋翼逆时针旋转，称为反桨；电机 M_1，M_3 上的旋翼顺时针旋转，称为正桨。在图 8－55 中，(a_1，a_2，a_3)代表大地(earth)坐标系，(b_1，b_2，b_3)代表机体(body)坐标系。

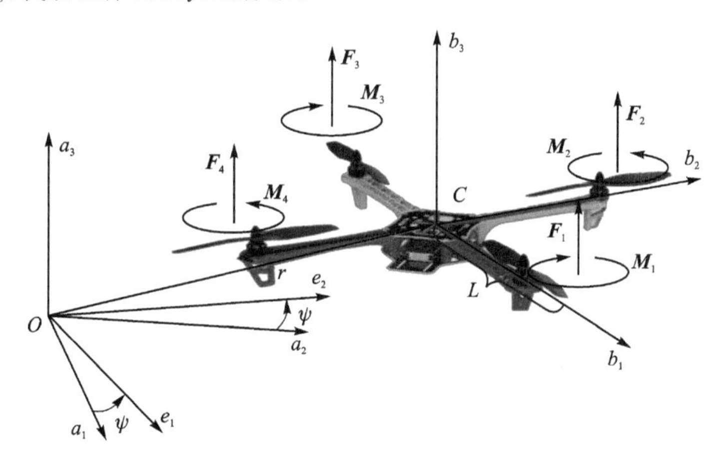

图 8－55　四旋翼模型与坐标系

1）电机模型

每个电机的角速度为 w_i，带动桨叶旋转产生垂直向上的力 F_i，有

$$F_i = k_F w_i^2$$

其中电机拉力参数为 $k_F \approx 6.11 \times 10^{-8}$ N/(r · min^{-2})。电机产生的力矩为

$$M_i = k_M w_i^2$$

其中对应的力矩参数为 $k_M \approx 1.5\times 10^{-9}\ \mathrm{N\cdot m/(r\cdot min^{-2})}$。

2）旋转矩阵关系

选择按 $z-x-y$ 顺序旋转的欧拉角，可以得到旋转矩阵

$$ {}^{A}\boldsymbol{R}_B=\begin{bmatrix}\cos\psi\cos\theta-\sin\phi\sin\psi\sin\theta & -\cos\phi\sin\psi & \cos\psi\sin\theta+\cos\theta\sin\phi\sin\psi\\ \cos\theta\sin\psi+\cos\psi\sin\theta\sin\phi & \cos\phi\cos\psi & \sin\psi\sin\theta-\cos\theta\sin\phi\sin\psi\\ -\cos\phi\sin\theta & \sin\phi & \cos\phi\cos\theta\end{bmatrix} $$

进一步，根据 ${}^{A}\boldsymbol{\omega}_B=p\boldsymbol{b}_1+q\boldsymbol{b}_2+r\boldsymbol{b}_3$，可以得到角速度与欧拉角变化率的关系为

$$ \begin{bmatrix}p\\q\\r\end{bmatrix}=\begin{bmatrix}\cos\theta & 0 & -\cos\phi\sin\theta\\ 0 & 1 & \sin\theta\\ \sin\theta & 0 & \cos\phi\cos\theta\end{bmatrix}\begin{bmatrix}\dot{\phi}\\ \dot{\theta}\\ \dot{\psi}\end{bmatrix} $$

3）牛顿运动学方程

根据牛顿第二定律，可以得到关系式

$$ m\ddot{\boldsymbol{r}}=\begin{bmatrix}0\\0\\-mg\end{bmatrix}+{}^{A}\boldsymbol{R}_B\begin{bmatrix}0\\0\\F_1+F_2+F_3+F_4\end{bmatrix} $$

其中，m 表示无人机的质量，F_1，F_2，F_3，F_4 分别表示 4 个电机对应产生的升力。因此，定义待设计的控制量 u_1 为

$$ u_1=\sum_{i=1}^{4}F_i $$

4）欧拉动力学方程

根据欧拉方程，可以得到关系式

$$ \boldsymbol{I}\begin{bmatrix}\dot{p}\\ \dot{q}\\ \dot{r}\end{bmatrix}=\begin{bmatrix}L(F_2-F_4)\\ L(F_3-F_1)\\ M_1-M_2+M_3+M_4\end{bmatrix}+\begin{bmatrix}p\\q\\r\end{bmatrix}\times\boldsymbol{I}\begin{bmatrix}p\\q\\r\end{bmatrix} $$

整理之后，可得

$$ \boldsymbol{I}\begin{bmatrix}\dot{p}\\ \dot{q}\\ \dot{r}\end{bmatrix}=\begin{bmatrix}0 & L & 0 & -L\\ -L & 0 & L & 0\\ \lambda & -\lambda & \lambda & -\lambda\end{bmatrix}\begin{bmatrix}F_1\\F_2\\F_3\\F_4\end{bmatrix}+\begin{bmatrix}p\\q\\r\end{bmatrix}\times\boldsymbol{I}\begin{bmatrix}p\\q\\r\end{bmatrix} $$

其中，$\lambda=\dfrac{k_M}{k_F}$，L 为机臂长度，定义待设计的控制量 $\boldsymbol{u}_2$ 为

$$ \boldsymbol{u}_2=\begin{bmatrix}0 & L & 0 & -L\\ -L & 0 & L & 0\\ \lambda & -\lambda & \lambda & -\lambda\end{bmatrix}\begin{bmatrix}F_1\\F_2\\F_3\\F_4\end{bmatrix} $$

(2) PID 控制原理

PID 控制是自动控制中较为成熟、使用广泛、效果较好的通用型控制方法，其完整名称是

比例、积分、微分控制方法。比例控制反映了系统的当前偏差 $e(t)$，增加比例环节可以加快调节，减小误差；但过大的比例环节使系统稳定性下降，甚至造成系统不稳定。积分控制反映了系统的累计偏差，可使系统消除稳态误差，提高无差度，因为只要有误差存在，积分调节就一直在进行，直至无误差为止。微分控制反映了系统偏差信号的变化率 $e(t)-e(t-1)$，它具有预见性，能预见偏差变化的趋势，产生超前的控制作用，在偏差还没有形成之前，已被微分调节作用消除，因此可以改善系统的动态性能；但是微分对噪声干扰有放大作用，可加大微分对系统抗干扰的不利作用。PID 的数学公式为

$$u(t)=K_{\mathrm{p}}e(t)+K_{\mathrm{i}}\int_{o}^{t}e(\tau)\mathrm{d}\tau+K_{\mathrm{d}}\frac{\mathrm{d}e(t)}{\mathrm{d}t}$$

式中，K_{p} 为比例控制增益、K_{i} 为积分控制增益，K_{d} 为微分控制增益。

3. 控制系统设计

闭环控制系统主要包括飞行控制器、执行机构、受控对象和传感器等。当给定期望的位置信息后，与位置传感器(如 GPS)形成偏差，并将偏差指令发送到控制器中，控制器输出 PWM 信号给电机并带动桨叶产生升力，实现对四旋翼无人机的飞行控制。图 8-56 表示的是闭环控制系统结构图。

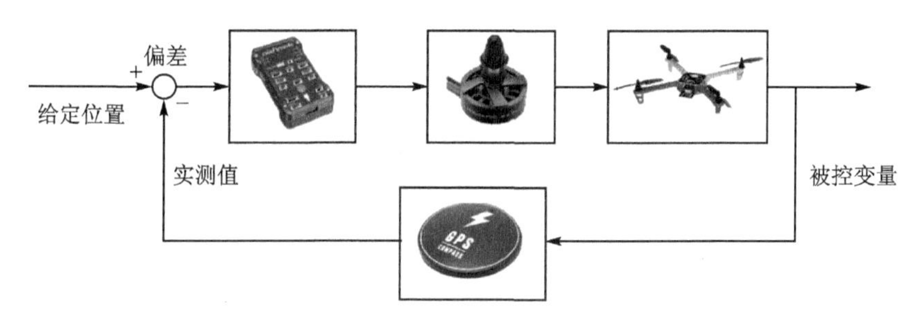

图 8-56 闭环控制系统结构

根据四旋翼无人机的动力学特点，将控制系统分为位置控制器(外环)和姿态控制器(内环)(见图 8-57)。期望指令包含期望参考轨迹和偏航角，使四旋翼无人机悬停或按指定轨迹自主飞行。

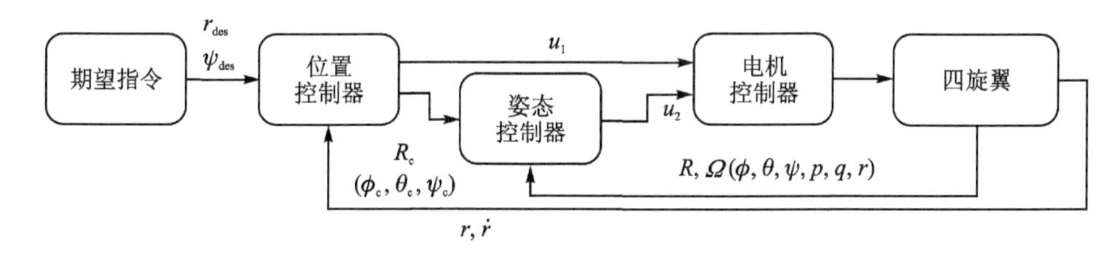

图 8-57 位置控制器与姿态控制器

以四旋翼无人机悬停控制为例，假设 $r_{\mathrm{des}}(t)=r_0$ 和 $\psi_{\mathrm{des}}(t)=\psi_0$。定义期望状态与实际状态偏差为

$$e_i=r_{i,\mathrm{des}}-r_i$$

为了保持偏差动态趋近于 0，需要

$$(\ddot{r}_{i,\mathrm{des}}-\ddot{r}_{i,\mathrm{c}})+K_{\mathrm{d},i}(\dot{r}_{i,\mathrm{des}}-\dot{r}_i)+K_{\mathrm{p},i}(r_{i,\mathrm{des}}-r_i)=0$$

其中在悬停情况下，$\dot{r}_{i,\mathrm{des}}=\ddot{r}_{i,\mathrm{des}}=0$，$\ddot{r}_{i,\mathrm{c}}$ 是控制指令，r_i 与 $\dot{r}_i$ 是实际反馈信息。

根据四旋翼无人机动力学模型，可以得到

$$\ddot{r}_{1,\mathrm{c}}=g(\theta_\mathrm{c}\cos\psi_\mathrm{c}+\phi_\mathrm{c}\sin\psi_\mathrm{c})=\ddot{r}_{1,\mathrm{des}}+K_{1,\mathrm{p}}(r_{1,\mathrm{des}}-r_1)+K_{1,\mathrm{d}}(\dot{r}_{1,\mathrm{des}}-\dot{r}_1)$$

$$\ddot{r}_{2,\mathrm{c}}=g(\theta_\mathrm{c}\sin\psi_\mathrm{c}-\phi_\mathrm{c}\cos\psi_\mathrm{c})=\ddot{r}_{2,\mathrm{des}}+K_{2,\mathrm{p}}(r_{2,\mathrm{des}}-r_2)+K_{2,\mathrm{d}}(\dot{r}_{2,\mathrm{des}}-\dot{r}_2)$$

$$\ddot{r}_{3,\mathrm{c}}=\frac{1}{m}u_1-g=\ddot{r}_{3,\mathrm{des}}+K_{3,\mathrm{p}}(r_{3,\mathrm{des}}-r_3)+K_{3,\mathrm{d}}(\dot{r}_{3,\mathrm{des}}-\dot{r}_3)$$

根据 PID 方法，可得位置控制器的形式为

$$u_1=mg+m\ddot{r}_{3,\mathrm{c}}=mg-m[K_{3,\mathrm{d}}\dot{r}_3+K_{3,\mathrm{p}}(r_3-r_{3,0})]$$

进一步，根据位置控制器的输出，可以得到

$$\phi_\mathrm{c}=\frac{1}{g}(\ddot{r}_{1,\mathrm{c}}\sin\psi_\mathrm{des}-\ddot{r}_{2,\mathrm{c}}\cos\psi_\mathrm{des})$$

$$\theta_\mathrm{c}=\frac{1}{g}(\ddot{r}_{1,\mathrm{c}}\cos\psi_\mathrm{des}+\ddot{r}_{2,\mathrm{c}}\sin\psi_\mathrm{des})$$

$$\psi_\mathrm{c}=\psi_\mathrm{des}$$

整理后，可得位置控制器与姿态控制器分别为

$$u_1=m(g+\ddot{r}_{3,\mathrm{c}})$$

$$\boldsymbol{u}_2=\begin{bmatrix}K_{\mathrm{p},\phi}(\phi_\mathrm{c}-\phi)+K_{\mathrm{d},\phi}(p_\mathrm{c}-p)\\K_{\mathrm{p},\theta}(\theta_\mathrm{c}-\theta)+K_{\mathrm{d},\theta}(q_\mathrm{c}-q)\\K_{\mathrm{p},\psi}(\psi_\mathrm{c}-\psi)+K_{\mathrm{d},\psi}(r_\mathrm{c}-r)\end{bmatrix}$$

其中，$\psi_\mathrm{c}=\psi_\mathrm{des}$，$p_\mathrm{c}=0$，$q_\mathrm{c}=0$，$r_\mathrm{c}=0$，$\phi,\psi,\theta,p,q,r$ 为内环反馈状态。

4. 仿真实验

(1) 建模仿真程序

建模仿真程序如下。

```
%计算升力
function T = thrust(inputs, k)
    T = [0; 0; k * sum(inputs)];
end

%计算合力
function a = acceleration(inputs, angles, xdot, m, g, k, kd)
    gravity = [0; 0; -g];
    R = rotation(angles);
    T = R * thrust(inputs, k);
    a = gravity + 1 / m * T;
end

%计算合力矩
function tau = torques(inputs, L, b, k)
    tau = [
        L * k * (inputs(1) - inputs(3))
```

```
        L * k * (inputs(2) - inputs(4))
        b * (inputs(1) - inputs(2) + inputs(3) - inputs(4))
    ];
end

% 计算角速度
function omegadot = angular_acceleration(inputs, omega, I, L, b, k)
    tau = torques(inputs, L, b, k);
    omegaddot = inv(I) * (tau - cross(omega, I * omega));
end

% 仿真环境初始化
start_time = 0;
end_time = 10;
dt = 0.005;
times = start_time:dt:end_time;

% 仿真时长
N = numel(times);

% 初始化状态
x = [0; 0; 10];
xdot = zeros(3, 1);
theta = zeros(3, 1);

% 噪声干扰
deviation = 100;
thetadot = deg2rad(2 * deviation * rand(3, 1) - deviation);

% 状态更新
for t = times
    % 控制输入
    i = input(t);
    omega = thetadot2omega(thetadot, theta);
    % 计算线加速度与角加速度
    a = acceleration(i, theta, xdot, m, g, k, kd);
    omegadot = angular_acceleration(i, omega, I, L, b, k);
    omega = omega + dt * omegadot;
    thetadot = omega2thetadot(omega, theta);
    theta = theta + dt * thetadot;
    xdot = xdot + dt * a;
    x = x + dt * xdot;
end
```

(2) 控制仿真程序

控制仿真程序如下。

```
% 设计 PID 控制器
function [u1, u2] = pd_controller(t, state, des_state)

% state: 当前的状态定义为:
%    state.pos = [x; y; z], state.vel = [x_dot; y_dot; z_dot],
%    state.rot = [phi; theta; psi], state.omega = [p; q; r]

%    des_state:期望的状态定义为:
%    des_state.pos = [x; y; z], des_state.vel = [x_dot; y_dot; z_dot],
%    des_state.acc = [x_ddot; y_ddot; z_ddot], des_state.yaw,
%    des_state.yawdot

% 位置环控制参数
kd_f = 10;
kp_f = 100;

% 位置控制器 u1
u1 = m * (9.8 + kd_f * (des_state.vel(3) - state.vel(3)) + kp_f * (des_state.pos(3) - state.pos
(3)));

% 位置环 - >姿态环
kd_r1 = 25;
kp_r1 = 200;
kd_r2 = 25;
kp_r2 = 200;
des_acc_1 = des_state.acc(1) + kd_r1 * (des_state.vel(1) - state.vel(1)) + kp_r1 * (des_
state.pos(1) - state.pos(1));
des_acc_2 = des_state.acc(2) + kd_r2 * (des_state.vel(2) - state.vel(2)) + kp_r2 * (des_
state.pos(2) - state.pos(2));
phi_des = 1/params.gravity * (des_acc_1 * sin(des_state.yaw) - des_acc_2 * cos(des_state.yaw));
theta_des = 1/params.gravity * (des_acc_1 * cos(des_state.yaw) + des_acc_2 * sin(des_state.yaw));

% 姿态环控制参数
p_des = 0;
q_des = 0;
kp_phi = 200;
kd_phi = 20;
kp_theta = 200;
kd_theta = 20;
kp_psi = 10;
```

```
kd_psi = 5;

% 姿态控制器 u2
u2 = [kp_phi * (phi_des - state.rot(1)) + kd_phi * (p_des - state.omega(1));
kp_theta * (theta_des - state.rot(2)) + kd_theta * (q_des - state.omega(2));
kp_psi * (des_state.yaw - state.rot(3)) + kd_psi * (des_state.yawdot - state.omega(3))];

end
```

5. 控制仿真结果

控制仿真结果如图 8－58 所示。

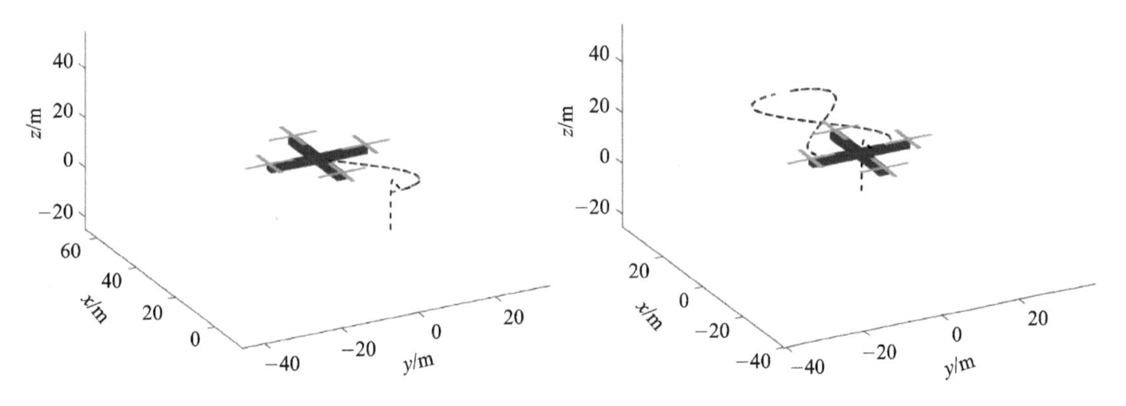

图 8－58　控制仿真结果

8.5 小　结

本章介绍了智能机器人的基本知识,并通过具体案例介绍了机器人控制的实施方法。读者在设计工业用智能机器人时,可以参考本章阐述的机构设计、运动分析、受力分析、控制实现方法及设计分析流程。虽然不同机器人所使用的设计、仿真分析和控制实施平台不同,但是本章介绍的分析方法和设计流程具有一般性。

参考文献

[1] Making an Art Form of Assessment[EB/OL]. [2018-05-16]. http://chronicle.com/article/Making-an-Art-Form-of-Assessment/17645/4.

[2] 洪冠新，MERLE Guillaume，张瑾. 法国预科工业科学与实践体系的发展及启示[J]. 北京航空航天大学学报(社会科学版)，2019，32(4)：142-148.

[3] 马纪明，CRESPEL Vincent. 法国预科学校工业科学与实践教学模式[J]. 北京航空航天大学学报(社会科学版)，2019，32(4)：137-141.

[4] 徐平，RIOU Herve. 工业科学与实践环节考核方法与内涵[J]. 北京航空航天大学学报(社会科学版)，2019，32(4)：131-136.

[5] MERLE Guillaume，CRESPEL Vincent，RIOU Herve，等. 工业科学：第1卷[M]. 北京：科学出版社，2013.

[6] MERLE Guillaume，CRESPEL Vincent，RIOU Herve，等. 工业科学：第2卷[M]. 北京：科学出版社，2014.

[7] 程鹏. 自动控制原理[M]. 北京：高等教育出版社，2003.

[8] 高金源. 计算机控制系统[M]. 北京：北京航空航天大学出版社，2001.

[9] 黄真，赵永生，赵铁石. 高等空间机构学[M]. 北京：高等教育出版社，2006.

[10] 谢广明，范瑞峰，何宸光. 机器人感知与应用[M]. 哈尔滨：哈尔滨工程大学出版社，2013.

[11] 陈黄祥. 智能机器人[M]. 北京：化学工业出版社，2012.

[12] 陈雯柏. 智能机器人原理与实践[M]. 北京：清华大学出版社，2016.

[13] 王众托. 系统工程引论[M]. 北京：电子工业出版社，2012.

[14] 张新娜，王栋. 工业系统分析与技术实践[M]. 北京：中国计量出版社，2010.

[15] 严京滨，王晓芳. 工业工程系列实验[M]. 北京：清华大学出版社，2011.

[16] 申冰冰. 实用机构图册[M]. 北京：机械工业出版社，2013.

[17] 冯旭，宋明星，倪笑宇. 工业机器人发展综述[J]. 科技创新与应用，2019，24：52-54.

[18] 高朋飞，彭江涛，于薇薇. 一种Mecanum三轮全向移动平台的设计与运动分析[J]. 西北工业大学学报，2019，35(7)：857-862.

[19] 刘玮. 传感器原理及应用技术[M]. 北京：北京理工大学出版社，2019.

[20] 李玉琳. 液压元件与系统设计[M]. 北京：北京航空航天大学出版社，1991.